DEUTSCHE DEMOKRATISCHE REPUBLIK
DEUTSCHE AKADEMIE DER LANDWIRTSCHAFTSWISSENSCHAFTEN ZU BERLIN
INSTITUT FÜR LANDWIRTSCHAFTLICHE INFORMATION UND DOKUMENTATION

Landwirtschaftliches Zentralblatt

ABTEILUNG III

TIERZUCHT · TIERERNÄHRUNG FISCHEREI

8. JAHRGANG
1963

AKADEMIE-VERLAG · BERLIN

LZ. III TIERZUCHT · TIERERNÄHRUNG · FISCHEREI · JG. 1963 · NR. 10 · SEITE 2005—2216 · BERLIN · OKTOBER 1963

LANDWIRTSCHAFTLICHES ZENTRALBLATT

ABTEILUNG TIERZUCHT · TIERERNÄHRUNG · FISCHEREI

INHALTSVERZEICHNIS

LZ. III/10/63

NAMENVERZEICHNIS

Seitenzahl in [Klammer] bedeutet Bibliographie, mit Stern * bedeutet Buchbesprechung

LANDWIRTSCHAFTLICHES ZENTRALBLATT
ABT. TIERZUCHT · TIERERNÄHRUNG · FISCHEREI

1963 **NR. 10** **OKTOBER**

ALLGEMEINES

A. GESCHICHTE, FORSCHUNG, UNTERRICHT

Otto, Ludwig; München. **Bericht über die Ausbildung auf dem Gebiet der Tierzucht in Bayern für die Jahre 1956 mit 1961.** Bayer. landwirtsch. Jb. **39** (1962) Nr. 7. S. 865-893. — 8 Abb., 30 Tab.
Der Bericht gibt Auskunft über die an den Tierzuchtämtern, der Landesanstalt für Tierzucht in Grub und den Viehhaltungs- und Melkerschulen in Bayern abgehaltenen Lehrkurse zur Ausbildung der Landjugend auf dem Gebiet der Tierhaltung, des Melkens, der Fütterung und der Klauenpflege. Weiterhin sind die von den verschiedensten fachlichen Einrichtungen abgehaltenen Kurse für Anwärter des staatl. Beratungsdienstes einschließlich des landwirtsch. Lehramtes, für Angestellte des Landeskontrollverbandes sowie die sonstigen Ausbildungslehrgänge der verschiedensten Berufszweige für das vielseitige Gebiet der Tierzucht und Tierhaltung statistisch erfaßt. Einzelheiten über die Art, Dauer und Anzahl der Lehrgänge sowie die Teilnehmerzahl müssen den umfangreichen Tab. und graph. Darst. entnommen werden. J. Strecke. 50.

Warncke, Hans. **Neugestaltung des landwirtschaftlichen Fachschulunterrichts.** Ausbild. Berat. Land- u. Hauswirtsch. **16** (1963) Nr. 4. S. 85–87. 50.

B. GRUNDLAGENWISSENSCHAFTEN UND METHODIK

Yager, Robert H. Emerging concepts in laboratory animal care. **(Neue Gesichtspunkte in der Laboratoriumstierhaltung.)** J. Amer. veterin. med. Assoc. **141** (1962) Nr. 7. S. 848–850.
In jüngster Zeit finden in zunehmendem Maße keimfreie und spez. pathogenfreie Tiere in der medizinischen Forschung Verwendung. Dies resultiert aus den Anforderungen nach höchster Versuchstierqualität, um sowohl den Einfluß pathogener und apathogener Mikroorganismen und Viren als auch von Parasiten bei bestimmten Versuchsanstellungen ausschalten zu können bzw. die Wirkung einzelner bestimmter Mikroorganismen auf den tierischen Organismus zu erforschen. Keimfreie und spez. pathogenfreie Säugetiere werden durch Hysterektomie gewonnen und stellen an Haltung, Pflege und Fütterung bes. Ansprüche. So erfolgt die Haltung von keimfreien Tieren in sterilen Isolierbehältern, in denen sie mit keimfreier Luft und steriler Nahrung versorgt werden. Während von keimfreien Tieren auch apathogene Mikroorganismen ferngehalten werden, beschränkt sich die Haltung spez. pathogenfreier Tiere auf das Fernhalten pathogener Keime und Parasiten. Dennoch erfordert die Haltung spez. pathogenfreier Tiere auch höchste Anforderungen. Um ein Einschleppen von Krankheitserregern in die Tierräume zu verhindern, werden u. a. alle zur Haltung, Pflege und Fütterung erforderlichen Gegenstände und Materialien vor Gebrauch sterilisiert. Einige mit diesen Haltungsformen zusammenhängende Probleme werden erörtert, und es wird vorgeschlagen, eine Einteilung der Laboratoriumstiere in 1. keimfreie, 2. spez. pathogenfreie (SPF) und 3. konventionelle Tiere vorzunehmen. J. Strecke. 120.

Baru, A. V. (Baru, A. W.) Charakteristika slucha u različnych pozvonočnych. **(Der Gehörsinn der Wirbeltiere.)** Uspechi sovremennoj biologii, Moskva **54** (1962) Nr. 2. S. 174–192. — 7 Abb., 1 Tab., 130 Lit.
Vf. behandelt die Entwicklung der Methodik der bedingten Reflexe auf akustische Signale im Zeitraum von 1900–60. In 1 Tab. sind die unteren und oberen Hörgrenzen bei insgesamt 72 Vertretern der Fische, Amphibien, Reptilien, Vögel und Säuger aufgeführt. Anschließend werden die Daten, nach den Klassen geordnet, besprochen und Schlußfolgerungen gezogen.
E. Koch/Jena. 150.

Wasserfall, Fr. **Anwendungen der Fehlerrechnung (Ausgleichsrechnung) in der Biologie.** Kieler milchwirtsch. Forsch.-Ber. **14** (1962) Nr. 5. S. 391–403.
Vf. gibt eine kurze Einführung in die Fehlerrechnung, die er in verstärktem Maße in den biol. Wissenschaften eingeführt sehen möchte. D. Rasch. 160.

Ashton, G. C., Slinger, S. J. und Summers, J. D. The relation of covariance analysis to experimental precision and conclusions in chick feeding trials. **(Die Beziehung der Covarianzanalyse zur Versuchsgenauigkeit und Schlußfolgerungen für Kükenfütterungsversuche.)** Canad. J. Animal Sci. **42** (1962) Nr. 2. S. 226–231.
In 8 Kükenfütterungsversuchen wurden über je 28 Tage Futteraufnahme und Gewichtszunahme ermittelt. Da die Futteraufnahme zwischen den 8 Gruppen mit unterschiedlichen Futterrationen nicht wesentlich verschieden war, wurde ein Covarianzausgleich der Gewichtszunahmen auf die unterschiedlichen Futteraufnahmen durchgeführt. Die rel. Genauigkeit der Versuche nach dem Ausgleich schwankte zwischen 139 und 322%. D. Rasch. 160.

Williams, J. S.; Raleigh, North Carolina State Coll.; Durham, N.Ç., Res. Triangle Inst. The evaluation of a selection index. **(Die Berechnung eines Selektionsindex.)** Biometrics [Blacksburg, Va.] **18** (1962) Nr. 3. S. 375–393. — 3 Abb., 14 Lit.
Vf. verallgemeinert die dem Selektionsindex zugrunde liegende Problematik auf die Auswahl der m besten aus zufälligen Stichproben von k linearen Funktionen von nichtbeobachtbaren multivariablen Zufallsvariablen

$$\sum_{j=l}^{p} a_j g_{ij} \qquad i=1,2,\ldots k$$

Auf Grund der Beobachtung von k linearen Funktionen dieser Variablen kombiniert mit einem Fehlerglied e_{ij}

$$\sum_{j=l}^{p} c_j p_{ij} = \sum_{j=l}^{p} c_j (g_{ij} + e_{ij}) \quad i=1,2,\ldots,k$$

(die a_j und c_j sind bekannt). Vf. wirft folgende Fragen auf, die in der Arbeit diskutiert, jedoch nicht beantwortet werden: 1. Wie kann der Wert des Index gemessen werden; 2. Wie kann der Wert zweier Indices verglichen werden; 3. Welches sind die erfolgversprechendsten Typen von Indices; 4. Welche Probleme treten auf, wenn die Gewichtskoeffizienten Stichprobenschätzwerte sind. D. Rasch. 160.

ALLGEMEINE TIERZUCHT

B. ORGANE DES TIERKÖRPERS

Raghavan, G. V. und Mullick, D. N. Effects of air temperature and humidity on the blood composition in buffalo bulls. **(Der Einfluß der Lufttemperatur und der Feuchtigkeit auf die Blutzusammensetzung bei Büffelkälbern.)** Indian J. Dairy Sci. **15** (1962) Nr. 2. S. 61–67. — 2 Tab., 31 Lit.
Bestimmt wurden die roten und weißen Blutkörperchen, der Hb-Gehalt, das Zellvolumen und der Zuckergehalt im Gesamtblut sowie das Eiweiß, der N

nichteiweißartiger Natur, das Ca, der anorg. P und der Serum-Mg-Gehalt in monatl. Abständen bei 8 gesunden, erwachsenen Murrahbüffelbullen. Danach üben die jahreszeitl. Schwankungen einen signifikanten Einfluß auf die Erythrocyten und Leukocyten, den Hb-Gehalt, den Hämatokritwert und den Gehalt des Blutes an Zucker, Ca, anorg. P und Mg aus. Die stärksten Schwankungen zeigte der Hb-Gehalt und die Leukocytenzahl. I. allg. sollte man im Hinblick auf die wichtigen Funktionen des Blutes keine starke Beeinflussung seiner Hauptbestandteile durch das Klima und die Ernährung erwarten. Der homoiotherme Organismus versucht jedoch, auch bei wechselnden Belastungen den normalen Funktionsablauf aufrechtzuerhalten. Die Veränderungen in der Blutzusammensetzung können unter Umständen als Ausdruck der Akklimatisation des Tieres gewertet werden. Die Untersuchung der Abhängigkeit der Blutbeschaffenheit von verschiedenen atmosphärischen Einflüssen gibt daher wichtige Hinweise für das Studium der Akklimatisation.

H. Busse. 1120.

Komisarenko, V. P., Levčenko, M. N. und Klymenko, O. S. (Komissarenko, W. P., Lewtschenko, M. N. und Klymenko, O. S.) Zminy vmistu mineral'nych komponentiv u syrovatci krovi pid vplyvom spleninu v umovach splenektomiï i paratyreoïdektomiï. **(Veränderungen des Mineralstoffgehaltes im Blutserum unter dem Einfluß von Splenin nach erfolgter Splenektomie und Parathyreoidektomie.)** Fiziologičnyj žurnal, Kyïv **9** (1963) Nr. 1. S. 6-12. — 4 Abb., 10 Lit. Orig.: ukrain., Ausz.: russ., engl. 1120.

Romack, F. E., Lasley, J. F. und Day, B. N.; Univ. of Missouri, Coll. of Agric., Agric. Exp. Stat. A study of the circulating leucocytes in swine. **(Eine Untersuchung über die zirkulierenden Leukocyten beim Schwein.)** Univ. Missouri, Coll. Agric., agric. Exp. Stat., Res. Bull. **1962** Nr. 804. S. 3–12. — 1 Abb., 8 Tab., 22 Lit.

An 280 Poland-China-Schweinen im Gewicht von mehr als 175 lb. wurden folgende Befunde über das leukocytäre Blutbild erhoben: Die durchschnittl. Leukocytenzahl betrug 21790/mm³. Im Differentialblutbild wurden 14023 Lymphocyten (64,9%), 6501 Neutrophile (29,7%) und 1204 Eosinophile (5,3%) ermittelt. Bei allen Werten bestanden signifikante Unterschiede zwischen den Jahreszeiten und bei den Neutrophilen und Eosinophilen zwischen den Geschlechtern. Die Eber hatten mehr Neutrophile und die Sauen einen höheren Anteil an Eosinophilen. Das Alter der Tiere korrelierte mit der Gesamtzahl der Leukocyten und mit den Lymphocyten. Durch 0,06 USP-Einheiten/lb. Lgw. ACTH stiegen die Gesamtleukocyten und Neutrophilen an, während die Lymphocyten und Eosinophilen abfielen. Einige Korrelationen zwischen den Leukocytenwerten und der Rückenspeckdicke waren gesichert. Die Leukocytenzahlen nach der Behandlung standen in signifikanter Beziehung zum Fleischanteil des Körpers. Nach Adrenalin (0,75 ml/100 lb. Lgw. der Lösung 1:2000) wurden ähnliche Veränderungen des leukocytären Blutbildes wie nach ACTH beobachtet. Der nach der Behandlung ermittelte Anteil an Lymphocyten und Eosinophilen sowie die Zahl der Neutrophilen ergaben signifikante Korrelationen zur Gewichtszunahme. Auf Grund der starken Variabilität konnten aber keine Prognosen für den Wert des Einzeltieres gestellt werden. F. Döcke. 1120.

Baciu, J.; Cluj, Acad. de la R.P. Roumaine, Inst. de Rech. Méd. La régulation nervense et humorale de l'érythropoïèse. **(Die nervöse und humorale Regulation der Erythropoiese.)** J. Physiol. [Paris] **54** (1962) Nr. 3. S. 441–458. — 7 Tab., 5 Lit. Zus. in Engl.

Die Regulation der Erythropoiese (E) durch das Nervensystem ist sehr umstritten und bisher ungenügend wiss. geordnet. Eine Vermehrung der Zahl der Erythrocyten kann durch Injektion von Sand in den Hypothalamus, durch Lufteinblasung in den III. Ventrikel und durch Faradisation bewirkt werden.

Eine Unterbrechung des Halsmarkes verhindert die Polyglobulie. Von durch Blutgefäße verbundenen Tieren reagiert bei Reizung des einen auch das andere Tier mit Polyglobulie infolge der humoralen Haemopoëtine. O_2-Mangel eines Parabionten bewirkt auch beim anderen Polyglobulie. Die Beziehung zwischen nervöser Stimulierung und humoraler Ausführung durch die Haemopoëtine ist zu klären. Im Versuch bewirkt ein O_2-Mangel des Kopfes durch Unterbindung des Truncus arteriosus bracchiocephalius die E. Das Erythropoëtin wird als Alpha-I-Globulin erkannt und gibt, vor einer Bestrahlung appliziert, durch Anregung der E. einen Strahlenschutz. Die humoralen Faktoren kommen also erst unter nervösem Einfluß zur Entfaltung. Ein O_2-Mangel wirkt auf die zentralen nervösen Regulationszentren entweder durch Reflex oder auf direktem Weg. Der Reflex geht von den Chemorezeptoren der Carotis-Sinus aus. Die Milz, das Knochenmark und die Atmungsorgane sind die Erfolgsorgane. Der direkte Weg der Stimulierung der E. durch O_2-Mangel geht über das Rückenmark zu noch nicht bekannten Organen, um dort die Ausschüttung des Erythropoëtin zu veranlassen. Das Erythropoëtin wirkt auf das rote Knochenmark und ruft Retikulocytose und Polyglobulie nach 3–4 Tagen hervor. Erythropoëtin ist ein Alphapseudo-Globulin, das aus anaemischem Serum mit Methanol praecipitiert werden kann und vor einer Strahlenbelastung gespritzt vorbeugend gegen Strahlen schützt.
K. Preißler. 1120.

McCuistion, W. R. The avian unfeathered appendages. **(Die unbefiederten Anhänge der Vögel.)** Veterin. Med. [Kansas City] **57** (1962) Nr. 9. S. 789–794. – 10 Abb., 15 Lit.
Die verschiedenen Anhänge des Kopfes der Vögel bzw. des Geflügels stehen im Mittelpunkt der Untersuchungen. Vf. versucht an Hand von Beobachtungen die Bedeutung von Kamm und Kehllappen für den Gesamtorganismus des Geflügels zu analysieren. An die anatomischen Betrachtungen bei den einzelnen Geflügelrassen schließen sich Untersuchungen über die Funktionen der Anhänge beim Helmkasuar und im Vergleich dazu über das Fehlen der Anhänge beim Strauß an. Diese werden als Beispiel für die Sonnenlichteinflüsse angeführt und Schlußfolgerungen für den Stoffwechsel abgeleitet. Es stehen weiterhin genetische und morphol. Einflüsse bei der Ausbildung der Anhänge zur Diskussion. Ein bes. Augenmerk wird der stoffwechselregulierenden Bedeutung der Anhänge im Hinblick auf die Vit.-D_2-Bildung und die damit verbundene Rachitisverhütung geschenkt. M. Richter. 1130.

Schleger, A. V.; Rockhampton; Cattle Res. Lab.; Div. of Animal Genetics. Physiological attributes of coat colour in beef cattle. **(Physiologische Attribute der Haarfarbe bei Fleischrindern.)** Austral. J. agric. Res. **13** (1962) Nr. 5. S. 943–959. – 1 Abb., 10 Tab., 24 Lit.
Die Bedeutung der Haarfarbe liegt in der unterschiedlichen Absorption bzw. Reflexion der Sonnenstrahlung durch die verschiedenen Farbtöne. Vorliegende Arbeit analysiert die Variation der roten Haarfarbe von Hereford und Shorthorn und deren Kreuzungen mit dem Africander-Rind. Gemessen wurden der Melanin-Gehalt u. a. Haareigenschaften (Kräuselung, Dmr.), der Felltyp (schlicht-wollig) wurde bestimmt. Die Farbintensität wird beeinflußt von Alter, Jahreszeit, Trächtigkeit, Wachstumsphase des Haarkleids, Geschlecht und vom Grad der Sonneneinstrahlung, wobei die Tönung selbst vom Melaningehalt der Haare bewirkt wird. Die Haarfarbe ist ein signifikantes Charakteristikum des Einzeltieres und von hoher Heritabilität, nämlich 53%. Positive Zusammenhänge zwischen Haarfarbe und Zunahmen bestehen, sie sind bei Africandern und deren Kreuzungen höher als bei Hereford und Shorthorn. Es bestehen in diesen Beziehungen jahreszeitliche Unterschiede, in der optimalen Periode ist $r = 0{,}50$ bzw. 0,32. Bei ersteren ist eine Selektion auf dunkle Haarfarbe wirkungsvoller als nach dem Felltyp. K. Damm. 1140.

Hickey, F. Emotional stress in sheep, effects upon health and production. **(Nervöser „Stress“ bei Schafen; sein Einfluß auf Gesundheit und Leistung.)** New Zealand Agriculturist **15** (1962) Nr. 1. S. 1–2. — 5 Lit.

Vf. berichtet über Versuchsergebnisse, die Reid und Mills (vgl. Austr. J. agric. Res. **13** [1962] Nr. 2. S. 282.) mit Schafen erzielten, die sie verschiedenen Stressbedingungen unterwarfen, um die Reaktion der Nebennieren zu prüfen. Die nicht trächtigen Milchschafe wurden von guter Weide a) auf eng begrenzte Weideflächen, b) in Stallhaltung versetzt, c) Lastwagentransporten und d) 24–48 Std. lang strenger Kälte, mäßigem Wind und künstlichem Dauerregen ausgesetzt. Der Ortswechsel a) und b) wirkte bereits psychisch als Belastung, noch stärker c), weniger d): Der Blutzuckerspiegel erhöhte sich insgesamt auf das 3fache — durch gesteigerte Cortisonsekretion, die auf das 20fache anstieg — und kehrte erst Stunden nach dem Aufhören der Stressbedingungen in den Normalzustand zurück. Die Reaktion war noch stärker, wenn die Tiere vorher gefastet hatten. Kälte allein machte den Schafen nichts aus, während die psychische Erregung sehr schnell auf das Adrenalsystem einwirkte. Die Unterschiede im Blutzuckerspiegel zwischen trächtigen und nicht trächtigen Schafen waren groß; erstere hatten niedrigere Werte auf Grund der hohen Energieansprüche ihrer Feten. Als praktisch wichtiges Ergebnis hebt Vf. hervor, daß bei Unterernährung die Nebennierenrinde verstärkt Cortison abgibt, das die Zuckerreserven im Körper mobilisiert und bei trächtigen Tieren zu einem solchen Absinken des Blutzuckerspiegels führen kann — wegen der hohen Ansprüche der Feten — daß Schwangerschafts-Toxaemie die Folge ist. Durch Versorgung mit Spurenelementen kann die Widerstandsfähigkeit der Wiederkäuer gestärkt werden.

C. Engelmann. 1250.

Völkl, Herbert; München-Weihenstephan, Inst. für Tierzucht der TH. **Untersuchungen über die Schädel- und Gebißentwicklung beim Deutschen Fleckvieh im ersten Lebensjahr.** Bayer. landwirtsch. Jb. **39** (1962) Nr. 8. S. 918 bis 950. — 4 Abb., 17 Tab., 140 Lit.

Die Untersuchungen erfolgten in 8 Herdbuchbetrieben des Deutschen Fleckviehs der Landkreise Erding und Freising. Einer ausführlichen Besprechung der einschlägigen Literatur folgt der Bericht über die eigenen Ergebnisse. Zur Überprüfung der Wachstums- und Entwicklungsverhältnisse wurden die Erhebungen an einem durchgehenden Material von 24 ♂ und 37 ♀ Tieren im Alter von 4 Tagen, 6 Wochen, 3 Mon., 6 Mon., 9 Mon. und 1 Jahr durchgeführt. Zur Beurteilung der Verhältnisse beim neugeborenen Kalb lagen Unterlagen von insgesamt 126 Kälbern (61 ♂ und 65 ♀) vor. Geschlechtsspezifische Unterschiede in der Schädelausbildung treten erst ab 9 Mon. auf. Allg. ist das Längenwachstum am Schädel stärker als das Breitenwachstum. Bei der Geburt hatten lediglich 10% der untersuchten Kälber eine vollständige Bezahnung. Zu diesem Zeitpunkt sind die Milchschneidezähne und die mandibularen Prämolaren bei den weibl. Tieren häufiger als bei den männl. Tieren durchgebrochen. Das Milchgebiß ist im Alter von 6 Wochen bei allen Tieren voll ausgebildet. Ab 6 Mon. zeigen männl. Tiere gegenüber den weibl. Tieren einen zunehmenden Vorsprung in der Gebißentwicklung.

K. G. Breitenstein. 1370.

Brodovskaja, Z. I. (Brodowskaja, S. I.) Razvitie kostnogo mozga u ptic. **(Die Entwicklung des Knochenmarks beim Geflügel.)** Pticevodstvo, Moskva **1962** Nr. 11. S. 24–25. — 4 Abb.

Bei 14 Tage alten Hühnerembryonen hat sich aus dem Osteoblastenmark ein funktionsfähiges rotes Knochenmark gebildet. Die Bildung des roten Knochenmarks fällt zusammen mit der Erhöhung des Sauerstoff- und Nährstoffbedarfs, dem durch eine Neuformierung des Gefäßsystems der Allantois Rechnung getragen wird. Bei Hühnern kommt es zur völligen Reduzierung des Knochenmarks in den Schulterknochen im Gegensatz zu Enten, bei denen die Schulterknochen mit gelbem Knochenmark angefüllt sind. Im Unterarm befindet sich auch bei Hühnern gelbes Knochenmark, lediglich in den Epiphysen ist ein geringer Anteil rotes Knochenmark. In den hinteren Extremitäten überwiegt das rote Knochenmark. H. Pingel. 1310.

Sullivan, G. E.; Univ. of Sydney, Dep. of Histol. and Embryol. Anatomy and embryology of the wing musculature of the domestic fowl (Gallus). **(Anatomie und Embryologie der Flügelmuskulatur des Haushuhnes [Gallus.])** Austral. J. Zool. **10** (1962) Nr. 3. S. 458–518. – 39 Abb., 2 Tab., 54 Lit.

Als Material standen zur Verfügung: 6 ausgewachsene Tiere (sex ?) Weiße Leghorn für die deskriptive Anatomie („Keine Variationen" gefunden); 13 Embryonen gleicher Rasse der Stadien 25-38 nach Hamburger und Hamilton (1951), von denen 10 für die genaue Analyse der Muskelentwicklung ausgewertet werden konnten. – Nach einer überflüssigen Revision der Nomenklatur (um „die Terminologie der Muskulatur für die Vögel zu stabilisieren") erfolgt eine detaillierte Beschreibung der Schultergürtel- und Schwingenmuskulatur. Embryologisch zeigt sich anfangs ein Paar gegenüberliegender kondensierter Mesenchymmassen, keine differenzierten Muskelknospen. Homologisierungsversuche mit der Extremitätenmuskulatur von Reptilien (Lacerta, Chrysemys) und Säugern (Didelphys, Homo) beschließen die anregende Arbeit. Hierbei wird die nur im angelsächsischen Schrifttum anerkannte revidierte Nomenklatur von Johnston und Mitchell (1955) zugrunde gelegt. H. Freye. 1320.

Purohit, M. S. und Rathor, S. S. Stomach of the camel in comparison to that of the ox. **(Der Magen des Kamels im Vergleich zu dem des Rindes.)** Indian veterin. J. **39** (1962) Nr. 11. S. 604–608. – 8 Abb., 1 Tab., 4 Lit.

Zur Untersuchung dienten 2 Kamele im Alter von 8 bis 17 Jahren. Das Fassungsvermögen des Pansens beträgt bei einem mittelgroßen Kamel ca. 116 l. Der Pansen erstreckt sich vom Caudalrand der 8. Rippe bis zum 1. Lendenwirbelquerfortsatz. Er beansprucht den größten Teil der linken Bauchhöhlenhälfte und überschreitet ventral die Medianebene. Der Pansen besitzt 2 bes. Abschnitte, die durch starke Muskelfalten von der eigentlichen Pansenhöhle abgeteilt werden, die Drüsensäcke. Diese Säcke liegen cranioventral und medioventral vom Pansen. Jener Teil des Pansens, der beim Rind dem Labmagen anliegt, wird beim Kamel vom rechten Drüsensack in Anspruch genommen. Die Drüsensäcke bestehen innen aus kleineren Abteilungen, die selbst wieder unterteilt sind. Der cranioventrale Drüsensack ähnelt sehr dem Reticulum, so daß er leicht mit diesem verwechselt werden kann. Die Drüsensäcke sind innen mit einem einfachen Zylinderepithel ausgestattet und enthalten tubulöse Drüsen. Ihr mikroskopischer Bau ist ähnlich dem des Colons mit der Ausnahme, daß die Krypten nicht so tief und Becherzellen zahlenmäßig geringer sind. Das Reticulum ist ein birnenförmiges Organ, das mit dem cranioventralen Drüsensack des Pansens verbunden ist. Es liegt im Gegensatz zum Rind rechts von der Medianebene. Caudal steht der Netzmagen mit dem cranioventralen Drüsensack und cranial mit dem Psalter in Verbindung. Der Psalter des Kamels ist beträchtlich länger und größer als der des Rindes. Der Labmagen liegt dem Pansen, der Haube und dem Blättermagen an. R. Berg. 1385.

Yamashita, Tadayuki. Histological studies on the ovaries of sows. V. Histological observations of the various Corpora lutea in the ovaries of sows which have definite histories of parturition. **(Histologische Studien am Schweineovar. 5. Mitt. Histologische Beobachtungen über die verschiedenen Corpora lutea an den Ovarien von Sauen mit genau nachweisbaren Abferkeldaten.)** Jap. J. veterin. Res. **10** (1962) Nr. 1. S. 1–18. – 46 Abb., 5 Tab., 9 Lit. Orig.: engl. 4. Mitt. vgl. LZ. Abt. III 8 (1963) Nr. 7. S. 1372.

Über das spätere Schicksal der Corpora lutea (C. l.) graviditatis bei Sauen war bisher wenig bekannt. Eine Differenzierung zwischen Schwangerschaftsgelbkörpern und solchen C. l., die aus Nichtschwangerschaftsperioden stammten, gab es auch nicht. Beide Typen von Gelbkörpern wurden bisher als „hyaline Körper“ bezeichnet. Da aber die Veränderungen an den C.l. graviditatis für die Beurteilung der Eierstocksfunktionen und damit für die Fortpflanzung wichtig erschienen, hat man bei 3 Sauen nach 4-5 Abferkelungen histol. Untersuchungen angestellt. Zuchtdaten und Wurfzahl der Sauen waren einwandfrei bekannt. In den alten C.l. der Sauen konnte Vf. Arteriolen zweierlei Typs nachweisen. Das interzelluläre Gewebe wurde in 3 verschiedene Gewebsgruppen eingeteilt. Mit Resorzin-Fuchsin gab es eine tiefe, satte Farbreaktion. Braune hyaline und braune vaskuläre Körper werden C. l. zugeordnet, in deren Zentrum es kurz nach der Ovulation zu einer Blutung gekommen war. Unter Bezugnahme auf den Zeitpunkt der Geburt werden die sog. vaskulären Körper als alte C.l. graviditatis angesehen, die wahrscheinlich organisiert werden und im Verlaufe von 3 Jahren verschwinden.
H. Busse. 1400.

Schilling, E. **Untersuchungen über den Bau und die Arbeitsweise des Eileiters vom Schaf und Rind.** Zbl. Veterinärmed. **9** (1962) Nr. 9. S. 839–853. — 1 Abb., 137 Lit. Zus. in Engl., Franz.
Die Untersuchungen wurden an 28 weißköpfigen Fleischschafen und 38 schwarzbunten Rindern durchgeführt. Der Beschreibung der Topographie des Eileiters folgt die des Baues der Bursa ovaria, Angaben über die Länge und den Dmr. der Tube. Weiterhin werden der Eitransport durch die Tube und die Beförderung der Samenzellen beschrieben, wobei auf die Bedeutung des Zusammenwirkens von Hormon- und Nervensystem hingewiesen wird. Aufbau und Aufgaben des Eileitergewebes werden besprochen sowie anatomische und histol. Befunde in funktioneller Hinsicht erörtert.
W. Richter/Kleinmachnow. 1415.

Snyder, J. und Angelo, S. A. d'; Philadelphia, Pa., Jefferson Med. Coll., The Daniel Baugh Inst. of Anatomy. Hypothalamic stimulation and ascorbic acid content of endocrine glands of the albino rat. **(Hypothalamusstimulation und Ascorbinsäuregehalt der endokrinen Drüsen bei der Albinoratte.)** Proc. Soc. exp. Biol. Med. **112** (1963) Nr. 1. S. 1–4. — 2 Tab., 8 Lit.
Mittels eines Steriotaxis-Gerätes wurden ein- oder mehrmalige elektrische Reizungen bzw. Läsionen verschiedener Großhirn- und Hypothalamusgebiete bei 150–300 g schweren weibl. Ratten durchgeführt. Nach der Tötung wurde der Ascorbinsäuregehalt des Hypophysenvorderlappens (HVL), der linken Nebenniere und des linken Ovars nach der Methode von Roe und Keuther (1943) bestimmt. Durch Stimulationen in der Area präoptica und im vorderen Hypothalamus trat eine Aktivierung im HVL-Nebennieren- und HVL-Ovarsystem ein, die sich in einer Nebennierenhypertrophie, Veränderungen im Sexualzyklus und in einer Gelbkörperbildung äußerte. Bei keiner der Behandlungen traten aber gesicherte Abweichungen in der Ascorbinsäurekonzentration des HVL auf. Dagegen lag der Ascorbinsäuregehalt der Nebennieren im akuten Experiment (Tötung 1 Std. nach einmaliger Reizung) deutlich niedriger als im chronischen (Tötung 24 Std. nach jeweils 20 Min. langer Stimulation über 4 Tage.)
F. Döcke. 1512.

Turner, C. W. und Bauman, T. R.; Columbia, Univ. of Missouri, Dep. of Dairy Husbandry. Biological assay of thyroprotein. **(Biologische Testierung von Thyroprotein.)** J. Dairy Sci. **45** (1962) Nr. 10. S. 1256–1258. — 1 Tab., 8 Lit.
Vff. ermittelten die biol. Aktivität von handelsüblichem Thyroprotein (schilddrüsenaktives jodiertes Casein; „Protamone“) durch Bestimmung der Thyroxinsekretion bei Ratten nach der Methode von Grosvenor und

Turner. 5 Chargen Thyroprotein, die auf Grund der chem. Analyse des Herstellers 1% Thyroxin enthalten sollten, zeigten im Vergleich zu l-Thyroxin bei s.c. Applikation eine um 27–53% größere Aktivität als angenommen. Zur Erklärung dafür wird einmal angeführt, daß das Thyroxin im Thyroprotein an Eiweiß gebunden sei und durch Resorptionsverzögerung des Thyroxins eine größere Aktivität entfaltet werden könnte oder aber daß Thyroprotein wirksame Mengen von Trijodthyronin enthalte, das bei der Ratte wenigstens 3mal so aktiv ist wie Thyroxin. H. Grychtolik. 1525.

Marks, S., Seigneur, L. J., Hackett, P. L., Morrow, R. J., Horstmann, V. G. und Bustad, L. K. Effects of the administration of single doses of iodine-131 to sheep of various ages. **(Die Wirkung der Anwendung einzelner Dosen von ^{131}J bei Schafen verschiedenen Alters.)** Amer. J. veterin. Res. **23** (1962) Nr. 95. S. 725–730. — 3 Abb., 3 Tab., 5 Lit. Zus. in Esperanto.
Es wurden die Stoffwechsel- und sonstigen pathologischen Veränderungen bei Anwendung einzelner Dosen von 1,25, 5,0 und 15,0 mc ^{131}J in der Schilddrüse, der Quotient aus der Höchstmenge des radioaktiven Elementes in der Schilddrüse zur applizierten Dosis und die Werte des serumproteingebundenen Jods sowie das serumproteingebundene ^{131}J serienmäßig in Perioden bis zu einer Dauer von 60 Tagen bestimmt. Die pathologischen Veränderungen in der Schilddrüse lagen im Bereich der leichten Entzündung bis zum Stadium der hochgradigen Nekrose. Die für die Schilddrüse in mildem Umfang schädliche Strahlendosis lag im Bereich von 16000–33000 r. H. Busse. 1525.

Okamoto, Seikan, Matsuo, Teruo, Koga, Osamu, Goto, Ichiro und Sekigawa, Katashi. The genotype-season interaction in thyroid activity in male chickens. **(Die Genotyp-Jahreszeiten-Interaktion in der Schilddrüsenaktivität bei Hähnen.)** Sci. Bull. Fac. Agric., Kyushu Univ. **19** (1961) Nr. 1. S. 93–101. — 3 Abb., 8 Tab., 27 Lit. Orig.: jap., Ausz.: engl.
Die Analyse der jahreszeitl. Variation von Schilddrüsenmasse und Schilddrüsen-O_2-Aufnahme bei Hähnen (Weiße Leghorn, New Hampshire und reziproke Kreuzungen) ergab, daß die Schilddrüsenmasse, an der Körpermasse gemessen, vom Frühjahr zum Herbst allmählich abnahm und sich dann plötzlich im Winter zu einem Maximum erhöhte. Die jahreszeitl. bedingte Variation war hochsignifikant, während die Genotyp bedingte Variation und die Genotyp-Jahreszeiten-Interaktion für die Schilddrüsenmasse nicht signifikant waren. Die O_2-Aufnahme war vom Herbst zum Winter hoch und vom Frühjahr zum Sommer niedrig. Jahreszeitl. bedingte Variation, Genotyp bedingte Variation und Genotyp-Jahreszeiten-Interaktion der Schilddrüsen-O_2-Aufnahme waren hochsignifikant. Die Korrelation zwischen tägl. Wachstum und Schilddrüsenaktivität als Ausdruck der totalen O_2-Aufnahme, gemessen an der Körpermasse, war bei allen Gruppen nicht signifikant.
G. Krische. 1525.

Kuljabko, P. M.; Kiew, Physiol. Bogomolez-Inst. der Akad. der Wiss. der Ukrain.SSR, Lab. für Biophysik. Vplyv tyreoïdektomiï na efektyvnist' vidgodivli svynej. **(Einfluß der Thyreoidektomie auf die Schweinemast.)** Fiziologičnyj žurnal, Kyïv **9** (1963) Nr. 1. S. 132–133. 1525.

Wolford, John H. und Ringer, Robert K. Adrenal cortical activity and differential leucocyte picture of S. C. White Leghorns housed in cages, on a slatted floor and on a conventional floor. **(Die NNR-Aktivität und das Differentialblutbild von S. C. Weißen Leghorn, die in Käfigen, auf Lattenrosten und auf dem Boden gehalten wurden.)** Michigan State Univ., agric. Exp. Stat., quart. Bull. **45** (1962) Nr. 1. S. 38–44. — 5 Tab., 8 Lit.
Die Haltungsart hatte keinen signifikanten Einfluß auf die Nebennieren-Aktivität von legenden und nicht legenden Hühnern, wie das Gewicht der

Nebenniere, der Gehalt derselben an Cholesterol und das Differentialblutbild ergaben. Gegenüber den Legehühnern hatten die anderen einen signifikant höheren Cholesterolgehalt der Nebenniere. Die rechten Nebennieren waren signifikant schwerer als die linken. Eine signifikante negative Korrelation wurde zwischen den letzten 334, 181 und 62 Tagen der Legeleistung und dem Cholesterolgehalt der Nebenniere gefunden. Aus den Versuchen wird gefolgert, daß die modernen Hühnerrassen Faktoren kompensieren können, welche Stress hervorrufen. B. Busch. 1535.

Setchell, B. P. und Waites, G. M. H. Adrenaline release during insulin hypoglycaemia in the sheep. **(Die Adrenalinsekretion während einer Insulin-Hypoglykämie beim Schaf.)** J. Physiol. [London] **164** (1962) Nr. 2. S. 200 bis 209. — 4 Abb., 33 Lit.

Bei insgesamt 7 Schafen (13–35 kg) wird die Adrenalinausschüttung indirekt über die Temperaturmessung am sympathektomierten Ohr und über die Frequenz des denervierten Herzens während einer Insulin-Hypoglykämie bestimmt. Beim Absinken des Blutzuckerspiegels auf 20–30 mg% beginnt die Adrenalinausschüttung. Diese Adrenalinausschüttung wird bei einseitig adrenalektomierten Schafen durch Denervierung der verbliebenen Nebenniere gehemmt. H.-A. Ketz. 1535.

Sterba, Günther. **Neurosekretion im Zwischenhirn der Wirbeltiere.** Forsch. u. Fortschr. **37** (1963) Nr. 3. S. 70–76. — 8 Abb., 3 Tab., 57 Lit. Übersichtsarbeit. 1545.

Ušenko, S. N. (Uschenko, S. N.); Charkow, Ukrain. Inst. für Exp. Endokrinol. Umovnoreflektorna dijal'nist' ovarioektomovanych bilych ščuriv pid vplyvom folikulinu i oktestrolu. **(Reflektorische Tätigkeit der ovarioektomierten Albinoratten unter dem Einfluß von Follikulin und Octestrol.)** Fiziologičnyj žurnal, Kyïv **9** (1963) Nr. 1. S. 128. — 2 Lit. 1580.

Kulcsár, András und Kulcsár-Gergely, Judith; Debrecen, Ungarn, Med. Univ., I. Med. Klin.; Pharmakol. Inst. **Versuche mit Oestrogenbelastung bei hypothyreotischen Tieren.** Naturwissenschaften **49** (1962) Nr. 24. S. 610. — 1 Tab.

Versuche an weibl. Ratten ergaben, daß nach Thyreoidektomie die nach parenteraler Zufuhr von Oestronacetat auftretende Oestrusreaktion gegenüber Normaltieren deutlich abgeschwächt und verkürzt ist. Vff. nehmen an, daß die Entfernung der Schilddrüse eine Verzögerung im Oestrogenstoffwechsel bewirkt und dadurch den Wirkungsmechanismus des Hormons beeinflußt. F. Döcke. 1580.

Lunaas, Torleiv; Oslo, Veterin. Coll. of Norway, Dep. of Reprod. Physiol. and Pathol. Urinary excretion of oestrone in the sow after administration of oestradiol-17ß. **(Die Harnausscheidung von Oestron bei der Sau nach Verabreichung von Oestradiol-17ß.)** Acta endocrinol. [Copenhagen] **42** (1963) Nr. 4. S. 514–518. — 2 Tab., 10 Lit.

10 mg kristallines, in Äthanol und Propylenglykol gelöstes Oestradiol-17ß wurde einer ovariektomierten Sau i. m. injiziert. Nach einer ausführlich beschriebenen Modifikation der Methode von Brown (1955) wurden Oestron und Oestradiol im 24-Std.-Sammelurin quantitativ bestimmt. Der Oestrongehalt stieg von ca. 4 μg vor der Injektion auf 1440 μg am Tag nach der Injektion an und fiel dann bis zum 4. Tag p. i. auf 26 μg ab. Die entspr. Werte für Oestradiol-17ß betrugen 0,6; 26,2 und 5,2 μg/24 Std. Vf. schließt daraus, daß bei der Sau ein großer Teil des Oestradiol-17ß vor der Ausscheidung peripher zu Oestron oxydiert wird. Da nur ein Äquivalent von etwa 42% des verabreichten Hormons wiedergefunden wurde, findet möglicherweise eine Eliminierung durch den Darm sowie eine Ausscheidung noch nicht identifizierter Metaboliten statt. F. Döcke. 1580.

Fosgate, O. T., Cameron, N. W. und McLeod, R. J.; Athens, Univ. of Georgia. Influence of 17-alpha-hydroxyprogesterone-n-caproate upon post-partum reproductive activity in the bovine. **(Der Einfluß von 17α-Hydroxyprogesteron-n-caproat auf die postpartale Fortpflanzungsleistung beim Rind.)** J. Animal Sci. **21** (1962) Nr. 4. S. 791–793. – 1 Tab., 11 Lit.

An 21 laktierenden Holstein- und Jerseykühen wurde die Wirkung einer Behandlung mit 17α-Hydroxyprogesteron-n-caproat („Delalutin") auf die Involution des Uterus, die Ovulation, den Oestrus und auf die Konzeptionsrate untersucht. Das Präparat wurde, beginnend mit dem Abkalbetag, jeden 2. Tag in einer Dosierung von 100 mg bis zum 43. Tag (22 Injektionen) i. m. injiziert. 18 unbehandelte Kühe dienten als Kontrolle. Alle Tiere wurden wöchentl. rectal untersucht. Die durchschnittl. Intervalle für die behandelten und die Kontrollkühe betrugen: Von der Geburt bis zur Uterusinvolution: 42,0 und 27,5 Tage ($P < 0{,}01$), bis zum 1. Oestrus: 70,0 und 47,9 Tage ($P < 0{,}01$) und bis zur 1. Ovulation: 62,3 und 40,7 Tage ($P < 0{,}01$). Bei den behandelten Tieren trat die 1. Brunst durchschnittl. 28 Tage nach der letzten „Delalutin"-Injektion ein. Die Variation des Ovulationszeitpunktes wurde durch die Behandlung signifikant verringert. Ein Einfluß auf die Konzeptionsrate nach Besamung in der 1. Brunst bestand nicht. F. Döcke. 1580.

Short, R. V. und Rowell, J. G.; Cambridge, Univ., Dep. of Veterin. Clin. Stud., A. R. C. Unit. of Reproduct. Physiol. and Biochem.; School of Agric., A. R. C. Statistics Group. The half-life of progesterone in the peripheral blood of a ewe at two stages of gestation. **(Die Halbwertszeit von Progesteron im peripheren Blut eines Schafes in zwei Trächtigkeitsstadien.)** J. Endocrinol. [London] **25** (1962) Nr. 3. S. 369–374. – 3 Abb., 5 Lit.

Am 115. Trächtigkeitstag bzw. wenige Std. vor der Geburt wurden einem Suffolk-Schaf 10 μc (4–^{14}C)-Progesteron in Äthanol i. v. injiziert. Innerhalb 5 Min. nach der Injektion war nur ca. 1% des radioaktiven Progesterons im zirkulierenden Blut nachzuweisen. Während der folgenden 25 Min. verlief der Konzentrationsabfall nahezu exponentiell. Die Halbwertszeiten wurden auf 7,3 ± 1,2 Min. am 115. und auf 8,1 ± 0,6 Min. am letzten Trächtigkeitstag geschätzt. Da die Differenz zwischen diesen beiden Werten statistisch nicht gesichert ist, nehmen Vff. an, daß in der Progesteronbildung und im Progesteronstoffwechsel während der Trächtigkeit beim Schaf keine wesentlichen Änderungen eintreten. F. Döcke. 1580.

C. GENETIK

Benirschke, Kurt, Brownhill, Lydia E. und Beath, Margaret M.; Hanover, N. H., USA Dartmouth Med. School, Dep. of Pathol. Somatic chromosomes of the horse, the donkey and their hybrids, the mule and the hinny. **(Die Chromosomen der Somazellen von Pferd, Esel und ihren Hybriden Maultier und Maulesel.)** J. Reproduct. Fertility **4** (1962) Nr. 3. S. 319–326. – 9 Abb., 1 Tab., 17 Lit.

An Kurzzeit-Kulturen von Leukocyten des peripheren Blutes wurde mittels somatischer Mitosen der Chromosomensatz bei 2 männl. Pferden, 3 (2 ♂, 1 ♀) Eseln, 3 (2 ♂, 1 ♀) Maultieren und 1 männl. Maulesel untersucht. Der diploide Chromosomensatz betrug beim Pferd 64, beim Esel 62, beim Maultier 63 und beim Maulesel ebenfalls 63. Neben den zahlenmäßigen bestehen strukturelle Chromosomenunterschiede zwischen Pferd und Esel, die sich bes. in einem größeren Anteil metazentrischer Chromosomen beim Esel äußern. In den Karyotypen der Hybriden spiegeln sich diese Unterschiede wider, so daß eine teilweise Eliminierung der elterlichen Chromosomen in den Mitosen beim Maultier und Maulesel möglich ist. Evtl. bilden diese Unterschiede eine Ursache für das Ausbleiben der Synapsis während der Meiose bei Maultier und Maulesel. F. Döcke. 1615.

Delbrück, Max; Köln, Univ., Inst. für Genetik. **Die Vererbungschemie.** Naturwiss. Rdsch. **16** (1963) Nr. **3.** S. 85–89.
Es handelt sich um ein konzentriertes Referat über die Synthese von Enzymen in der Zelle und über die Aufgaben, welche die Nucleinsäuren dabei erfüllen. An Hand von instruktiven Zeichnungen wird dargestellt, wie die Zelle aus kleineren Molekülen in ca. 10 Reaktionsschritten Aminosäuren (AS) mit Hilfe von Enzymen aufbaut. Damit ein Protein entsteht, müssen die AS in einer bestimmten Reihenfolge angeordnet werden. Hierzu sind Nucleinsäuren (NS) nötig, bes. Desoxynucleinsäuren (DNS), die die Fähigkeit zur Replikation haben und durch die Anordnung ihrer 4 verschiedenen Kettenglieder (Nucleotide) Informationen überliefern können. – Die aus 20 AS bestehenden Proteine können nicht „replizieren". Ein Eiweißkörper (Enzym) setzt sich aus 2000 Atomen und 20 verschiedenen AS zusammen. – Wie wird die in der DNS-Kette enthaltene Information verwertet? Dazu wird eine Kopie der DNS durch Boten-Ribonucleinsäure (Messenger RNS) hergestellt und auf eine Stützstruktur im Zellkörper, den Ribosomen, aufgespannt. Um die Kopie „lesen" zu können, müssen die AS „aktiviert" werden. Sie werden dabei mit einem angehängten „Schlüssel" von übertragender, löslicher RNS versehen, der direkt in die dazugehörige Matrize der Messenger RNS paßt. Die so markierten AS lagern sich dadurch der Matrize in der richtigen Reihenfolge an und werden schließlich zu einem vielgliedrigen Strang verschweißt. – Die Frage, wie der aus 4 auswechselbaren Elementen (2 Adenin- und 2 Purinbasen) bestehende Kode der NS die Sequenz der 20 AS eines Enzyms bestimmen kann, wird heute wie folgt beantwortet: 3 aufeinanderfolgende Nucleotide werden als Kodon bezeichnet und kodieren für je eine AS. Da sich noch einige Unstimmigkeiten ergeben, ist der Kode anscheinend „entartet" (mathematischer Ausdruck), denn mehrere 3er Gruppen bestimmen die gleiche AS. – Wichtiger ist, daß der Kode universell zu sein scheint, da z. B. Tabakpflanzen auch den Kode einer Bakterien-NS zu lesen vermögen und ebenso Bakterien denjenigen eines Phagen, da das Bakterium nach Eindringen der Phagennucleinsäure nur noch Phageneiweiß produziert. – Erarbeitet wurden diese Ergebnisse hauptsächlich durch die Bakterien- bzw. Virus-Genetik und Biochemie. P. Hertwig. 1656.

Gromov, A. M. und Poleckij, V. A. (Gromow, A. M. und Polezki, W. A.) Vlijanie geterogennoj krovi na organizm kur. **(Der Einfluß von heterogenem Blut auf den Organismus der Hühner.)** Životnovodstvo, Moskva **24** (1962) Nr. 10. S. 83–85.
Bei Blutübertragungen zur vegetativen Hybridisierung erhielten Weiße Leghorn und ihre Nachkommen in den Brustmuskel 12 Blutinjektionen von Australorps und Bronzeputen. Gewicht und Schale der Eier veränderten sich nicht, während beim Rezipienten Gefieder, Läufe und Schnabel dunkler wurden und das Lgw. anstieg. Bei den vegetativen F_6-Kreuzungstieren aus Weiße Leghorn × Bronzeputen enthält die Leber 35% mehr Gesamt-N als bei den Ausgangsrezipienten und weniger als bei den Blutspendern; ebenso verhält es sich mit dem Gehalt an Rest-N, Gesamtphosphor (16% mehr als bei den Erstrezipienten), säurelöslichem Phosphor, Phosphatiden und Lipoiden. Insgesamt erfolgt eine Steigerung des gesamten physiol. Tonus und eine Verstärkung des Stoffwechsels bei den Rezipienten. F. Schenk. 1670.

Edwards, A. W. F. Migrational selection. **(Selektion durch Migration.)** Heredity **18** (1963) Nr. 1. S. 101–106.
Vf. gibt eine mathematische Analyse der Selektion durch Migration, indem er diese in Zusammenhang mit der disruptiven Selektion betrachtet. An einem Beispiel wird gezeigt, wie ein Gengleichgewicht erreicht wird und welcher Einfluß auf die genetische Varianz des entspr. Merkmales vorliegt. D. Rasch. 1675.

Krosegk, G.; Bonn. **Die Blutgruppenforschung beim Huhn.** Dtsch. Geflügelwirtsch. **14** (1962) Nr. 50. S. 647–649.; Nr. 51. S. 656–659. – 24 Tab.
Vf. beschreibt die Methodik der Blutgruppenbestimmung beim Huhn nach Briles und Mitarbeitern (1950) und Gilmour (1958) in ausführlicher Weise. Im einzelnen wird über die Gewinnung und Aufbewahrung der Erythrocyten, die Herstellung von Immunseren, die Reindarstellung von Testseren, die Verwendung von Phytoagglutininen, die gruppenspezifische Variola-Vaccina-Virus-Haemagglutination und den Blutgruppentest beim Huhn berichtet. Die Möglichkeiten der praktischen Anwendung der Blutgruppenforschung in der Geflügelzucht werden von Vf. an Hand umfangreicher Versuchsergebnisse von Briles und Gilmour erläutert. U. Hofmann. 1690.

Moyano, Amador Jover; Cordoba, España, Fac. de Veterin., Dep. de Zootecn. Grupos sanguineos en el palomo deportista. **(Die Blutgruppen der Sporttauben.)** Arch. Zootecn. [Cordoba] **11** (1962) Nr. 42. S. 169–183. – 2 Abb., 1 Tab., 42 Lit. Zus. in Engl.
Mit Hilfe von Hetero- und Isoimmunseren sowie mit Testseren zur Blutgruppenbestimmung beim Menschen wurden Blutproben von 108 Tauben in einem Agglutinationstest untersucht. Es ergab sich bei den Faktoren A_1 und A_2 eine gute Übereinstimmung zwischen der gefundenen und der erwarteten Häufigkeit. B. Busch. 1690.

Kosičenko, L. P. (Kossitschenko, L. P.); Suchumi, Inst. für Exp. Pathol. und Therapie der Akad. der Med. Wiss. der UdSSR, Lab. für Genetik. Sutočnaja periodičnost' mitozov u myšej posle vozdejstvija γ-lučami. **(Die 24-Stundenperiodizität des Mitoserhythmus nach Einwirkung von Gammastrahlen auf Mäuse.)** Bjulleteń ėksperimental'noj biologii i mediciny, Moskva **55(28)** (1963) Nr. 1. S. 114–117. – 1 Tab., 8 Lit. Zus. in Engl.
In der vorliegenden Arbeit wurde die Wirkung ionisierender Strahlen auf die mitotische Aktivität des Cornea-Epithels der Maus untersucht. Die Bestrahlung wurde mit einer 4000 Curie ^{60}Co-Quelle durchgeführt; Dosis: 190 r und 400 r Gamma-Ganzkörperbestrahlung. Im 24-Std.-Rhythmus wurde die max. Teilungsrate 8 Uhr vormittags, das Minimum 8 Uhr abends festgestellt. Durch beide Dosen konnte keine signifikante Verschiebung des Mitoserhythmus erreicht werden. Bei 400 r zeigt sich die Tendenz zu einer höheren Zellteilungsrate innerhalb 24 Std. H. Fischer. 1695.

D. FORTPFLANZUNG

Bengtsson, G., Ewaldsson, B., Hansson, E. und Ullberg, S.; Stockholm, Roy. Veterin. Coll., Dep. of Pharmakol.; Dep. of Genetics and Animal Hyg. Distribution and fate of ^{131}I in the mammalian ovary. **(Verteilung und Verhalten von ^{131}J im Säugetierovar.)** Acta endocrinol. [Copenhagen] **42** (1963) Nr. 1. S. 122–128. – 3 Abb., 3 Tab., 15 Lit.
An Mäusen, Ratten, Kaninchen und Katzen wurden nach der Technik von Ullberg (1954, 1958) zunächst autoradiographische Untersuchungen über die Verteilung von ^{131}J im Ovar durchgeführt. Z. T. waren die Tiere mit PMS oder HCG vorbehandelt worden, um das Follikelwachstum zu stimulieren. Es zeigte sich, daß bis zu 4 Std. nach der Injektion von 200–2000 μc ^{131}J die Radioaktivität vorwiegend in den Granulosazellen der Graaf'schen Follikel, nach 24 Std. aber im Follikelsekret konzentriert war. Die Gelbkörper wiesen nur wenig Aktivität auf. Präcipitations- und Dialyseversuche wurden an Kaninchen und Katzen durchgeführt, die mit HCG vorbehandelt waren und denen 1,5 mc Na^{131}J i. v. appliziert wurden. Die Untersuchungen ergaben, daß das Jod nicht an Eiweiß gebunden war, sondern wahrscheinlich als Jodid vorlag. F. Döcke. 1763.

Cvetkova, V. A. (Zwetkowa, W. A.) Vlijanie gonadotropnych gormonov gipofiza na jaičniki svinej. **(Der Einfluß der gonadotropen Hypophysenhor-**

mone auf die Eierstöcke bei Schweinen.) Tr. Ul'janovskogo s.-ch. in- ta 8 (1961) Nr. 2. S. 185–194. — Aus: Referativnyj žurnal. Biologija, Moskva **1962** Nr. 23. L 57. S. 7.

In 30 Versuchen wurden die Hypophysen 4–12 Mon. alter Jungsauen verwendet. Die Injektion einer Suspension dieser Drüsen bei infantilen weißen Mäusen stimuliert die Funktion des Geschlechtsapparates, bes. der Eierstöcke. Hyperämie sowie Umfangsvergrößerung und Gewichtserhöhung sind zu beobachten. In den Geweben des Eierstockes gehen progressive Veränderungen vor sich. Die Hypophysen von Jungsauen im Alter von 4–6 Mon. sondern ein vorwiegend die Follikelentwicklung stimulierendes Hormon ab, im 7. Mon. und später wird noch ein luteinisierendes Hormon abgegeben. übersetzt v. Ch. Eshkowa. 1763.

Southcott, W. H., Braden, A. W. H. und Moule, G. R.; Armidale, New South Wales, C. S. I. R. O., Pastoral Res. Lab., Div. of Animal Physiol.; Prospect, New South Wales, C. S. I. R. O., Jan Clunies Ross Animal Res. Lab., Div. of Physiol. Synchronization of oestrus in sheep by an orally active progesterone derivative. **(Brunstsynchronisation beim Schaf mittels eines oral aktiven Progesteronabkömmlings.)** Austral. J. agric. Res. **13** (1962) Nr. 5. S. 901–906. — 2 Abb., 18 Lit.

In einem Vorversuch mit 40 Merinoschafen von 45 kg Lgw. zeigte sich, daß bei tägl. oraler Verabreichung von 60 mg 6-Methyl-17-acetoxyprogesteron (**I**) über 14 Tage der Oestrus während der Behandlung vollständig unterdrückt wurde und alle Tiere innerhalb von 6 Tagen nach der letzten Injektion Brunst zeigten, die mittels Suchböcken mit Farbbeutel festgestellt wurde. 7 von 10 Tieren konzipierten und lammten. Niedrigere Dosen waren weniger wirkungsvoll. Im Hauptversuch erhielten über 17 Tage 39 Schafe 50 mg **I**/Tag oral, 38 Tiere 10 mg Progesteron (**II**) i. m. jeden 2. Tag, und 19 Tiere dienten als Kontrolle. Einige Tiere jeder Gruppe kamen während des Behandlungszeitraumes zur Brunst. 75% der Schafe beider Behandlungsgruppen wurden innerhalb 6 Tagen nach der letzten Injektion brünstig. Nach **I** lammten 15 von 29 und nach **II** 11 von 29 belegten Tieren. Durch zusätzliche Injektion von 500 IE PMS (24 Std. nach der letzten Gestagenverabreichung) und 600 IE HCG (nach weiteren 24 Std.) wurde nicht die Variabilität im Brunsteintritt, sondern nur die Zahl der brünstigen Tiere geringgradig reduziert. F. Döcke. 1765.

Lamming, G. E. The use of hormones to induce extra-seasonal breeding in sheep. **(Der Einsatz von Hormonen zur Auslösung der Fortpflanzung außerhalb der Brunst.)** Univ. Nottingham, Rep. School Agric. **1961** (hrsg. 1962) S. 80–85. — 2 Tab., 1 Lit.

1960 wurden 4 Herden in 2 Gruppen getestet. Alle Mutterschafe erhielten 50 mg Progesteron i. m. am 1., 4. und 7. und 850 IE PMS am 9. Tage. Die Hälfte dieser Mutterschafe wurde beim Eintritt der Brunst nach dem 9. Tage mit intakten Böcken gepaart. Die andere Hälfte erhielt am 17., 20. und 23. Tage 50 mg Progesteron i. m. und 850 IE PMS am 25. Tage. In der 2. Herde wurde, da die Lämmer dort früh geboren und erst vor kurzem abgesetzt waren, nur eine Dosis jedes Präparates appliziert. Den Ergebnissen zufolge wird durch das Säugen der Erfolg der Bemühungen um eine Auslösung der Brunst gemindert. Die 2malige Injektion erhöhte zwar die Zahl der brünstigen Schafe und den Befruchtungssatz, das Gesamtergebnis befriedigte jedoch nicht. 1961 erfolgte die Versuchswiederholung mit einer 3. Gruppe von Mutterschafen, die i. allg. 2–3 Tage nach dem Absetzen gepaart wurden. Im Vergleich mit den hormonell behandelten laktierenden Mutterschafen wurden nach einer 2maligen Injektion eine größere Zahl brünstiger Tiere und eine bessere Befruchtungsrate erzielt. Die im Jan. ablammende Gruppe reagierte günstiger als die später ablammende. H. Busse. 1765.

Meschaks, P. und Nordkvist, M. On the sexual cycle in the reindeer male. **(Über den Sexualzyklus bei männlichen Rentieren.)** Acta veterin. scand. **3** (1962) Nr. 2. S. 151–162. – 9 Abb., 17 Lit. Zus. in Schwed., Dtsch.
Rentiere sind monoestrische, halbdomestizierte Wiederkäuer. Sie weisen zyklische Veränderungen in der Spermatogenese, dem Hornwachstum, dem Sexualverhalten und der Exkretion der Zimmermann-Chromogene im Harn auf (m-Dinitrobenzyen-Farbreaktion, modifiziert nach Zimmermann, 1945). Diese zyklischen Veränderungen treten regelmäßig auch dann auf, wenn die männl. Tiere mehrere Jahre von den weibl. getrennt sind. Für die Winterperiode Jan.–Febr. sind kleine Hoden und eine niedrige Zimmermann-Chromogenkonzentration (12–15 mg/l) typisch. In dieser Zeit werfen die meisten Bullen ihr Geweih ab. Im Frühjahr und Sommer, während der Periode der Reaktivierung, beginnt die Spermatogenese, das Geweih wächst, und das Winterhaar wird gewechselt. Die Chromogenkonzentration beträgt zu dieser Zeit ca. 20–23 mg/l. In der Zeitspanne Aug.-Dez. kommt es zur Geweihreifung, zur Vergrößerung der Hoden, zur Brunst und zur postoestralen Regression des germinativen Epithels. Die Chromogenkonzentration liegt jetzt bei 30-40 mg/l. Die Konzentration dieser Urochromogene wird als Zeichen der Stoffwechselvorgänge und der hormonalen Aktivität während des Sexualzyklus gedeutet. H. Busse. 1771.

Baširov, È. B. (Baschirow, E. B.); Aserbaidshan, Forsch.-Inst. für Tierzucht. Novyj metod podgotovki i ispol'zovanija proizvoditelej i probnikov. **(Ein neues Verfahren der Vorbereitung und Nutzung von männlichen Zucht- und Probiertieren.)** Životnovodstvo, Moskva **24** (1962) Nr. 7. S. 63–66. – 2 Abb.
Wenn bei Büffeln, Bullen und Schafböcken im Alter von 7 Mon. Praeputium und Penis unter einem Winkel von 30–35 ° (bei Büffeln und Bullen) bzw. 40–45° (bei Schafböcken) operativ versetzt werden, verkürzt sich bei diesen Tieren die Dauer der Geschlechtsreflexe (Annäherung an das weibl. Tier bis zur Ejakulation) von 649 auf 112 Sek. (Büffel-I), von 141 auf 69 Sek. (Bulle – II) und von 27 auf 24 Sek. (Schafböcke – III). Während vor der Operation zur Gewinnung eines Ejakulats bei **I** 2,1 Sprünge auf das Phantom erforderlich waren, sank diese Zahl danach auf 1,2 ab; bei **II** waren es entspr. 2,5 und 1,15, bei **III** – 1,52 und 1,33 Sprünge. Die Hemmung der Geschlechtsreflexe entfiel. Bei der gleichen Zahl der Sprünge stieg das Volumen eines Ejakulats um 58 (I), 56 (II) und 7% (III), die Resistenz des Spermas um 55;17 und 6% und die Spermienkonzentration um 58, 74 und 11%. Die operierten Tiere können als Probiertiere und zur Spermagewinnung für die KB herangezogen werden. F. Schenk. 1771.

Jenichen, Wolfram und Baum, Winfried. **Die Sexualpause der Bullen und ihr Einfluß auf den Befruchtungserfolg in der künstlichen Besamung.** Zuchthyg., Fortpflanzungsstör. Besam. Haustiere **6** (1962) Nr. 3. S. 134–145. – 1 Abb., 2 Tab., 40 Lit.
Von den Vff. wird angegeben, daß das in der Lit. gefundene Sexualintervall für den Besamungsbullen zwischen 2 und 8 Tagen variiert. Demzufolge wurden an einem Material von 20 Bullen und 295 Ejakulaten mit 13076 Gesamtbesamungen 5 verschiedener Sexualpausengruppen nochmals Untersuchungen angestellt. Es ergab sich bei diesen Versuchen, daß von einer dauernden stärkeren Beanspruchung der Besamungsbullen – jeden 2. oder 3. Tag 2 Ejakulationen – abgeraten werden muß. Die Forderung nach einer über 6 Tage hinausgehenden Sexualpause kann nicht mehr aufrechterhalten werden. Damit wird keine Verbesserung der Befruchtungstüchtigkeit der Ejakulate erreicht. Die richtige, angemessene psychosexuelle Stimulation der Besamungsbullen nach ihrer jeweiligen Verhaltensweise wird gefordert, um qualitativ günstige Ejakulate für die Besamungspraxis zu gewinnen. Ein monatl. Einfluß hinsichtlich der Erzielung einer zeitweiligen Minder-

fruchtbarkeit kann in Wechselwirkung mit verstärkter übermäßiger Sexualbeanspruchung der Bullen eintreten. Die Notwendigkeit eines Absamplanes für die Besamungsstationen, bei dem die Individualität des Besamungsbullen Berücksichtigung finden muß, wird bes. herausgestellt, damit durch Regelmäßigkeit der Samenentnahmen die Spermiogenese und die Befruchtungskapazität der Ejakulate in günstiger Richtung beeinflußt werden.
W. Jenichen. 1775.

Prabhu, S. S. und Bhaya, K. D.; Izatnagar, Uttar Pradesh, Indian Veterin. Res. Inst. Semen and reaction time of buffalo-bulls kept on different levels of protein. I. **(Samen und Reaktionszeit von Büffelbullen nach verschiedenem Proteinangebot. 1. Mitt.)** Indian J. veterin. Sci. Animal Husbandry **32** (1962) Nr. 2. S. 97–105. — 3 Tab., 9 Lit.

Wenngleich ein Proteinangebot von 25% und 50% die Eigenschaften des Spermas von 6 Versuchsbullen nicht signifikant beeinflußte, konnte doch eine Tendenz zur Verminderung der Spermienbildung durch Herabsetzung der Proteingabe beobachtet werden. Diese Beobachtung muß an einer größeren Zahl Versuchstiere bestätigt werden. J. Bergfeld. 1775.

Dickmann, Z.; Cambridge, Univ., A. R. C. Unit of Reproduct. Physiol. Experiments on interspecific sperm penetration through the zona pellucida. **(Versuche zur zwischenartlichen Spermienpenetration durch die Zona pellucida.)** J. Reproduct. Fertility **4** (1962) Nr. 2. S. 121–124. — 2 Abb., 1 Tab., 2 Lit.

Um weitere Informationen über den Vorgang der Spermienpenetration durch die Zona pellucida der Eizelle zu erhalten, wurde bei infantilen weibl. Ratten eine Superovulation mittels PMS und HCG ausgelöst. 1–3 bzw. 7–10 Std. post ovul. wurden die Eizellen gewonnen und in beide Tuben von Empfängerkaninchen übertragen, die 10–12 Std. vorher belegt worden waren. Bei einem Teil der Eier wurden die Cumuluszellen vor der Transplantation mittels Hyaluronidase entfernt. 7–11 Std. post transplant. wurden die Eizellen aus den Kanincheneileitern gewonnen und mikroskopisch beurteilt. 83% der Ratteneizellen und ca. 92% der ovulierten Kanincheneizellen wurden wiedergewonnen. Von den 673 Ratteneiern enthielt eines ein, wahrscheinlich anormales, Kaninchenspermium im perivitellinen Raum, während sich in nahezu allen Kanincheneizellen Spermien fanden. Bei 73 Ratteneiern lagen 1 oder 2 Spermien an der Zona pellucida. Verschiedene mögliche Ursachen für das Unvermögen der Kaninchenspermien, in die Ratteneizelle einzudringen, werden diskutiert. F. Döcke. 1785.

Šatalov, P. I. (Schatalow, P. I.) Primenenie krovi žerebych kobyl dlja povyšenija plodovitosti sel'skochozjajstvennych životnych. **(Die Verwendung von Blut tragender Stuten zur Steigerung der Fruchtbarkeit landwirtschaftlicher Nutztiere.)** Tr. Mosk. vet. akad. **40** (1961) S. 79–82. — Aus: Referativnyj žurnal. Biologija, Moskva **1962** Nr. 10. L 1. S. 1.

Im Jahre 1960 fand eine großangelegte Prüfung der Anwendung von Plasma, Citratblut und Erythrocytenmasse tragender Stuten an Schafen und Kühen statt. Die Aktivität des Plasmas und des Citratblutes blieb nicht hinter der Aktivität von Serum zurück. Die Verwendung von Plasma und Citratblut in den Kolchosen und Sowchosen des Gebietes Rostow ermöglichte es, die Lammzeit der Schafe von März–Mai auf Dez.–Febr. zu verlegen. Die Lammung vollzog sich in kürzerer Frist; die Lämmer waren widerstandsfähiger gegen die Veränderungen der klimatischen Bedingungen und der Fütterung im Sommer. Serum, Plasma und Citratblut übten einen günstigen Einfluß auf die Kühe aus. Das Serum und das Citratblut können in trockenem Zustande lange Zeit ihre Aktivität bewahren.
übersetzt v. Th. C. Boetticher. 1792.

Doroškov, V. B. (Doroschkow, W. B.); Poltawa, Forsch.-Inst. für Schweinezucht. Vlijanie tkanevych preparatov na funkciju jaičnikov i plodovitost' svinomatok. **(Der Einfluß von Gewebepräparaten auf die Funktion der Eierstöcke und die Fruchtbarkeit der Sauen.)** Svinovodstvo, Moskva **16** (1962) Nr. 7. S. 34–35. — 1 Tab.
Das Durchschnittsgewicht der Eierstöcke und die Durchschnittszahl der ovulierten Follikel lagen bei allen Versuchssauen (I) höher als bei den Kontrollsauen (II). Die Anzahl der Zygoten mit richtiger Form der Blastomeren betrug bei I — 82,1 und bei II — 72,3%. Am 45. Trächtigkeitstag lag die potentielle Fruchtbarkeit bei 17,2 (I) und 15 (II) reifen Eizellen, am 90. Trächtigkeitstag bei 16,8 (I) und 15,2 (!) (II) reifen Eizellen. Die Zahl der lebenden Embryonen betrug am 45. Tag 13,8 (je 23,2 g) bei I und 11 (je 20,5 g) bei II bzw. am 90. Tag 12,8 (je 524 g) bei I und 10 (je 480,3 g) bei II. Das Geburtsgewicht der Ferkel lag bei 1256,3 g (II) und 1376,5 g (I), die durchschnittl. Wurfgröße bei 10 (I) und 8,1 Ferkeln (II). Die besten Ergebnisse brachten Placenta-Gewebepräparate, die die 5–6 Mon. alten Sauen 2- bis 3mal in einem Intervall von 15–20 Tagen und die 9–10 Mon. alten Sauen ebenfalls 2- bis 3mal mit gleichem Zwischenraum erhielten.
F. Schenk. 1792.

Aranovskij, Ja. V. (Aranowski, Ja. W.) Primenenie antibiotikov v komplekse meroprijatij, povyšajuščich plodotvorjaemost' korov. **(Die Verwendung von Antibiotica als eine der Maßnahmen zur Erhöhung der Befruchtungsrate beim Rind.)** Tr. Kaliningr. n.-i. vet. st. **1961** Nr. 2. S. 131–132. — Aus: Referativnyj žurnal. Biologija, Moskva **1962** Nr. 12. L 89. S. 13.
Der Versuch wurde an 8 Kühen durchgeführt, von denen 6 bei wiederholten Besamungen unfruchtbar blieben und 2 Nachgeburtserkrankungen hatten. 12 Std. nach KB spritzte man den Kühen eine Lösung von 500000 IE Penicillin in 50 ml einer 1%igen Chlornatriumlösung in die Gebärmutter. Alle 8 Kühe nahmen auf: 5 Kühe nach der ersten, 2 nach der zweiten und 1 Kuh nach der dritten Besamung. Auf der Station für KB in Neman fügt man seit 1959 zu 10 ml Verdünner 50 mg Streptomycin, 30 mg Penicillin und 120 mg weißes Streptocid hinzu. Im Kolchos „Schepetowski" betrug die Unfruchtbarkeit der Kühe 36%. Nach Zugabe von Antibiotica zum Verdünner waren von 116 Kühen der Farm 108 (93%) tragend. Auf dem Sowchos „Nemanski" betrug die Unfruchtbarkeit 78%. Nach der Anwendung von Antibiotica waren 95% der Kühe tragend. übersetzt v. Ch. Eshkowa. 1792.

Hafez, E. S. E.; Pullman, Washington State Univ., Dep. of Animal Sci. Effects of antibiotics on viability of fertilized rabbit ova in vitro. **(Die Wirkung von Antibiotica auf die Lebensfähigkeit befruchteter Kanincheneier in vitro.)** Fertility and Sterility **13** (1962) Nr. 6. S. 583–597. — 13 Abb., 5 Tab., 10 Lit.
Bei 101 Spenderkaninchen wurde mittels „Equinex" (PMS) und HCG eine Superovulation ausgelöst. 40 Std. nach der Paarung wurden die Eizellen aus den Tuben ausgespült und mikroskopisch auf morphol. Defekte untersucht. Die 2 oder 7 Tage lange Aufbewahrung der 1939 befruchteten normalen Eizellen erfolgte bei 10 °C in einem 1:1-Gemisch von Serum und physiol. Salzlösung, wobei jeweils zur Hälfte der Eier eines Spenders eines von folgenden Antibiotica in unterschiedlicher Konzentration zugegeben wurde: Streptomycinsulfat, Chloromycetin, Paromomycinsulfat, Penicillin-G-Procain und Penicillin-G-Kalium. In einigen Fällen wurde außerdem Gelatine (7%) zugesetzt. Anschließend wurden die Eier auf 144 synchronisierte Spender übertragen. 8 bzw. 15 Tage nach der Paarung mit einem vasektomierten Rammler wurde die Zahl der Implantationen bzw. Embryonen bestimmt. — Durch 7,5 mg Streptomycin, 4 mg Chloromycetin, 6,5 mg Paromomycin oder 23,9 mg Penicillin/ml wurde das Überleben der Eizellen nicht beein-

flußt. Höhere Dosen hemmten das Überleben teilweise oder vollständig, wahrscheinlich auf Grund von Verschiebungen im pH-Wert. Die einzelnen Eizellen variierten stark in ihrer Resistenz gegenüber den Antibiotica. Eine Verbesserung des Überlebens der Eier durch geringere Antibioticadosen wurde ebensowenig beobachtet wie eine Beeinflussung der Embryonalentwicklung durch die Aufbewahrung in Antibiotica. F. Döcke. 1814.

Holm, L. W. und Short, R. V.; Cambridge, Univ. of Cambridge, Dep. of Veterin. Clin. Studies. Progesterone in the peripheral blood of Guernsey and Friesian cows during prolonged gestation. **(Progesteron im peripheren Blut von Guernsey- und Friesischen Kühen bei verlängerter Trächtigkeitsdauer.)** J. Reproduct. Fertility **4** (1962) Nr. 2. S. 137–141. — 2 Tab., 19 Lit.

Vff. bestimmten bei 5 übertragenden Kühen (bis zu 92 Tagen über den erwarteten Termin) die Progesteronkonzentration im Blut (Plasmaextraktion nach Short mit anschließender Chromatographie). Die Progesteronwerte in der Zeit jenseits der normalen Trächtigkeitsdauer entsprachen etwa denen, die bei normalen Kühen um die Mitte der Trächtigkeit gefunden werden. Kurz vor dem errechneten Geburtstermin fand sich bei den Tieren mit verlängerter Trächtigkeitsdauer kein Abfall des Progesteronspiegels im Blut, wie er für normale Kühe charakteristisch ist. H. Grychtolik. 1830.

Orsini, Margaret Ward und Meyer, Roland K;. Wisconsin, Mad., Univ., Dep. of Anatomy and Zool. Effect of varying doses of progesterone on implantation in the ovariectomized hamster. **(Der Einfluß unterschiedlicher Progesterondosen auf die Implantation beim ovariektomierten Hamster.)** Proc. Soc. exp. Biol. Med. **110** (1962) Nr. 4. S. 713–715. – 1 Tab., 5 Lit.

Bei am 2. Tag post cop. ovariektomierten weibl. Hamstern war die Implantation der Embryonen im Uterus nicht verzögert, wenn die Tiere 0,25–2 mg/Tag Progesteron s. c. injiziert erhielten. Bei 0,125 mg/Tag sank die Implantationsrate ab, und bei 0,0625 mg traten nur in seltenen Fällen Nidationen ein, wobei es meist noch nachträglich zu einer Resorption der Früchte kam. Durch 0,0312 mg Progesteron konnten keine Implantationen erzielt werden. 1 μg Oestron/Tag war allein unwirksam und verbesserte den Progesteroneffekt nicht. F. Döcke. 1830.

Šumkina, O. B. (Schumkina, O. B.); Moskau, Sewerzow-Inst. für Tiermorphol. der Akad. der Wiss. der UdSSR. Razvitie zarodyševogo puzyrja karakul'skoj ovcy. **(Entwicklung der Eihäute bei Karakulschafen.)** Trudy Instituta morfologii životnych im. A. N. Severcova. Akademija nauk SSSR, Moskva **31** (1960) S. 124–133. — 5 Abb., 1 Tab., 17 Lit.

Vf. wertet eigene Versuche über die Entwicklung von Keimbläschen und Eihäuten bei Schafen und anderen Paarhufern aus, wobei in starkem Maße auch andere Autoren zum gleichen Thema zitiert werden. Hauptsächlich werden Wachstumsperioden und -geschwindigkeiten, Entwicklungsformen und -längen der Fruchtblase, der Eihäute bzw. des Embryos mitgeteilt und die Daten mit denen anderer Tierarten verglichen. M. Achmedowa. 1840.

Adunc, G. T. und Simonjan, A. A. (Adunz, G. T. und Simonjan, A. A.); Inst. für Biochem. der Akad. der Wiss. der Armen. SSR. Izučenie dinamiki aktivnosti fosfoproteinfosfatazy v tečenie razvitija kurinogo ėmbriona. **(Untersuchung der Aktivitätsdynamik der Phosphoproteinphosphatase während der Entwicklung des Hühnerembryos.)** Izvestija Akademii nauk Armjanskoj SSR. Biologičeskie nauki, Erevan **15** (1962) Nr. 9. S. 35–45. — 7 Abb., 19 Lit. Orig.: russ., Ausz. armen. 1840.

Rader, E. R., Ludwick, T. M. und Richardson, D. O.; Columbus, Ohio Agric. Exp. Stat., Dep. of Dairy Sci. Abnormal mammary development of the young dairy heifer and its association with future performance. **(Ab-**

norme Euterentwicklung bei der Färse und deren Beziehung zur künftigen Leistung.) J. Dairy Sci. **45** (1962) Nr. 11. S. 1348–1352.

Vff. geben einen zusammenfassenden Bericht über Untersuchungen an 22 Färsen, deren Euterentwicklung im Frühstadium abnorme Veränderungen im Vergleich zu normal veranlagten Tieren erkennen ließen. Von 22 Tieren' bei denen schon als Färsen mit abnormer Entwicklung gerechnet worden war, wurden 59% als leistungsschwach ermittelt, wenn sie in Laktation kamen. Die restlichen Tiere hatten beträchtliche Euterschäden. Ein ziemlich hoher Prozentsatz einer weiteren Färsengruppe mit Euterveränderungen wurde als zuchtuntauglich verkauft. Es besteht daher die Vermutung, daß eine Entwicklungshemmung des Milchdrüsensystems, dem sekundären Geschlechtsorgan, im Zusammenhang mit den endokrinen Funktionen steht, die ausschlaggebend für die Leistung sind. W. Gimmler. 1862.

Gorodeckaja, T. K. (Gorodezkaja, T. K.) Ispol'zovanie metodiki tenzometrii dlja zapisi pletismogramm soska u korov. Soobšč. 1. **(Die Anwendung der Tensometer-Methode zum Aufzeichnen von Plethysmogrammen der Zitze beim Rind. 1. Mitt.)** Vsb.: Fiziol. s.-ch. životnych, Moskva **1962** S. 367–371. — Aus: Referativnyj žurnal. Biologija, Moskva **1962** Nr. 22. L 96. S. 17.

Die Tensometer-Methode ermöglicht es, den Vorgang des Blutzustromes in die Zitzen der Milchkühe zu untersuchen. Dabei werden die Gefäß- und Muskelreaktionen der Zitze berücksichtigt. Der Blutzustrom in die Zitze verändert sich während des Melkens stark. übersetzt v. Ch. Eshkowa. 1862.

Moon, Richard C.; Memphis, Univ. of Tennessee, Dep. of Physiol. Mammary gland cell content during various phases of lactation. **(Der Zellgehalt der Milchdrüse während verschiedener Phasen der Laktation.)** Amer. J. Physiol. **203** (1962) Nr. 5. S. 939–941. — 1 Tab., 16 Lit.

Der Gehalt der Milchdrüse an Desoxyribonucleinsäure (DNS) wurde als Index für den Zellstatus von Rattenmilchdrüsen gegen Ende der Trächtigkeit (20. Tag), frischer (1. Tag), intensiver (14. Tag) und absteigender (28. Tag) Laktation untersucht. Die Ergebnisse zeigen, daß die Zellproliferation der Milchdrüse (gemessen am DNS-Gehalt) schon gegen Ende der Trächtigkeit und dann bis zur Höhe der Laktation zu-, auf dem absteigenden Aste aber wieder abnimmt. R. Neseni. 1864.

Lascelles, A. K. The absorption of serum albumin and casein from the mammary gland of the Merino ewe. **(Die Absorption von Serumalbumin und Casein aus der Milchdrüse beim Merinoschaf.)** Quart. J. exp. Physiol. cognate med. Sci. **47** (1962) Nr. 1. S. 48–56. — 3 Abb., 3 Tab., 25 Lit.

Bei Merinoschafen im 1. Abschnitt der Laktation wurde nach dem Anbringen von Kathetern in den Euterlymphgefäßen ^{131}J-Humanserumalbumin und Casein über den Strichkanal in die leere Drüsenzisterne verbracht. Die Tiere wurden anschließend nicht gemolken und Plasma-, Lymph- und Harnproben innerhalb der folgenden 1–2 Wochen auf das Vorkommen von Radioaktivität untersucht. Es konnte festgestellt werden, daß ^{131}J-Albumin aus dem Euter unverändert resorbiert wird. Der Verlauf der Resorptionskurve ist von der Dehnung des Euters abhängig. Ebenso wird Casein unverändert in die Lymphgefäße aufgenommen; es tritt nach Abgabe in die interstitielle Flüssigkeit jedoch rasch in den Blutstrom über. Die Radioaktivität von Lymphe und Plasma und etwa die Hälfte der Radioaktivität des Urins waren an Protein gebunden. Nach der i. v. Zufuhr von markiertem Casein verminderte sich die Aktivität des Plasmas rasch mit einer Halbwertszeit von weniger als 30 Min. Nach 1 Std. war ein Ausgleich zwischen Lymphe und Plasma eingetreten. Ca. 15–20% der zugeführten Radioaktivität wurden, an Casein gebunden, in der Milch wiedergefunden. Das Maximum der Radioaktivität

der Milch wurde 2–3 Std. nach der Applikation festgestellt. Aus den Untersuchungen wird der Schluß gezogen, daß die Lymphgefäße des Euters eine bedeutsame Rolle für die Rückresorption des Albumins aus der interstitiellen Flüssigkeit besitzen. Die Ergebnisse werden im Hinblick auf die verschiedenen phys. chem. Formen des Vorkommens von Casein diskutiert.
H. Gürtler. 1864.

Anonym. Ėffektivnost' novogo metoda kastracii životnych. **(Der Nutzeffekt der neuen Kastrationsmethode nach Professor Baiburtzjan.)** Životnovodstvo, Moskva **24** (1962) Nr. 8. S. 20–23.
Bei der neuen Methode wird nur das Parenchym der Hoden entfernt, während die Nebenhoden und deren Interstitium erhalten bleiben, so daß zwar die Spermabildung unterbrochen, aber die hormonale Funktion aufrechterhalten wird. Die Operation ist einfach und dauert nur kurze Zeit. Jungbullen und Schafböcke sollen mit 1–2 Mon. operiert werden, Jungeber im Alter bis zu 1 Mon. Nach diesem Verfahren kastrierte Jungbullen wogen mit 5 Mon. 139 kg, die nach dem üblichen Verfahren kastrierten Bullen 125 kg. Hammel wogen mit 7 Mon. 6,6 kg mehr, ihr Wollertrag stieg um 150 g. 4–6 Mon. alte Jungeber wogen 7,3 kg mehr. F. Schenk. 1870.

Collins, W. E., Inskeep, E. K., Dreher, W. H., Tyler, W. J. und Casida, L. E. Effect of age on fertility of bulls in artificial insemination. **(Der Einfluß des Alters auf die Fruchtbarkeit von Besamungsbullen.)** J. Dairy Sci. **45** (1962) Nr. 8. S. 1015–1018.
Von 1947–59 wurde an Hand der 60–90-Tage-Nonreturn-Ergebnisse einer Besamungsstation der Einfluß des Alters auf die Fruchtbarkeit von 91 Holstein- und 66 Guernseybullen untersucht. Die Varianzanalyse ergab bei beiden Rassen eine hoch signifikante Differenz zwischen den Altersgruppen ($P < 0{,}01$). Die Regression zeigte eine hoch signifikante Abnahme der Nonreturn-Rate pro Lebensjahr von 0,31% bei den Holstein- bzw. von 0,50% bei den Guernseybullen. Nicht signifikant waren die Abweichungen von der linearen Regression. W. Schäfer. 1881.

Jakovljevic, D.; Clenfield, New South Wales, Veterin. Res. Stat. Simplified staining of bacterial flagella and spermatozoal filaments. **(Vereinfachte Färbung von Bakterienflagellen und Spermatozoen-Filamenten.)** Austral. veterin. J. **38** (1962) Nr. 8. S. 421–423. – 6 Abb., 1 Tab., 6 Lit.
Für die Klassifizierung der Bakterien spielen die Flagellen eine wichtige Rolle. Ihr färberischer Nachweis ist oft schwierig. Am besten eignen sich junge Bakterienkulturen zur Anfertigung von Ausstrichen, die mit der Mischung einer Beize (Acidum tannicum) und eines Fällungsmittels (Ferrumchlorid, Aluminiumchlorid, Kupfersulfat, Lugolsche Lösung) behandelt werden. Dann wird der Ausstrich mit einer Fontana-Silberlösung bedeckt und bis zur Dampfbildung erhitzt. Die gleiche Methode eignet sich zur Färbung der Spermatozoen. E. Tempel. 1886.

Bedford, J. M. und Chang, M. C.; Shrewsburg, Mass. Removal of decapacitation factor from seminal plasma by high-speed centrifugation. **(Entfernung des Decapitationsfaktors vom Seminalplasma durch Zentrifugieren bei hoher Umdrehungszahl.)** Amer. J. Physiol. **202** (1962) Nr. 1. S. 179–181. – 1 Abb., 1 Tab., 13 Lit.
Der die Reifung der Spermien verhindernde Bestandteil des Seminalplasmas, von Austin „decapitation factor" genannt, konnte durch 3stündige Zentrifugation bei 105000 g in das Sediment gebracht werden. Gefrieren, Erhitzen bis 65 °C oder längere Dialyse störten die Wirksamkeit des Faktors nicht, der im Präzipitat wiedergewonnen werden konnte. Es wird vermutet, daß der voraussichtlich großmolekulare Faktor durch ein Protein oder eine Protein-

verbindung dargestellt wird. Das UV-Spektrum und die Elektrophoresewerte des Zentrifugates werden einer Betrachtung unterzogen.

J. Bergfeld. 1887.

Kojima, Yoshio; Sapporo, Japan, Hokkaido Univ., Fac. of Veterin. Med., Dep. of Veterin. Obstetrics. Electron microscopic study of the bull spermatozoon. **(Elektronenmikroskopische Untersuchungen am Bullenspermium.)** Jap. J. veterin. Res. **10** (1962) Nr. 2. S. 72–74. – Orig.: engl.

Mittels der Suspensionsmethode, der „replica-Methode" und an mittels Ultramikrotom hergestellten Schnitten wurden Spermien von 4 normal fertilen Holstein-Bullen elektronenmikroskopisch untersucht. Es wurden u. a. folgende Befunde erhoben: Die Kopfkappe besteht aus der inneren und äußeren Akrosomenmembran, die ihrerseits aus je 2 Lagen bestehen und am hinteren Rand der Äquatorialzone ineinander übergehen. Der Zwischenraum ist mit der Akrosomensubstanz ausgefüllt. Am basalen Teil des Zellkerns liegen die 2 strukturierten Basalgranula und die Basalplatte, die mit dem Spermienhals in Verbindung steht. Im hinteren Teil besteht der Hals aus 2 Paar lateralen Wurzeln, 3 kleinen Wurzeln auf der dorsalen und 2 kleinen Wurzeln auf der ventralen Seite. Innerhalb dieser Wurzeln liegt die Zentriole, von der die Zentralwurzel ihren Ursprung nimmt, die sich in 11 dünne Fibrillen aufteilt. Der Achsenfaden besteht aus 20 Fibrillen, die aus den Halswurzeln hervorgehen und in einem äußeren und inneren Ring sowie dem zentralen Fibrillenpaar angeordnet sind. Die 2 Mitochondrienspiralen des Mittelstücks winden sich ca. 32mal um den Achsenfaden und bestehen aus der zweischichtigen Mitochondrienmembran, den Mitochondrienlamellen und der Mitochondrienmatrix. Das Spermium ist, von oben gesehen, vollständig symmetrisch, doch unterscheiden sich die dorsale und ventrale Seite sehr deutlich voneinander.

F. Döcke. 1889.

Zvjerjeva, G. V., Čornomaz, L. A. und Čuchrij, B. M. (Swjerjewa, G. W., Tschornomas, L. A. und Tschuchri, B. M.) Pro zastosuvannja rozbavlovača iz suchogo moloka. **(Die Verwendung von Trockenmilch-Verdünner für Bullensperma.)** Nauk. zap. Nauk.-dosl. in-t zemlerobstva i tvarynnyctva zachidn. r-niv URSR **1962** Nr. 1. S. 95-97. – Orig.: ukrain. Aus: Referativnyj žurnal. Biologija, Moskva **1962** Nr. 17. L 127. S. 20.

Es werden Bestandteile und Herstellung der Verdünnungslösung für die Aufbewahrung bei einer Temperatur von 0° und von 10–15 °C beschrieben.

übersetzt v. Ch. Eshkowa. 1891.

Eibl, K., Zoder, H. F. und Hahn, R. **Zur Bedeutung des Keimbefalls im Ebersamen nach der Verdünnung mit eidotterhaltigem Puffer.** Zuchthyg., Fortpflanzungsstör. Besam. Haustiere **6** (1962) Nr. 5. S. 294–304.

Da von den Ebern auf Grund ihrer spez. anatomischen und physiol. Eigenarten meistens nur stark verunreinigtes Sperma gewonnen werden konnte, war die Lebenszeit des Samens stark herabgesetzt. Agglutinationen und Konglutinationen der Samenfäden sind die Anzeichen für eine massive Keimüberwucherung, die nach 4–5 Tagen auftritt. Sie wird von verschiedenen Kältebakterienarten hervorgerufen, unter denen sich auch Sporenbildner befinden. Erhöhte Antibioticazusätze hemmten die Keimvermehrung nicht, schadeten aber dem Samen. Durch verkürzte Abkühlungsgeschwindigkeiten der frischgewonnenen Ejakulate von 35 °C auf 25 °C innerhalb von 7–10 Min. erhöhte sich die Überlebensrate der Spermien, das Keimwachstum verzögerte sich. Es wird an Beipsielen gezeigt, welchen Einfluß die Aufbewahrungstemperaturen für das Auftreten von Bakterien im verdünnten Samen haben. Als bevorzugte Lagerungstemperaturen werden +7 °C bis +8 °C angegeben. Um ein möglichst keimarmes Ejakulat zu gewinnen, wurde das Vaginenmodell von Aamdal zum Modell „NEA" abgeändert. Es werden Bau- und Funktionsprinzip, Ausführung der künstlichen Vagina und ihre Arbeitsweise be-

schrieben. Die geeignetsten Lagergefäße scheinen die fabrikmäßig geschweißten PVC-Schläuche oder gespitzte Lupolenflaschen zu sein.
R. Menzel· 1891.

Sergeev, N. I. (Sergejew, N. I.); Dubrowizy, Gebiet Moskau, Unions-Inst. für Tierzuchtforsch. Povyšenie ėffektivnosti iskusstvennogo osemenenija svinej. **(Die Erhöhung des Nutzeffektes der künstlichen Besamung der Schweine.)** Svinovodstvo, Moskva **17** (1963) Nr. 1. S. 41–42.

Um bei der KB mit Spermadosen von 25; 50 und 100 ml und 1; 2,5 und 5 Md. Spermien eine normale Motorik der Gebärmutter und damit eine bessere Befruchtung zu erzielen, wurden dem verdünnten Sperma in verschiedenen Versuchen Karbocholin (1 mg), Proserin (3 mg), Pituitrin „M" (5 Einheiten), Pituitrin „P" (6 Einheiten) oder Oxytocin (5 IE) zugesetzt. Bei 25 ml Sperma und 1 Md. Spermien betrug die Zahl der lebenden Embryonen am 45. Tag nach der Besamung 87,1% (Versuchstiere) bzw. 35,3% (Kontrolltiere) der Anzahl der befruchteten Eizellen. Die Befruchtung stieg entspr. dem unterschiedlichen Spermavolumen, der Spermienzahl und dem verwendeten Präparat um 8–20% an.
F. Schenk. 1891.

Džabrailov, D. M. und Sel'kin, I. I. (Dshabrailow, D. M. und Selkin, I. I.) Gazirovanie razbavitelja semeni barana. **(Die CO_2-Sättigung des verdünnten Spermas von Zuchtböcken.)** Ovcevodstvo, Moskva 8 (1962) Nr. 9. S. 29–30. — 2 Tab.

Die Untersuchungen wurden mit dem Sperma von Zuchtböcken des Dagestanischen Gebirgsschafes durchgeführt. Die Verdünnung erfolgte im Verhältnis 1:10 mit dem üblichen Glukose-Citrat-Verdünner, dem nur die Hälfte des Eidotters (10 ml auf 100 ml aqua dest.) zugegeben worden war. Die Sättigung der Lösung mit Kohlendioxyd aus einer Stahlflasche erfolgte im Laufe von 30 Min. Nach der Aufbewahrung dieses Spermas bei +18 °C war seine Aktivität 3mal größer als die des Kontrollspermas (Verdünnung 1:2), das bei 0 °C gehalten worden war.
E. Kahn. 1891.

Foote, R. H., Bratton, R. W., Henderson, C. R., Shantz, E. M. und Pollard, J. K.; Ithaca, N.Y., Cornell Univ., Dep. of Animal Husbrandry; Dep. of Botany. Survival of bovine spermatozoa at room temperature in citrate and Cornell University and tris extenders containing whole and fractionated coconut milk. **(Überleben von Bullenspermien bei Zimmertemperatur in Citrat-, Cornell University- und Dreifachverdünnern, die vollwertige und fraktionierte Kokosmilch enthalten.)** J. Dairy Sci. **45** (1962) Nr. 11. S. 1383 bis 1391. — 7 Tab., 23 Lit.

Nach einem beschriebenen Verfahren wurde Kokosmilch in eine neutrale (NF) und eine aktive Fraktion (AF) getrennt. Die Fraktionen wurden an Hand ihrer Wachstumswirkung auf junges Mohrrübengewebe getestet. Sie wurden Bullensperma zugesetzt, das mit einem Citratpuffer verdünnt und 8 Tage bei Zimmertemperatur aufbewahrt wurde. Folgende Anteile überlebender Spermien wurden festgestellt: Citratpuffer allein: 19%; Zusatz von Gesamtkokosmilch: 34%; von NF: 42%; von AF:22% und von NF + AF:36%. Die entspr. Werte für den CUE betrugen: 44, 42, 44, 42 und 42% und für den Dreifachverdünner, der Hydroxymethylaminomethan enthielt, 31, 32, 24, 32 und 30%. Aus den Versuchen ging hervor, daß der CUE den anderen Verdünnern gleichwertig oder überlegen war. Die Kokosmilch weist also keine spez. günstigen Eigenschaften auf, die auf unbekannte Substanzen zurückzuführen wären. Durch eine Zugabe von Eidotter wurde das Spermienüberleben in allen Puffern verbessert.
F. Döcke. 1892.

Pozdnjakov, P. M. (Posdnjakow, P. M.); Alma-Ata, Kasach. Forsch.-Inst. für Tierzucht. Ot čego zavisit oplodotvorjajuščaja sposobnost' semeni pri dlitel'nom chranenii. **(Die Befruchtungsfähigkeit des Spermas bei längerer Aufbewahrung.)** Ovcevodstvo, Moskva 8 (1962) Nr. 9. S. 27–29.

Entspr. Versuche wurden mit 14 Zuchtböcken 4 verschiedener Rassen und 8000 Mutterschafen durchgeführt. Die Spermienkonzentration betrug 2,5 bis 3,5 Md./ml und die Resistenz 20–25000. Die Verdünnung mit dem üblichen Verdünner betrug 1:3, die Dauer der Lagerung 24 Std. bei 0 °C. – Reichhaltige Fütterung stellte sich als Hauptfaktor für gute Samenbildung heraus, wobei diese Fütterung das ganze Jahr über durchgeführt werden muß und nicht erst kurz vor der Deckperiode einsetzen darf. Durch eine hinsichtlich Eiweiß, Carotin und Mineralsalze ausbalanzierte Ration, die vor und während der Deckzeit mengenmäßig zu steigern ist, läßt sich das Volumen des Ejakulats um das 1,5fache erhöhen und die Zahl der Spermien um 40–180% steigern. Aus den Versuchen ging ferner hervor, daß die Resistenz der Spermien vor und nach der Lagerung Hauptkennwert für die Vorbereitung der Zuchtböcke auf die Deckperiode ist. Durch den Zusatz von Penicillin und Streptomycin wird die Befruchtungsfähigkeit des Spermas um 46% erhöht, wobei aber die Transporteignung nur 36 Std. vorhält. E. Kahn. 1892.

Chabibullin, Ch.; Dubrowizy, Gebiet Moskau, Unions-Inst. für Tierzuchtforsch. Semja bykov možno chranit' dolgo. **(Längere Aufbewahrung des Bullenspermas.)** Moločnoe i mjasnoe skotovodstvo, Moskva 7 (1962) Nr. 11. S. 29–30. – 1 Tab.

Das bei −196 °C in flüssigem Stickstoff tiefgefrorene Sperma hat eine Lebensdauer von 1–2 Mon. bis zu 1 Jahr und weist eine höhere Aktivität auf als bei −79 °C eingefrorener Samen. Wird das Sperma nach dem Tiefgefrieren bei −79 °C in Trockeneis aufbewahrt, so sinkt die Aktivität um 10–14%. Dagegen ist der Besamungserfolg des in flüssigem Stickstoff aufbewahrten Spermas gut. Nach dem Auftauen bei 0 °C ist das Sperma nur noch 2–3 Tage einsatzfähig. R. Ihssen. 1892.

Lichačev, A. N. und Kudrjaševa, E. T. (Lichatschow, A. N. und Kudrjaschewa, Je. T.) Bessovnye polistirolovye termosy dlja perevozki semeni. **(Nahtlose Thermosbehälter aus Polystyrol für den Spermatransport.)** Životnovodstvo, Moskva 24 (1962) Nr. 7. S. 60–63. – 2 Abb., 1 Tab.

In einer aus 2 Zylindern bestehenden Form wird aus „Styropora P" (Polystyrolemulsion) durch Blähen und Sintern ein nahtloser Isolationsblock von 305 mm Höhe mit einem Außendurchmesser von 264 mm, einer Wanddicke von 55 mm und einer Bodendicke von 55 mm hergestellt. Der Raum für Eis und Sperma (in einem Chlorvinylbeutel) ist 250 mm tief und hat einen Durchmesser von 154 mm. Das Raumgewicht beträgt 0,035–0,045 g/cm³, die Wärmedurchgangszahl ca. 0,025–0,030 kcal/mh °C. Zur Erhöhung der mechanischen Festigkeit und zur Beseitigung der Hygroskopizität werden die Isolationsblöcke mit 0,5 mm dicken Viniplastplatten verkleidet, die durch einen Überzug aus Polyurethan-Porolon geschützt werden. F. Schenk. 1892.

Serdjuk, S. I. und Golovko, Ju. B. (Serdjuk, S. I. und Golowko, Ju. B.); Balakleja, Gebiet Charkow, Stat. für Künstl. Besam. Landwirtsch. Nutztiere. Osemenenie svinej transportirovannoj spermoj. **(Die Besamung von Schweinen mit transportiertem Sperma.)** Svinovodstvo, Moskva 16 (1962) Nr. 7. S. 18–19 .– 1 Tab.

Das frische Sperma wurde im Verhältnis 1:1–1:3 mit Glukose-Tartrat-Eigelbverdünner unter Zusatz von Penicillin langsam auf +10 bis +8 °C abgekühlt und aufbewahrt; vor der Besamung wurde es im Wasserbad auf 30 °C erhitzt. Die Zuchtsauen wurden mit 100–120 ml, die Hilfssauen mit 70–90 ml verdünntem Sperma besamt. Nach Transport und 7- bis 10stündiger Aufbewahrung betrug die Befruchtung 85,4% und die Wurfzahl 10,6 Ferkel, nach 24 Std. entspr. 86% und 10 Ferkel und nach 48 Std. 82% und 9 Ferkel; bei der Besamung mit frischem Sperma wurde eine Befruchtung von 85,6% und eine Wurfzahl von 8,1 Ferkeln erzielt. F. Schenk. 1892.

Lametrie, F. Résultats de la congélation en azote liquide au centre de Mayenne. **(Tiefgefrierergebnisse mit flüssigem Stickstoff im Gebiet von Mayenne.)** Élevage et Inséminat. **1962** Nr. 72. S. 21–23.
Seit 1960 arbeitet man auch in Frankreich mit tiefgefrorenem Bullensperma. Man begann zuerst mit der klassischen Konservierungsmethode unter Verwendung von CO_2-Eis und den entspr. Samenverdünnern (20% Eidotter und 7,5% Glyzerinzusatz). Es wird die Behandlung des Spermas bis zur Abkühlung auf −78 °C beschrieben. Die Besamungsgebühren bei Verwendung von tiefgefrorenem Sperma lagen etwas über den üblichen Preisen und bei 205 EB und 110 Wiederholungsbesamungen erzielte man einen 46,3%igen Befruchtungserfolg, der an einer 60- bis 90tägigen Nichtwiederkehrrate ermittelt wurde. 1 Jahr später wurde die Öffnung der zur Konservierung verwendeten Isolierbehälter mit einer Paraffinölschicht versehen, um die Temperatur für die im Alkoholbad und Trockeneis befindlichen Samenampullen konstanter zu halten. Bei 424 EB und 217 Wiederholungsbesamungen wurde ein Trächtigkeitsergebnis von 49% erreicht. Im gleichen Jahr liefen systematische Versuche über die Konservierung des Bullenspermas in flüssigem Stickstoff in spez. Lindegefäßen. Die auf −78 °C eingefrorenen Samenproben wurden direkt in die Spezialgefäße gesetzt, die den flüssigen Stickstoff enthielten, und gefroren dann selbst auf −196 °C ein. Man erzielte mit derart konserviertem Samen bei 736 EB und 317 Wiederholungsbesamungen 56,9% gegenüber 59,7% Befruchtungserfolg mit frischem Sperma. Es folgen Angaben über Transportgefäße und -mittel zur Samenbeförderung und über die Behandlung des Spermas vor der Insemination. Die ersten Resultate aus dem Jahre 1962 lauteten bei Verwendung von flüssigem Stickstoff zur Samenkonservierung: 202 EB, 84 Wiederholungsbesamungen mit einem Trächtigkeitserfolg von 58,4% (Sperma, nur mit CO_2-Eis konserviert: 202 EB, 86 Wiederholungen und 57,4% Trächtigkeit). R. Menzel. 1893.

Nei, Tokio und Nagase, Hiroshi. Attempts to freeze-dry bull spermatozoa. **(Versuche zur Gefriertrocknung von Bullenspermien.)** Low Temperat. Sci. [Sapporo], Ser. B **19** (1961) S. 107–115. — 4 Abb., 1 Tab., 12 Lit. Orig.: jap., Ausz.: engl.
Die Trocknung von gefrorenem Material durch Selbstgefrierung bei Evaporation im Vakuum (Mariman und Kafig) wurde wiederholt, aber ein Fortschritt nur in einem Fall erzielt. Das Resultat zeigte 35–40% Motilität nach 50–60 Min. Trocknungszeit, der Prozentsatz der Motilität konnte im beschriebenen weiteren Trocknungsprozeß nicht erhöht werden. Deswegen wurden verschiedene Experimente durchgeführt, um zwischen spez. Spermazugaben mit ihrem Effekt auf die Motilität der Spermien bei späterer Gefriertrocknung zu unterscheiden. Obgleich die Gefrier- bzw. Trocknungsrate durch Kontrolle der Geschwindigkeit der Vakuumpumpe variiert wurde, blieben die Resultate kontinuierlich ohne Fortschritt. Gefriersperma und dieselbe Rate der Kühlung wie in Selbstgefrierung bei Evaporation sowie rapidem Auftauprozeß ergaben einen höheren Prozentsatz Motilität. Die gewöhnliche Gefriertrocknungsprozedur, welche mit der Vorgefrierung begann, zeigte aber auch, daß alle Zellen nach der Rekonstitution beschädigt waren. Verschiedene Verdünner wurden zur Rekonstitution benutzt, aber gute Resultate nicht erzielt. Der Wasserentzug während des Trocknungsprozesses wurde unter Benutzung einer Rekordvakuumtorsionswaage gemessen, die an die Gefriertrocknungsapparatur angeschlossen war. Ca. 20% des Gesamtwassergehaltes wurden entzogen, ehe die Selbstgefrierung durch Vakuumtrocknung einsetzte. Alle Zellen waren beschädigt, bevor 75% des Wassers entzogen worden waren. W. Jenichen. 1893.

Il'inskaja, T., Osipova, N. und Dudareva, T. (Iljinskaja, T., Ossipowa, N. und Dudarewa, T.) Osemenenie korov zamorožennym semenem. **(Be-**

samung der Kühe mit Tiefgefriersperma.) Moločnoe i mjasnoe skotovodstvo, Moskva 7 (1962) Nr. 11. S. 27–28. – 1 Tab.

Das Befruchtungsergebnis bei Verwendung von Tiefgefriersperma ist gleich dem bei 0 °C aufbewahrten Sperma. Jedoch hat das Tiefgefrieren den Vorteil, daß der Samen wertvoller Bullen gleichmäßiger ausgenutzt werden kann. Eine Einfrierung des Spermas in Penicillinfläschchen bei Verwendung von Trockeneis verbilligt und vereinfacht die Arbeit. Auftauen einige Zeit vor dem Besamen führt zu einem Befruchtungsergebnis von 65%, beim Auftauen unmittelbar vor dem Besamen werden 78-83% erreicht. R. Ihssen. 1893.

Lopatko, M. I. Metod zamoraživanija semeni baranov pri temperature – 183 – 196 °. **(Das Tiefkühlen von Schafbocksperma bei –183 bis –196 °C.)** Živótnovodstvo, Moskva 24 (1962) Nr. 10. S. 86–88. – 2 Tab.

Das Sperma wurde im Verhältnis 1:1 verdünnt (100 ml aqua dest.; 1,5 g Glucose; 3,5 g Na-Citrat und 15 ml Eigelb von 25–30 °C), dann ebenso wie das 2. Medium (88 ml Verdünner + 12 ml Glycerin) im Thermosbehälter in 1 Std. auf 2-5 °C abgekühlt und danach im Verhältnis 1:1 mit diesem vermischt. Dann hielt man das Sperma 4-5 Std. bei 2-5 °C, goß es in Ampullen, setzte diese in ein bis –20 °C abgekühltes Alkoholbad und kühlte sie (von +4 bis –15 °C je 0,5 °C/Min., –15 bis –50 °C je 2 °C/Min., –50 bis –80 °C je 5–10 °C/Min., –80 bis –183 bzw. –196 °C je 100–200 °C/Min.). Danach kamen die Ampullen in flüssige Luft oder flüssigen N. Nach 3-5 Mon. wurde das Sperma bei Zimmertemperatur aufgetaut; es konnte bei Körpertemperatur noch 8 Std. aufbewahrt werden. Bei 2maliger Besamung mit 0,2 ml (Intervall 24 Std.) betrug die Befruchtung 44–67% (bei 10facher Verdünnung nur 41%). F. Schenk. 1893.

Lopatko, M. I. und Ostaško, F. I. (Lopatko, M. I. und Ostaschko, F. I.) Žizń sochranjaetsja pri temperature 196 gradusov niže nulja. **(Spermatiefkühlung bei einer Temperatur von –196 °C.)** Ovcevodstvo, Moskva 8 (1962) Nr. 8. S. 15–16. – 2 Tab.

Auf der Grundlage durchgeführter Untersuchungen ist folgende Methodik für die Tiefkühlung des Spermas von Zuchtböcken entwickelt worden: Das gewonnene Sperma wird im Verhältnis 1:1 mit dem Verdünner I (100 ml aqua dest., 3,5 g Na-Citrat, 1,5 g Glucose und 15 ml Eidotter) bei 25–30 °C verdünnt. Gleichzeitig wird Verdünner II (wie oben 12% Glycerin) vorbereitet und zusammen mit dem in I verdünnten Sperma langsam auf 2-5 °C abgekühlt. Nach 1 Std. wird Verdünner II zugegeben und der verdünnte Samen nach weiteren 5 Std. in Ampullen abgefüllt, die in einem kleinen Beutel in eine Spirituswanne von –20 °C eingesetzt werden. Die weitere Unterkühlung erfolgt in Abständen von je 2 Min. bis auf –50 °C und dann in Abständen von 5–10 Min. bis –75 ° und 80 °C. Die weitere Aufbewahrung erfolgt dann bei Minustemperaturen von 183–196 °C. Von einem Ejakulat, das auf diese Weise behandelt und aufbewahrt wurde, eigneten sich 91% der Spermadosen zur Besamung. Das Befruchtungsergebnis lag bei 67% (bei 0 °C 24–48 Std. aufbewahrtes Sperma: 78%). Der Vorteil dieser Tiefkühlmethode liegt darin, daß das Sperma mehrere Monate aufbewahrt und auf weite Entfernungen transportiert werden kann. E. Kahn. 1893.

Thomasset. Description et fonctionnement d'un congélateur utilisant l'azote liquide. **(Beschreibung und Arbeitsweise eines Einfriergerätes für die Verwendung von flüssigem Stickstoff.)** Élevage et Inséminat. **1962** Nr. 72. S. 25–26.

Als bes. vorteilhaft für das Einfrieren von Bullensperma hat sich ein einfach herzustellender Apparat erwiesen. Er besteht aus einem 15 l fassenden Dewar-Gefäß, das durch Hartgummiplatten geschützt in einer Metallhülle sitzt. Im Innern des Dewar-Gefäßes befindet sich ein Metallgefäß mit doppeltem Boden, der die zum Eingefrieren bestimmten Samenampullen aufnimmt. Diese Metallhülle ist ebenfalls durch Gummiplatten abgepolstert. Der äußere Zylinder dient zur Aufnahme des flüssigen Stickstoffes. Ein Hartgummistopfen, der in der Mitte durch ein Thermometer und an der Seite durch eine Plastikröhre mit Trichter unterbrochen ist, verschließt das Dewar-Gefäß. Für die Beschreibung der Arbeitsweise wird von einer Temperatur im Dewar-Gefäß von +5 °C ausgegangen. Mit Hilfe eines geeichten Meßgerätes wird 15mal hintereinander nach und nach während 45 Sek. durch einen Glastrichter 190 cm³ flüssiger Stickstoff jede 2. Min. eingefüllt, wobei sich die Temperatur um 1,5 °C/Min. abkühlt. Nach der 1. halben Std. steht die Temperatur auf −15 °, nach 45 Min. auf −80 °(Temperaturabfall 4,5 °/Min.), nach weiteren 20 Min. hat sich unter ständigem Zufluß von flüssigem Stickstoff die Temperatur auf −150 °C stabilisiert. Nach 65 Min. kommen die eingefrorenen Proben in die Aufbewahrungsbehälter (Linde, Miller, Cryenko). Um 500 Ampullen einzufrieren, werden 3 l flüssiger Stickstoff benötigt. Als Samenverdünner werden 92,6 g Magermilchpulver in 908 cm³ aqua dest. gelöst, mit 500000 IE Penicillin und 0,5 g Streptomycin je 1 l versetzt. Der Glyzerinanteil beträgt 9 Vol.%, die Equilibrationszeit dauert 3 Std. Von März–Okt. 1962 wurden auf diese Art 20000 Ampullen eingefroren. Im Vergleich zu frisch verwendetem Sperma, das von denselben Bullen stammte und in denselben Monaten von denselben Besamern verarbeitet wurde, erzielte man mit dem tiefgefrorenen Samen 62,2% und mit frisch verwendetem Sperma 62,5% Erfolge. R. Menzel. 1893.

Maksimov, Ju. (Maximow, Ju.); Fernöstl. Forsch.-Inst. für Landwirtsch. Instrumenty dlja iskusstvennogo osemenenija korov. **(Instrumente zur künstlichen Besamung der Kühe.)** Moločnoe i mjasnoe skotovodstvo, Moskva 7 (1962) Nr. 11. S. 23–25. – 3 Abb.

Das Manometer mit U-förmigem, ungleichlangem Glasrohr und Wassersäule kann auch als automatisches Manometer verwendet werden, wenn die Wassersäulen beide auf gleichen Stand gebracht werden. Durch die Verwendung einer Quecksilbersäule können die Rohre bedeutend kürzer gehalten werden, wodurch das Manometer handlicher wird. – Die bisher verwendeten Glaspipetten sind zerbrechlich und spröde, auch wird nicht die gesamte Spermamenge ausgestoßen. Eine neu entwickelte Spritze ermöglicht ein vollständiges Entleeren der Pipette. R. Ihssen. 1895.

E. ZÜCHTUNG

Ivanova, O. A. (Iwanowa, O. A.) Teoretičeskie voprosy razvedenija sel'skochozjajstvennych životnych po linijam. **(Theoretische Probleme der Linienzüchtung landwirtschaftlicher Nutztiere.)** V sb.: Teorija i praktika razvedenija s.-ch. životnych, Moskva **1961** S. 27-38. – Aus: Referativnyj žurnal. Biologija, Moskva **1962** Nr. 3. L 64. S. 10.

Zur Lösung prinzipieller Fragen über die Bedeutung und den Ort der Linienzüchtung und der Inzucht bei der Zucht landwirtsch. Nutztiere nach Linien wurden die Methoden der Zuchtwahl bei der Arbeit mit dem Orlow- und Russischen Traber, mit einer Rinderherde des Zuchtbetriebes „Karawajewo", Gebiet Kostroma, u. a. Material untersucht. Dabei wurde die Tendenz der Verwendung von Vatertieren der besten Linien festgestellt, was zur Sättigung der Rassen mit „Blut" der einzelnen hervorragenden Vatertiere führt. So kommt nach 30 Jahren das „Blut" des Hengstes „Bartschuk" bereits bei 40%, das „Blut" des Hengstes „Udaly", der vor 70 Jahren verwendet wurde, bei 70% der Tiere, des Bullen „Artist" (vor 20 Jahren) bei 98% der Kühe und der Kuh „Simpatija" bei 61,6% der Kühe vor. Eine derartige „Sättigung mit Blut" bedingt eine genealogische und erbliche Ähnlichkeit der Tiere, die zur Rasse gehören. Man hat festgestellt, daß Linienzucht eine Rasse konsolidiert. Bei einer großen Zahl von Linien spiegelt sich die automatische Inzucht nicht in der Vitalität der Nachkommenschaft wider, bei einer geringen Zahl (wenn enge Inzucht betrieben wird) kann die Inzucht die Vitalität der Nachkommenschaft herabsetzen. Diese Art der Inzucht ist gewöhnlich durch die Zuchtwahl nicht vorgesehen, aber durch sie ist eine freie Anwendung der Linienzüchtung ohne übermäßige Lockerung der Vererbung in der Nachkommenschaft möglich. Die bei der Linienzüchtung zu empfehlende mäßige Inzucht vom Typ III–III oder IV–IV erfordert zuvor eine große Zahl nichtverwandtschaftlicher Paarungen. Bei beliebigen Typen der Inzucht ist die nichtverwandtschaftliche Paarung die führende Methode der Zuchtwahl. Die Linienzüchtung reglementiert und lenkt die nichtverwandschaftliche Paarung. Die Kombination verschiedener Linien zum Erhalten von Tieren mit erhöhter Vitalität und Leistung ist eine Ausnutzung einer Art Heterosis innerhalb der Rasse. Zum Erhalten von Vatertieren, die ihre Eigenschaften sicher auf die Nachkommenschaft übertragen, ist eine systematische Inzucht nicht unbedingt erforderlich. Am ungünstigsten ist die Inzucht auf den Begründer der direkten männl. Linie, am besten ist die auf den Stammvater der Linie der Großmutter väterlicherseits, d. h. der Linie, die von seiten des weibl. Individuums an der Linienzüchtung teilgenommen hat. Eine derartige Inzucht festigt gleichsam die Linienzüchtung, daher nennt man sie „festigende Inzucht“. Letztere ist eine eigenartige Form der Linienzüchtung, sie besitzt für die Linienzüchtung charakteristische Eigenschaften und hat den Vorzug, daß sie zur Stärkung der Linienzüchtung beiträgt, und die Zuchtwahl wird in diesem Falle fehlerfrei sein, da der Erfolg dieser Kombination bereits beim Erhalten des Linienfortsetzers feststeht. Die „festigende Inzucht“ verbessert die Eigenschaften der Nachkommenschaft in 2 bzw. 3 Generationen. Bei der „festigenden Inzucht“ auf den Bullen „Artist“ beträgt die Leistung der Nachkommenschaft 7588 kg Milch mit einem Fettgehalt von 3,94% gegenüber 6875 kg Milch mit einem Fettgehalt von 3,75% bei der Nachkommenschaft, die ohne eine solche Inzucht erhalten wurde. Es ist bewiesen, daß die Linie ein Ergebnis des Einflusses nicht nur des Stammvaters ist. Jede Linie akkumuliert die Erbeigenschaften anderer wertvoller Linien, die einander ergänzen, und ist gleichsam ein System einer Kombination der Vererbung bestimmter Stammväter. Unter dem Einfluß der ständigen Erneuerung wird eine Linie mit jeder Generation qualitätsmäßig und erblich bereichert, sie wird flexibel, sie entspricht den Anforderungen des Menschen, ändert sich in der erwünschten Richtung und besitzt gleichzeitig Erbsicherheit. Die Differenzierung einer Rasse nach Linien steigert die Veränderlichkeit innerhalb der Rasse, ermöglicht es, eine Selektion in der erwünschten Richtung durchzuführen sowie die Rasse zu verändern und zu verbessern. Die Arbeit auf dem Gebiet der Züchtung von Tieren durch Sättigung der Rasse mit besten Linien ohne zwingende Anwendung der Inzucht in nahen Vorfahrenreihen kann auch auf den staatl. Zuchtstationen und auf den Stellen für KB durchgeführt werden.

übersetzt v. Th. C. Boetticher. 1930.

Claus, A. **Aktuelle Konstitutionsprobleme in der Schweinezucht.** Schweinezucht u. Schweinemast **10** (1962) Nr. 6. S. 124–125.

Das Zuchtziel des deutschen Fleischschweines wird heute in Deutschland überall angestrebt. Teilweise hat man die Erreichung dieses Zieles durch die Kombination Deutscher Veredelter Landschweine mit holländischen oder dänischen Tieren zu beschleunigen versucht. Bei allen erzielten Erfolgen sind die tierärztlichen Warnungen vor den Gefahren einer mangelhaften Konstitution nicht zu überhören. Die Gefahr, daß erbliche Anfälligkeiten der Nachkommenschaft weitergegeben werden, besteht dort um so mehr, wo die Tiere sehr gut gefüttert und gehalten werden. Vf. hält es für unangebracht, bei Herz- und Kreislauferkrankungen des Schweines und bei chronisch deformierenden Gelenkentzündungen, bes. des Sprunggelenkes, von spez. Erkrankungen des Fleischschweines zu reden. Erbliche Konstitutionsfehler sind grundsätzlich die Folgen einer falschen Selektion oder einer nachteiligen Kombination in der Züchtung. Das verstärkte Fleischansatzvermögen unserer Schweine verlangt auch entspr. höhere Bedarfsnormen in der Ernährung. Ebenso wie eine Überfütterung ist es falsch, Nachkommen von Hochleistungstieren geringwertig zu füttern. Konstitutionszüchtung darf niemals auf Kosten der Leistung gehen. Die Herdbuchzüchter können aber in der Fütterung und Haltung der Landeszucht nicht zu sehr vorauseilen, damit das von ihnen gelieferte Tiermaterial nicht später an vermeintlichen Konstitutionsmängeln erkrankt. Zur Kontrolle der Konstitution sind die Zucht- und Mastleistungsprüfungen in der Herdbuchebene und die Schweinekontrollringe in der Landeszucht die wertvollsten Hilfsmittel. Die Konstitution kann man nicht als Allgemeinbegriff auffassen, sondern man muß entspr. der Organkomplexe die Partialkonstitutionen sehen. Die hyalinschollige Muskeldegeneration, eine Stoffwechselerkrankung nach Transporten und anderen Belastungen, sowie die Zusammenhänge zwischen der Muskeldystrophie und dem Herztod der Schweine werden unter dem Aspekt ätiologisch beteiligter alimentärer Mangelzustände kurz erörtert. H. Busse. 1940.

Lagerlöf, N. und Sellergren, I. **Beispielhafte Bekämpfung eines Erbfehlers.** Tierzüchter **14** (1962) Nr. 9. S. 320–322. — 3 Abb.
Die Arbeit gibt eine Übersicht über die Verbreitung der Unterentwicklung der Keimdrüsen bei beiden Geschlechtern der Schwedischen Gebirgsrinderrasse. Die hornlose, weiße Gebirgsrinderrasse hat in den nördl. Teilen Schwedens ihren Standort. Die Keimdrüsenhypoplasie der Bullen betrifft in der Regel den linken Hoden, der keine Spermien bildet, während der rechte, normal entwickelte normale Spermien bildet. Geschlechtstrieb und Befruchtungsvermögen sind bei der Anomalie nicht herabgesetzt, sondern bei Doppelhypoplasie oft sogar gesteigert. Die Hypoplasie der Ovarien betrifft auch zumeist den linken Eierstock und tritt in mehreren Übergängen vom vollständig unterentwickelten über den partiell hypoplastischen bis zum normalen Eierstock auf. Sind beide Eierstöcke betroffen, so enthalten sie keine Follikel und bilden auch keine Oestrogene. Dadurch entwickeln sich bei der Färse keine sekundären Geschlechtsmerkmale. Die Geschlechtsorgane bleiben infantil, und es tritt keine Brunst ein. Die Färse entwickelt sich wie ein Kastrat. Die genetische Bearbeitung des Materials durch Erikson (1943) führte bei Bullen und weibl. Tieren zu der Feststellung, daß die Gonadenhypoplasie bei beiden Geschlechtern durch ein rezessives, autosomales Gen mit unvollständiger Penetranz bedingt sei. Nach Feststellung der Erblichkeit der Mißbildung entschädigte der Staat die Tierhalter für die Schlachtung von Merkmalsträgern. Gleichzeitig faßte der Zuchtverband den Beschluß, daß Bullen mit Hodenhypoplasie über die Auktionen des Verbandes nicht verkauft und nicht in das Herdbuch eingetragen werden dürfen. Seit 1943 wird gefordert, daß Bullenmütter normal entwickelte Eierstöcke haben müssen, seit 1950 wird dies auch bei den Großmüttern der Bullen verlangt.
H. Busse. 1950.

Ilančić, D. und Fuks, R.; Sarajevo, Univ., Veterin. Fac., Inst. Res. and Diagnostic. Monobrachia — degenerativna greška svinja. **(Monobrachie — ein degenerativer Fehler der Schweine.)** Veterinaria [Sarajevo] **11** (1962) Nr. 1. S. 83–86. — 1 Abb., 6 Lit. Zus. in Engl.
Es wird ein Fall der Abrachia sinistra bei einem weibl. Ferkel der engl. Large-White-Rasse beschrieben. Nach 5 Mon. konnte sich das Tier nicht mehr bewegen und wurde geschlachtet. D. Ilančić. 1950.

Parry, H. B.; Oxford, Univ., Nuffield-Inst. for Med. Res. Scrapie: à transmissible and hereditary disease of sheep. **(Scrapie [Traberkrankheit]: eine übertragbare und erbliche Schafkrankheit.)** Heredity **17** (1962) Nr. 1. S. 75–105. – 6 Abb., 6 Tab., 38 Lit.

Vf. berichtet über die Auswertung ätiologischer, klinischer und genealogischer Untersuchungen von 1200 befallenen Schafen in einer Population von 20000 Tieren. Danach tritt die Krankheit nach Abschluß der Jugendentwicklung (ab 1,25 Jahren) in jedem weiteren Lebensalter auf. Sie ist auf ein autosomales rezessives Gen zurückzuführen. Diese Erbkrankheit ist durch Impfen künstlich infektiös, aber nie unter natürlichen Bedingungen. Das Scrapie-Gen ist mit bestimmten wertvollen Rasseeigenschaften gekoppelt, so daß die homozygoten und heterozygoten Träger der Anlage bei der Selektion bevorzugt werden. Auf Grund des zweiseitigen Wirkungsmechanismus wird das impfbare Agenz den „Proviren" zugerechnet. K.-H. König. 1950.

Borzov, V. V. (Borsow, W. W.); Charkow, Forsch.-Inst. für Tierzucht des Waldsteppen- und Polessje-Gebietes der UkrainSSR. Sistema plemennogo učeta v pol'zovatel'nych stadach s primeneniem sčetnych mašin. **(Die Zuchtbuchführung in Gebrauchsherden mit Hilfe von Rechenmaschinen.)** Životnovodstvo, Moskva **24** (1962) Nr. 11. S. 51–55.

Im Gebiet Charkow werden in einer zentralen Rechenmaschinenstation die Beurteilungslisten von 85 Kolchos-Gebrauchsfarmen mit Hilfe von Lochkarten auf Rechenmaschinen bearbeitet und danach für jeden Betrieb und Bezirk Gesamtberichte (mit 7 Tab.: Rasse und Generation der Kühe, Leistung und Lgw. der Kühe, Entwicklung der Kuhkälber, Einteilung der Kühe nach Milchleistung und Milchfettgehalt, Exterieur der Kühe, Beurteilung der Bullen nach Entwicklung sowie Milchleistung der Töchter) über die Bonitierung und die Nachkommenbeurteilung der Bullen aufgestellt. Dadurch wurde eine hohe Senkung des Arbeitsaufwandes erzielt. Um die konzentrierte Bearbeitung des Materials in zentralen Rechenstationen zu ermöglichen, sollen in Zukunft auf den Gebrauchsfarmen die Zuchtbücher durch Zuchtkarten (Abstammung, Nachzucht, Leistungen und Zuchteigenschaften) ersetzt werden. F. Schenk. 2070.

Ernst, L. K. (Ernst, L. K.); Dubrowizy, Gebiet Moskau, Unions-Inst. für Tierzuchtforsch. Ispol'zovanie sčetnych mašin pri sostavlenii plana plemennoj raboty so stadom. **(Die Anwendung von Rechenmaschinen bei der Aufstellung eines Zuchtplanes.)** Životnovodstvo, Moskva **24** (1962) Nr. 11. S. 55–61. – 6 Tab., 1 Lit.

Vom o.g. Inst. wird eine Methodik zur Verwendung von Rechenmaschinen in der Zuchtarbeit ausgearbeitet. Zur Analyse des für die Aufstellung des Zuchtplanes eines Betriebes erforderlichen Materials werden eine Tabelliermaschine, eine Sortiermaschine, Locher, ein Lochprüfer und mehrere kleine Tasten-Rechenmaschinen benötigt. Die Bearbeitung des Materials wird in mehrere Grundoperationen unterteilt: Übertragen der Zahlen von den Zuchtkarten auf die Lochkarten mittels Locher; Kontrolle der richtigen Lochung durch den Lochprüfer; Sortieren der Lochkarten nach dem gegebenen Programm auf der Sortiermaschine sowie Addieren der Angaben und Niederschreiben der Ergebnisse durch die Tabelliermaschine. Am Beispiel des Zuchtbetriebes „W. I. Lenin" für Simmentaler Rinder werden Muster von Lochkarten und ihre Bearbeitung erläutert. F. Schenk. 2070.

F. WACHSTUM UND ENTWICKLUNG

Gabriš, Juraj; Košice, Vysoká Škola Pol'nohospodárska, Veterin. Fak., Katedra Všeobecnej a Špeciálnej Zootechn. Štúdia rastu žriebät malého horského koňa na Murani. **(Studium des Wachstums der Fohlen des kleinen Gebirgspferdes in der Gegend von Muráň.)** Živočišná Výroba **7(35)** (1962) Nr. 9. S. 615–624. – 4 Abb., 6 Tab., 19 Lit. Zus. in Russ., Dtsch.

Die biometrische Bearbeitung von Angaben über das Wachstum von Fohlen (Jahrgang 1956) des kleinen Gebirgspferdes von der Geburt bis zum Alter von 4 Jahren (bei Hengstfohlen bis zu 3 Jahren) zeigte, daß in diesem Alter die Fohlen gegenüber den Tieren der ursprünglichen Herde vorwiegend höhere Werte in den Körpermaßen aufweisen. Bei den Fohlen des erwähnten Jahrganges muß als schwerwiegender Mangel eine unbefriedigende Brusttiefe hervorgehoben werden. Demgegenüber kann auf größere Ausmaße des Beckens und befriedigende Brustbreitenmaße hingewiesen werden. Die Knochenstärke erfordert eine Verbesserung. Bei Geburt sind die weibl. Fohlen besser entwickelt als die männl., die aber vom 6. Lebensmonat an intensiver wachsen. Die Untersuchungen beweisen den deutlichen Einfluß der rauheren Umwelt in Muráň auf Wachstum und Entwicklung der Fohlen. F. Svoboda. 2110.

Kohli, M. L., Suri, K. R., Bhatnagar, V. K. und Kumar, Sudarshan. Study of growth in Hariana calves. **(Untersuchungen über das Wachstum von Hariana-Kälbern.)** Indian J. Dairy Sci. **15** (1962) Nr. 2. S. 52–55. – 3 Tab., 4 Lit.

Die Untersuchungen erstreckten sich auf 145 bei Erstabkalbungen geborene Hariana-Kälber. Die 1. Wägung erfolgte 12 Std. nach der Geburt und später alle 30 Tage bis zum Absetzen mit 300 Tagen. Die neugeborenen Kälber konnten 3 Tage lang am Euter der Mutter deren gesamte Milch aufnehmen, weitere 3 Mon. bekamen sie die Hälfte des Milchertrages und während der übrigen Laktation $^1/_3$ der Milch der Mutter. Die Menge wurde auf Grund der Milchleistung der vorangegangenen Woche festgesetzt. Am Tage der wöchentl. Leistungsprüfung durften die Jungtiere nicht säugen, lediglich so viel, um das Einschießen der Milch auszulösen. Der tägl. Milchertrag der Herde lag bei 6 lb. Die Bullenkälber waren bei der Geburt um eine gesicherte Differenz schwerer als die Kuhkälber (52,09 lb. $\pm$ 0,97 bzw. 47,74 lb. $\pm$ 0,47). Vom Geburtsgewicht an stieg das Körpergewicht bis zum 3., 6. und 9. Mon. um jeweils 100, 150 und 200% an ohne Rücksicht auf das Geschlecht des Kalbes. Das Lgw. der Kuh hatte keinen Einfluß auf die Entwicklungsintensität der Kälber. Das Alter des Kalbes war von signifikantem Einfluß auf sein Gewicht. Die Variationen des Absetzgewichtes waren zu 26% vom Geburtsgewicht, zu 20% vom Alter der Mutter und zu 21% vom Gewicht der Kuh beeinflußt. Das Alter beim Kalben wirkte sich nicht auf das Geburtsgewicht der Kälber aus. H. Busse. 2110.

Śliwa, Zdzisław und Kaczmarek, Feliks; Poznań, Wyższa Szkoła Rolnicza, Katedra Szczegółowej Hodowli Zwierząt. Wzrost ciała jagniąt rasy merynos polski w pierwszym roku życia. **(Die Körperentwicklung von Lämmern der polnischen Merinorasse im ersten Lebensjahr.)** Roczniki Nauk rolniczych, Ser. B **80** (1962) Nr. 4. S. 435–463. – 6 Abb., 12 Tab., 14 Lit. Zus. in Russ., Engl. A. Ziolecka. 2110.

G. ÖKOLOGIE EINSCHLIESSLICH HALTUNG UND PFLEGE

Raušenbach, Ju. O., Kiselev, Ju. A. und Monastyrskij, O. A. (Rauschenbach, Ju. O., Kisseljow, Ju. A. und Monastyrski, O. A.); Nowosibirsk, Inst. für Cytol. und Genetik der Sibir. Abt. der Akad. der Wiss. der UdSSR. Sostojanie i zadači ėkologii sel'skochozjajstvennych životnych. **(Der Stand und die Aufgaben der Ökologie der landwirtschaftlichen Nutztiere.)** Zoologičeskij žurnal, Moskva **41** (1962) Nr. 10. S. 1449-1458. – 40 Lit. Zus. in Engl.

Die Ökologie der landwirtsch. Nutztiere ist eines der wichtigsten, wenn auch noch wenig erforschten Wissensgebiete der Ökologie der Tierwelt. Die ökologischen Kenntnisse sind für die Leistungssteigerung in der Viehwirtschaft von großer Bedeutung. Nach D. Kaschkanow (in den 30er Jahren) wurden nur einzelne Gebiete — die ökologische Physiologie und Morphologie, in letzter Zeit die ökologische Chemie — erforscht. Ökologisch-genetische Forschungen, wie sie in den letzten Jahren auf einzelnen Gebieten angestellt wurden, entsprechen weitgehend den Aufgaben. Die wichtigste Ursache der langsamen Entwicklung der Ökologie der landwirtsch. Nutztiere ist das Fehlen genauer Vorstellungen von den spez. Besonderheiten dieses Wissensgebietes. Das Kernproblem ist die Frage der Wechselbeziehungen von Population und Umwelt, jedoch müssen auch die Besonderheiten genügend Beachtung finden. Sie bestehen darin, daß neben der Umwelt auf die Population bes. die Haltungsart der Nutztiere einen großen Einfluß hat. Die wichtigsten Aufgaben der Ökologie der landwirtsch. Nutztiere sind folgende: 1. die ökologische Begründung der richtigen Standortverteilung der Rassen in den verschiedenen Zonen des Landes unter Berücksichtigung der ökonomischen Verhältnisse; 2. das Studium der ökologisch-genetischen Struktur der Rassen; 3. das Studium des ökologischen Veränderungsvermögens der Rassen bei der Akklimatisierung; 4. die Untersuchung des Wesens der adaptiven Eigenschaften und adaptiven Fähigkeiten der landwirtsch. Nutztiere. R. Filina. 2155.

Bioklimatische Untersuchungen. Dummerstorf, Inst. Tierzuchtforsch. Dtsch. Akad. Landwirtsch.-Wiss. Berlin Plan-Nr.: 17 01 16h-2-31/9. Abschlußber. (28/3. 1963).

Der Forschungsauftrag befaßt sich mit den Auswirkungen und derRentabilität von Belüftungsanlagen mit Zusatzheizung auf elektroenergetischer Basis. Zu diesem Zweck wurden in einem zweiteiligen Abferkelstall in dem einen Flügel 2 Heizlüfter eingebaut, während in dem anderen Stallteil über den Ferkelnestern Infrarotstrahler installiert wurden. Der Luftaustausch geschah im unbeheizten Stall mittels Schwerkraftlüftung. Mit Hilfe von 10, in beiden Stallflügeln gleichmäßig verteilten, Thermo-Hygrographen konnte die unterschiedliche Beeinflussung des Stallklimas verfolgt werden. Die Aufzuchtergebnisse wurden an Hand der Gewichtsentwicklung und der Futterverwertung der Ferkel sowie der Verluste verglichen. Die Untersuchungen ergaben, daß trotz günstiger Beeinflussung des Stallklimas der Einsatz von Heizlüftern auf elektroenergetischer Basis aus Gründen des Energieaufwandes nicht zu vertreten ist. Die Versuche ergaben wichtige Hinweise für die richtige Handhabung der Stallbeheizung mit Warmluftheizungen, wobei auf Systeme mit günstigerem Wirkungsgrad und geringeren Betriebskosten (Basis = feste Brennstoffe) verwiesen wird. 2165.

Munro, Joan. The use of natural shelter by hill sheep. **(Das natürliche Schutzbedürfnis bei Bergschafen.)** Animal. Product. 4 (1962) Nr. 3. S. 343 bis 349. — 1 Abb., 3 Tab., 5 Lit.

Eine kleine Herde von 16 Schwarzkopfmutterschafen wurde 1960 beobachtet. Danach zeigen die Tiere bei einer Windgeschwindigkeit von über 24 Meilen/Std. ein erhöhtes Schutzbedürfnis. Bei Temperaturen unter dem Gefrierpunkt war hierbei noch eine Steigerung zu beobachten. Temperaturen über dem Gefrierpunkt haben, abgesehen von einem über 4 °F hinausgehenden Temperatursturz, wenig Einfluß auf das Schutzbedürfnis bei Schafen. Zwischen der Verhaltensweise der Tiere und den Niederschlägen, der rel. Luftfeuchtigkeit, der Windrichtung und der Jahreszeit bestanden keine Beziehungen. Daher wird scheinbar die Empfindlichkeit der Schafe gegenüber klimatischen Belastungen mehr durch den Wind als durch andere Klimafaktoren beeinflußt. H. Busse. 2165.

Ober, Josef; Grub. **Wärmeschutz im Stallbau.** Baumeister **1962** Nr. 10. Entwurfsbl. S. EB 71 — EB 73.

Ein ausgeglichener Wärmehaushalt im Stall ist Voraussetzung für gute tierische Leistungen, Verhinderung von Bauschäden und für ein gutes Arbeitsklima. Deshalb ist die Wärmehaushaltsberechnung nicht nur für Neubauten wichtig. Der Wärmehaushalt eines Stalles ist ausgeglichen, wenn $Q_{Ti} = Q_B + Q_L$(kcal/h) ist. [Q_{Ti} = Wärmeabgabe der Tiere (kcal/h/GV); Q_B = Wärmeverluste durch die stallumschließenden Bauteile (kcal/h/GV); Q_L = mit dem Luftwechsel aufgewendete Wärme in kcal/h/GV]. Mittels einer Lüftung läßt sich die rel. Luftfeuchtigkeit (im Winter meist zwischen 85 und 95%) senken. Der zum Abtransport der von den Tieren abgegebenen Feuchtigkeit erforderliche Luftwechsel (LM) errechnet sich aus $LM = \frac{T_x}{x_i - x_a}$ (m³/h/GV). Hierin bedeuten T_x = Wasserabgabe der Tiere (g/h/GV); x_i = Wassergehalt der Stalluft (g/m³); x_a = Wassergehalt der Außenluft (g/m³). Die Wärmeverluste durch die Bauteile lassen sich nach der Formel $Q_B = Q_W + Q_D + Q_{Bo} + Q_F + Q_T$ (kcal/h) errechnen. (W = Wände; D = Decke; B_o = Fußboden; F = Fenster; T = Türen und Luken). Für die einzelnen Bauteile errechnen sich die Wärmeverluste aus $Q = k \cdot F (t_i - t_a)$ (kcal/h), Hierin sind k = Wärmedurchgangszahl in kcal/m² h °C; F = Wandfläche in m²; t_i = Stalltemperatur in Grad; t_a = Außentemperatur in Grad. Die einzelnen Bauteile sollten aber einen Mindestwärmeschutz aufweisen (für Rinder- und Schweineställe vgl. ALB-Musterblätter Nr. 81–91). B. Schenk. 2165.

Shoffner, R. N., Polley, C. R., Burger, R. E. und Johnson, E. L. Light regulation in turkey management. 1. Effect on body weight (growth). **(Die Lichtregulation in der Putenhaltung. 1. Mitt. Der Einfluß auf das Körpergewicht [Wachstum.])** Poultry Sci. **41** (1962) Nr. 5. S. 1560–1562. — 2 Tab., 3 Lit.

Die Leistung von Puten, die einer Dauerbelichtung, solcher Tiere, die unmittelbar dem Tageslicht und solcher Tiere, die 6 Std. tägl. einer Kurzzeitbelichtung ausgesetzt waren, wurden vergleichend untersucht. Die bei ständiger Belichtung gehaltenen Tiere wiesen im Alter von 14 und 24 Wochen eine größere Sterblichkeit und eine schlechtere Federqualität auf. Bis zum Alter von 14 Wochen hatten sie auch niedrigere Gewichtszunahmen. Die bei Kurztagsbelichtung aufgezogenen Tiere überwanden die Aufzuchtperiode leichter. H. Busse. 2170.

Shoffner, R. N., Polley, C. R., Burger, R. E. und Johnson, E. L. Light regulation in turkey management. 2. Female reproductive performance. **(Die Lichtregulation in der Putenhaltung. 2. Mitt. Die weibliche Fortpflanzungsleistung.)** Poultry Sci. **41** (1962) Nr. 5. S. 1563–1569. — 4 Abb., 5 Tab., 14 Lit. 1. Mitt. vgl. vorst. Ref.

Unter Kurztagsverhältnissen aufgezogene Putenhennen reagieren im Alter von 24 Wochen auf stimulatorische Lichtreize günstig. Unter Langtagsbedingungen aufgezogene Hennen brauchen hierzu längere Zeit. Die Reaktion auf einen Lichtreiz tritt später ein, und die Hennen reagieren auch nicht zu jeder Zeit, wie es bei den Kurztagstieren der Fall ist. Im Hinblick auf die Belichtung und unter Berücksichtigung der jahreszeitl. Temperatur erbrachte eine wöchentl. um 0,5 Std. verlängerte Belichtung keinen Vorteil. Je größer die Lichtmenge und je stärker der Wechsel in der Beleuchtung zwischen dem Zustand der Anpasssung bis zum Auftreten des Lichtreizes war, um so später setzte die Eierproduktion ein. Die Veränderungen in der Belichtungsintensität waren weder auf die Fruchtbarkeit bei der natürlichen Paarung noch auf das Schlupfergebnis bei den befruchteten Eiern von Einfluß.

H. Busse. 2170.

Polley, C. R., Shoffner, R. N., Burger, R. E. und Johnson, E. L. Light regulation in turkey management. 3. Male reproductive performance.

(Die Lichtregulation in der Putenhaltung. 3. Mitt. Die männliche Fortpflanzungsleistung.) Poultry Sci. **41** (1962) Nr. 5. S. 1570–1573. – 2 Abb., 2 Tab., 3 Lit. 2. Mitt. vgl. vorst. Ref.
Das Lichtbedürfnis des Putenhahnes ist noch nicht geklärt. Die Putenhenne ist vom Dunkel abhängig, d. h. vor der Eiablage benötigt sie eine der Langtagsstimulation vorausgehende Periode der Kurztagsbelichtung. Da die im Frühjahr aufgezogenen Putenhähne im Spätsommer oder dem zeitigen Frühjahr mit der Samenbildung beginnen, nahm man an, daß diese nicht von der Dunkelheit abhängig sind, während die Hennen unter den gleichen Bedingungen bei Tageslicht nur wenig Eier produzieren. Der Versuch sollte bei Hähnen und Hennen den Grad der Abhängigkeit von der Dunkelheit im Hinblick auf die höchste Fortpflanzungsleistung und die optimale Lichtzufuhr für die Hähne klären. Die Hähne erwiesen sich in diesem Versuch wenig oder gar nicht von der Dunkelheit abhängig. Hähne, die am frühesten und längsten unter Lichteinfluß standen, begannen auch als erste mit der Samenproduktion. Bei verringerter Tageslichtzufuhr wurde die Samenproduktion vermindert und die Maximalproduktion um mindestens 3 Wochen herausgezögert. Die Spermabildung der Hähne geht in einem weiten Bereiche der Tageslichtzufuhr vonstatten. H. Busse. 2170.

Abplanalp, Hans, Woodard, A. E. und Wilson, W. O.; Davis, Univ. of California, Dep. of Poultry Husbrandry. The effects of unnatural day lengths upon maturation and egg production of the Japanese quail Coturnix coturnix japonica. **(Der Einfluß unnatürlicher Tageslängen auf die Geschlechtsreife und Eiererzeugung bei der Japanischen Wachtel [Coturnix coturnix japonica].)** Poultry Sci. **41** (1962) Nr. 6. S. 1963–1968. – 6 Tab. 2170.

Samusenko, A. L. (Samussenko, A. L.); Poltawa, Landwirtsch. Inst. Dejstvie ul'trafioletovych lučej na rost i razvitie porosjat. **(Wirkung ultravioletter Strahlen auf Wachstum und Entwicklung der Ferkel.)** Svinovodstvo, Moskva **16** (1962) Nr. 2. S. 43–44. – 1 Tab.
Ferkel der Großen Weißen Rasse aus Febr.- und März-Würfen wurden mit transportablen Quecksilber-Quarzlampen PKR-2 in 2 Gruppen bestrahlt. Gr. A wurde 1 Tag 20mal 8 Min. lang und Gr. B 2 Tage 15mal jeweils 10 Min. lang bestrahlt. Die mittleren Ferkelgewichte an den Kontrolltagen und die tägl. Zunahmen waren bei der Gr. A am höchsten und bei der Kontrollgruppe (unbestrahlt) am niedrigsten. UV-Bestrahlung wird bes. bei Vit.-D-Mangel und fehlendem Sonnenlicht bei der Aufzucht empfohlen. G. Häßler. 2170.

Ober, Josef. **Verbesserte Einrichtungen zur Lüftung von Viehställen.** Baumeister **1962** Nr. 10. S. 1027–1028.
Die Lüftung ist heute ein wesentlicher und unentbehrlicher Bestandteil einer modernen Stallanlage. Vf. geht näher auf die Zwangslüftung mit Elektroventilatoren ein. Zur Vermeidung der den bisherigen Systemen anhaftenden Nachteile (Zugluft, Tauwasserbildung) ist in Grub ein System entwickelt worden, bei dem die Frischluft mit einem Druckventilator über ein Rohrsystem (Sperrholz) in den Stall eingeführt wird und die Stalluft über einen Abluftschacht störungsfrei und unbehindert abströmen kann. Mit diesem System kann die Frischluft gleichmäßig verteilt dort einströmen, wo sie selbst bei größerer Geschwindigkeit bei den Tieren keinen Schaden durch Zugluft verursachen kann. B. Schenk. 2175.

Nikolov, Nikola. (Nikolow, Nikola.); Sofia, Volksstadtrat. Opyt stroitel'stva i mechanizacii životnovodčeskich ferm v Bolgarii. **(Erfahrungen beim Bau und bei der Mechanisierung von Tierfarmen in Bulgarien.)** Životnovodstvo, Moskva **24** (1962) Nr. 7. S. 86–88. – 2 Abb.
Vf. vergleicht 2 neue Milchviehfarmen bei Sofia, eine für Laufstallhaltung und eine für Anbindehaltung. Beide Farmen sind weitgehend mechani-

siert. Im Vergleich zu den alten, teilweise umgebauten Farmen sind diese sehr vorteilhaft, da durch die komplexe Mechanisierung der Produktionsprozesse die Arbeitsproduktivität auf das 3- bis 3,5fache steigt. Gegenwärtig wird der Nutzeffekt der Farmen für die verschiedenen Haltungsarten der Kühe untersucht. Die Kosten für den Bau und die Ausrüstung einer neuen Farm für Laufstallhaltung liegen um 25–30% niedriger als bei Farmen mit Anbindeställen. R. Filina. 2260.

Reepmeyer, G. A.; Oldenburg. **Viele Möglichkeiten stehen offen. Grundsätzliche Fragen zum Schweinestallbau.** Kraftfutter **45** (1962) Nr. 3. S. 116 bis 119. — 3 Abb.

Grundsätzliche Voraussetzungen, die beim Bau von Schweineställen beachtet werden müssen, finden Erwähnung. So wird auf eine sorgfältige Standortwahl hingewiesen, wobei die baulichen Erfordernisse, die marktwirtschaftliche Situation, die Arbeitsproduktivität, der Boden, das Klima und die Futtergrundlage nicht unberücksichtigt bleiben dürfen. Bevor man einen Neubau plant, sollen die Altbauten auf ihre Umbaumöglichkeiten sorgfältig überprüft werden. Als Stallart ist der tiergerechte Stall dem Einraumstall vorzuziehen, da er durch einfachere Konstruktion zu einer Verbilligung der Anlage führt und in ihm die Technisierung der verschiedenen Arbeitsvorgänge leichter durchgeführt werden kann. Im Zuchtschweinestall wird aus baulichen und stallklimatischen Gründen, zur Senkung der Ferkelverluste und Vereinfachung von Fütterung und Entmistung der Einbau von Echemer Abferkelbuchten empfohlen. Da Zuchtställe bes. Obhut bedürfen, sollen sie möglichst in der Nähe der Arbeitszentrale des Betriebes liegen. 80% aller Mastställe sind mit getrenntem Liege- und Futterplatz und Mistgang versehen, wobei die Entmistung leicht mechanisiert werden könnte. Über die Bewährung von Spaltenfußböden mit darunter liegendem Kotbunker kann noch nicht berichtet werden. Während bisher 16–20 °C im Maststall als normale Temperatur galten, findet nunmehr der wärmegedämmte Klimastall, der aus Irland stammende „Sauna-Stall", in welchem Temperaturen bis 28 °C gemessen werden, stärkere Beachtung. Abschließende Hinweise betreffen die Gestaltung des Fußbodens, der Krippen, Decke, Wände, Türen und Fenster sowie des Auslaufes. J. Strecke. 2260.

Torpakov, F. G. (Torpakow, F. G.) Za racional'nuju planirovky otkormočnych ferm. **(Die rationelle Grundrißgestaltung von Schweinefarmen.)** Svinovodstvo, Moskva **17** (1963) Nr. 1. S. 44–46. — 3 Abb.

Für die Großgruppenhaltung eignen sich auf Grund der Luftverhältnisse und der Haltungsbedingungen am besten Hofanlagen, bei denen Liege- und Freßstall getrennt sind und die Tiere jederzeit freien Zugang zu den Ausläufen haben. Im Liegestall rechnet man mit 0,7 m² Liegefläche und 3 m³ umbauten Raum je 100 kg Lgw. In solchen Hofanlagen beträgt der Futterverbrauch nach sowjetischen Untersuchungen ⌀ 5,3 FE/kg Zunahme gegenüber 7,4 FE bei Ställen mit Liege- und Freßplatz unter einem Dach; außerdem sind die Schweine widerstandsfähiger. F. Schenk. 2275.

Trepte, Heinz; Frankfurt/M. **Versuchs-Schafstall Weimersheim.** Mitt. dtsch. Landwirtsch.-Ges. **77** (1962) Nr. 6. S. 157–160. — 6 Abb.

Vf. erläutert einen neuzeitlichen Schafstall für 250 Mutterschafe mit Nachzucht. Dem Stallraum, 40,80 m lang und 9,80 m breit, schließt sich an der Nordseite parallel zur Stallachse ein erhöhter 4,60 m breiter Bergeraum an. Im Bergeraum befinden sich ein Futterraum und 2 Rundsilos mit je 25 m³ Inhalt. An der Trennwand zwischen Stall und Bergeraum wurde ein befestigter Futtergang angeordnet. Die Bauhülle des Stalles besteht aus einem Stahlbetonskelett in Hülsenfundamenten, die nördl. Bergeraumwand steht auf einer in den Hang gesetzten Stützmauer. Die Stallwände bestehen aus

30 cm dicken Bimsbetonhohlblocksteinen zwischen den Stützen mit wärmedämmender Hinterkleidung der Stützen. Als Dachkonstruktion wurde eine um 10° geneigte Dachdecke aus 5 cm dicken Gerrix-Platten WD (Spezialplatten für Dachdecken, kunstharzgebunden und gepreßt) auf Längspfetten im Abstand von 1,40–1,45 m gewählt. Die Wärmeleitzahl dieser Platten beträgt 0,027 kcal/m h °C, der Rechenwert allerdings nach DIN 4108 nur 0,035 kcal/m h °C. Die witterungs-, erschütterungs-, raum- und temperaturbeständigen Platten wurden an der Unterseite mit einem engmaschigen, verzinkten und punktgeschweißten Stahlnetz, das außerdem kunstharzgetränkt wurde, verstärkt. Auf diese Platten wurden Wellasbestbetontafeln als Wetterschutz aufgebracht. Vf. erläutert ferner die Aufstallung (Querstellung der Raufen), die Wasserversorgung, das Füttern und Entmisten. Außerdem wird in einer ausführlichen Wärmehaushaltsberechnung das einwandfreie Stallklima einschließlich der Lüftung nachgewiesen.

F. K. Mann. 2275.

Frey, J. und Krupp, G.; Hecklingen; Berlin. **Ein neuer Laufstall zur Milchviehhaltung (Hecklinger Boxenstall).** Wiss.-techn. Fortschr. Landwirtsch. **3** (1962) Nr. 10. S. 465–467. – 3 Abb.

Der Versuch, beim Offenstallbau mit primitivsten Mitteln und geringstem Kostenaufwand auszukommen, schuf für Tiere und Viehpfleger völlig unzureichende und unzumutbare Bedingungen. Gegenwärtig muß ein Kompromiß zwischen den tierzüchterischen und ökonomisch-technologischen Forderungen gesucht werden. Unter diesem Gesichtspunkt haben Vff. auf der Grundlage des Laufstalles den „Hecklinger Boxenstall“ entwickelt. Es handelt sich hierbei um den Umbau eines 10 m breiten Flachlaufstalles (Typ La-21). Der Querschnitt wurde wie folgt verändert: Kotgang (1,65 m), Boxen bzw. Standfläche (1,70 m), Futtertisch, rechts und links in Halbfuttertische auslaufend (ca. 3 m), Boxen bzw. Standfläche und Kotgang. Eine spez. Freßgitterkonstruktion gestattet der Kuh mit dem Kopf über der Krippe zu liegen, ohne auf den Futtertisch treten zu können. Die Boxen sind 1,00 m breit und 1,70 m lang; vorn durch das Freßgitter mit einem Querrohr (65 cm hoch) und einer bogenförmigen Aussparung (130 cm hoch, 20 cm breit) begrenzt. Der Stall wurde geschlossen (!), für die Lüftung eine Dachhälfte um 50 cm gehoben und schrägstehende Jalousieleisten angebracht. Gefüttert und entmistet wird mit dem RS 09, gemolken weiter im Fischgrätenmelkstand. Durch diesen Umbau wurde die Stallkapazität von 60 auf 80 (88 Boxen) Tiere erhöht. Ferner wurden durch den Um- bzw. Neubau je 2 derartiger Ställe DM 32000 (von DM 660/Kuhplatz auf DM 560) Baukosten sowie jährl. für DM 18500 Streustroh (von 5 kg auf unter 1 kg) und Lohnkosten von DM 32000 (1 AK betreut jetzt 36, früher 25 Kühe) eingespart. Boxen und Freßgitter funktionieren einwandfrei; die Arbeitsfreude des Viehpflegepersonals wurde gesteigert. E. Kulpe. 2305.

Runcis, A. Ja. (Runzis, A. Ja.) Preimuščestva besprivjaznogo soderžanija korov. **(Vorzüge der Offenstallhaltung für Kühe.)** Vestnik sel'skochozjajstvennoj nauki, Moskva **7** (1962) Nr. 1. S. 139–141. – 4 Tab.

Untersuchungen über Laufstallhaltung von Milchkühen in der Lettischen SSR führten zu folgenden Ergebnissen: Die Stallgebäude wurden besser ausgenutzt, wobei sich die Gesamtfläche des Viehhofes um 25–30% vergrößerte. Der Materialaufwand für die Inneneinrichtung verringerte sich um das 10- bis 12fache, damit sanken auch die Kosten je Kuhplatz. Der Dunganfall stieg auf das 2- bis 3fache an. Große Arbeitserleichterung schaffte das Melken im Melkhaus mit Fischgrätenmelkstand und Milchtransport durch Leitungen in nahegelegene Verarbeitungsräume sowie die maschinelle Stallreinigung. Im Vergleich zum Maschinenmelken im Anbindestall mit transportabler Anlage stieg die Arbeitsproduktivität um das 2,5fache, damit sanken Aufwand und Selbstkosten der Milchproduktion. In der chem. Zusammensetzung blieb die Milch unverändert. Es wird empfohlen, die Kühe vom Auslauf zum Melkstand und nach dem Melken in den warmen Stall zu treiben. Für die individuelle Kraftfuttergabe sollten Bunker mit Dosiereinrichtungen aufgestellt werden. Bei Einsatz der maschinellen Entmistung wird empfohlen, als Einstreu Häckselstroh oder Torf zu verwenden. G. Bernet. 2320.

Hauptman, Jaroslav; Uhříněves, Ústřední Výzkumný Ústav Živočišné Výroby. Příspevek k hodnocení volného ustájení dojnic podle výzledků z výzkumného sledování volných stájí. **(Beitrag zur Bewertung der Unterbringung von Milchkühen in Laufställen nach den Ergebnissen einer versuchsmäßigen Beobachtung.)** Živočišná Výroba **7(35)** (1962) Nr. 10. S. 653–674. – 9 Abb., 8 Tab. Zus. in Russ., Dtsch.
Untersuchungen in den experimentellen Offenställen in Stod (100 Kühe) und Lochkov (128 Kühe) im Zeitabschnitt vom 1. Nov. 1960 bis 30. Okt. 1961 ergaben eine durchschnittl. tägl. Milchleistung von 6,20 kg (FCM) in Stod und 8,12 kg (FCM) in Lochkov. Je 1 kg Milch wurden verbraucht: in Stod 133 g verd. E. und 1019 g StW, in Lochkov 118 g verd. E. und 732 g StW. Je Kuh und Tag wurden in Stod ⌀ 7,73 kg Streustroh und 2,68 kg Sägespäne, in Lochkov 4,23 kg Streustroh verbraucht. Je Kuh und Tag betrug der Arbeitsaufwand in Stod 14 Min. 47 Sek., in Lochkov 14 Min. 47 Sek. Je Kuh wurden zum Melken im Melkraum in Stod 8 Min. 28 Sek., in Lochkov 7 Min. 23 Sek. benötigt. F. Svoboda. 2320.

Ritter, E.; Tautenhain. **Hinweise der Arbeitsgruppe Rinder der Forschungsgemeinschaft Tierhaltung und Stallwirtschaft für die Einrichtung von Liegeboxen in Offenställen.** Wiss.-techn. Fortschr. Landwirtsch. **3** (1962) Nr. 10. S. 461–463. – 3 Abb.
Hoher Strohverbrauch in Offen-Laufställen und geringe Arbeitsproduktivität in Offen-Anbindeställen waren die Gründe für die Entwicklung der Boxenliegeställe. Es wird über die Ermittlungen der Untersuchungen von 37 Boxenliegestallanlagen in den Mon. Jan.–März 1962 berichtet und Hinweise für die Einrichtung von Boxenliegeställen gegeben. Im Laufhofsystem können bei 10,5 m Stallbreite 3 und bei 12,5 bzw. 15,0 m 4 Boxenreihen eingerichtet werden. Hinsichtl. einer besseren Gruppenbildung sollten die Boxenreihen an den Außenwänden angeordnet und am Kopfende mit einem Strohfutterbunker (mit Selbstentnahme und -einstreu) kombiniert werden. In windungünstigen Lagen wird eine bis 2 m hohe Windbrüstung empfohlen. Die Größe der Gruppen soll 32 nicht überschreiten und durch 8 teilbar sein. Es wird zwischen Wandboxen (2,00–2,10 m × 0,95–1,05 m; Kopfende wird durch die Wand begrenzt) und Krippenboxen (1,60–1,65 m × 0,95–1,05 m; Kopfende wird durch äußeres Krippenende begrenzt) unterschieden. Als Trennrahmen haben sich 30-mm-Stahlrohre in 0,5 und 1,0 m bzw. 70–80 cm Höhe bewährt; als Maximalabstand der Rohrbegrenzung von der Stirnwand werden 5-7 cm, vom Kotgang 30 cm angegeben. Der Höhenunterschied zum Kotgang soll 18–20 cm betragen, der tägl. durchschnittl. Futter-Streustrohbedarf lag unter 3 kg. Für jedes Tier wird ein Freßplatz mit verschließbarem Freßgitter gefordert. Der durchschnittl. Arbeitsaufwand je Tag und Tier betrug 15,9 AKmin bzw. 30 Kühe je AK. Als Vorteile werden (in der Reihenfolge ihrer Bedeutung) höhere Milchleistung, Streustroheinsparung, gesteigerte Arbeitsproduktivität, größere Ruhe und Sauberkeit und Vergrößerung der Stallkapazität angegeben. E. Kulpe. 2320.

Weidekombinat in den Nordbezirken. Dummerstorf, Inst. Tierzuchtforsch. Dtsch. Akad. Landwirtsch.-Wiss. Berlin Plan-Nr.: 170 116h-2-37/1. Abschlußber. (26/3. 1963).
Am Beispiel des Weideprojektes der LPG „Helmut Just“, Mödlich, wird gezeigt, wie bei der Projektierung von Weidekombinaten methodisch vorge-

gangen werden kann. Trotz einer klaren Konzeption beim Aufbau der Weidekombinate sind die Besonderheiten einer jeden LPG in der Wahl der Weidezentrale und in der Organisation der Weidewirtschaft zu berücksichtigen. 2355.

Esfeld, G.; Eilenburg, Bezirk Leipzig, VEG. **Höhere Leistungen in der Rinderzucht durch richtige Grünlandbewirtschaftung.** Wiss..-techn. Fortschr. Landwirtsch. 4 (1963) Nr. 3. S. 134-135. — 5 Abb. 2360.

Neuffer; Frankfurt/O. **Einfluß von Aufstallungsarten und Entmistungssystemen in der Milchviehhaltung auf die Arbeitsproduktivität.** Wiss.-techn. Fortschr. Landwirtsch. **3** (1962) Nr. 10. S. 455–458. — 3 Abb., 7 Lit.
Die richtige Anordnung und Gestaltung der Bauten der Rinderhaltung hat einen großen Einfluß auf den Arbeitsbedarf und damit die Ökonomik. Ausgehend von dem jährl. erforderlichen Massenumsatz in der Milchviehhaltung weist Vf. darauf hin, daß der Arbeitsbedarf für das Füttern zwischen 17 und 25% und für das Entmisten und Einstreuen zwischen 12 und 25% der je Kuh aufgewandten Arbeitszeit liegt. Der Grund dafür ist die unzweckmäßige Baugestaltung und die unbefriedigende Mechanisierung der Arbeitskette Entmisten–Einstreuen. Die Längsaufstallung bietet günstigere Mechanisierungsmöglichkeiten (Schubstange, Kratzerkette, Schleppschaufel bzw. Hublader); Ställe mit Queraufstallung sollten nicht mehr gebaut, vorhandene in Längsaufstallung umgebaut werden. Bei Strohmangel gewinnen die Rostaufstallung und die Einrichtung von Liegeboxen an Bedeutung. Es folgen Angaben über die Leistungsfähigkeit der verschiedenen Entmistungsverfahren in Offenställen. Beim Umbau der Offenställe in geschlossene Anbindeställe gehen arbeitswirtschaftliche Vorteile verloren, außerdem führt die eintretende Kondenswasserbildung zu allmählicher Zerstörung der Brettbinder. Vor jedem Neu-, Um- oder Ausbau sind grundlegende technol. Überlegungen anzustellen. E. Kulpe. 2425.

Preuschen, G.; Bad Kreuznach. **Rationalisierung der Rindviehhaltung.** Kraftfutter **45** (1962) Nr. 3. S. 110–112. — 3 Abb.
Vf. erörtert Möglichkeiten der Arbeitsersparnis im Milchviehstall bei Fütterung, Entmistung und Melkarbeit. Inwieweit sich die Selbstfütterung von Heu und Silage auf die Rentabilität der Viehhaltung auswirkt wird an Beispielen aufgezeigt. Ergiebiger als die Rationalisierung der Fütterung und Entmistung kann die Umstellung des Handmelkens auf Maschinenmelken sein. Hierbei sind die Melkstände infolge ihrer besseren Hygiene dem maschinellen Melken im Stall vorzuziehen. Nur der Anbindestall mit Kotrostaufstallung könnte ähnliche hygienische Verhältnisse aufweisen wie im Melkstand. Die Erhöhung der Milchqualität erfordert neben peinlich sauberer Milchgewinnung sowie sauberer und kühler Aufbewahrung bis zum Abtransport, bereits während des Melkens als zusätzliche Arbeit eine sofortige und schnelle Milchkühlung auf 10 °C. Der Arbeitsaufwand der Milchkühlung ist somit in Zukunft zu berücksichtigen. Abschließend werden kurze Hinweise für die rationelle Haltung von Jung- und Mastrindern gegeben. J. Strecke. 2425.

Sonntag, S.; Oranienburg. **Wie wird der Fischgrätenmelkstand richtig genutzt?** Wiss.–techn. Fortschr. Landwirtsch. **3** (1962) Nr. 10. S. 451–452. — 4 Abb., 10 Lit.
Vf. erläutert auf Grund der z. T. schlechten Ergebnisse des Melkens im Fischgrätenmelkstand (Euterkrankheiten, Milchrückgang, schlechte Milchqualität) die Voraussetzungen für eine richtige Nutzung, das Melken und die Gewinnung einer hygienisch einwandfreien Milch. Das Melken im FGM muß in 1. Linie nach euterphysiologischen und nicht nur nach arbeitswirtschaftlichen Gesichtspunkten erfolgen. Zu den Voraussetzungen für die richtige Nutzung gehören: biol. und techn. ausgebildetes Personal, regelmäßige

Eutergesundheitskontrolle und Einteilung der Herde in Melkbarkeits- bzw. Milchleistungsgruppen. Beim Melken soll ein Melker nur 4 Melkzeuge bedienen. Die Arbeiten nach dem Eintreiben einer Gruppe sind: Milchprüfen, Euterreinigung, Anrüsten, Ansetzen der Melkmaschine, Nachmelken mit der Maschine und Euterkontrolle mit der Hand. Zur hygienischen Gewinnung der Milch wird weiße, abwaschbare Melkerkleidung sowie eine regelmäßige Reinigung der Gesamtanlage nach der vom Inst. für Milchforschung Oranienburg ausgearbeiteten Reinigungs- und Desinfektionsvorschrift gefordert. Abschließend wird auf die Bedeutung der Einführung des Milcherzeugerberatungsdienstes hingewiesen. E. Kulpe. 2425.

Matthies, H. J.; Braunschweig. **Die Mechanisierung der Fütterung.** Kraftfutter **45** (1962) Nr. 3. S. 105–108. – 6 Abb.
Für die Praxis wird ein Überblick über den augenblicklichen Entwicklungsstand der Fütterungsanlagen für Hühner, Schweine und Rinder gegeben, wobei zwischen Selbstfütterungsanlagen, Futterverteilungsanlagen und Futterdosierungsanlagen unterschieden wird. Bei den Hühnerfütterungsanlagen werden neben vollautomatischen mechanisch und pneumatisch arbeitenden Systemen, die das Trockenfutter einem Vorratsbehälter entnehmen und über den Futtertrog verteilen, halbautomatische Anlagen und der fahrbare Futterverteilungswagen, der mit einem Dosiergerät versehen werden kann, erwähnt. Bei der Schweinefütterung wird auf eine dosierte Futterzuteilung Wert gelegt. Gegenüber den gewöhnlichen Klappen- und Drehautomaten für Trockenfutter sind deshalb solche Geräte vorzuziehen, die auf elektrischem Wege sowohl die Futterzeiten als auch die Futtermenge bestimmen können. Eine Dosierung des Futters bei Trockenfutteranlagen mit Schnecken- oder Kettenförderung ist bei der Schweinefütterung nicht möglich. Desgleichen erlauben die näher beschriebenen Vakuumfutterautomaten und die fahrbaren Futterverteilungswagen keine Futterdosierung. Neben den elektrisch regulierbaren Fütterungsautomaten werden teilweise näher beschriebene, fahrbare, hängende Futterverteilungswagen mit Dosiereinrichtung in der Schweinefütterung angewandt. Für die Rinderfütterung sind große Mengen verschiedener Futtermittel zu transportieren. Hierfür finden die Silagefräsen und mechanisch mit Ketten, Schnecken und als Schubstange arbeitende Futterverteilungsanlagen für Heu und Silage Erwähnung. Die Förderschnekken haben meist 150–300 mm Dmr., weisen eine Steigung von 125–250 mm und eine Drehzahl pro Min. von 100–150 auf. Das Kraftfutter wird zweckmäßigerweise durch Kraftfutterverteiler dosiert im Melkstand verfüttert. J. Strecke. 2425.

Chajrullin, Š. Š. und Prachov, L. P. (Chairullin, Sch. Sch. und Prachow, L. P.); Orenburg, Forsch.-Inst. für Milchvieh- und Fleischviehzucht. Novaja technologija kormlenija i soderžanija v moločnom skotovodstve. **(Eine neue Fütterungs- und Haltungstechnologie in der Milchviehzucht.)** Životnovodstvo, Moskva **24** (1962) Nr. 10. S. 46–51. – 2 Abb., 1 Tab.
In den neuentworfenen Kuhställen liegen sich 2 Ställe mit Pult-Warmdächern im Abstand von 9–12 m gegenüber; zwischen ihnen liegt der überdachte Silo, aus dem die Kühe von beiden Seiten durch Freßgitter fressen können. Die betonierten Freßplätze werden 1- bis 2mal wöchentl. mit einem Traktor mit Schiebeschild entmistet, während auf den Liegeplätzen mit Dauerstreu tägl. 2–3 kg Stroh/Tier eingestreut werden. Bei dem neuen komplexen Kuhstall, bei dem alle für 400 Milchkühe erforderlichen Nebenräume (Abkalberaum, Aufzuchtraum, Raum für die Kälber, die an die Ammenkühe gewöhnt werden, 2 Melksäle, Raum für die KB, Apotheke, Getreidelager für 200 t, Siloplatz, Büro usw.) an die Giebelwände des Stalles angebaut worden sind, liegt die Silage entlang der Seitenpfosten und ersetzt so die Seitenwände. F. Schenk. 2425.

Merzlikin, Ja. A. (Merslikin, Ja. A.) Mechanizirovannyj otkorm svinej. **(Die mechanisierte Schweinemast.)** Svinovodstvo, Moskva **17** (1963) Nr. 1. S. 22–25. — 2 Abb.
Im Kolchos „Kirow“, Gebiet Woronesh, wird bei der Schweinemast die Großgruppenhaltung (250–400 Tiere) mit freiem Auslauf angewendet. Die 1200 bis 2000 Schweine werden von 2 statt wie bisher von 12–14 AK betreut, die gleichzeitig das Futter aufbereiten. Die Hackfrüchte gelangen dabei über einen Förderer in die Hackfruchtwäsche, danach in die Zerkleinerungsmaschine und in den Futtermischer, wo ihnen zerkleinerte Maiskolben zugesetzt werden. Eine Mischerschnecke befördert das Futter durch Schläuche in den Futterverteilwagen (Lore der Schmalspurbahn mit einer Misch- und einer Verteilerschnecke), wo ihm auch Kraftfutter zugesetzt wird. Schließlich wird das Futter mit einem Schlauch in die Vakuumfutterautomaten im Freßstall gefüllt. F. Schenk. 2425.

Novobrancev, F. K. (Nowobranzew, F. K.); Sernowoi, Gebiet Rostow, Forsch.-Inst. der RSFSR für Mechanisier. und Elektrofizier. der Landwirtsch. Kompleksnaja mechanizacija proizvodstva svininy. **(Die Vollmechanisierung der Schweinefleischerzeugung.)** Svinovodstvo, Moskva **16** (1962) Nr. 12. S. 36–39. — 5 Abb., 1 Tab.
Beschrieben wird ein Schweinemaststall für 2500 Tiere. Es ist ein 84 m langer, 18 m breiter und 1,4 m hoher Ziegelleichtbau. In der Mitte des Stalles liegt ein zur Futterverteilung dienender Kratzerkettenförderer mit 2seitigen Futtertrögen, die mit einer Kraft- und Saftfuttermischung gefüllt werden. Auf dem Freßplatz läuft rings um den Futterverteiler ein Kratzerkettenförderer, mit dem entmistet wird. Darauf folgen rechts und links Stützen, neben denen die Selbsttränken stehen, an die sich die Liegeplätze anschließen. In diesem Stall können 2500 Schweine von 1–2 AK betreut werden. Der erwähnte Maschinenkomplex kann auch in älteren Schweinemastställen, die auf Laufstallhaltung umgebaut worden sind, angewendet werden. F. Schenk. 2425.

Koba, V. G. und Švejcarov, L. L. (Koba, W. G. und Schweizarow, L. L.); Saratow, Kalinin-Inst. für Mechanisier. der Landwirtsch. Opyt mechanizacii ptičnikov v Saratovskoj oblasti. **(Erfahrungen mit der Mechanisierung von Geflügelställen im Gebiet Saratow.)** Životnovodstvo, Moskva **24** (1962) Nr. 11. S. 74–78. — 3 Abb.
Es gibt verschiedene Typen mechanisierter Geflügelställe mit Tiefstreuhaltung. Typ 1 hat einen 1,5 m breiten Arbeitsgang, zu dessen beiden Seiten in 4 Etagen die Futtertröge und Nester liegen. Davor befinden sich über den Kotkästen die Sitzstangen; zwischen Kotkästen und Wand liegt die Dauerstreu. Das Futter wird mit einem Futterverteilwagen verteilt, die Eier werden mit Förderbändern eingesammelt. Bei Typ 2 ohne Futtergang und Trennwände liegen die Tröge in 4 eingeschossigen Reihen über den Kotkästen und werden mittels Förderbändern beschickt. Bei Typ 3 liegen in der Längsachse des Gebäudes die Kotkästen, darüber in einer Reihe 2 Geschosse von Futtertrögen für Naßfutter, ein Geschoß mit den Trockenfutterautomaten und ein Geschoß mit 2 Reihen Nestern. Die Tränken befinden sich auf den Kotkästen. Zwischen Kotkästen und Längswänden liegt die Tiefstreu. Mit Hilfe eines Förderbandes werden die Eier eingesammelt und die Trockenfutterautomaten beschickt, während das darunterliegende Förderband zum Beschicken der Naßfuttertröge dient. Entmistet wird 1- bis 2mal jährl. mit einem Traktor. Bei Typ 3 liegen die Mechanisierungskosten ca. 50% niedriger als bei Typ 1 und 2, und die Nutzfläche wird durch den fehlenden Futtergang um 15% vergrößert. Die Arbeitsproduktivität steigt um 100–300%.
F. Schenk. 2425.

Missler, H.; Cuxhaven. **Rationalisierungsmöglichkeiten in der bäuerlichen Geflügelhaltung.** Kraftfutter **45** (1962) Nr. 3. S. 114–116. — 4 Abb.

Bei den landwirtsch. Nutztieren konnte in der Geflügelhaltung bisher der größte Intensivierungsgrad erreicht werden. Erwähnung finden Rationalisierungsmaßnahmen bei der Fütterung, der Futterverabreichung, der Wasserversorgung und dem Eiereinsammeln. Maßnahmen, die unabhängig von der Arbeitskrafteinsparung sind, wie Form und Zusammensetzung des verabreichten Futters, die Haltungsweise und Herkunft des Tiermaterials, bedürfen ebenfalls der Beachtung, da sie gleichfalls den wirtschaftlichen Erfolg steigern können. J. Strecke. 2425.

H. NUTZUNG UND QUALITÄT TIERISCHER ERZEUGNISSE

Groß, K. **Der gemeinsame Markt und die deutsche Landwirtschaft unter besonderer Berücksichtigung der tierischen Veredlung.** Züchtungskunde **34** (1962) Nr. 9/10. S. 390–405.

Nachdem Frankreich, Italien, die Beneluxländer und die BRD am 25. 3. 57 den Vertrag zur Gründung der EWG unterzeichneten, beschlossen sie am 14. 1. 1962 den Übertritt zur 2. Stufe der 12jährigen Übergangszeit. Im Zuge der Entwicklung einer gemeinsamen Agrarpolitik haben sie ein System zur Regelung bestimmter Agrarmärkte eingeführt. Danach erfolgt beim grenzüberschreitenden Warenverkehr die Erhebung von Abschöpfungen, um die Preisunterschiede für die betr. Waren auszugleichen. Für Schweine, Eier und Geflügel errechnet sich die Höhe der Abschöpfung auf der Grundlage der zur Erzeugung notwendigen Futtergetreidemengen. Der Einschleusungspreis wird auf dem Niveau von Weltmarkt-Futtergetreidepreisen unter Zugrundelegung der Erzeugung in rationellen Betrieben berechnet. Die Auswirkungen dieses Systems sind noch nicht voll zu übersehen. Bei bestimmten Waren zeichnet sich eine Verlagerung der Warenströme zugunsten der Mitgliedsländer ab. H. Kleiber. 2505.

Uhle, Hans J.; München, TH, Süddtsch. Versuchs- und Forsch.-Anst. für Milchwirtsch.; Milchwirtsch. Inst. **Die Belastung der Milchwirtschaft durch die Milcherfassungskosten.** Milchwissenschaft **18** (1963) Nr. 3. S. 113 bis 121. – 2 Abb., 6 Tab., 9 Lit. 2511.

Aristova, V. P. und Vlasova, S. E. (Aristowa, W. P. und Wlassowa, S. Je.); Moskau, Landwirtsch. Timirjasew-Akad. Sostav žira moloka korov černo-pestroj, dzerzejskoj porod i ich pomesej. **(Die Zusammensetzung des Milchfettes bei Kühen der Schwarzbunten und der Jersey-Rasse und deren Kreuzungsprodukten.)** Vestnik sel'skochozjajstvennoj nauki, Moskva **7** (1962) Nr. 9. S. 69–75. – 7 Tab., 19 Lit. Zus. in Engl., Franz., Dtsch.

Vff. untersuchten die Zusammensetzung des Milchfettes an gleichaltrigen Kühen der beiden Rassen und deren Kreuzungen (F_1). Es konnten wesentliche Unterschiede in der Zusammensetzung der Fettsäuren und deren Eigenschaften festgestellt werden. Das Milchfett der Jerseys enthält eine größere Menge gesättigter Fettsäuren und weist durch Ausscheidung einer größeren Menge harter Triglyzerid-Fraktionen (Azetonlösung) ein anderes Verhältnis der ungesättigten Fettsäuren auf. Das Milchfett der Schwarzbunten Rasse ist durch einen höheren Gehalt an ungesättigten Fettsäuren gekennzeichnet. Triglyzerid-Fraktionen werden weniger ausgeschieden. Die Kreuzungstiere nehmen eine Zwischenstellung ein und tendieren im Milchfettgehalt bei Stallhaltung mehr zu den Jerseys, bei Weidegang mehr zu den Schwarzbunten. In der Intensität der Milchfettbildung, der Menge der Fettsäuren, im Tagesgemelk auf 100 kg berechnet, übertreffen die Jerseys die Schwarzbunten an gesättigten Fettsäuren um 85%, an ungesättigten um 45%. Die Kreuzungen liegen um 34% und 19% über den Schwarzbunten. Der Unterschied in der Zusammensetzung des Milchfettes weist auf die Besonderheiten in der Milchsekretion der Kühe verschiedener Rassen hin. W. Strack. 2512.

King, J. O. L. Variations in the size and number of fat globules in the milk of diseased cows. **(Veränderungen der Größe und Anzahl der Fettkügelchen in der Milch kranker Kühe.)** Brit. veterin. J. **118** (1962) Nr. 12. S. 522–525. – 1 Tab., 11 Lit.

Bei insgesamt 27 Kühen (11 Ayreshires, 9 Friesen, 7 Jerseys), die wegen einer Labmagenverlagerung in einer Tierklinik der Univ. Liverpool z. T. operativ behandelt wurden, untersuchte man die Milchmenge, den Fettgehalt und die Größe und Anzahl der Fettkügelchen/ml Milch in 2 Etappen: a) während der Krankheit; die Tiere nahmen kein konzentriertes Futter auf, ihre rectale Temperatur lag nicht über 102 °F; b) nach der Heilung, Wiederbeginn der Futteraufnahme. – Zur Bestimmung des Fettgehaltes diente die B. S. S. No. 696 Gerber-Methode, die Größenbestimmung der Fettkügelchen erfolgte nach Zusatz einer Glycerin-Koschenille-Beize mit Ölimmersion und graduiertem Mikrometer-Okular, die Anzahl nach Verdünnung mit Wasser und Glycerin in der Thoma-Zeiss'schen Zählkammer. Aus den Ergebnissen geht hervor, daß bei 26 Tieren der Milchertrag anstieg, als sie wieder zu fressen begannen (von 18,5 auf 23,3 lb.) und bei 24 Tieren sowohl der Fettprozentgehalt als auch der Dmr. der Fettkügelchen beim Anstieg der Milcherträge geringer wurde (5,08% auf 4,17%, 4,263 μ und 3,757 μ). Die Unterschiede zwischen den Werten waren signifikant (P 1%). Bei 17 Kühen verminderte sich die Anzahl der Fettkügelchen/ml beim Wiederbeginn des Fressens konzentrierten Futters, während sie bei 10 Kühen anstieg. Im Durchschnitt war eine geringe Abnahme der Anzahl zu bemerken. Der Unterschied zwischen den Werten der beiden Etappen war nicht signifikant. Die Ergebnisse der Untersuchungen über die Größe und Anzahl der Fettkügelchen in der Milch lassen den Schluß zu, daß die Änderung des Fettgehaltes durch einen Wechsel in der durchschnittl. Größe und nicht durch einen der Fettkügelchenanzahl/Volumeneinheit hervorgerufen wird.

H. Heimbürge. 2512.

Puri, Balwant Rai und Parkash, Sat.; Chandigarh, Panjab Univ., Dep. of Chem. Studies in physico-chemical properties of milk. Part 12. The renneting time of milk of different species. **(Untersuchungen über physikalisch-chemische Eigenschaften der Milch. 12. Mitt. Die Labgerinnungszeit der Milch verschiedener Tiergattungen.)** Indian J. Dairy Sci. **15** (1962) Nr. 3. S. 114–122. – 11. Mitt. vgl. LZ. Abt. III 8 (1963) Nr. 2. S. 259.

Die Labgerinnungszeit einer Anzahl Kuh-, Büffel- und Ziegenmilchproben wurde bei Milchtemperaturen von 15–30 °C und Labkonzentrationen zwischen 10 und 50 mg/100 ml Milch untersucht. Obgleich es bei jeder Milch der einzelnen Tiergattungen individuelle Schwankungen für die Gerinnungswerte gab, waren die ermittelten Ergebnisse bei Kuhmilch um ein beträchtliches höher als die von Ziegen- oder Büffelmilch, wobei letztere nicht erheblich voneinander abwichen. Durch diese Bestimmung der Labgerinnungszeit ist es möglich, ohne den aufwendigen und zeitraubenden Analysengang Kuhmilch von anderer Milch schnell zu unterscheiden. Auf diese Weise lassen sich Milchfälschungen durch Wasserzusatz zur Büffelmilch und anschließende vorsätzliche Irreführungen durch Deklaration als Kuhmilch leicht nachweisen. Bei verschiedenen Milchproben der gleichen Tiergattung blieb sowohl der Einfluß der Entrahmung als auch derjenige des Wasserzusatzes zur Milch auf die Labgerinnungszeiten von untergeordneter Bedeutung. Vff. haben die bei verschiedenen Temperaturen ermittelten Gerinnungszeitwerte in Tab. zusammengefaßt. Ein Aciditätsanstieg der Milch, Zusatz von ionisiertem Ca, Ba und Al verminderte die Gerinnungszeit; sie wurde wieder erhöht, wenn ionisiertes Ca durch monovalente Alkalikationen ersetzt wurde.

W. Gimmler. 2512.

Riel, R. R.; Ottawa, Canada Dep. of Agric., Food Res. Inst., Res. Branch. Physico-chemical characteristics of Canadian milk fat. Unsaturated fatty acids. **(Physikalisch-chemische Besonderheiten kanadischer Milchfette. Ungesättigte Fettsäuren.)** J. Dairy Sci. **46** (1963) Nr. 2. S. 102–106. 2512.

Dorier, P. und Verelle, L. Recherche du glucose dans les laits altérés. **(Untersuchungen über den Glukose-Gehalt in veränderter Milch.)** Lait **42** (1962) Nr. 418. S. 481–486. – 3 Tab., 6 Lit. Zus. in Engl.
Veränderungen der Milch gehen mit einem Sinken des Gehaltes an Lactose einher. Damit ändert sich das Verhältnis Lactose – Glukose. Diese Veränderungen sind nach den Untersuchungen der Vff. mit Hilfe eines Indikatorpapiers innerhalb kurzer Zeit feststellbar. Konservierungszusätze zur Milch beeinflussen die Reaktion nicht. C. Wolf. 2512.

Zamarin, L. G., Loś, L. I. und Pjatnickaja, L. K. (Samarin, L. G., Los, L. I. und Pjatnizkaja, L. K.); Saratow, Med. Inst., Lehrstuhl für Allg. Hyg.; Zootechn. und Veterinärmed. Inst., Lehrstuhl für Innere Nichtansteckende Krankh. Landwirtsch. Nutztiere. Soderžanie medi, marganca, molibdena i joda v moloke korov Saratovskoj oblasti. **(Der Gehalt an Kupfer, Mangan, Molybdän und Jod der Kuhmilch im Saratower Gebiet.)** Voprosy pitanija, Moskva **21** (1962) Nr. 6. S. 81–82. – 1 Tab.
Vff. untersuchten die Kuhmilch auf den Gehalt an Cu, Mn, Mo und J und geben Bestimmungsmethoden der Elemente an. K. Witt. 2512.

Auermann, E. und Borris, W. **Der Einfluß von fluorhaltigem Wasser auf den Fluorgehalt der Kuhmilch.** Z. ges. Hyg. Grenzgebiete 8 (1962) Nr. 12. S. 955–960.
Die künstliche Fluorapplikation gilt als eines der wertvollsten Mittel zur Bekämpfung der Dentalkaries bei Kindern und Jugendlichen. Da die Milch als Nahrungsmittel während der gesamten Entwicklung des Milchgebisses und des bleibenden Gebisses (schwangere Frau, Säugling, Kleinkind, Schulkind) aufgenommen wird, interessierte der Fluorgehalt der zum Verkauf kommenden Kuhmilch wie auch der Einfluß fluoridierten Wassers: Nach tierärztlicher Untersuchung wurden 5 ausgesuchte Kühe mit fluoridiertem Stadtwasser getränkt. Während der Fluorgehalt vor der erhöhten Fluorzufuhr 50–100 μg/l Milch betrug, stieg er nach Einführung der Fluoridierung allmählich an, bis er sich schließlich dem des Wassers – ca. 1 mg/l Milch – näherte. Die Tatsache, daß bei einem Absinken der zum Wasser zugesetzten Fluormenge bis zur völligen Unterbrechung der Wasserfluoridierung die Fluorwerte der Milch höher als die des Wassers lagen, läßt den Schluß zu, daß Fluor im Organismus angereichert wird, wahrscheinlich im Hydroxylapatit der Knochen, und von da, je nach Bedarf oder nach einem bestimmten Verteilungsgesetz, wieder über den Blutkreislauf abgegeben wird. – Stichprobenartige Untersuchungen der in Karl-Marx-Stadt zum Verkauf kommenden Milch ergaben einen Fluorgehalt zwischen 90 und 230 μg/l Milch (2 Proben mit 525 bzw. 703 μg/l). Die Fluorbestimmungen erfolgten nach dem Zirkon-Eriochromzyanin-Verfahren colorimetrisch im Pulfrich-Photometer von Zeiss. Chr. Dietz. 2512.

Verma, Shri Satish; Karnal, India. A report on the incidence of Cesium-137 and Strontium-90 in milk. **(Ein Bericht über die Beimischung von ^{137}Cs und ^{90}Sr in Milch.)** Indian Dairyman **14** (1962) Nr. 8. S. 231. 233.
Der Anteil von ^{90}Sr in Milch hängt ab von der Stärke des fallout und der kumulativen Ansammlung am Boden. Der Anteil von ^{137}Cs in Milch hängt vorrangig ab von der Konzentration und Menge, sobald dieses Isotop durch die Tiere aufgenommen ist, und seine schnellere Ausscheidung durch die Milch gegenüber ^{90}Sr. Durchgeführte Messungen an Milchproben in Karnal ergaben 3,76 pc/l ^{90}Sr und 18,8 pc/l ^{137}Cs. Diese Werte sind kaum zu bestimmen und

geben keinen Anlaß zur Gefahr. In anderen Stationen Indiens wurden ähnliche Werte gemessen. Die Werte von Trivandrium waren jedoch höher als die der Vergleichsstationen derselben Höhenlage. W. Zeller. 2512.

Anonym. **Bestimmung des Fettgehaltes von Rahm nach dem Röse-Gottlieb-Verfahren.** Milchwissenschaft **18** (1963) Nr. 3. S. 131–132. 2512.

Ibrahim, M. K. E. und Shipe, W. F. Ithaca, Cornell Univ., Dep. of Dairy and Food Sci. Factors affecting the correlation between results obtained with the TeSa, Schain, and Babcock butterfat tests. **(Über Faktoren, die auf die Korrelation zwischen den Resultaten bei der Butterfett-Bestimmung mit den Methoden nach TeSa, Schain und Babcock einwirken.)** J. Assoc. off. agric. Chemists **45** (1962) Nr. 4. S. 908–915. – 1 Abb., 6 Tab., 17 Lit.
Bei 235 Einzelmilchproben wurde der Fettgehalt der Milch vergleichend mit dem TeSa- und Babcock-Test (Official Methods of Analysis, 9th Ed., Washington 1960) und dem Schain-Test (Merck and Co., Inc. Rahway, N.J.) bestimmt. Bei einem Milchfettgehalt von 3–7% stimmten die Ergebnisse des TeSa- und Babcock-Testes gut miteinander überein, bei einem Fettgehalt von 7–8% ergab der TeSa-Test signifikant niedrigere Werte. Bei einem Fettgehalt von 3–5% zeigte der Schain-Test höhere Werte als der TeSa- und Babcock-Test, bei einem Fettgehalt über 5% lagen die Werte niedriger. Alle 3 verwendeten Untersuchungsmethoden ergaben bei verschiedenen Milchviehrassen übereinstimmende Werte. Enthielten die Milchproben Konservierungsmittel, so wurden mit dem TeSa-Test höhere Werte und mit dem Babcock-Test niedrigere Werte erzielt. H. Hauke. 2512.

Gudnason, G. V. und Shipe, W. F.; Ithaca, N.Y., Cornell Univ., Dep. of Dairy and Food Sci. Factors affecting the apparent activity and heat sensitivity of xanthine oxidase in milk. **(Auf die Aktivität und Hitzeempfindlichkeit der Xanthinoxydase der Milch einwirkende Faktoren.)** J. Dairy Sci. **45** (1962) Nr. 12. S. 1440–1448.
Die Xanthinoxydaseaktivität in γ 02/ml/h wurde mittels der Warburg-Apparatur bestimmt. Die Aktivität frischer Milch nahm zu nach Aufbewahrung bei 4 °C, Erhitzung auf 70 °C für die Dauer von 5 Min., Homogenisieren und Inkubation mit handelsüblichen proteolytischen und lipolytischen Enzymen. Diese Aktivitätszunahme ist allein auf die Erhöhung der Aktivität in der Magermilchphase zurückzuführen bei gleichzeitiger Abnahme der Aktivität der Fettphase. Vermutlich sind diese Aktivitätsveränderungen auf die Freisetzung von Aggregaten der Enzymmikrosomen aus der Fettkügelchenmembran zurückzuführen. Die Hitzeempfindlichkeit der Xanthinoxydase steigerte sich bei Lagerung und Homogenisierung der Milch. Diese Steigerung wird durch die Löslichkeit der Enzymmikrosomen hervorgerufen. In diesem Falle muß eine Auflösung der Mikrosomen erfolgen, während die Aktivitätssteigerung wahrscheinlich auf einfacher Verteilung der Mikrosomenaggregate beruht. W. Gimmler. 2512.

Koning, P. J. de. Gel filtration, a new method applied for the preparation of lactose-free milk. **(Die Gel-Filtration als neue Methode zur Herstellung von lactosefreier Milch.)** Nederl. Melk-en Zuiveltijdschr. **16** (1962) Nr. 3. S. 210 bis 216.
Zur Herstellung von lactosefreier Milch wurde die Methode der Gel-Filtration angewandt. Diese Technik in Verbindung mit der Anwendung einer Salzlösung zur Stimulierung des Milchfiltrates liefert eine lactosefreie Milch von guter Hitzestabilität ohne die sonst übliche Maillard-Reaktion. Der Geschmack dieser Milch befriedigte nach Zugabe von 1% Sucrose und 3% Fett. Die Gel-Filtration kann aber auch zur Entfernung löslicher Milchsalze u. a. niedrig-molekularer Milchbestandteile angewandt werden. Damit bietet diese Methode eine Reihe Möglichkeiten zur Herstellung von synthetischer Milch

zu Versuchszwecken. Die Konzentration löslicher Milchsalze und von anorg. P geben folgende Zahlen wieder. Je 100 ml Magermilch waren vor und nach dem Experiment enthalten: Na = 40,8 bzw. 1,0 mg, K = 165,6 bzw. 1,8 mg, lösliches Ca = 29 bzw. 3 mg und anorg. P = 37 bzw. 0,6 mg. Die Proteinzusammensetzung veränderte sich in der lactosefreien Milch nicht. Es war lediglich ein geringfügiges Absinken im Gesamt-N-Gehalt festzustellen, das auf lösliche N-haltige Substanzen zurückzuführen ist. W. Gimmler. 2512.

Todd, Frank A.; Washington, U.S. Dep. of Agric., A.R.S. Controlling radioactive fallout contamination. **(Überwachung der radioaktiven fallout-Kontaminierung.)** J. Dairy Sci. **45** (1962) Nr. 12. S. 1543–1552.

Zur Versorgung der Bevölkerung mit von radioaktiven Substanzen freien Nahrungsmitteln ist es erforderlich, daß der Farmer Vorkehrungen zum Schutze der Tiere und Maßnahmen zur Produktion tierischer Nahrungsmittel trifft, die möglichst frei sind von Radioaktivität. Auf den meisten Farmen besteht eine Reihe von Möglichkeiten sowohl Viehbestände als auch Futtervorräte ausreichend vor dem sog. fallout zu schützen. Daneben gibt es auch verschiedene Verfahren, die insbesondere Milch und Milchprodukte in genügendem Maße von einer Kontamination befreien. Zur Entfernung der Radioaktivität der Milch werden folgende 4 weitere Untersuchungsbereiche erwähnt: 1. Die Untersuchung des Überganges von Isotopen aus dem Boden in die Pflanze und die Maßnahmen, die zu einer Änderung oder Verringerung dieses Überganges führen. 2. Weitere Forschungen zum Problem der Aufnahme radioaktiver Isotope aus dem Futter und deren Übergang in die Milch. 3. Ermittlung der Einflüsse externer und interner Faktoren auf das biol. System der Milchkuh. 4. Untersuchungen zur Bodenentseuchung.
W. Gimmler. 2512.

Pfau, Alexander und Hoeck, Helmuth. **Sekretion der Gamma-Radioaktivität in die Milch in Abhängigkeit von der Kontaminierung natürlicher Futtermittel im Frühjahr 1962.** Milchwissenschaft **17** (1962) Nr. 12. S. 673–677. – 3 Abb., 1 Tab., 6 Lit.

Zur Erlangung von Erfahrungswerten für die Versuchskette Niederschlag–Pflanze–Kuh–Milch wurde die Gesamt-γ-Radioaktivität von Niederschlag, Tränkwasser, Weidegras und Milch im Gegensatz zur Aufnahme der γ-Spektren ohne vorherige Konzentrierung in einer Ringbecher-NaJ-Detektor-Anordnung mit nachgeschaltetem elektronischem Zählwerk gemessen. Es zeigte sich von Mai–Juni 1962 in der Milch eine leicht steigende Tendenz der Gesamt-γ-Aktivität bei einem abgeschätzten ^{137}Cs- und ^{90}Sr-Anteil von 140 und 49 pc/l. Die γ-Energie-Maximaverteilung zwischen Niederschlag, Weidegras und Tränkwasser stimmte überein (0,14 MeV – ^{144}Ce; 0,51 MeV – ^{106}Ru + ^{106}Rh; 0,76 MeV – ^{95}Zr + ^{95}Nb). Aus 5 m Tiefe gefördertes Wasser war künstlich verseucht und zeigte dieselbe spektrale Verteilung der γ-Linien wie Niederschlag und Weidegras. Bei den Milchaschen konnte nur ^{137}Cs (0,66 MeV) und ^{40}K (1,46 MeV) festgestellt werden. Der Filterwirkungsgrad für die Kuh im II. Quartal 1962 wurde durch Messung der insgesamt mit dem Futter zugeführten und der über die Milch ausgeschiedenen γ-Radioaktivität zu 0,5% abgeschätzt. J. Niepel. 2512.

Dedié, K. und Kielwein, G.; Aulendorf, Staatl. Tierärztl. Untersuchungsamt. **Tierärztliche Lebensmittelüberwachung im Milchtierbestand.** Tierärztl. Umschau **17** (1962) Nr. 10. S. 348–350.

Im Gegensatz zum Fleisch ist die Überwachung der Milch durch Tierärzte z. Z. noch ungenügend, obwohl es sich zweifellos um ein Lebensmittel tierischer Herkunft handelt. Die Überwachung muß bereits im Stall einsetzen und sich bis zum Verbraucher erstrecken. Was dabei zu berücksichtigen ist, wird aufgezählt und erläutert. Rinder-Tbc und Brucellose sind lt. Vff. fast ausgerottet, und Trinkmilch darf nur aus anerkannt Tbc-freien Beständen gewonnen werden. Eine regelmäßige Untersuchung auf weitere Krankheiten, die die Beschaffenheit der Milch ungünstig beeinflussen können, ist aber nur für Vorzugs- und Markenmilchgewinnung vorgeschrieben. Freiwillige Eutergesundheitsdienste sind zwar sehr nützlich, zeigen aber doch gewisse Lücken evtl. im Bestand; zumindest für Trinkmilch und hochwertige Käsereimilch ist der Anschluß aller Lieferbestände und amtstierärztliche Kontrolle erforderlich. Die Hygiene der Milch von der Gewinnung bis zur Ablieferung an Sammelstellen der verarbeitenden Betriebe bedarf der Verbesserung, die durch Erweiterung der tierärztlichen Befugnisse erreicht werden könnte. Der Melktechnik und -hygiene ist dabei zusätzliches Interesse zuzuwenden. Zusammenarbeit mit dem landwirtsch. und molkereitechnischen Sachverständigen ist aus mehreren Gründen erforderlich, unentbehrlich aber vor allem die tätige Mitarbeit des Tierbesitzers, wozu die Milchwirtschaft praktischerweise einen Anreiz bieten muß. Um den Erfolg zu sichern, sind die bisherigen gesetzlichen Bestimmungen entspr. zu verbessern. W. Mathieu. 2516.

Seelemann, M.; Kiel. **Mitwirkung der Tierärzte bei den Maßnahmen zur Qualitätsverbesserung der Milch.** Tierärztl. Umschau **17** (1962) Nr. 10. S. 337 bis 342. — 2 Tab.

Vf. führt diejenigen z. Z. vorhandenen Faktoren an, die sich am Produktionsort nachteilig bemerkbar machen, nämlich Gesundheitszustand des Euters, allg. hygienische Beschaffenheit, Keimgehalt, Haltbarkeitsdauer, Geschmack der Milch u. a. Alles wird durch eindringliche Beispiele belegt. Es werden Vorschläge zur Verbesserung gemacht. Der Hauptfehler ist die mangelnde Mitarbeit der Tierbesitzer, die die Bestimmungen größtenteils nicht beachten, ja z. T. sogar gar nicht kennen. Es muß eine Stelle geschaffen werden, die ein amtliches Verfahren zur Bekämpfung der Euterentzündungen durchführt, wobei zweckmäßigerweise gleich eine Beratung in stall- und melkhygienischen Dingen damit gekoppelt wird. Die Kreistierärzte, denen bes. Hilfskräfte beizugeben wären (Erzeuger-Berater), sind die gegebenen Fachleute dazu. Die praktischen Tierärzte müssen sich der Therapie der Euterentzündungen annehmen, um der wilden Behandlung durch Besitzer und Melkpersonal zu begegnen. W. Mathieu. 2516.

Ubbels, J. Het koelen van melk in dubbelwandige melktanks. Koeltijd, koelwazerverbruik, warmtedoorgángscoefficient en koelkosten. **(Das Kühlen von Milch in doppelwandigen Milchtanks. Kühlzeit, Kühlwasserverbrauch, Wärmeleitungskoeffizient und Kühlkosten.)** Nederl. Melk-en Zuiveltijdschr. **16** (1962) Nr. 3. S. 185–209. — 12 Abb., 3 Tab. Zus. in Engl.

Untersuchungen erstrecken sich auf die Kühlung doppelwandiger Tanks, wobei die Schnelligkeit der Kühlung und der Verbrauch an Kühlwasser von bes. Interesse sind. Als zu kühlende Flüssigkeit wurde Wasser verwendet, das in einem 9000 l großen Tank enthalten war, der aus Innen- und Außentank bestand. Außerdem wurden Versuche an einem Modelltank mit 23 l Inhalt ausgeführt. Kühlwasser von 11 °C oder von 2 °C wurde von unten eingeleitet und floß oben ab. Kühlzeit, Kühlwasserverbrauch, Wärmedurchgangskoeffizienten und Kühlkosten werden berechnet. Wichtig für die Berechnung sind die Werte der Zeitkonstanten, die aus einer kurvenmäßigen Darstellung der Beziehungen zwischen Temperatur und Kühlzeit abgelesen oder aus der Höhe des spez. Kühlwasserverbrauchs berechnet werden können. Die Berechnungen haben nur für die Versuchstanks Gültigkeit, da Konvektionserscheinungen im Kühlmantel auftreten. J. K. Hinrichsen. 2516.

Futschik, Johann; Wolfpassing, Bundes-Lehr- und Versuchsanst. für Milchwirtsch. **Vergleichende Haltbarkeitsversuche mit kurzzeit- bzw. hocherhitzter Milch.** Milchwiss. Ber. [Wien] **12** (1962) Nr. 3/4. S. 335–351.

Die österr. Milchwirtschaft bemüht sich, die bisher durchgeführte Hocherhitzung der Trinkmilch aufzugeben und durch die Kurzzeiterhitzung zu ersetzen. In einer Gemeinschaftsarbeit von 8 österr. Molkereien unter Leitung der Bundes-Lehr- und Versuchsanstalt für Milchwirtschaft, Wolfpassing, wurden umfangreiche Versuche durchgeführt, unter welchen Voraussetzungen die Kurzzeiterhitzung der Milch in Österreich eingeführt werden kann. Es erfolgte eine vergleichende Auswertung einer großen Anzahl bakteriologisch untersuchter kurzzeit- und hocherhitzter Milchproben. Dabei war stets die Haltbarkeit der bei 74 °C kurzzeiterhitzten Konsummilch zu jeder Jahreszeit, unabhängig von der Ausgangskeimzahl der Rohmilch, der bei 86 °C hocherhitzten Konsummilch überlegen. Es wird gefordert, die gesamte Trinkmilch zwischen 72 und 74 °C mit einer Mindestheißhaltezeit von 30 Sek. zu pasteurisieren. Um eine Reinfektion weitgehend zu verhindern, wird empfohlen, die Pasteurisierung unmittelbar vor der Abfüllung der Milch in Flaschen und Kannen durchzuführen. Die hygienischen Verhältnisse in den Molkereien müssen so beschaffen sein, daß die kurzzeiterhitzte Milch ohne wesentliche Keimvermehrung 12–16 Std. bei 4 °C gelagert werden kann.
H. Hauke. 2516.

Somogyi, J. C. und Ott, E.; Rüschlikon-Zürich, Schweiz, Inst. für Ernähr. **Die Wirkung des Lichtes auf den Vitamingehalt der Milch.** Int. Z. Vitaminforsch. [Bern] **32** (1962) Nr. 4. S. 493–498. — 1 Abb., 2 Tab., 15 Lit.

Untersuchungen über den Vit.-C- und -B_2-Verlust bei 6stündiger Bestrahlung mit weißen, warmweißen, gelben und roten Leuchten ergaben die höchsten Verluste bei Verwendung weißer Leuchtstoffröhren. Dafür scheinen hauptsächlich die Strahlen mit einer Wellenlänge von 3500–5000 Å verantwortlich zu sein. Bei Verwendung gelber (Hauptspektralbereich 55000–6000 Å) und roter Leuchten geht der Verlust auf etwa $^1/_4$ zurück. Von Bedeutung für die Höhe des Verlustes ist auch die Lichtdurchlässigkeit des Verpackungsmaterials; stärkster Verlust bei weißen Glasflaschen (83,7%), geringster bei Tetrapack (10,8%) für Vit. C, gleichsinnig werden auch die Vit.-B_2-Verluste herabgesetzt. H. Ackermann. 2516.

Hendrickx, H. und Moor, H. de. L'influence de la lumière sur le lait en bouteilles ordniaires et en bouteilles colorées. **(Der Einfluß des Lichtes auf die Milch in gewöhnlichen und in farbigen Flaschen.)** Rev. Agric. [Bruxelles] **15** (1962) Nr. 5. S. 723–738. — 7 Tab., 14 Lit. Zus. in Engl., Niederl., Dtsch.

Flaschen aus braunem Glas schützen sowohl die Voll- als auch die Magermilch besser als Flaschen aus durchsichtigem Glas. Insbesondere gilt dies für die milchverarbeitende Industrie. Flaschen aus braunem Glas bewahren die Milch vor einer Beeinträchtigung des Ascorbinsäuregehaltes, und bei der organoleptischen Überprüfung verhindern sie den „Lichtgeschmack". Der Nachteil der braunen Glasflaschen beruht in der starken Erwärmung der Milch im Sonnenlicht, wodurch deren bakteriologischer Status verändert wird. Weiterhin kann die Farbe der Milch nicht festgestellt werden, was bei sterilisierter Milch von Wichtigkeit ist. Der 3. Nachteil ist die erschwerte Kontrolle der Flaschen auf Verschmutzung. Durch Verwendung von Natriumlicht statt der gewöhnlichen künstlichen Beleuchtung ist diesem Nachteil zu begegnen. H. Busse. 2516.

Renner, E., Kandler, O. und Kiermeier, F. **Einfluß der Silagefütterung auf die Qualität von Milch und Milchprodukten. 1. Mitt. Einfluß der Silagefütterung auf die bakteriologische Beschaffenheit der Milch.** Z. Lebensmittel-Unters. u. -Forsch. **117** (1962) Nr. 6. S. 487–499.

Die Gärfutterbereitung hat während der letzten Jahre in der deutschen Landwirtschaft stark zugenommen und wird in der kommenden Zeit noch mehr zunehmen. Von Betriebswirtschaftlern wird ein Siloraum von 8–10 m³ je Kuh gefordert. Mit dieser Zunahme kommt es außer der Änderung der Nährstoffzusammensetzung namentlich des Winterfutters auch zu Verschiebungen der bakteriologischen Verhältnisse, die wiederum die chem. und bakteriologische Beschaffenheit der „Silomilch" beeinflussen können. Aus diesem Grunde wurde der Einfluß der Silagefütterung auf die bakteriologische Beschaffenheit der Milch an ca. 550 Milchproben aus dem Molkereieinzugsgebiet Weihenstephan untersucht. Folgende bakteriologische Faktoren wurden geprüft: Anaerobe Sporenbildner (zum Nachweis von Buttersäurebazillen), Coli aerogenes-Gruppen, Keimzahl, Säurebildner, Nichtsäurebildner und Haltbarkeit der Milch. Hinsichtlich der anaeroben Sporenbildner, der Coli aerogenes-Gruppen und der Haltbarkeit der Milch war ein deutlicher Einfluß zu verspüren; die Nichtsäurebildner wurden durch die Silagefütterung stärker als die Säurebildner beeinflußt. Natürlich spielt die Futterart der Silage und ihre Silierfähigkeit bei der Einwirkung auf die bakteriologische Beschaffenheit der Milch eine Rolle. Außerdem ist die Menge der tägl. Silagefütterung von Bedeutung sowie der Fütterungszeitpunkt, die Silageaufbewahrung im Stall und die allg. Sorgfalt beim Melken und Füttern. Zwischen der Silagequalität, dargestellt durch deren Punktzahl (nach einem Bewertungsschema von Flieg auf Grund des Anteils der einzelnen Säuren berechnet, mit einem optimalen Wert von 100 Punkten), dem Anteil der einzelnen Säuren, dem pH-Wert der Silage und den genannten bakteriologischen Daten waren gesicherte Korrelationen festzustellen. Von den Säuren sind es vor allem der Butter- und Milchsäuregehalt mit jeweils umgekehrten Vorzeichen, die Rückschlüsse auf die Mikroorganismen in der Silage zulassen. Chr. Dietz. 2516.

Kiermeier, Friedrich und Renner, Edmund. **Einfluß der Silagefütterung auf die Qualität der Butter. 2. Mitt.** Milchwissenschaft **17** (1962) Nr. 9. S. 495–498. — 1. Mitt. vgl. vorst. Ref.

Es sollte geklärt werden, wie sich die verschiedenen silierten Futterpflanzen auf die Qualität der Butter auswirken. — Für einen Butterungsversuch wurden dabei ca. 1500 kg Milch benötigt. Mais-, Rübenblatt-, Gras- und Kleesilage wurden in die Untersuchungen einbezogen. Die Verarbeitung der Milch erfolgte unter den gleichen praktischen Verhältnissen, nach denen die Anlieferungsmilch zu Butter verarbeitet wird. Anschließend wurde die Butter bei 10 °C 4 Wochen lang gelagert und in einwöchigen Abständen untersucht, wobei eine Sinnenprüfung, Bestimmung der JZ des Butterfettes und des Carotingehalts vorgenommen wurde. — Die Sinnenprüfung wurde von mehreren Prüfern nach den Bestimmungen für die DGL-Prüfungen durchgeführt. Es ergab sich, daß die Butter nach Fütterung von Maissilage zunächst die beste Qualität hat, aber nach einer Lagerzeit von 2 Wochen stark abfällt und nach 4 Wochen leicht ranzig ist. Ähnlich wie verstärkte Rübenblattfütterung wirkt sich Rübenblattsilage aus; neben einem leicht talgigen Geschmack fällt auch ein leichter Gärfuttergeschmack auf, der sich mit zunehmender Lagerungsdauer verstärkt. Nach Verfütterung von Klee- und Grassilage ist der Silagegeschmack noch deutlicher; bei der Kleesilage-Variante schmeckt die Butter nach 4 Wochen bereits ranzig. — Als Merkmal für die Eigenschaften des Butterfettes wurde die JZ nach der Methode von Hanus bestimmt. Gegenüber der üblichen Heu- und Rübenfütterung ist bei Fütterung von Gras- und Kleesilage die JZ deutlich, nach Maissilage nur gering erhöht; bei Rübenblattsilage ist die Tendenz einer JZ-Depression zu beobachten. — Die Carotinbestimmung wurde nach der Methode von Kiferle und Eisenreich vorgenommen. Bei Verfütterung von Gras- und Kleesilage war der Carotingehalt gegenüber der Heu- und Rübenfütterung um 40–43%, nach Mais-, bzw. Rübenblattsilage um 14 bzw. 22% erhöht. Diese Carotinvermehrung ist bereits visuell in Form einer verstärkten Gelbfärbung zu erkennen.

Chr. Dietz. 2516.

Kiermeier, F. und Renner, E. **Einfluß der Silagefütterung auf die Qualität von Milch und Milchprodukten. 3. Mitt. Einfluß der Silagefütterung auf die organoleptischen Eigenschaften der Milch.** Z. Lebensmittel-Unters. u. -Forsch. **119** (1963) Nr. 2. S. 135–143. – 3 Abb., 8 Tab. 2. Mitt. vgl. vorst. Ref.
Etwa 400 Milchproben aus Silobetrieben und ca. 100 Milchproben aus Betrieben ohne Silagefütterung wurden im Winter 1960/61 einer Sinnenbeurteilung unterworfen. Dabei wurde die Silomilch durchschnittl. um 2 Punkte schlechter beurteilt (nach den Bestimmungen für die DLG-Qualitätsprüfungen); 84% davon zeigten in Geruch und Geschmack deutliche Abweichungen, 26% lagen sogar an der Grenze der Konsumfähigkeit. Bei der Untersuchung der Milchproben nach Verfütterung verschiedener Silagearten verstärkte sich der negative Einfluß bei Gras- und Kleesilage (1,2 Merkmale schlechter als bei Silage von Topinambur). Mit Hilfe verschiedener Qualitätsmerkmale (pH-Wert, Punktzahl nach Flieg, Gehalt an Essig-, Butter- und Milchsäure, Gesamtsäurewert) konnte der Einfluß der Silagequalität auf den Milchgeschmack und -geruch bewiesen werden. Selbstverständlich spielen Fütterungstechnik, Aufbewahrung des Futters im Stall, das Maschinenmelken und die Aufbewahrung der Milch während der Nacht sowie die allg. Arbeitsweise im Betrieb eine große Rolle; denn es ist erwiesen, daß die Milch den Fremdgeruch der Silage sehr schnell annimmt. An Tab. wird die varianzanalytische Abgrenzung der verschiedenen Einflußmöglichkeiten auf Geruch und Geschmack der Milch aufgezeigt; danach übt die Silagefütterung den stärksten Einfluß aus (Varianzquotient 98,93). Es folgen der Einfluß der Melkmaschine (Varianzquotient 16,99), über Milchaufbewahrung (7,94), Silageaufbewahrung (5,52), Fütterungszeitpunkt (3,45) bis zur Betriebsnote (3,14). Chr. Dietz. 2516.

Kunter, E. und Ulbrich, F. **Milchhygienische Untersuchungen in Fischgrätenmelkständen.** Arch. exp. Veterinärmed. **16** (1962) Nr. 6. S. 1125–1186. – 4 Abb., 22 Tab., 135 Lit.
36 Betriebe mit Fischgrätenmelkständen wurden milchhygienisch und beratend überwacht. Die Auswertung aller Untersuchungen erfolgte in Anlehnung an ein Beurteilungsschema des amer. Schrifttums. Die milchhygienischen Untersuchungen erstreckten sich auf Gesundheitszustand der Kühe und des Stallpersonals, auf Stallhygiene und Melkhaus mit seinen Einrichtungen, Desinfektion, Bewertung des Gebrauchswassers und Milchqualität. Die stall-, melk- und milchhygienischen Verhältnisse entsprechen in den meisten Betrieben nicht den hygienischen Erfordernissen der Milcherzeugung und -gewinnung. Es wird auf die Notwendigkeit hingewiesen, einen leistungsfähigen Milchhygienedienst, Milcherzeugerberatungs- und Eutergesundheitsdienst aufzubauen. Einzelheiten sind im umfangreichen Orig. nachzulesen. W. Kötsche. 2516.

Frankena, H. J. De melkproduktie in de Sovjet-Unie. **(Die Milchproduktion in der Sowjetunion)** Landbouwkund. Tijdschr. **74** (1962) Nr. 20. S. 872–877. — 5 Tab., 1 Lit. 2518.

Wijn, J. F. de.; 's-Gravenhage, Voorlichtingsbureau voor de Vöeding. Geneeskundige aspecten van de melkconsumptie, in verband met het veranderende Nederlandse voedingspatroon. **(Medizinische Gesichtspunkte des Milchverbrauchs in Verbindung mit den veränderten Ernährungsbedingungen in den Niederlanden.)** Nederl. Melk-en Zuiveltijdschr. **16** (1962) Nr. 3. S. 226–251. – 9 Abb., 7 Tab., 13 Lit. Zus. in Engl. 2518.

Singh, Gurbhagwant. Dairying and milk supply in Punjab State. **(Die Milchwirtschaft und Milchversorgung im Staate Punjab.)** Indian Dairyman **14** (1962) Nr. 11. S. 357–360.
Die Arbeit schildert die Organisation des Aufbaus der Milchwirtschaft und Milchversorgung im bes. dafür geeigneten indischen Staate Punjab nach mehreren 5-Jahrplänen. Eine wesentliche Schwierigkeit bietet dabei das

Fehlen einer eigenen Spezialindustrie für Molkereimaschinen u. dgl. Die Pläne befassen sich mit der geplanten Verteilung der zu bauenden Molkereien, mit dem Aufbau der Rinderzucht und der Ausbildung der notwendigen Spezialisten. Zum Zuchtviehankauf gibt der Staat zu tilgende Beihilfen. Die Konzentration von Milchkühen in den Städten führte wegen der noch schlechten Unterbringung und tierärztlichen Betreuung zu schweren Verlusten.
H. Senger. 2518.

Kampelmacher, E. H., Guinée, P. A. M., Hofstra, K. und Keulen, A. van. Verdere onderzoekingen over Salmonella in slachthuizen en bij normale slachtvarkens. **(Weitere Untersuchungen über Salmonellen in Schlachthöfen und bei normalen Schlachtschweinen.)** Tijdschr. Diergeneeskunde **87** (1962) Nr. 23. S. 1486–1520. — 18 Tab., 2 Lit. Zus. in Engl., Franz., Dtsch.
In den Niederlanden werden bei den auf den Schlachthöfen ankommenden Schweinen häufig Salmonellen festgestellt. Es ist anzunehmen, daß ein ursächlicher Zusammenhang mit dem Transport der Tiere, nicht aber mit der Transportdauer gegeben ist. Bemerkenswert ist, daß Schweine aus Hausschlachtungen nur selten Salmonellenträger sind, im Gegensatz zu Schweinen aus der Mastanstalt. W. Kuhlmann. 2521.

Schweisfurth, Karl. **Höhere Markterlöse durch marktgerechtere Schlachttierproduktion.** Fleischwirtschaft **14** (1962) Nr. 8. S. 754–757.
Vf. wendet sich gegen die Befürchtungen einer Einkommensminderung der westdeutschen Landwirtschaft als Folge der Verwirklichung des gemeinsamen Marktes. Diese Befürchtungen führen zu den Tendenzen der „Vorwärtsintegration", die von der Bundesregierung z. Z. noch finanziell begünstigt wird. Demgegenüber wird vorgeschlagen, eine Verbesserung der Einkommensverhältnisse über eine bessere Viehqualität bei Beschränkung auf wenige Rassen anzustreben. Etwa 50% der vermarkteten Schweine entsprechen angeblich den Anforderungen der Fleischindustrie. Trotz zunehmendem Anteil der Totvermarktung wird nach Ansicht des Vf. die Lebendvermarktung in der BRD wegen des über 50%igen Anteils von Wurstwaren am Gesamtsortiment von großer Bedeutung bleiben (bessere Qualität, bes. der Brühwurst und der Kochwurstsorten). — Vf. behandelt die Probleme unter dem Gesichtspunkt der Fleischwaren- und Feinkostindustrie. K. Hahn. 2522.

Alterauge, Werner. **Über die Entstehung und Verhütung von Muskelblutungen bei Schlachtschweinen.** Schlacht- u. Viehhof-Ztg. **62** (1962) Nr. 7. S. 253 bis 258. — 21 Lit.
Muskelblutungen bei Schlachtschweinen sind eine Folgeerscheinung der sich in den Körperflüssigkeiten vollziehenden Überkompensation und Resorption. Häufigkeit und Ausdehnung hängen davon ab, in welchem Ausmaß und mit welcher Schnelligkeit überkompensatorische und resorptive Reaktionsvorgänge in den Körperflüssigkeiten entstehen. Spontan und extrem entstehende Reaktionsvorgänge können sowohl durch innere als auch äußere Faktoren verursacht werden, z. B. Vererbung, Alter, Fütterung, Haltung, Transport, Betäubung, Schlachtmethoden. Verhütet wird das Entstehen von Muskelblutungen durch Schaffung von Bedingungen, die es nicht zulassen, daß die aufgezählten Faktoren unnötig, spontan und extrem überkompensatorische und resorptive Wirkungen im Körper verursachen. E. Kuchling. 2522.

Grünewald, Theo. **Die Behandlung von Fleisch und Fleischprodukten mit ionisierenden Strahlen.** Schlacht- u. Viehhof-Ztg. **62** (1962) Nr. 7. S. 243–248. — 1 Abb., 1 Tab., 11 Lit.
Vf. gibt einen allg. Überblick über die Berührungspunkte von Atomenergie und Lebensmitteln. Es werden die Strahlenarten, die Strahlenwirkung allg. und spez. im Hinblick auf Fleisch und Fleischprodukte und bestehende Bestrahlungsanlagen besprochen. E. Kuchling. 2522.

Beck, Georg. **Die bakteriologische Fleischuntersuchung unter Berücksichtigung der Anlage 1 zu § 20 Abs. 3 AB.A.** Schlacht- u. Viehhof-Ztg. **62** (1962) Nr. 7. S. 249–253.
Im einzelnen werden die neuen Bestimmungen für die Untersuchung und Beurteilung von Notschlachtung, Salmonelleninfektion, Rotlauf, Listeriose, Schmierinfektion, Pneumonie, Geschwülste, Probenentnahme und -aufbewahrung und Salmonellendiagnostik besprochen. E. Kuchling. 2524.

Kraus, H.; Hannover, Tierärztl. Hochschule, Inst. für Tierärztl. Lebensmittelkunde und Milchhyg. **Neuzeitliche diagnostische Laboratoriumsverfahren unter besonderer Berücksichtigung des Clostridiennachweises im Rahmen der bakteriologischen Fleischuntersuchung.** Schlacht- u. Viehhof-Ztg. **62** (1962) Nr. 10. S. 357–359. — 1 Tab., 11 Lit.
Die Notwendigkeit einer Erhöhung der Leistungsfähigkeit und einer Vereinheitlichung der Laboratoriumsverfahren werden herausgestellt. Zum besseren Clostridiennachweis wird ein sorbinsäurehaltiger Nährboden empfohlen. Um moderne fleischhygienische Anforderungen zu erfüllen, ist die Anwendung der histol. Untersuchung sowie anderer Verfahren zur Erfassung substantieller Mängel (Wäßrigkeit, Stoffwechselstörungen) erforderlich.
E. Kuchling. 2524.

Schaal, E.; Krefeld, Staatl. Veterinäruntersuchungsamt. **Enterobacteriaceen und ihre Abgrenzung gegenüber Salmonellen bei der bakteriologischen Fleischuntersuchung.** Schlacht- u. Viehhof-Ztg. **62** (1962) Nr. 10. S. 360–365. — 3 Abb., 2 Tab., 22 Lit.
Die verfeinerten serologischen Differenzierungsmethoden im Rahmen der bakteriologischen Fleischuntersuchung und die damit verbundenen Schwierigkeiten bei der systematischen Einordnung salmonellaverdächtiger Kulturen machen es notwendig, auf rasch durchführbare und sichere biochemisch-biologische Verfahren zur Abgrenzung der nicht zur Salmonella-Gruppe gehörenden Enterobacteriaceen zurückzugreifen. Es wird daher über die Anwendung des Lysin-Decarboxylase-Testes nach Carlquist, des Salmonella-O1-Phagen-Testes, modifiziert nach Thal, und des KON-Testes berichtet. Die gemachten Erfahrungen bestätigen die Brauchbarkeit der Nachweisverfahren auch im Routinebetrieb, wobei der kombinierten Anwendung aller 3 Methoden die besten Erfolgsaussichten zukommen. Die Hauptaufgabe wird in einer zuverlässigen Abtrennung von Salmonellen und nicht in einer Gruppen- oder gar Artbestimmung der sich salmonellaähnlich verhaltenden Enterobacteriaceen gesehen. E. Kuchling. 2524.

Breuer, Hans-Joachim; Köln, Schlachthoflab. der Schlacht- und Viehhöfe. **Veränderungen der Skelettmuskulatur bei der Leukose des Rindes und ihre Bedeutung für die fleischbeschaurechtliche Beurteilung.** Schlacht- u. Viehhof-Ztg. **62** (1962) Nr. 10. S. 365–368. — 3 Abb., 4 Tab., 21 Lit.
Es wurden 30 Schlachtrinder mit Leukose untersucht, wobei in 96,6% der Fälle lymphoidzellige Infiltrate durch die histol. Untersuchung in der Skelettmuskulatur festzustellen waren. Gleichzeitig bestanden fast regelmäßig degenerative Veränderungen der Muskelzellen. Im Vergleich zu den makroskopischen Befunden ist eine Endbeurteilung häufig nur durch die histol. Untersuchung zu stellen. Eine entspr. Änderung der Beurteilung für Leukosen in der AB.A wird empfohlen. E. Kuchling. 2524.

Labie, Ch. und Barraud, Cl. Le jambon „pommade". **(Der Schinken von salbenartiger Beschaffenheit.)** Recueil Méd. vétérin. **138** (1962) Nr. 9. S. 777 bis 785. — 4 Abb., 16 Lit. Zus. in Engl., Span.
Die franz. Bezeichnung „jambon pommade" bezeichnet eine sehr selten (1:50000) vorkommende Veränderung gekochter Schinken und besteht in einer Verwandlung der Muskelbündel in eine homogene, blasse, weiche, fettige Masse. Im frischen, nicht gekochten Zustand ist bei derartigen Schinken kein

Merkmal festzustellen, das Verdacht auf spätere Veränderung beim Kochen erwecken könnte. Erst beim Herauslösen der Knochen bei gekochtem Schinken erscheinen diese wie mit zerfallener Muskulatur überzogen. Beim Schneiden ist es nicht möglich, übliche dünne Scheiben anzufertigen. Nicht der ganze Schinken ist erweicht, sondern nur einzelne oder mehrere Muskelbündel haben eine Konsistenz von Leberpastete, der Geruch ist schal, aber niemals ganz unangenehm. Bisher war man der Meinung, daß die Erweichung die Folge eines Abszesses oder einer Phlegmone in der Tiefe sei. Vff. haben aber nie derartige Herde oder Eiter gefunden. Dagegen stellten sie in den erweichten Bereichen das gleichzeitige Vorkommen von degenerierten Muskelfasern und von Sarkosporidien fest. Die Degeneration beginnt mit einer Durchtränkung des Stützgewebes zwischen den Fasern, einer Schwellung des Sarkoplasmas und einer Auflösung der Myofibrillen, deren Querstreifung undeutlich wird. Die Durchtränkung nimmt zu, es tritt Myolyse ein. Die Querstreifung geht verloren, die Zellkerne lösen sich auf oder hypertrophieren. Zuletzt sind die Muskelfasern verschwunden und in eine detritische Masse verwandelt. Diese veränderten Bezirke finden Vff. immer mit Sarkosporidiencysten in verschiedenen Entwicklungsstadien befallen. Normalerweise gehen die Sarkosporidiencysten nach Absterben in Verkalkung über. Im Falle des erweichten Schinkens werden die Cysten aber immer größer, öffnen sich schließlich und die sichelförmigen Sporozoiten verteilen sich zwischen die Muskelfasern. Die freien nicht abgekapselten Sporozoiten bewirken durch ihr Toxin Sarkocystin die Degeneration der Muskelfasern. Durch Pökellakebehandlung und Kochen werden die schon geschädigten Muskelfasern mazeriert, der Schinken wird salbenförmig. Also kann am noch nicht gekochten Schinken leider nicht — sozusagen vorbeugend — der später erweichte Schinken vorausgesagt werden.
K. Preißler. 2524.

Callow, E. H.; Cambridge, Low Temperature Res. Stat. The relationship between the weight of a tissue in a single joint and the total weight of the tissue in a side of beef. **(Die Beziehungen zwischen dem Gewicht der Keulenbestandteile und dem Gesamtgewicht der betreffenden Gewebepartien in der Schlachthälfte beim Rind.)** Animal Product. 4 (1962) Nr. 1. S. 37–46. — 8 Tab., 6 Lit.
Vf. untersuchte 24 Schlachthälften von Rindern der Rassen Hereford, Shorthorn und Friesian bei verschiedenem Ernährungsniveau. Die schwerste Rasse — Friesian — war den übrigen Rassen im Prozentanteil des Gewichts von Radius-ulna, Humerus, Femur und Tibia-fibula am Gesamtknochengewicht der Hälfte signifikant überlegen. Der Einfluß des Ernährungsniveaus tritt vor allem bei Scapula und Pelvis in Erscheinung, was auf das höhere Alter bei durchgehend begrenzter Fütterung zurückgeführt werden kann. Zwischen dem Gewicht des Muskelgewebes sowie des s.c. und i.m. Fettes in der Keule und den entspr. Anteilen in der Gesamthälfte bestehen keine gesicherten Beziehungen. In 4 Tab. werden Gleichungen angeführt, welche die Zusammenhänge des Gewichts von Bestandteilen einzelner Teilstücke zu den entspr. Anteilen der Gesamthälfte ausdrücken. In einer weiteren Tab. sind die aus den Teilstückanalysen errechneten Werte für den Gehalt an Muskeln, Knochen und Fett dem effektiven Anteil an der Gesamthälfte gegenübergestellt, wobei auch zwischen den geprüften Rassen und dem getesteten Ernährungsniveau unterschieden wird. Nach der bisherigen Schätzmethode wurde angenommen, daß das Gewicht des Fleischanteiles ca. $^1/_3$ des Lgw. entspricht, während das Knochengewicht ca. $^1/_4$, das Gewicht des Fettes $^3/_4$ des Fleischgewichtes betragen.
O. Siegl. 2526.

Everitt, G. C.; Ruakura, Dep. of Agric., Animal Res. Stat. Developments in production and marketing of beef and veal. **(Entwicklungen bezüglich Produktion und Verkauf von Rind- und Kalbfleisch.)** New Zealand J. Agric. **103** (1961) Nr. 6. S. 570–579. — 7 Abb., 4 Tab.

Durch Vergrößerung des Fleischexportes in Neuseeland wird immer mehr der hohe Anteil an verwertbaren Fleischteilen betont. Von 1955–59 ist der Export von Rind- und Kalbfleisch nach Großbritannien von 70000 t auf 8151 t zurückgegangen, der Export nach Nordamerika dagegen von 1761 t auf 76000 t angestiegen. Über 75% der exportierten Fleischmengen wurden dabei als knochenlos klassifiziert. Der Export konzentriert sich also immer mehr auf Fleisch in knochenloser Form, wozu auch der rationellere Transport beiträgt. Durch das Ausschälen der Knochen werden in Neuseeland Arbeitsplätze geschaffen, und es können auch die Nebenprodukte, wie Fett und Knochen, zurückbehalten werden. Trotzdem wird ein Rückgang des Exportes nach Nordamerika erwartet. Ursache dafür scheint die in den USA forcierte Produktion von Brathähnchen (100 Mill./Jahr) und Kaninchen (20 Mill./Jahr) sowie der Exportkonkurrent Australien zu sein. Auch in England wird der Handel von knochenlosem Rindfleisch ernsthaft erwogen, begünstigt durch den starken Anstieg im Selbstbedienungshandel, der eine Vorverpackung voraussetzt. Die Menge des ausgeschälten Fleisches wird in Neuseeland zum Kriterium des Erlöses. Dadurch rückt das Verhältnis von Fleisch:Fett:Knochen in den Mittelpunkt der Bewertung der Tiere. In Abhängigkeit von Geschlecht und Gewicht wurde folgender Anteil in der Reihenfolge Fleisch–Fett–Knochen festgestellt: Mastbullen von 540 lb. Gewicht: 66,8%, 12%, 21,2%; 680 lb. Gewicht: 68,2%, 13,4%, 18,8%; Färsen von 480 lb. Gewicht: 67%, 11%, 22%; 530 lb. Gewicht: 64,6%, 15,4%, 20,0%; 650 lb. Gewicht: 62%, 19%, 19%. Färsen sollten mit niedrigerem Gewicht die Mast beenden. Ein durchgehend hohes Ernährungsniveau der Masttiere war produktiver als eine im kargen Sommer eingeschobene knappe Futterperiode. Die „sommergehungerten" Mastbullen waren fetter und wiesen einen geringeren Anteil an verwertbarem Fleisch auf. Im Frühjahr werden mit Grünfutter Höchstzunahmen angestrebt, während im Sommer die Verwendung von Silage als zweckvoll angesehen wird. In Gebirgsfarmen geborene Mastbullen sollten unmittelbar nach der Entwöhnung in produktivere Gebiete versetzt werden. Züchterisch wird sowohl für Milch- wie für Mastfarmen mit Friesian-Bullen gearbeitet. Zwar gehören in Neuseeland vom gesamten Milchvieh nur 6% der Friesianrasse an. Zur Versorgung mit Kalbfleisch werden in Neuseeland jährl. 1,25 Mill. Kälber im Alter von wenigen Tagen geschlachtet, wobei mit 30 lb. Fleischgewicht gerechnet wird. Bei einem Schlachtalter von 4 Mon. ist schon mit 100 lb., bei einem solchen von 10 Mon. mit 200 lb. Fleischgewicht zu rechnen. Nichtkastrierte Bullen sind im Anteil der verwertbaren Fleischteile um 2–3% überlegen. Nachkommen von Milchviehrassen sind bei niedrigerem Endgewicht zu schlachten.

O. Siegl. 2528.

Sandoval Juárez, José und Lindenmaier, Paul; León, Fac. de Veterin., Secc. „Produc. Animal". Efecto de la temperatura y tiempo de almacenamiento sobre la calidad del huevo y su valoración en unidades Haugh con la regla de Brant y Norris. **(Der Einfluß der Temperatur und des Wetters auf die Qualität gelagerter Eier und ihre Bewertung nach Haugh-Einheiten.)** Arch. Zootechn. [Cordoba] **11** (1962) Nr. 44. S. 347–366. — 9 Abb., 6 Tab.

Eier Weißer Leghorn wurden, nachdem sie 10 Tage lang Temperaturen von 4,17 und 37 °C ausgesetzt waren, mehreren Methoden der Qualitätsprüfung unterworfen, von denen die Bewertung nach Haugh-Einheiten die genauesten Werte brachte (die Dicke und das Gewicht des Weißeies als Bezugsgröße). Auf den Qualitätsverlust wirkte die Temperatur im Lagerraum stärker ein als andere Klimafaktoren. Größere Eier wurden stärker beeinträchtigt als kleine. Zwischen frischen und 10 Tage bei 4 °C gelagerten Eiern bestanden keine phys. meßbaren Unterschiede. In Haugh-Einheiten (H. U.) ausgedrückt, erreichten die frischen Eier die Wertzahl 79,6, die bei 4;17 und 37 °C gelagerten jeweils 78,5–47,8–27,9. Die Korrelation zwischen der Ei-Qualität und H. U. und der Temperatur war mit $r = 0{,}8876$ hoch. C. Engelmann. 2535.

Esche, Ernst und *Drews, Manfred.* Hrsg. vom Bundesministerium für Ernährung, Landwirtschaft und Forsten mit Genehmigung der Organisation für wirtschaftliche Zusammenarbeit und Entwicklung (OECD). **Der Europäische Milchmarkt.** Hamburg; Berlin: Verlag Paul Parey. 1963. (472 S. m. 165 Tab., 56 Abb. u. 9 Kt.) 16,5 × 25 cm = Forschungsprojekt 5/31 – II der Produktivitätszentrale des Europäischen Wirtschaftsrates (OEEC). Vff. gliedern das umfangreiche Gebiet in 2 Teile. Im 1. Teil werden die gemeinsamen Milchverwertungsprobleme der OEEC-Länder behandelt (Einführung in die Probleme des europäischen Milchmarktes, Hebung der Wirtschaftlichkeit der Milchverwertung, Beeinflussung der Einkommensverteilung durch die Marktstellung der Marktpartner und staatl. Eingriffe am Milchmarkt, Aspekte einer Integration der nationalen Märkte Europas). Im 2. Teil wird die Organisation und Struktur des Milchmarktes in den 18 OEEC-Ländern nach folgender Gliederung abgehandelt: Milchproduktion, Marktangebot der Milcherzeuger, Struktur der Molkereiwirtschaft, Marktregelung, Generalbilanz der Versorgung und des Außenhandels, Konsummilchmarkt, Buttermarkt, Käsemarkt. Den Abschluß des Werkes bilden Schlußfolgerungen und Empfehlungen des internationalen Seminars über europäische Milchmarktprobleme vom 6.–10. Nov. 1961 in Kiel. F. Schenk.

K. TIERPSYCHOLOGIE

Innes, R. Rose; Legon, Univ., Coll. of Ghana, Fac. of Agric. The behaviour of free-grazing cattle in the West African humid tropics: Studies on a herd of West African Shorthorns on the Accra plains, Ghana. I. Rainy season. **(Das Verhalten frei weidender Rinder in den westafrikanischen feuchten Tropen: Untersuchungen an einer Herde Westafrikanischer Shorthorns der Accra Plains, Ghana. 1. Mitt. Regenzeit.)** Empire J. exp. Agric. **31** (1963) Nr. 121. S. 1–13. – 3 Abb., 2 Tab., 9 Lit.

Untersuchungen über das Weideverhalten von 15 Shorthornkühen während 10 Tagen ergaben, daß ⌀ 43% der Zeit zum Weiden, 26% zum Wiederkäuen und 31% zum „Müßiggang" verwendet werden. Die Hauptweidezeit lag zwischen 6^{00} und 18^{00}. Beobachtungen über Salz- und Wasseraufnahmen ergänzen die Darstellungen. K.-H. Voigtländer. 2610.

Carbaugh, Blair T., Schein, M. W. und Hale, E. B.; Pennsylvania State Univ., Dep. of Poultry Sci. Effects of morphological variations of chicken models on sexual responses of cocks. **(Der Einfluß morphologischer Veränderungen an Hühnermodellen auf das Sexualverhalten von Hähnen.)** Animal Behaviour **10** (1962) Nr. 3/4. S. 235–238. – 2 Abb., 4 Tab., 12 Lit.

20 sexuell erfahrenen Weiße-Leghorn-Hähnen boten Vff. nach 6 Wochen Karenzzeit einzeln und für je 1 Min. Modelle von Weiße-Leghorn-Hennen in Hockstellung an und unterschieden dabei 5 Balzhandlungen: Annäherung, Scharren, Aufsteigen, Treten und Kopulationsbewegungen. Zur Prüfung dienten neben einem realistischen Standardmodell Prüfmodelle, bei denen bald der Kopf, bald der Schwanz, bald der Körper oder Kombinationen dieser Merkmale fehlten oder unnatürlich angebracht waren. Hatte das Modell einen Kopf, reagierten alle Hähne stärker und fanden sich leichter zurecht. Dabei ging vom tief gehaltenen Kopf eine stärkere Wirkung aus als vom erhobenen. Der Schwanz erleichterte ebenfalls die Orientierung; er konnte aber ebensogut fehlen. Trotzdem wirkte gesenkte Schwanzhaltung mehr als aufrechte. Ein Körper war zum Auslösen des Balzverhaltens fast ebenso notwendig wie ein Kopf. C. Engelmann. 2610.

Bacon, H. R., Warren, J. M. und Schein, M. W.; Pennsylvania State Univ., Dep. of Poultry Husbandry. Non-spatial reversal learning in chickens. **(Umlernen bei Küken ohne räumlich-zeitliche Hilfen.)** Animal Behaviour **10** (1962) Nr. 3/4. S. 239–243. – 1 Abb., 1 Tab., 25 Lit.

Die Lernfähigkeit der Vögel gilt als geringer als die der Säuger, weil ihnen eine Großhirnrinde fehlt. Das Corpus striatum übernimmt bei den Vögeln anscheinend die der Cortex zugeschriebenen Leistungen. Vff. führten an 8 zahmen Weiße-Leghorn-Hennen Lernversuche durch, um ihre Fähigkeit zum Umlernen zu prüfen. Die Tiere erhielten 2 verschlossene Futtergefäße vorgesetzt, hinter denen die Signalreize — ein braunes Kreuz und ein gelber Kreis ungleicher Stärke — angebracht waren. Die Signale wurden zeitweilig gegen einfachere ausgetauscht oder einander — durch Schwarzfärbung — angeglichen. Nach Umkehr der Signalbedeutung (positiv-negativ) brauchten die Tiere weniger Versuche zum Umlernen als sie anfangs zum Neulernen benötigt hatten. C. Engelmann. 2610.

Siegel, P. B., Beane, W. L. und Kramer, C. V.; Blacksburg, Va., Polytechn. Inst. The measurement of feeding activity in chickens to 8 weeks of age. **(Das Messen der Freßaktivität bei Küken bis zum 8-Wochen-Alter.)** Poultry Sci. **41** (1962) Nr. 5. S. 1419–1422. — 1 Abb., 4 Tab., 4 Lit.

Mit Hilfe einer photoelektrischen Apparatur, die am Futtertrog (bei Bodenhaltung) aufgestellt war, maßen Vff. die Häufigkeit, mit der Kükengruppen im 4- bis 8-Wochen-Alter die Futterstelle aufsuchten. Die beiden beobachteten Gruppen ließen während der Versuchsdauer einen 2stündigen Rhythmus erkennen: sie waren zwischen 4^{00}–8^{00} sowie 16^{00}–20^{00} bes. aktiv am Futterplatz, zwischen 8^{00}–12^{00} und 12^{00}–16^{00} sichtlich weniger rege. In der 4. Woche zeigten die Küken von 8^{00}–12^{00} die größte Lebhaftigkeit. Auch der Futterverzehr folgte dem 2-Stunden-Rhythmus, d. h. die Küken nahmen am meisten Futter auf, wenn am Futtertrog beständiges Kommen und Gehen herrschte. C. Engelmann. 2610.

Philipps, Richard E. und McKinney, Frank; Ithaca, N. Y., Cornell Univ., Agric. Exp. Stat. The role of testosterone in the displays of some ducks. **(Die Rolle des Testosterons beim Imponiergehabe einiger Enten.)** Animal Behaviour **10** (1962) Nr. 3/4. S. 244–246. — 1 Tab., 11 Lit.

Küken im Daunenkleid von Stockente, Spießente und Pfeifente injizierten Vff. tägl. 1; 2 oder 4 mg Testosteron (TP) vom 1.–23. Lebenstag und beobachteten das Verhalten 2 Std. am Tag. Die männl. Spießentenküken zeigten am 6. Lebenstag von dem typischen Balzverhalten das „Kurzhochwerden" und „Pumpen", die männl. Pfeifenten vom 7.–21. Tag Kopfwenden und Triumphgeschrei. Beide Äußerungen wurden bei letzteren immer schwächer und hörten schließlich ganz auf. Die männl. Stockentenküken führten das „Kurzhochwerden" und den „Grunzpfiff" aus, und beide Geschlechter das Paarungsvorspiel des Kopfhebens und -senkens. Erwachsene Erpel stellten innerhalb von 3 Tagen nach der Kastration alle Balzhandlungen bis auf das Kopfheben und -senken ein. Mit TP injiziert setzten sie das Balzen fort. Kein Versuchstier zeigte Bewegungen aus dem Paarungsverhalten der weibl. Ente. C. Engelmann. 2610.

Tembrock, G.; Berlin, Humboldt-Univ., Zool. Inst. **Versuch einer Analyse des Imponierverhaltens beim Rotfuchs, Vulpes vulpes (L.).** Z. Tierpsychol. **19** (1962) Nr. 5. S. 577–585. — 2 Abb., 10 Lit.

Auf Grund der Auswertung von Filmaufnahmen, die Begegnungen je zweier Füchse wiedergeben, wird das Imponiergehaben analysiert. Es kommt danach zustande durch die Überlagerung von Angriffs- und Abwehrtendenzen unter gleichzeitigem Wirksamwerden sozialer — oder äußerer physischer — Hemmungen. Durch das Auftreten dieser Hemmungen unterscheidet es sich beim Fuchs vom Drohverhalten. Es ist zu unterscheiden zwischen „Imponierdrohen" und „Imponierkampf", wobei dieser durch „Wegsehen" und „Kopfsenken" nicht in den Ernstkampf übergehen kann. Auf die Möglichkeit wird hingewiesen, daß sich aus der Zuwendung der Stirn zum Gegner beim Imponierkampf der Stirnkampf entwickelt haben kann.

C. Engelmann. 2610.

Scott, J. P. Critical periods in behavioral development. **(Kritische Perioden bei der Entwicklung des Verhaltens.)** Science [Washington] **138** (1962) Nr. 3544. S. 949–958. — 5 Abb., 1 Tab., 89 Lit.

An vielen Beispielen aus der Verhaltensforschung der verschiedensten Tierarten — Hunde, Ratten, Mäuse und Vögel — und aus Beobachtungen an Kindern und Jugendlichen erläutert Vf. die Bedeutung der „kritischen Perioden" für das Wohlergehen am Mensch und Tier und die Möglichkeiten günstiger Beeinflussung, die sich aus der Kenntnis der zeitlichen Begrenzung der kritischen Perioden ergeben. Jedes Verhalten kann eine eigene sensible Phase haben, wobei die Empfindlichkeit in den frühen Lebensabschnitten am größten ist. Beginnt ein Tier, sich zu fürchten (z. B. Ratten werden zwischen dem 20. und 30. Lebenstag furchtsam), engt sich sofort seine Bereitschaft zur sozialen Kontaktaufnahme ein, d. h. die „kritische Periode" für das erstere Verhalten wird kürzer; durch künstliche Hilfen — Beruhigungsmittel oder psychol. Methoden — läßt sich der Einfluß ungünstiger Impulse, wie der Furcht, abschwächen. Viele Möglichkeiten der Erziehung (Lernen) deuten sich hier bereits an, und die bisherigen Vorstellungen über Belohnung und Strafe treffen auf angeborene Verhaltensweisen nicht mehr zu.

C. Engelmann. 2610.

Tembrock, Günter. **Grundlagen der Tierpsychologie.** Berlin: Akademie-Verl. 1963. (206 S. m. 39 Abb.) 11 × 18 cm = Wissenschaftliche Taschenbücher Nr. 4. Dieser inhaltsreiche Band im Rahmen der „Wissenschaftlichen Taschenbücher" bringt eine begrüßenswert übersichtliche und bei aller Kürze umfassende Darstellung der Grundlagen der Tierpsychologie wie ihrer Forschungsrichtungen bis zur Gegenwart unter dem Aspekt „moderner Denkformen in der Biologie". In einzelnen Kapiteln sind behandelt: Geschichte der Tierpsychologie, Erscheinungsformen des Psychischen, Instinkt und Erfahrung (von den physiol. Grundlagen instinktiven Verhaltens bis zu den vorsprachlichen Leistungen). Das fakultative Lernen, spez. Tierpsychologie (Soziologie, Psychologie und Taxonomie, Stammesgeschichte und Domestikation. Die Literatur ist mit 39 Nummern meist summarisch angegeben. C. Engelmann.

SPEZIELLE GROSSTIERZUCHT

A. ALLGEMEINES

Pliško, A. I. (Plischko, A. I.) Organizacija plemennoj raboty v životnovodstve Ukrainy. **(Die Organisation der Tierzuchtarbeit in der Ukraine.)** Životnovodstvo, Moskva **24** (1962) Nr. 8. S. 43–49. — 6 Abb.

Es bestehen 58 Staatliche Zuchtstationen und 333 Stationen für KB, die die Zuchtbetriebe anleiten. Zur weiteren Vervollkommnung der in der Ukraine gezüchteten Tiere werden in den einzelnen Betrieben und Gebieten Selektions- und Zuchtpläne aufgestellt. — Die Erhöhung des Milchfettgehaltes erfolgt in den Zuchtbetrieben und Zuchtabteilungen der Mastfarmen durch Schaffung milchfettreicher Blutlinien und Familien (zielgerichtete Auslese und Zuchtwahl, verbesserte Fütterung, Selektion innerhalb der Rasse, Bluteinmischung, Nachkommenprüfung, Einkreuzung von Jersey-Bastardbullen). — Viel Aufmerksamkeit wird auch der Rassenkreuzung, der KB und der alljährlichen Bonitierung aller Zuchttiere gewidmet. F. Schenk. 3001.

Krähenbühl, K. und Tredup, W.; Damme, Kreis Rathenow, LPG „Fortschritt". **Die Anwendung des Leistungsprinzips — ein entscheidendes Mittel zur Steigerung der Produktion und der Arbeitsproduktivität.** Tierzucht **17** (1963) Nr. 3. S. 105–107. — 1 Abb., 2 Tab. 3001.

Állattenyésztés. 2. Második kiadás. (Tierzucht.) 2. Aufl. Budapest: Mezőgazdasági kiadó. 1962. (494 S.) 8°. (1962 A 1106)

Unter d. Red. v. *Balmont, V. A.* **Porody sel'skochozjajstvennych životnych, vyvedennye v Kazachstane.** (Rassen in Kasachstan gezüchteter landwirtschaftlicher Nutztiere.) Alma-Ata: Kazachskoe gosud. izd. 1960. (366 S.) 8°. (1962 A 1184)

B. PFERDE

Krasnikov, A. (Krasnikow, A.) Puti ulučšenija kabardinskich i karačaevskich lošadej. **(Wege zur Verbesserung der Kabardiner und Karatschajewoer Pferde.)** Konevodstvo i konnyj sport, Moskva **33(108)** (1963) Nr. 2. S. 6–13. – 8 Abb., 7 Tab.

Kabardiner und Karatschajewoer Pferde, die im Nordkaukasus und in Transkaukasien verbreitet sind, werden nur noch im Malkiner (Kabardiner und Anglo-Kabardiner des leichten Typs) und Malo-Karatschajewoer Gestüt (die robusteren Karatschajewoer und Anglo-Karatschajewoer) gezüchtet. Entspr. dem geplanten Pferdetyp tauschen beide Gestüte Hengste und Stuten aus; in beiden Gestüten werden Kreuzung und Reinzucht (östlicher, charakteristischer und robuster Typ) betrieben. Es werden Zuchthengste und Blutlinien angeführt, die z. T. durch neue Blutlinien ersetzt werden müssen. Es sollen spez. Abteilungen geschaffen werden, in denen die Zuchtpferde bei verbesserten Fütterungs-, Haltungs- und Trainingsbedingungen konzentriert werden. F. Schenk. 3170.

Grayson, A. R. Registration of stallions. 42nd annual report. **(Hengstkörung in Victoria/Australien. 42. Jahresbericht.)** J. Agric. [Melbourne] **60** (1961) Nr. 5. S. 238–239. 3225.

Levenko, V. (Lewenko, W.) Frunzenskij konnyj zavod. **(Das Gestüt von Frunse.)** Konevodstvo i konnyj sport, Moskva **32(107)** (1962) Nr. 12. S. 14–15. – 4 Abb., 1 Tab.

Das Orlowtrabergestüt von Frunse wurde 1946 mit Stuten aus anderen Gestüten und den Hengsten „Buran", „Drug" und „London" gegründet. Seit 1953 werden nach Verbesserung des Stutenbestandes Traber der Linien „Lowtschi", „Woin" und „Bartschuk", die den örtlichen Bedingungen am besten entsprechen, gezüchtet; gleichzeitig werden in großem Umfang Kreuzungen – vor allem der Linien „Woin" und „Lowtschi" – vorgenommen. Die besten Hengste des Gestüts sind „Borshom", „Uwerenny", „Tresk", „Tegerek" und „Gigant"; früher waren es „Buran" und „Triumph". 90% des Stutenbestandes stammen von den Linien „Woin" und „Lowtschi", müssen aber in Exterieur und Konstitution noch verbessert werden. Die Selektionsarbeit beruht vor allem auf der Zuchtwahl nicht verwandter Tiere nach gleichen Merkmalen zwecks Festigung und weiterer Vervollkommnung der wirtschaftlich wichtigen Eigenschaften; die wichtigste Richtung der Zuchtarbeit ist jedoch die Linienzucht, bei der für jede Linie ein festes Zuchtziel festgelegt worden ist. F. Schenk. 3235.

Lipping, V. (Lipping, W.) Aleksandrovskij konnyj zavod. **(Das Alexandrower Gestüt.)** Konevodstvo i konnyj sport, Moskva **32(107)** (1962) Nr. 7. S. 13–17. – 4 Abb., 2 Tab.

Das 1923 im Gebiet Kursk gegründete Traber-Gestüt erlitt im II. Weltkrieg starke Verluste. Der jetzige Stutenbestand läßt sich auf folgende Blutlinien zurückführen: 50% – „Samorskoje Tschudo", 25% – „Gildejez", 14% – „Iris" und „Nalim", 9% – „Peter the Great". 63% der Stuten gehören zur Eliteklasse, 37% zur Klasse I. Nach 1945 wurden im Gestüt 16 Zuchthengste verwendet, von denen „Kusbass", Schoroch", „Tschardasch" und „Gaiworon" den größten Einfluß auf den heutigen Stutenbestand hatten. Der Pferdetyp des Gestüts entstand durch die Verbindung der alten Blutlinien „Baron Rogers" und „Bob Douglas" mit den Blutlinien „Samorskoje Tschudo", „Gildejez" und „Nalim". Für die im kommenden Jahrzehnt vorgesehene Züchtung eines reinrassigen schnellen und ziemlich großen Trabers werden detaillierte Empfehlungen gegeben. F. Schenk. 3235.

Iksanov, G. (Ixanow, G.) Ufimskaja goskonjušnja. **(Das staatliche Hengstdepot von Ufa.)** Konevodstvo i konnyj sport, Moskva **32(107)** (1962) Nr. 12. S. 8–11. – 3 Abb., 3 Tab.

Das vor über 100 Jahren gegründete Hengstdepot verlor im II. Weltkrieg einen großen Teil seiner Tiere. Danach wurde ein ausgezeichneter Bestand von Kaltblut- und Traberhengsten aufgebaut, mit dem in den Zuchtfarmen der Kolchose und Sowchose reinrassige Traber gezüchtet und die bodenständigen Baschkirischen Pferde verbessert werden. Außerdem werden die Eigenschaften der Arbeitspferde durch Kreuzung von Kreuzungsstuten mit Traber- und Kaltbluthengsten verbessert. Seit 1960 besitzt das Hengstdepot auch Reitpferde (Russisches Vollblut, Budjonny- und Donpferde). Bei dem Hengstdepot besteht seit 6 Jahren eine Staatliche Station für KB, in der auch Lehrgänge durchgeführt werden. F. Schenk. 3235.

C. RINDER

Hjelm, Lennart und Oscarsson, Gösta; Uppsala, Roy. Agric. Coll. An analysis of the Swedish milk supply. **(Eine Analyse der schwedischen Milcherzeugung.)** Acta Agric. scand. **12** (1962) Nr. 3. S. 167–188. – 3 Abb., 10 Tab., 12 Lit.

Die Arbeit faßt eine Reihe von Untersuchungen der letzten Jahre zusammen. Die schwedische Agrarstruktur wird an Hand von Übersichten hinsichtlich der Betriebsgrößen, der Anbauverhältnisse und des Anteiles rinderloser Betriebe dargestellt. Die verschiedenartigen Gründe für die Zu- oder Abnahme der Herdengröße in bestimmten Betriebsgruppen und Landstrichen werden genannt, so z. B. wurde durch Befragung in den verschiedenen Betriebsgruppen der prozentuale Anteil folgender Gründe für die Bewirtschaftung mit und ohne Kühe ermittelt: Arbeitsersparnis, Rentabilität der Milcherzeugung, Umfang der Arbeit, Weidemöglichkeiten, Gebäudezustand bzw. Vorhandensein derselben, Interesse des Farmers usw. Die wirtschaftlichen Bedingungen der Betriebe werden systematisiert und der Einfluß der einzelnen Faktoren auf die Milcherzeugung genannt. Es wurde eine mathematische Funktion entwickelt, mit deren Hilfe eine Vorhersage über die Entwicklung der Milcherzeugung getroffen werden soll. Die Variablen sind die Hauptfaktoren, welche Einfluß auf den Stand der Milcherzeugung haben: Ackerfläche, verfügbare AK, verfügbares Futter, Rentabilität. Weitere statistische Methoden, z. B. die Regressionsrechnung, dienen der Erarbeitung von Vorhersagen, von denen Beispiele diskutiert werden. K. Damm. 3410.

Anonym. The future of the pedigree beef breeder and the important role of breed societies. **(Die Zukunft der Herdbuchzüchter und die bedeutende Rolle der Züchtervereinigungen.)** Beef Shorthorn Res. [N. S.] **1962** Nr. 8. S. 21–23. 74–79. 86–90. – 3 Tab.

Dieser Bericht einer vom Nationalen Landwirtschaftlichen Beratungsdienst berufenen Expertenkommission befaßt sich mit der Situation in der britischen Fleischrinderzucht und enthält zur Überwindung der jetzigen unbefriedigenden züchterischen Entwicklung Vorschläge für die künftige Arbeit. Die Bedeutung der 8 Fleischrinderrassen Großbritanniens (Devon, Beef Shorthorn, Lincoln Red, Sussex, Aberdeen-Angus, Galloway, Hereford und Highland) und zweier Mischrassen (Polled Devon und Polled Lincoln Red) liegt, gemessen an der Herkunft der Schlachttiere, vor allem in der Lieferung von Bullen für Kreuzungszwecke. Von 2,8 Mill. geschlachteten Tieren stammten nur 0,6 Mill. aus Kühen der Fleischrassen. 1961 gab es in Großbritannien und Irland 4939 Herdbuchzuchten mit 11727 Bullen und 23104 Kühen der 10 Rassen. Die Struktur der Herdbuchzucht erklärt die vorhandenen Schwierigkeiten bei der Anwendung moderner Zuchtverfahren. Der durchschnittl. Kuhbestand je Herde liegt bei den Highland mit 2,5 am niedrigsten, bei den Lincoln Red mit 10,5 am höchsten. Die Rasse Hereford verfügt mit 5788 Bullen und 7592 Kühen über den höchsten Gesamtbestand. Es folgen Aberdeen-Angus (3541/4741) und Galloway (768/3886). Die Anwendung der KB

ist den Herdbuchzuchten untersagt. Es werden Vorschläge gemacht hinsichtlich der Neuregelung der Bullenkörung; objektive Maßstäbe müssen in den Vordergrund treten. Neue Zuchtziele sollten auf folgende Schwerpunkte orientieren: Lebenstagzunahme, Futterverwertung, Fruchtbarkeit, Fleischqualität, Anpassungsfähigkeit und bei bestimmten Rassen Mütterlichkeit und Anspruchslosigkeit. Die rassetypischen Unterschiede sollen erhalten bleiben. Weitere Vorschläge beziehen sich auf: Spezialisierung nicht in, sondern unter den Rassen, Ausweitung der Leistungsprüfungen; Erbwertermittlung und KB; organisatorische Maßnahmen, vor allem Einrichtung einer nationalen Behörde für die Fleischrinderzucht; Forschung; Ausarbeitung von Standards für die Schlachtwertbestimmung; Klärung der Zusammenhänge zwischen Typ und Schlachtwert; einheitliche Zuchtplanung.
K. Damm. 3410.

Anonym. **Die Arbeitsteilung zwischen Berg- und Talgebiet. Betrachtungen zum Viehabsatz 1962.** Mitt. schweiz. Fleckviehzuchtverb. **1963** Nr. 1. S. 71–75.

Ca. 80% der Einnahmen im Berggebiet stammen aus der Tierhaltung. Das abs. Weideland, die fast ausschließliche Verwertungsmöglichkeit der Milch über die Aufzucht sowie die knappe Winterfuttergrundlage im Berggebiet erfordern eine vernünftige Arbeitsteilung zwischen Berggebiet und Talgebiet, da jährl. von Anfang Sept.–Ende Nov. ca. 40000–50000 Stck. Rindvieh vermarktet werden müssen. Die Nachfrage nach Zuchtvieh des Berggebietes wird durch die Futtervorräte, durch die Preise für die Hauptprodukte der Landwirtschaft (Milch, Schlachtvieh, Hackfrüchte, Getreide), durch die Aufnahmefähigkeit des Schlachtviehmarktes sowie durch den Zuchtviehexport beeinflußt. Der Viehabsatz wird am ehesten durch eine Qualitätsproduktion gesichert. Die Arbeitsteilung zwischen Berg- und Talgebiet ist eine Frage der gewissenhaften Leistungszucht. H. Kleiber. 3410.

Jungehülsing, Hans. **Voraussetzungen rentabler Rindviehhaltung.** Bayer. landwirtsch. Jb., Sonderh. **39** (1962) Nr. 2. S. 76–91. — 7 Abb.

Die steigenden Löhne bei gleichbleibenden Erlösen und die starke Abwanderung der in der Landwirtschaft tätigen Arbeitskräfte verlangen eine Neuorientierung vieler landwirtsch. Betriebe. Während kleinere Betriebe den Weg der inneren Aufstockung gehen, indem durch die Intensivierung des Futterbaues eine Erhöhung der Kuhzahl ermöglicht wird, bietet sich für mittel- und großbäuerliche Betriebe die Möglichkeit der Betriebsvereinfachung, indem sie die Extensivbetriebszweige Getreidebau und Rindermast bevorzugen. Eine Arbeitsteilung zwischen den Betriebsgrößen erscheint erstrebenswert. Dabei sollten die kleineren Betriebe das Halbmastvieh produzieren, das die größeren Betriebe bei Verzicht auf die Kuhhaltung ausmästen. In der Milchviehhaltung beeinflussen bes. hohe Leistungen pro Kuh die Wirtschaftlichkeit. Der Einsatz von Kraftfutter ist bes. dort angezeigt, wo über das Grundfutter das erbliche Leistungsvermögen nicht ausgeschöpft wird und wo in Kleinbetrieben dadurch eine Vergrößerung des Bestandes erreicht werden kann. Die Rindermast bietet durch ihre vielseitigen Formen für alle Betriebe gute Möglichkeiten einer wirtschaftlichen Produktion. Bei entspr. Abstimmung auf Standort und Betriebsgröße sind im Betriebszweig Futterbau-Rindviehhaltung noch beträchtliche Reserven zu mobilisieren. H. Kleiber. 3415.

Potjomkin, N. D. (Potjomkin, N. D.) Rezul'taty izučenija tipov v plemennom fonde krupnogo rogatogo skota simmental'skoj porody i puti dal'nejšej raboty s nimi. **(Ergebnisse von Typuntersuchungen im Zuchtbestand der Simmentaler Rasse.)** V sb.: Puti uveličenija proiz-va i sniženija sebestoimosti produktov životnovodstva, Charkow **1961** S. 12–14. — Aus: Referativnyj žurnal. Biologija, Moskva **1962** Nr. 24. L 65. S. 9–10.

Der Gesamtbestand an Zuchttieren der Simmentaler Rasse in den Zuchtanstalten (Z), Vermehrungs- (V) und Zuchtbetrieben des Landes beträgt 14422 Tiere (darunter sind 14000 Kühe und 422 Zuchtbullen). Die Einfuhr von Bullen aus dem Ausland zur Blutauffrischung kann eingeschränkt werden. Von den Kühen gehören 4200 zur Klasse Z und 9400 zur Klasse V. Der Milchertrag der Kühe der Klasse Z beträgt im Mittel 4085 kg bei einem Lgw. von 530 kg. Der Fettgehalt der Milch erreicht 3,83% (Schwankungen 3,6–4,6%). Vf. behauptet, daß die Leistung der Kühe in Klasse Z auf 5250 kg und ihr Lgw. auf 700–750 kg, die Leistung der Kühe in Klasse V auf 4000 bis 4500 kg und der Fettgehalt der Milch bei den Kühen beider Klassen auf 3,9–3,95% gesteigert werden kann. In dem untersuchten Viehbestand wurden die Tiere in 3 Typen unterteilt: den hochgestellten, den niedriggestellten und den Mitteltyp. Die Farbbezeichnung „Gelbbunt“ für den untersuchten Simmentaler Viehbestand wird als unrichtig angesehen und der Terminus „rötlichgescheckt“ vorgeschlagen. übersetzt v. Th. C. Boetticher. 3480.

Illés, A. A hazai tehénállomány tőgybimbóméreteinek alakulása és fejhetősége. **(Gestaltung der Maße und die Melkbarkeit der Euterstriche des ungarischen Kuhbestandes.)** Állattenyésztés [Tierzucht] **11** (1962) Nr. 3. S. 203–207. – Aus: Ung. Agrar-Rdsch. **1963** Nr. 2.
Vf. untersuchte an 300 verschieden alten, in der 1.–6. Laktation stehenden Kühen der ungarischen Fleckviehrasse Länge und Dmr. der Striche sowohl in natürlichem als auch zusammengedrücktem Zustand, ferner ihren axialen Abstand von vorn, von der Seite und von hinten. An 78 Kühen wurden während des Melkens in einem durchsichtigen Melkbecher Länge und Dmr. eines der hinteren Striche gemessen und festgestellt, wie sich die verschieden großen und verschieden gestalteten Striche im Melkbecher deformieren und damit die Melkgeschwindigkeit beeinflußt wird. Bei den untersuchten Kühen betrug die durchschnittl. Länge der Striche der vorderen Euterhälfte 8,3 (4,0–14,5) cm, die der hinteren Euterhälfte 7,0 (3,5–14,0) cm, die durchschnittl. Länge sämtlicher Euterstriche belief sich auf 7,6 cm. In 93,2% der Fälle kamen zum Maschinenmelken verhältnismäßig noch gut geeignete Strichlängen von 5–11 cm vor. Der durchschnittl. Dmr. der Striche betrug 31 mm, in 94% der Fälle schwankte sein Grenzwert zwischen 25 und 41 mm. In zusammengedrücktem Zustand verringerte er sich auf ⌀ 25 mm mit extremen Werten von 21,3 und 36,6 mm. Bei der Analyse der Zusammenhänge zwischen Zitzendurchmesser und der Melkgeschwindigkeit stellte sich heraus, daß die 25 mm dicken Striche, die beim Melken auf 88% ihres ursprünglichen Dmr. zusammengedrückt wurden, eine Melkgeschwindigkeit von 0,74 l/Min. erreichten, wogegen die mit einem Dmr. von 43 mm, die auf 66,6% zusammengedrückt werden konnten, eine durchschnittl. Melkgeschwindigkeit von 0,57 l/Min. ergaben. Der durchschnittl. Abstand zwischen den vorderen und hinteren Strichen belief sich auf 7 cm. Bei 3,8% der untersuchten Kühe standen die hinteren und bei 7,5% die vorderen Striche einander näher als 6 cm. Bei solchen Strichen lassen sich die Melkbecher, deren äußerer Dmr. meist 6 cm oder mehr beträgt, nur unvollkommen anlegen. Die Gestaltung der Zitzenmaße läßt daher die züchterischen Bestrebungen als begründet erscheinen, welche im Interesse des Maschinenmelkens eine ausgeglichenere Gestaltung der Euterstriche anstrebt. Bes. wichtig ist die Vergrößerung des axialen Abstandes der Striche und damit verbunden die der Grundfläche des Euters. 3542.

Held, J. **Die Melkbarkeitsprüfung.** Mitt. schweiz. Fleckviehzuchtverb. **1963** Nr. 1. S. 65–66.
Im Zeitalter der Melkmaschinen müssen Kühe gezüchtet werden, die ohne Schwierigkeiten mit der Maschine gemolken werden können. Untersuchungen über die Verbesserungsmöglichkeiten der Euterbeurteilung wurden an 165

Töchtern von 18 Stieren angestellt. Es konnten keine Zusammenhänge zwischen Körpermaßen und Melkbarkeit ermittelt werden. Die Euterbeurteilung mit 3 Euterpositionen zu je 5 Punkten (Pos. 1: Euterform, Größe, Vor- und Nacheuter; Pos. 2: Euterqualität, Konsistenz, Zügigkeit, Euterhaut, Behaarung und Eutervenen; Pos. 3: Zitzen, Zitzenabstand, Länge, Dicke und Zitzenmündung) stimmte mit der bisherigen Euterpunktzahl nur selten überein. Bei den einzelnen Töchtergruppen traten größere Unterschiede bez. der Milchflußgeschwindigkeit auf; die schlechteste Gruppe lag bei 0,6 kg, die beste bei 1,6 kg pro Min. Der Anteil der Vorderviertel am Gesamtgemelk betrug ⌀ 42%. Das Nachgemelk lag im Mittel bei 0,42 kg und schwankte von 0–1,3 kg bei den einzelnen Töchtergruppen. Neben einer zuverlässigen Euterbeurteilung soll auch die Melkbarkeitsprüfung organisiert werden. H. Kleiber. 3546.

Rjazankin, K. G. (Rjasankin, K. G.) Charakteristika sootnošenij v rabote otdel'nych dolej i vsego vymeni korov v svjazi s vozdejstviem vnešnich uslovij. **(Beziehungen zwischen der Leistung der einzelnen Euterviertel und der Gesamtleistung im Zusammenhang mit dem Einfluß der Umweltbedingungen.)** V sb.: Fiziol. s.-ch. životnych, Moskva **1962** S. 265–279. — Aus: Referativnyj žurnal. Biologija, Moskva **1962** Nr. 22. L 98. S. 17.

Der Melkvorgang wurde an 45 gesunden Kühen untersucht. Bei den meisten Tieren wurde eine Symmetrie in der Leistung der Euterhälften festgestellt: die hintere Euterhälfte lieferte 50,03%, die vordere 49,97% der Gesamtmilchmenge; die Fettleistung betrug entspr. je 50%. Bei den meisten Kühen sind die hinteren Euterviertel besser entwickelt als die vorderen. Es wurden wichtige individuelle Besonderheiten in der Milchabsonderung der verschiedenen Euterviertel festgestellt. Bei einigen Kühen wurden starke Unterschiede in der Viertelleistung hinsichtlich Milchmenge, Fettgehalt und der Gerinnungsschnelligkeit durch Labferment festgestellt. Die Reaktion der Kühe auf Reize während des Melkens hing von ihrer nervlichen Konstitution ab. Der Fettgehalt der Milch wurde höher, wenn die Kühe regelmäßig Bewegung hatten. übersetzt v. Ch. Eshkowa. 3546.

Wenger, H. **Neue Schritte in der Leistungszucht.** Mitt. schweiz. Fleckviehzuchtverb. **1962** Nr. 4. S. 57–64.

Die wirtschaftliche Entwicklung im westeuropäischen Raum begünstigt die Rinderrassen mit kombiniertem Zuchtziel. Hinsichtlich der Milchleistung soll eine Kuh bei durchschnittl. und vorwiegend betriebseigenem Futter in der 3. Laktation mindestens 4000 kg Milch produzieren. Für die Fleischnutzung soll eine gute Bemuskelung, vor allem der Nachhand, und ein ausreichendes Lgw. von mindestens 700 kg bei ausgewachsenen Kühen angestrebt werden. Die wichtigsten Hilfsmittel für diese Auslese sind: 1. Die integrale Milchkontrolle. Sie schafft das Grundlagenmaterial, um die erblichen Leistungsanlagen einschätzen zu können. Mehrjährige Kontrollabschlüsse vom gleichen Tier ermöglichen bessere Urteile über die erbliche Disposition. Ab 1963 werden für alle Kontrollkühe 100-Tage-Abschlüsse und 200-Tage-Abschlüsse ermittelt. 2. Die Exterieurbeurteilung. Das Schwergewicht in der Exterieurselektion liegt heute bei der Position Euter. Hohe Anforderungen werden hinsichtlich Drüsigkeit der Euter, der Melkbarkeit und Euterviertelleistung der Bullenmütter gestellt. Bei Stieren mit sehr guter Leistungsabstammung können zukünftig beim Exterieur Konzessionen gemacht werden. H. Kleiber. 3560.

Jenni, E. und Rüegsegger, A. **Bericht über die weiblichen Zuchtfamilienschauen pro 1962.** Mitt. schweiz. Fleckviehzuchtverb. **1963** Nr. 1. S. 1–57. — 10 Tab.

In der Berichtsperiode wurden 217 Familien, von denen annähernd $^2/_3$ aus dem Berggebiet stammten, zur Prämiierung vorgestellt. Die Beurteilung erfolgte nach dem gleichen Maßstab wie im Vorjahr. 86,5% der Familien wurden prämiiert, davon 14,4% in der Klasse Ia, 29,3% in der Klasse Ib und 42,3% in der Klasse Ic. Die Stammkühe wurden im Mittel mit 91,6 Punkten bewertet. Bei ⌀ 5,4 Abschlüssen liegen die Leistungen der Stammkühe um ca. 250 kg Milch und 0,1% Fettgehalt über den Zonendurchschnitten. Von den 1381 Nachkommen wurden 62% der männl. und 99% der weibl. zur Aufzucht bestimmt. Mit den 185 prämiierten Familien wurden 378 Töchter vorgeführt, die bereits abgekalbt hatten. Die Töchterleistungen liegen in der Milchmenge ca. 150 kg über dem Durchschnitt, im Fettgehalt wie die Stammütter um 0,1% über dem Mittel. Die Beziehungen zwischen den Leistungseigenschaften von Stammkühen und Töchtern, die Zusammenhänge zwischen den verschiedenen Eigenschaften der Stammütter als auch denen der Töchter wurden mittels Korrelationsberechnungen untersucht. Die einzelnen Familien werden angeführt. H. Kleiber. 3560.

Anonym. **Milchkontrolle, Herdbücher und künstliche Besamung in einer Verpackung in Schweden.** Tierzüchter **14** (1962) Nr. 17. S. 622–623.

Der neue Dachverband der schwedischen Organisation für Tierzucht und Haltung „SHS“ ist mit Hilfe einer modernen elektronischen Datenverarbeitungsmaschine in der Lage, sämtliche anfallenden Daten aus den Erhebungen der KB-Vereinigungen, der Zuchtverbände und der Milchkontrollorganisation (Daten über ca. 1 Mill. Kühe) zu erfassen, schnellstens zu verarbeiten, zu korrelieren und zu speichern. Über Lochkarten oder Lochstreifen gehen die Zahlen in die Maschine ein, während die Aussagen über ein Magnetband gemacht werden. Das enorme „Erinnerungsvermögen“ dieser Maschine macht sie bes. wertvoll und löst gleichzeitig das Lagerungsproblem der mit der Zeit anfallenden Lochkarten. Folgende Gebiete werden zur Zeit auf die beschriebene Weise bearbeitet: Die zentrale Milchkontrollbuchführung, die zentrale KB-Buchführung, die zentrale Herdbuchführung, die Nachkommenprüfung auf Milch und Fett, die Nachkommenprüfung auf Fruchtbarkeit, die Fruchtbarkeitskontrolle der Bullen, die Erzeugungsentwicklungsprognose und andere wiss. Auswertungen. R. Menzel. 3565.

Jenni, E. **Die Herdebuchberechtigung der Stierkälber und Rinder.** Mitt. schweiz. Fleckviehzuchtverb. **1963** Nr. 1. S. 58–60.

Die Prämiierungs- und Herdbuchanforderungen müssen die Zuchtwahl im Hinblick auf das gestellte Zuchtziel wirkungsvoll unterstützen. Während für die weibl. Zuchttiere die Förderungsmaßnahmen durch das Herdbuch und die Prämiierung durch Bund und Kantone den neuen Anforderungen angepaßt sind, stützt sich die bisherige Beurteilung der Zuchtstiere fast ausschließlich auf die Körperform. Dadurch wurden zwar die Eigenschaften der Frühreife und Mastfähigkeit erfaßt, aber die Milchleistung und Euterqualität vernachlässigt. Nachdem im Kuhbestand bez. der wichtigsten Leistungseigenschaften ein bestimmtes Niveau erreicht wurde, ist der weitere Fortschritt nur durch eine systematische Abstammungsbewertung zur Zuchtwertschätzung der männl. Zuchttiere zu erreichen. Ab Herbst 1963 gilt für die Beurteilung der Stierkälber und Rinder in sämtlichen fleckviehzüchtenden Kantonen eine verbindliche Regelung. H. Kleiber. 3565.

Nedava, V. E. (Nedawa, W. Je.); Kiew, Versuchsstat. für Tierzucht. Ob uslovijach nasledovanija moločnoj produktivnosti krupnym rogatym skotom. **(Über die Vererbung der Milchleistung bei Rindern.)** Životnovodstvo, Moskva **23** (1961) Nr. 6. S. 42–44. — 3 Tab., 5 Lit.

Vf. zitiert die Ansicht von P. D. Pschenitschny, daß die Vererbung der produktiven Anlagen beim Rind stark abhängig ist vom Stand der Laktation zum Zeitpunkt der Befruchtung. An Töchter-Mütter-Paaren, die sich nur im Zeitpunkt der Befruchtung unterschieden, wurde in Versuchen erhärtet, daß die Töchter-Leistungen höher waren, wenn die Mütter im ersten Teil der Laktation besamt wurden, Vf. ist der Ansicht, daß dies auch auf die Vererbungsleistungen der Bullen übertragen werden kann. 2 Vollbrüder wurden im TM-Vergleich gestestet. Der Bulle, welcher aus einer Besamung am 70. Tage der Laktation stammte, erwies sich als positiver Vererber. Der Bruder, welcher aus einer Besamung am 115. Tage der Laktation stammte, als negativer. Vf. zieht daraus die Schlußfolgerung, daß bei der Beurteilung von Jungbullen auch der Zeitpunkt der Besamung berücksichtigt werden muß. W. Sommerfeld. 3578.

Denisov, V. F. (Denissow, W. F.); Kirgis. Landwirtsch. Inst. Nekotorye dannye o charaktere nasledovanija žirnomoločnosti u krupnogo rogatogo skota. **(Einige Angaben über den Charakter der Vererbung der Milchfettleistung beim Rind.)** Životnovodstvo, Moskva **23** (1961) Nr. 6. S. 53–59. — 2 Tab., 22 Lit.

Ausgehend von den unterschiedlichen Ansichten über die Zweckmäßigkeit von Jerseykreuzungen werden Ausführungen über die Vererbung der Fettleistung gemacht. Bei schwacher Konstitution der Mutter überragen die väterlichen Anlagen, bei starker Konstitution die mütterlichen. Die abs. Höhe ist allerdings nur zu steigern, indem man den besseren Partner bes. fördert, nicht durch Schwächung des schlechteren. Übermäßige Fütterung erniedrigt den Lebenstonus und damit die Kraft der Vererbung von Anlagen. Bei Kreuzung von schwarzbunten Kühen mit einem Jerseybullen verlangt Vf. Milchleistungen von 5500–6000 kg im Jahr der Paarung, der höchste Tagesertrag soll nicht unter 25 kg liegen. Die Konstitution der Jerseybullen soll bes. kräftig sein. Für die Weiterzucht von Jerseykreuzungen unter schwierigen Futterverhältnissen empfiehlt Vf., die F_1-Kühe mit schwarzbunten Bullen zu paaren und die Nachkommen daraus in sich weiterzuzüchten. Höhere Ergebnisse sind allerdings zu erwarten, wenn unter günstiger Haltung die F_1-Bullen an schwarzbunte Hochleistungs-Kühe angepaart werden, die Nachkommen auf Milch-, Fett- und Fleischleistung selektiert und in sich weitergezogen werden. W. Sommerfeld. 3578.

Gaalaas, R. F. und Plowman, R. D.; Beltsville, Md., U. S. Dep. of Agric., Animal Husbandry Res. Div., Dairy Cattle Res. Branch. Relationship between longevity and production in Holstein-Friesian cattle. **(Das Verhältnis zwischen Langlebigkeit und Leistung bei Holstein-Friesian-Rindern.)** J. Dairy Sci. **46** (1963) Nr. 1. S. 27–33. — 5 Tab., 11 Lit.

3879 Töchter von 123 Holstein-Bullen begannen ihre 1. Laktation im Alter von ⌀ 32,4 Mon. und die letzte vollständige Laktation mit ⌀ 61,1 Mon. Zwischen dem letztgenannten Alter und der Milchmengen- bzw. Milchfettleistung der 1. Laktation bestanden signifikante Korrelationen von + 0,179 bzw. + 0,188. Zwischen den einzelnen Bullen konnten signifikant unterschiedliche Regressionen ermittelt werden. K.-H. Voigtländer. 3604.

Šostak, V. A. (Schostak, W. A.) Ėffektivnost' plemennogo ispol'zovanija inbrednych bykov. **(Der Nutzeffekt der Verwendung von Inzuchtbullen zur Zucht.)** Životnovodstvo, Moskva **24** (1962) Nr. 12. S. 44–48. — 2 Tab.

Langjährige Untersuchungen in verschiedenen Zuchtbetrieben haben ergeben, daß die Nachkommen von Inzuchtbullen bei planmäßiger Inzucht auf Vorfahren mit sehr guten Eigenschaften im Vergleich zu den Nachkommen von Fremdzuchtbullen das gleiche Lgw. und die gleichen Körpermaße aufweisen und die letzteren in bezug auf Milchleistung und Milchfettgehalt (in der 3. Laktation z. B. 5690 gegenüber 5104 kg Milch mit 3,69 bzw. 3,66% Milchfett) sogar meist übertreffen. Nur der Fortpflanzungskoeffizient war bei den Inzuchttieren etwas kleiner (0,85 gegenüber 0,88). F. Schenk. 3606.

Mahadevan, P., Galukande, E. B. und Black, J. G.; Kampala, Uganda, Makerere Univ. Coll.; Kabete, Kenya, Dep. of Veterin. Serv. A genetic study of the Sahiwal grading-up scheme in Kenya. **(Eine genetische Studie der Sahiwal-Einkreuzung in Kenya.)** Animal Product. **4** (1962) Nr. 3. S. 337 bis 342. — 5 Tab., 3 Lit.
Das Material umfaßt Ergebnisse aus 3 Zuchtzentren, in denen Ostafrikanische Zebus mit indischen Sahiwal-Bullen angepaart wurden, um eine Verbesserung aller Merkmale zu erreichen, die die Milchleistung beeinflussen. Die wichtigsten Resultate sind die Erhöhung der Milchleistung, die Verlängerung der Laktationsdauer und damit eine wesentliche Verkürzung der Trockenperiode. Die Zwischenkalbezeit (ZKZ) erhöhte sich geringfügig, jedoch signifikant, das Erstkalbealter (EKA) blieb unbeeinflußt. Diese Daten und die Ergebnisse der statistischen Auswertung werden für die Ostafrikanischen Zebus und die verschiedenen Kreuzungstiere dargestellt. Die Heritabilität verschiedener Produktionsmerkmale der Kreuzungstiere wurde berechnet. So ist h^2 für das EKA 0,20; für die Länge der 1. Laktation 0,07; für die Länge der 1. Trokkenperiode 0,19; für die Länge der 1. ZKZ 0,06; für die Milchleistung der 1. Laktation 0,14; für die Milchleistung in den ersten 4 Laktationen 0,24 und für die höchste Milchleistung in einer Laktation 0,34. Mit zunehmenden Sahiwal-Blutanteilen erhöhte sich die Milchleistung wie folgt: $^1/_4$ Anteil = 131%; $^1/_2$ Anteil = 155%; $^3/_4$ Anteil = 164% und $^7/_8$ Anteil = 139%. Die Sahiwals haben eine große Akklimatisationsfähigkeit bewiesen. Die weiteren züchterischen Konsequenzen für Kenya werden diskutiert.
K. Damm. 3606.

Voskanjan, V. B. (Woskanjan, W. B.) Formirovanie konstitucii u pomesej mestnogo skota Armenii so švickoj porodoj. **(Die Herausbildung der Konstitution bei den Kreuzungstieren aus Armenischem Landvieh mit Schweizer Braunvieh.)** Tr. Azerb. s.-ch. in-ta **12** (1961) S. 45–50. — Aus: Referativnyj žurnal. Biologija, Moskva **1962** Nr. 13. L 91. S. 13.
Die Kreuzung des lokalen kleinkaukasischen Landviehs mit Schweizer Braunvieh veränderte die Exterieur- und Konstitutionseigenschaften sowie das Lgw. der Tiere. Unter ungünstigen Bedingungen überwiegen bei den Kreuzungstieren die Merkmale der Landrasse. Die positiven Eigenschaften des Braunviehs (Körperbau) und der Lokalrasse (Anpassung an die Umweltbedingungen) sind am besten in der II. und III. Generation vereinigt. Die normal entwickelten Kreuzungstiere übertreffen die Landrasse im Lgw. um 57–62%, im Schlachtkörpergewicht um 62–72%. Das Knochengerüst entwickelt sich bei ihnen in Richtung einer festeren Konstitution. Das Gewicht von Herz, Lunge, Darm, Leber, Nieren, Milz verringert sich mit zunehmendem Alter, das Gewicht von Magen und Geschlechtsorganen erhöht sich dagegen. Der Gewebeanteil der Milchdrüse beträgt bei den Färsen der Landrasse 35,1, bei den Kühen 65,8%, bei den Kreuzungstieren entspr. 44,6 und 70,8%. Bei letzteren waren die physiol. und hämatologischen Daten günstiger. übersetzt v. Ch. Eshkowa. 3606.

Semenij, O. L. (Semeni, O. L.); Ukrain. Akad. der Landwirtsch.-Wiss. Promyslove schreščuvannja — efektyvnyj zasib zbil'šennja vyrobnyctva m-jasa. **(Gebrauchskreuzung — ein effektives Mittel zur Vergrößerung der Rindfleischproduktion.)** Visnyk sil'śkogospodarśkoï nauky, Kyïv **5** (1962) Nr. 1. S. 66–70. — 5 Tab. Orig. ukrain., Ausz.: russ.
Versuche des Vf. und Material aus Versuchen einer Reihe genannter anderer Autoren bestätigen, daß die aus der Gebrauchskreuzung Aberdeen- Angus x Simmentaler stammenden Bastarde der 1. Generation sich durch höhere Frühreife, Wachstumsenergie und Entwicklung auszeichnen sowie mehr und besseres Fleisch liefern. Die Körper sind um 14 kg schwerer, enthalten doppelt soviel Fett, der Kaloriengehalt von 1 kg Fleisch ist um 672 cal höher

als beim Simmentaler Jungrind. Das Leder aus der Haut der Kreuzungstiere ist bei größerer Ausbeute schwerer und dicker als bei den Ausgangsrassen. Die Bastarde sind bessere Futterverwerter. Im Alter von 17 Mon. wurden pro 1 kg Lgw.-Zuwachs 6,5 FE verbraucht, die Simmentaler benötigen 7,2, die Aberdeen-Angus-Jungrinder 7 FE. Die Aufzucht der Kreuzungstiere zur Fleischnutzung verringert die Selbstkosten für 1 dt Lgw. um 15% und erhöht das Einkommen der Betriebe aus der Jungrindermast um 32%. Es erscheint zweckmäßig, die Kreuzung Aberdeen-Angus x Simmentaler für die Fleischviehzucht allg. anzuwenden. K. Neumann. 3606.

Stepanenko, Ja. Gerefordskij skot v Zapadnom Kazachstane. **(Das Hereford-Rind in West-Kasachstan.)** Moločnoe i mjasnoe skotovodstvo, Moskva 7 (1962) Nr. 11. S. 20–23. – 3 Abb., 1 Tab.

In Westkasachstan werden die Hereford zur Verbesserung des Kasachstaner Rindes und der Bastarde aus der Kreuzung Kalmücken-Vieh und Kasachstaner Rind verwandt. Die F_1-Tiere aus der Hereford-Kreuzung werden bis 119 kg schwerer als die einheimischen Tiere. Der Erfolg der Kreuzung hängt hauptsächlich von der Qualität der Bullen und den Aufzuchtbedingungen der Kreuzungstiere ab. Die Kreuzung der einheimischen Kühe mit Herefordbullen und die Weiterzucht in sich führte zur Schaffung der Kasachischen Weißköpfigen Fleischrasse. Diese übertrifft die Hereford in Frühreife, Lgw. und Ausbildung der Fleischformen. R. Ihssen. 3606.

Menge, A. C., Mares, S. E., Tyler, W. J. und Casida, L. E.; Univ. of Wisconsin, Dep. of Genetics; Madison, Dairy Cattle Res. Branch. Variation and association among postpartum reproduction and production characteristics in Holstein-Friesian cattle. **(Variation und Wechselbeziehungen von postpartalen Fortpflanzungs- und Leistungseigenschaften bei Holstein-Friesian-Kühen.)** J. Dairy Sci. 45 (1962) Nr. 2. S. 233–241. – 7 Tab., 16 Lit.

Diese Arbeit dient der Vervollständigung der geringen vorhandenen Kenntnisse über spez. Produktions- und Fortpflanzungscharakteristika bei Kühen, bes. im Hinblick auf die Höhe der direkten Leistungen. Es wurden ebenfalls die genetischen Einwirkungen verschiedener Bullenlinien und der Einfluß von Inzucht auf den nach dem Abkalben auftretenden Zeitraum bis zur ersten Corpus-luteum-Bildung, bis zur 1. Brunst und zur Involution des Uterus sowie die Häufigkeit der Bildung ovarialer Zysten ermittelt. 426 Kalbungen von 229 Kühen wurden geprüft und die Ergebnisse statistisch ausgewertet. Die mittlere Länge der 3 Zeitspannenräume betrug 18,9, 32,4 und 42,3 Tage. Nach 16,4% der Kalbungen traten Zysten auf. Diese Daten werden spezifiziert für die einzelnen Bullenlinien und die 2 Zuchtverfahren, ingezüchtete und nicht ingezüchtete Kühe, angegeben. Zahlreiche Variable, z. B. Gewicht beim Kalben, Gewichtsverlust nach 90 Tagen, Milch- und Milchfettleistung innerhalb von 90 Tagen, die verschiedenen o. a. Zwischenräume u. a., wurden in ihren Wechselbeziehungen untersucht und die entspr. Korrelationen und Regressionen errechnet, ebenfalls unter Berücksichtigung der Bullenlinien und des Zuchtverfahrens. K. Damm. 3610.

Koger, M., Reynolds, W. L., Kirk, W. G., Peacock, F. M. und Warnick, A. C.; Florida Agric. Exp. Stat. Reproductive performance of crossbred and straightbred cattle on different pasture programs in Florida. **(Die Fortpflanzungsleistungen von Kreuzungs- und Reinzuchtkühen unter den Bedingungen verschiedener Weidesysteme in Florida.)** J. Animal Sci. 21 (1962) Nr. 1. S. 14–19 – 1 Abb., 3 Tab., 8 Lit.

Die Studien werten 2954 Trächtigkeiten der Jahre 1944–58, resultierend aus 3994 Bedeckungen auf der Weide, aus. Es sollte geklärt werden, wie die Fortpflanzungsleistungen von Brahman, Shorthorn und verschiedenen Kreuzungsgruppen durch unterschiedliche Weidequalität und -systeme sowie andere

Faktoren beeinflußt werden. 6 Weidesysteme fanden Anwendung, variierend von der Ausnutzung naturhaften Grünlands bis zur Intensivweide mit Zufütterung. Weitere Variable, die beobachtet wurden, waren der Laktationsstand während der Deckperiode, das Alter der Kühe beim Kalben und das Jahr. Der Laktationsstand in der Deckperiode zeigte den größten Einfluß auf die Konzeptionsrate. Von den melkenden Kühen kalbten 63, von den trockenstehenden 84%. Die durchschnittl. Aufzuchtleistung variierte von 64% auf den naturhaften Grünländereien bis zu 78% auf den Intensivweiden. Das Alter der Kühe war ebenfalls von großem Einfluß. Die niedrigste Vermehrungsrate zeigten die 2- und 3jährigen Kühe, ein Leistungsanstieg erfolgte bis zu 6–7 Jahren. Bei der Bedeckung trockenstehende Kühe behielten diese Leistungen bis zum Alter von 18 Jahren bei, melkende zeigten einen Leistungsabfall. Die Leistungen der verschiedenen Rassengruppen werden dargestellt, auch hier treten signifikante Unterschiede auf. K. Damm. 3610.

Creek, M. J. und Nestel, B. L. Observations upon the birth weight of crossbred Charollais calves with reference to the absence of difficulty at parturition. **(Betrachtungen über die Geburtsgewichte von Charollais-Kreuzungskälbern im Hinblick auf das Fehlen von Geburtsschwierigkeiten.)** Brit. veterin. J. **118** (1962) Nr. 7. S. 282–288. – 9 Tab., 8 Lit.
Charollaisbullen werden in England zur Produktion von Kreuzungsmastkälbern in Milchviehherden verwendet. In Jamaika werden solche Kreuzungen wegen des Heterosiseffektes in der Widerstandsfähigkeit und Anpassungsfähigkeit bei den Jungtieren benutzt. Von Benesch und Wright wurde 1957 mitgeteilt, daß bei Verwendung großer Bullen und kleiner weibl. Tiere übergroße Feten entstünden. Joubert und Hammond konnten das bei reziproken Paarungen von South Devon x Dexter nicht bestätigen, da sie feststellten, daß die kleinen Kühe den rel. großen Fetus nach minimaler Trächtigkeitsdauer zu einem Zeitpunkt zur Welt brachten, wo das Kalb die für die Rasse der Mutter charakteristische Größe erreicht hatte. Die Ergebnisse der vorliegenden Untersuchungen basieren auf Beobachtungen von über 10jähriger Dauer bei Kreuzungskälbern, die von einem Charollaisbullen und Red Poll x Brahmankühen stammten. Die Geburtsgewichte der 91 Kälber betrugen ⌀ 76,8 lb. und waren um 6,8 lb. höher als die der Kälber der Mutter-Rasse. Von einem der 3 Väter stammten Kälber mit signifikant höherem Geburtsgewicht. Die Kälber erstkalbender Färsen waren leichter als die der Kühe, und ihre Gewichte wiesen eine geringere Schwankungsbreite auf. Im Zeitraum 1959–62 wurden in 10 Herden 467 Charollaiskreuzungskälber geboren. Nur 5 Fälle von Dystokie kamen zur Beobachtung, obwohl 56% der Muttertiere erstkalbende Färsen waren. Hiervon lag nur in einem Falle eine rel. zu große Frucht vor. H. Busse. 3614.

Untersuchungen zur Feststellung des Futteraufnahmevermögens beim Rind und Überprüfung der Möglichkeiten zur Verbesserung dieser Eigenschaften durch Züchtungsmaßnahmen. Clausberg, Inst. Tierzucht u. Tierhalt. Dtsch. Akad. Landwirtsch.-Wiss. Berlin Plan-Nr.: 170116/01 i–2–07/1. Abschlußber. (21/3. 1963).
Das Futteraufnahmevermögen an Wirtschaftsfutter (Heu) wurde an 37 Deutschen Fleckvieh- und 27 Deutschen Gelbviehkälbern im Alter von 3 bis 6 Mon. überprüft. Bei gleichen Kraftfutter- und Trockenschnitzelgaben erhielten die Tiere Heu zur freien Aufnahme. Der Verzehr schwankte zwischen 126,9 und 291,9 kg Heu. Im Durchschnitt wurden 181,4 bzw. 191,2 kg aufgenommen. Der Verbrauch je kg Zuwachs betrug 2,3 bzw. 2,5 kg StW. Sehr enge Korrelationen um $r = 0{,}973$ wurden zwischen der Heuaufnahme vom 3.–6. Lebensmonat und der im 4. und 5. Lebensmonat erzielt, so daß eine Überprüfung im 4. und 5. Lebensmonat durchaus für den Zeitraum zwischen 3. und 6. Mon. als repräsentativ angesehen werden kann. 3632.

Kalašnikov, A. P. und Sipačev, S. G. (Kalaschnikow, A. P. und Sipatschew, S. G.) Sistema vyraščivanija teljat podsosno-gruppovym metodom pri besprivjaznom soderžanii korov-kormilic i silosnom tipe kormlenija. **(Das System der Kälberaufzucht nach der Gruppensaugemethode bei Haltung der Ammenkühe im Laufstall unter Einsatz von Silage in der Fütterung.)** Tr. Ural'skogo n.-i. in-ta s.ch. **3** (1961) S. 85–102. – Aus: Referativnyj žurnal. Biologija, Moskva **1962** Nr. 7. L 121. S. 16.

Nach Ansicht des Vf. ist bei der Ammenaufzucht von Kälbern die kombinierte Methode die beste. In den ersten 2–3 Wochen des Saugens wurden die Kälber bei den Ammen gehalten. In dieser Zeit saugen die Kälber nach Bedarf und gewöhnen sich rasch an die Wasseraufnahme aus Trögen. Später trennt man sie, da sie in fortgeschrittenem Alter mehr pflanzliche Futtermittel erhalten müssen. Die Ammenkühe bekamen in der Säugeperiode Silage guter Qualität und gutes Gras-Leguminosenheu. Dabei traten bei den Kälbern keine Verdauungsstörungen auf, im Gegenteil, manche Kälber hatten vor dem Saugen Durchfall, der aufhörte, als in die Ration der Kühe Silage aufgenommen wurde. Bei der Verfütterung von Silage müssen mineralische Futtermittel verabreicht werden, die Ca, P und unbedingt NaCl, am besten in Form von Lecksteinen, enthalten müssen. Es werden Rationen für die Ammenkühe und Kälber in verschiedenen Säugeperioden angeführt.

übersetzt v. Th. C. Boetticher. **3634.**

Starosel'skij, L. S. (Starosselski, L. S.) Veterinarnye meroprijatija pri podsosno-gruppovom metode vyraščivanija teljat. **(Tierärztliche Maßnahmen bei der Kälberaufzucht durch Ammen.)** Veterinarija, Moskva **38** (1961) Nr. 10. S. 33–36.

In der Sowchose „Barybino" wurden die Kälber nach der Ammenmethode aufgezogen. 40 Kühen wurden kurz nach dem Kalben je 3 Kälber angesetzt, die mit Ammenmilch eingerieben waren. Die Kühe mußten Tbc-, brucellose- und trichomonadenfrei sein. Wenn die Kälber 3 Mon. alt waren, wurden nochmals 3–4 neugeborene Kälber angesetzt. Diese Methode brachte höhere Gewichtszunahmen, geringere Verluste, wenig Erkrankungen und erhebliche Arbeitseinsparung. Die Kälber wurden unter veterinärmedizinischer Kontrolle gehalten. Vf. empfiehlt gegen Magen- und Darmerkrankungen Schleimaufgüsse und dicksaure Milch. Gegen verschiedene Krankheiten wurden Heutee, Zwiebackaufgüsse, Eier, Biomycin, Coffein-Injektionen, Fischtran und Ascorbinsäure verabreicht. W. Sommerfeld. **3634.**

Lukina, L. K. Mery profilaktiki pri gruppovom podsosnom metode vyraščivanija teljat. **(Prophylaktische Maßnahmen bei der Gruppenaufzucht der Kälber mit Ammenkühen.)** Veterinarija, Moskva **39** (1962) Nr. 10. S. 23 bis 25.

Für die Kälberaufzucht mit Ammenkühen wurden vorhandene Ställe umgebaut. Als Ammenkühe wurden frischmelkende, gesunde Tiere, die oft nur auf 2–3 Strichen Milch gaben, ausgewählt. Die Milchleistung dieser Kühe blieb die ganze Laktation hindurch gleichmäßig. Unfruchtbare, schlecht milchende Kühe erreichten in kurzer Zeit gute Leistungen. Die Kälber entwickelten sich gut und hatten tägl. Gewichtszunahmen von 500–800 g. Auf eine Ammenkuh kommen 2–3 Kälber, die in den ersten 5–6 Lebenstagen Biestmilch bekommen haben. Die Kälber werden bereits in den ersten Wochen an Heu, Saft- und Kraftfutter gewöhnt. Die Kälber müssen von der Kuh getrennt gehalten und 3- bis 4mal tägl. zum Saugen an die Kuh gelassen werden, da sie sich sonst ungleichmäßig entwickeln. Bei der Zusammenstellung der Gruppen werden Altersunterschiede von 10–15 Tagen und Gewichtsunterschiede von 15–20 kg zugelassen. Abgesetzt werden sie bei einem Gewicht von 70–80 kg. Der Zeitpunkt des Absetzens hängt von der Verwendung der Kälber ab. Nach dem Absetzen werden pro Tier noch 40 l Milch verfüttert.

Auf die Aufzuchtergebnisse hat die Fütterung der Ammenkühe einen großen Einfluß, es dürfen keine Änderungen in der Ration zugelassen werden. Fachlich gut ausgebildete Viehpfleger und ein gut durchdachtes Entlohnungssystem wirken positiv auf die Aufzuchtergebnisse und fördern die Senkung der Kälberverluste. R. Filina. 3634.

Nagy, Zoltánné. Vizsgálatok a szopósborjak dajkatehenes felnevelésére. **(Untersuchung über die Ammenaufzucht von Kälbern.)** Állattenyésztés [Tierzucht] **11** (1962) Nr. 2. S. 113–121. – 1 Abb., 2 Tab., 14 Lit. Zus. in Russ., Dtsch. Aus: Ung. Agrar-Rdsch. **1963** Nr. 1.

Vf. untersuchte Milchverbrauch und Gewichtszunahme der von Ammenkühen aufgezogenen Kälber sowie den Kostenaufwand einer solchen Aufzuchtmethode. Der Versuch wurde in 2 Gruppen von 8 und 7 Kühen bzw. von je 11 Kälbern durchgeführt. Die Kälber wurden tägl. 2mal gesäugt. Der gesamte tägl. Milchertrag der Ammenkühe belief sich in Gr. I auf 51,94 kg, in Gr. II auf 45,5 kg. Das durchschnittl. Alter und Lgw. der Kälber betrug zu Beginn des Versuches 16,8 Tage bzw. 52 kg (Gr. I) und 16,4 Tage bzw. 56 kg (Gr. II). Auf 1 Kalb entfielen in Gr. I tägl. ⌀ 4,72 kg, in Gr. II waren es 4,22 kg Milch. Während der Versuchsdauer erzielten die Kälber der Gr. I eine tägl. durchschnittl. Gewichtszunahme von 660 g, die der Gr. II eine Zunahme von 700 g. Der durchschnittl. Futter- bzw. Nährstoffverbrauch während des Versuches betrug in der Gr. I: 306 kg Milch, 27,67 kg Kraftfutter, 23,14 kg Heu bzw. 70,56 kg StW und 21,27 kg verd. E.; in Gr. II: 266 kg Milch, 29,86 kg Kraftfutter, 27,59 kg Heu bzw. 67,29 kg StW und 21,06 kg verd. E. Je 1 kg Zunahme benötigten die Kälber der Gr. I ⌀ 7,17 kg, die Kälber der Gr.II 5,96 kg Milch. Vf. kommt zu der Feststellung, daß man die vorgeschriebene Dosierung der Milch bei Aufzucht mit Ammen nicht genau durchführen kann. Die tägl. Milchmengen von 3–5 l genügen nicht, auch verringert eine Verabreichung von Magermilch nicht den Raum- und Arbeitsbedarf der Milchbehandlung. Die Gewichtszunahme der Kälber ist nicht proportional der Menge an verbrauchter Milch, auch kann die Milchleistungs-Kontrolle der Kühe nicht durchgeführt werden. Die Anwendung von Ammenkühen ist unwirtschaftlich, da sie die Aufzuchtkosten nicht verringert. Das Verfahren erscheint nur in solchen Betrieben begründet, in denen bei der Einführung des Maschinenmelkens sich eine größere Zahl von Kühen wegen ungeeigneter Eutergestaltung nicht zum Maschinenmelken eignet, wobei die Tiere andererseits auch nicht mit der Hand gemolken werden können, weil menschliche Arbeitskraft fehlt oder die Kühe nicht untergebracht werden können. 3634.

Koševoj, V. und Suchov, V. (Koschewoi, W. und Suchow, W.) Za zdorovyj molodnjak. **(Gesundes Jungvieh.)** Moločnoe i mjasnoe skotovodstvo, Moskva 7 (1962) Nr. 12. S. 26–27. – 2 Abb.

Trockenstehende Kühe erhalten neben Maissilage als Carotinquelle noch Phenothiazinsalzbrikett und Tricalciumphosphat. 5–7 Tage vor dem Abkalben wird das Salzfutter aus der Ration genommen. Nach dem Abkalben erhalten die Kühe 2–3 Tage lang nur Heu und Weizenkleiegetränk, ab dem 4. Tag wieder die normale Futterration. Die Kälber bleiben bis zum 15. Lebenstag in Einzelboxen und werden dann zu 5-6 Tieren in Gruppenboxen gehalten. Neben Vollmilch erhalten sie schon während der Colostrumperiode frisch abgekochtes Wasser. Mit dem 8.–10. Lebenstag beginnt man ihnen Kraftfutter und Heu zu reichen, vom 15. Tag an erhalten sie noch einen Haferaufguß, wodurch Magen-Darmkrankheiten verhindert werden. Zum Tränken wird den Tieren in die Heuraufe jeder Boxe ein Gefäß mit Sauger eingeklemmt, was wesentlich zur Verkürzung des Zeitaufwandes für das Tränken beiträgt. R. Ihssen. 3634.

Arbobov, A. (Arbobow, A.); Dubrowizy, Gebiet Moskau, Unions-Inst. für Tierzuchtforsch. Kačestvo potomstva pri raznom urovne kormlenija stel'nych korov. **(Die Qualität der Nachkommen bei unterschiedlicher Fütterung der trächtigen Kühe.)** Životnovodstvo, Moskva **24** (1962) Nr. 8. S. 38–42. – 3 Tab.

Die Versuchstiere (II) erhielten vom 4. Trächtigkeitsmonat an 22% FE und 35,5% verd. E. mehr als die Kontrolltiere (I). Das Geburtsgewicht der Kälber betrug 41(I) und 44 kg(II), das Gewicht mit 1 Jahr 257,5 (I) und 255,4 kg(II). Pro 1 kg Zunahme wurden 6,4 (I) und 6,55 FE (II) benötigt. In bezug auf die Entwicklung der inneren Organe, des Muskel- und Knochengewebes und die chem. Zusammensetzung des Fleisches bestanden keine Unterschiede. Der Verdauungskoeffizient des Proteins lag bei II um 12,84% höher, der N-Ansatz um 10,5 g/Tag. Die Versuchstiere schieden mit 1 Jahr 6,15% mehr CO_2 aus. F. Schenk. 3638.

Stojanov, Todor. (Stojanow, Todor); Sofia-Kostinbrod, Forsch.-Inst. für Tierzucht. Vlijanie na morkovite, kombiniranija silaž i klaničnata krŭv vŭrche spermoprodukcijata na plemennite bici. **(Der Einfluß von Möhren, kombiniertem Gärfutter und Schlachthofblut auf die Spermaproduktion der Zuchtbullen.)** Životnovŭdstvo, Sofija **16** (1962) Nr. 9/10. S. 43–46. – 2 Tab., 6 Lit.

Der Versuch wurde mit 5 Sofioter Braunviehbullen durchgeführt, in deren Rationen das Kraftfutter 50%, das Heu 30% und das Saftfutter 20% vom Nährwert der Ration betrug. In der ersten (64tägigen) Versuchsperiode wurden in die Rationen der Tiere 13,7–15,5 kg Möhren, in der zweiten (60tägigen) Periode 6,4–7,2 kg kombiniertes Gärfutter (60% milchwachsreife Maiskolben, 30% Möhren, 10% Luzerneheu) und in der dritten (50tägigen) Periode 1,2–1,5 kg frisches Blut einbezogen. Die Rationen enthielten 9,854–10,932 FE mit 1295–1540 g verd. Protein. Ergebnisse (in der Reihenfolge der Versuchsperioden): Anzahl der gewonnenen Ejakulate 84; 88 und 71; mittleres Ejakulatvolumen 6,25; 6,39 und 6,33 cm³; Spermienzahl in 1 cm³ Ejakulat 1093,2; 1137,5 und 1185,4 Mill.; Lebensdauer der Spermien 87,12; 94,37 und 86,82; Resistenz 59410; 60130 und 60755. Die Bullen nahmen um 3–8% an Gewicht zu. N. Platikanow. 3644.

Berezovyj, A. S. (Beresowy, A. S.) Efektyvnist' riznych metodiv intensyvnogo vyroščuvannja byčkiv dlja dal'šoï vidgodivli ich na m-jaso. **(Die Wirksamkeit verschiedener Methoden der intensiven Aufzucht von Jungbullen für die anschließende Fleischmast.)** V sb.: Pytannja godivli sil'śkogospod. tvaryn, Kyïv **1961** S. 60–63. – Orig.: ukrain., Ausz.: russ. Aus: Referativnyj žurnal. Biologija, Moskva **1962** Nr. 13. L 146. S. 20.

Nach Meinung des Autors ist eine intensive Aufzucht der Jungbullen zweckmäßig, bei der ihr Lgw. im Alter von 12 Mon. 325–370 kg bei hoher Futterverwertung erreicht. Für die folgende Fleischmast der Jungbullen ist es am vorteilhaftesten, ihnen in den ersten 6 Mon. hohe und in den letzten 6 Mon. mittlere Futterrationen zu verabfolgen. übersetzt v. Ch. Eshkowa. 3652.

Pick, G. D. Baby beef from easy-feed silage. **(Baby-Beef durch Silage-Selbstfütterung.)** Agriculture [London] **70** (1963) Nr. 2. S. 71–73. – 2 Abb., 1 Tab.

36 Kälber wurden im Febr. und März 1961 geboren. Ab Okt. erhielten sie dann 7 Mon. lang eine Ration, die tägl. aus 2 lb. Heu, 2 lb. Hafer und 2 lb. Gerste bestand. Silage konnten die Tiere in steigenden Mengen aus dem Silo durch ein Holzgitter aufnehmen. Obwohl kein Eiweißkonzentrat gefüttert wurde, nahmen die Färsen tägl. 780 g und die Bullen 905 g zu. Die Untersuchungen wurden 3 Jahre lang fortgesetzt. Es ergaben sich erhebliche Kosteneinsparungen. Die Silage wurde aus Welschem Weidelgras bereitet und hatte einen Tr.-Subst.-Gehalt von 20–22%. W. Schmidt. 3652.

Bárczy, G. und Veress, L. Növendékbikák szabadtartásos hizlalása tavasztól öszig terjedö idöben. **(Mast von Jungbullen vom Frühjahr bis zum Herbst im Offenstall.)** Állattenyésztés [Tierzucht] **11** (1962) Nr. 3. S. 193–202. – Aus: Ung. Agrar-Rdsch. **1963** Nr. 2.

Vff. prüften in 2 Versuchen von Mai–Nov. die Mastergebnisse von in Offenställen angebunden bzw. frei gehaltenen Jungbullen. Die Mast erfolgte in beiden Versuchen mit mäßigen Kraftfuttergaben unter Verwendung reichlicher Rationen wirtschaftseigenen Futters. – Während der Mastzeit von 138 Tagen erzielte im 1. Versuch Gr. A (angebunden; Einstellgewicht 261,3 kg) eine durchschnittl. tägl. Zunahme von 944 g, Gr. B (frei; 258,4 kg) eine solche von 1017 g. Bei Prüfung des Einflusses der Haltungsweise auf den Masterfolg konnte festgestellt werden, daß über ein durchschnittl. Einstellgewicht von 295 kg hinaus die durchschnittl. tägl. Gewichtszunahme praktisch gleich war. – Der 2. Versuch wurde mit 4 Gruppen von je 15 Tieren durchgeführt. 2 wurden mit einem durchschnittl. Einstellgewicht von 216,4 kg bzw. 337,5 kg angebunden, die beiden anderen mit einem Einstellgewicht von 216,4 bzw. 341,8 kg frei gehalten gemästet. Während der Mastdauer von 153 Tagen erzielten bei den mit geringerem Gewicht eingestellten Gruppen die angebundenen eine tägl. Zunahme von ⌀ 880 g, die frei gehaltenen eine solche von ⌀ 1177 g (Unterschied statistisch gesichert). Bei den mit höherem Gewicht eingestellten Gruppen erzielte die angebunden gemästete eine tägl. Zunahme von ⌀ 1253 g, die frei gehaltene erreichte ⌀ 1140 g (Unterschied nicht gesichert). Für 1 kg Lgw.-Zunahme verbrauchte die angebunden gehaltene leichtere Gruppe 3336 g StW und 559 g verd. E., die frei gehaltene leichtere Gruppe 4415 g StW und 746 verd. E.; unter den mit einem höheren Gewicht eingestellten Gruppen benötigte die angebunden gemästete 4141 g StW und 618 g verd. E., die frei gehaltene 4534 g StW und 672 g verd. E. Die zur Erzeugung von 1 kg Zuwachs verbrauchten Kraftfuttergaben beliefen sich in o. a. Reihenfolge auf 1,77 kg, 2,37 kg, 1,93 kg und 2,07 kg. Der quantitative und qualitative Masterfolg der mit einem Gewicht von über 300 kg eingestellten Jungbullen wurde von der Art der Haltungsweise nicht beeinflußt. Während der sog. Vormast vom Absetzen bis zur Erreichung eines Gewichtes von 350–400 kg ist es auch in Offenställen vorteilhafter, die zur Mast eingestellten Jungbullen anzubinden. 3652.

Nazarova, G. und Gidranovič, V. (Nasarowa, G. und Gidranowitsch, W.) Massaž vymeni telok. **(Eutermassage bei Färsen.)** Moločnoe i mjasnoe skotovodstvo, Moskva **7** (1962) Nr. 11. S. 43.

Die frühzeitige Massage des Euters von Färsen ist bes. bei Zweinutzungsrassen wichtig, da dadurch die Ausbildung des Milchtyps gefördert wird. Bei einem Alter von 16–17 Mon. beginnt man, das Euter der Färsen tägl. einmal 2 Min. lang zu massieren, und zwar immer zur selben Zeit. Die tägl. Massage wird bis 1,5-2 Mon. vor dem Abkalben fortgesetzt. Nach dem Abkalben weisen die so behandelten Tiere meist eine höhere Milchleistung und ein geräumigeres Euter gegenüber den Kontrolltieren auf. R. Ihssen. 3662.

Clark, C. H. Effect of month of calving on the production of Queensland dairy cows. **(Der Einfluß des Kalbemonats auf die Leistung von Milchkühen in Queensland.)** Queensland J. agric. Sci. **19** (1962) Nr. 2. S. 267–277. – 4 Abb., 3 Tab., 15 Lit.

Aus den Jahren 1948–55 wurden 246961 und aus den Jahren 1955–60 202896 abgeschlossene Laktationen ausgewertet. Über die Ergebnisse der 1. Periode wurde bereits berichtet. Die Daten stammen aus allen Distrikten Queenslands. Es wurde ein deutlicher Einfluß des Kalbemonats auf die Höhe der Laktationsleistung ermittelt; günstigste Abkalbemonate sind Juni und Juli. Kühe, die in diesen Monaten frischmelkend wurden, erreichten um 20% höhere Milch-

und Fettleistungen als Tiere aus den Mon. Dez.–Febr. Die Länge der Laktation und der Verlauf der Laktationskurve werden ebenfalls beeinflußt. Alle Betriebe sollten daher planmäßige Abkalbungen in den günstigen Monaten anstreben, um die auf den Weiden vorhandenen Futtermittel max. zu nutzen.
K. Damm. 3662.

Corley, E. L., Duckwall, J. W. und Heizer, E. E. Production performance of artificially and nonartificially sired herd-mates in Wisconsin. **(Der Einfluß der künstlichen Besamung auf die Leistung in Wisconsin.)** J. Dairy Sci. **46** (1963) Nr. 1. S. 50–56.

Vff. vergleichen die Milchleistungen von Nachkommen aus der KB mit denen von gleichzeitigen Nachkommen aus dem natürlichen Deckakt. Es wurden 84691 Holstein-Friesian und 20742 Guernsey aus 10 Halbjahresperioden bez. des Kalbedatums untersucht. Bei den Holstein-Friesian waren die KB-Nachkommen den anderen Tieren um 13 lb. Fett und 270 lb. Milch überlegen. Vff. führen das auf eine genauere Selektion der KB-Bullen zurück. Für die Guernsey konnten keine signifikanten Differenzen nachgewiesen werden.
D. Rasch. 3662.

Misostov, T. A. (Missostow, T. A.); Charkow, Forsch.-Inst. für Tierzucht des Waldsteppen- und Polessje-Gebietes der Ukrain.SSR. Pokazatelo krovi i semjaprodukcija bykov-proizvoditelej v zavisimosti ot uslovij ich soderžanija. **(Die Kennziffern des Blutes und der Spermaproduktion von Zuchtbullen unter unterschiedlichen Haltungsbedingungen.)** Životnovodstvo, Moskva **24** (1962) Nr. 8. S. 62–64. – 1 Abb., 3 Tab.

6–10 Mon. alte Bullen der Simmentaler und der Roten Steppenrasse wurden im Sommer 1960 ständig in großen Ausläufen (I) bzw. im Sommerlager mit 3- bis 4stündiger Bewegung am Tag (II) gehalten, im Winter im Laufstall mit freiem Auslauf (I) bzw. im Anbindestall mit tägl. 2–3 Std. Bewegung (II). Im Aug. 1960 betrug die Erythrocytenzahl der Roten Steppenbullen 7490 (I) und 6310 Mill./mm³ (II), im Aug. 1961 – 6765 (I) und 5275 Mill./mm³ (II). Der Carotingehalt des Blutes betrug entspr. 430 (I) und 336 $\mu g\%$ (II) bzw. 551 (I) und 348 $\mu g\%$ (II), der Gehalt an anorg. P 4,52 (I) und 3,04 mg% (II) bzw. 7,16 (I) und 5,97 mg% (II). Das durchschnittl. Volumen eines Ejakulats betrug 5,01 (I) und 3,64 ml (II), wobei 65,02 (I) bzw. 32,90% (II) der Gesamtspermaproben von guter Qualität waren. F. Schenk. 3672.

Markovič, Petar und Verner, Dalibor; Uhříněves, Výzkumný Ústav Živočišné Výroby. Skupinový odchov telat. **(Gruppenaufzucht der Kälber.)** Živočišná Výroba **7 (35)** (1962) Nr. 5. S. 295–312. – 6 Abb., 35 Lit. Zus. in Russ., Dtsch.

Eine Gruppenaufzucht von Kälbern läßt sich bereits 14 Tage nach der Geburt erfolgreich durchführen, sofern die grundlegenden hygienisch-zootechnischen Voraussetzungen gegeben sind. Beim Tränken der Kälber in Gruppen ist die Benutzung von verschließbaren Freßgittern, welche ein Festhalten der Tiere während des Verabreichens der Milch ermöglichen, zu empfehlen. Bis zum Alter von 4 Mon. wurden Durchschnittszunahmen von 0,669 kg je Kalb und Tag erreicht. Ferner wurde eine Senkung der Baukosten (bezogen auf den zur Aufstallung eines Kalbes benötigten Stallraum) um 133% im Vergleich zu den Baukosten der bisherigen massiven Kälberställe mit individueller Aufzucht, um 41,5% im Vergleich zu den vom Landwirtschaftsministerium der ČSSR festgesetzten Maximalkosten erzielt. Im gesamtstaatlichen Ausmaß würde der Bau des geprüften Stalltyps für die Gruppenaufzucht eine Einsparung von ca. 250 Mill. Kčs bedeuten. Die Arbeitsproduktivität bei der Gruppenaufzucht von Kälbern steigt gegenüber der individuellen Kälberaufzucht um 110,5%. Bei einem Zeitaufwand von tägl. 6 Std. kann ein Pfleger gruppenweise insgesamt 62 Kälber betreuen. F. Svoboda. 3673.

Kramerenko, N. und Chalimon, A. Gruppovye progulki proizvoditelej· **(Gruppenweises Bewegen der Zuchtbullen.)** Moločnoe i mjasnoe skotovodstvo, Moskva 7 (1962) Nr. 11. S. 26–27.

Das systematische Bewegen der Zuchtbullen erhöht bedeutend ihre Geschlechtsaktivität, verbessert die Spermaqualität und damit die Befruchtungsziffer (bis auf 99,7%). Zur Verminderung der Bösartigkeit und Streitlust wird den Bullen ein Gewicht von 5–7 kg an den Nasenring gehängt und bleibt so lange daran befestigt, bis die Tiere ruhig geworden sind. Die Last wird dann nur in Ausnahmefällen nochmals angehängt. R. Ihssen. 3676.

Schmidt, G. H. und Trimberger, G. W.; Ithaca, N.Y., Cornell Univ., Dep. of Animal Husbandry. Effect of unequal milking intervals on lactation milk, milk fat, and total solids production of cows. **(Der Einfluß ungleicher Melkzeitabstände auf die Laktationsleistung an Milch, Milchfett und Gesamttrockenmasse bei Kühen.)** J. Dairy Sci. 46 (1963) Nr. 1. S. 19-21. – 4 Tab., 8 Lit.

Gegenüber Kühen, die während der ganzen Laktation in Melkintervallen von 12 + 12 Std. gemolken wurden, lag die Milchleistung der Kühe mit Melkzeitabständen von 14 + 10 Std. um 0,3% und diejenige der Kühe mit Intervallen von 16 + 8 Std. um 1,3% niedriger. Hinsichtlich Milchfett- und Tr.-Subst.-Gehalt bzw. -Menge ließen sich keine signifikanten Differenzen nachweisen. Die ungleichen Melkzwischenräume hatten keinen Einfluß auf die Eutergesundheit oder das Auftreten von Ketosis.
K.-H. Voigtländer. 3677.

Stanley, D. E., Kesler, E. M. und Bortree, A. L.; Pennsylvania State Univ., Dep. of Veterin. Sci. Effect of a fluctuating milking vacuum on certain measures of udder health. **(Der Einfluß eines schwankenden Melkvakuums auf ein bestimmtes Maß an Eutergesundheit.)** J. Dairy Sci. 45 (1962) Nr. 11. S. 1343–1347.

Vorliegende Arbeit wurde zur Untersuchung des Einflusses eines schwankenden Melkvakuums auf die Eutergesundheit, die Milchleistung und die Melkdauer aufgenommen. Eine Standmelkmaschine wurde daher für die erforderliche Vakuumschwankung umgebaut und mit einem Vakuum-Kontrollgerät ausgerüstet. Dadurch konnte in den Zitzenbechern eine Schwankungsbreite von 18–38 cm Hg bei 53 Pulsschlägen pro Min. erreicht werden. Die Versuche wurden an 2 Gruppen zu je 12 Kühen bei einer Versuchsdauer von 21 und 26 Tagen durchgeführt. In jeder Versuchsreihe entwickelten sich unter den 6 Kühen beim Melken mit der umgebauten Maschine 2 Fälle klinischer Mastitis. Die Leukocytenzahl, bes. der Mastitisküho, nahm erheblich zu. Im Milchertrag bestand zwischen den Versuchs- und Kontrolltieren nur wenig Unterschied. Die Melkdauer war größer bei der Maschine mit variabel gestaltetem Vakuum als bei der normal arbeitenden Maschine.
W. Gimmler. 3677.

Schipper, I. A. und Petersen, W. E. Surgical correction of the hard milker. **(Die chirurgische Behandlung des Hartmelkens.)** Veterin. Med. 57 (1962) Nr. 9. S. 786–788.

Die Zeitdauer des Melkens wird häufig dadurch verlängert, daß durch Strichkanalverengungen die Milch verhältnismäßig schwer gewonnen werden kann. Eine Obstruktion des Strichkanals kann angeboren sein. Dies würde man sofort mit Beginn der 1. Melkperiode feststellen. Andererseits kann eine Strichkanalverengung durch mechanische Einwirkung entstehen wie z. B. falsches Melken und Strichkanalentzündungen. Ohne Rücksicht auf die Entstehungsursache empfiehlt sich bei Strichkanalverengungen immer ein chirurgischer Eingriff. Leider bestehen über die Erfolgsaussichten einer entspr. Operation Unklarheiten. In einer größeren Versuchsreihe wurde eine Anzahl von Rindern ausgesucht, die sich schwer melken ließen. Als Operationsvorbereitung wurden je Tier 20 IE Oxytocin injiziert. Der Sphinktermuskel wurde daraufhin 3mal eingeschnitten. Zu tiefe Einschnitte waren nicht so problematisch als zu geringe Schnittiefen. Ein Verkleben der Wunde verhinderte man durch Rollen des Strichkanals zwischen den Fingern. Auch wurden zu dem gleichen Zweck wiederholt einige Zitzen in warme gesättigte Kochsalzlösung getaucht. Mastitiserscheinungen traten nach der Operation nicht auf. Durch Erweiterung des Strichkanals kann die Gesamtmilchmenge schneller ermolken werden. Es konnte errechnet werden, daß dadurch pro Rind im Jahr 28 Std. Melkzeit eingespart werden können.

O. Dietz. 3677.

Wilkinson, P. R.; Yeerongpilly, Veterin. Parasitol. Lab., Div. of Entomol. Selection of cattle for tick resistance, and the effect of herds of different susceptibility on Boophilus populations. **(Selektion bei Rindern auf Zecken-Resistenz und der Einfluß von Herden mit unterschiedlicher Anfälligkeit gegen Boophilus-Populationen.)** Austral. J. agric. Res. **13** (1962) Nr. 5. S. 974–983. — 1 Abb., 5 Tab., 9 Lit.

Mit Hilfe laufender Auszählungen der Zecken und ihrer Larven wurden aus 30 Illawarra-Shorthorns 12 solche Tiere selektiert, die gegen den Befall rel. resistent waren, d. h. eine niedrige Zahl von Zecken und Larven aufwiesen. Durch getrennte Haltung von resistenten und nicht resistenten Herden konnte ermittelt werden, daß die Zecken sich nicht an die resistenten Tiere gewöhnten. Zwischen Resistenz und bestimmten Felleigenschaften (Felltyp, Schweißdrüsenanzahl; Hautdicke) wurden keine Korrelationen, zwischen Resistenz und Follikeltiefe eine solche von — 0,53 ermittelt. Bestimmte Testmethoden zur Ermittlung der Resistenz zwecks Selektion werden vorgeschlagen.

K. Damm. 3680.

O'Blenness, G. V. und Vleck, L. D. van; Ithaca, N.Y., Cornell Univ., Dep. of Animal Husbandry. Reasons for disposal of dairy cows from New York herds. **(Abgangsursachen bei Milchkühen in New Yorker Herden.)** J. Dairy Sci. **45** (1962) Nr. 9. S. 1087–1093. — 5 Tab., 8 Lit.

Von Okt. 1960 - März 1961 wurden mit Hilfe schriftlicher Umfragen die Abgangsursachen aller Kühe registriert (was sonst nicht geschieht). Es konnten vom Besitzer mehrere Gründe angegeben werden, wobei der wesentlichste zuerst zu nennen war. 7 362 Kühe wurden so im Staate New York erfaßt, bei nur wenigen Tieren wurden mehr als 2 Abgangsursachen genannt. Die statistische Auswertung gibt Anlaß zu vorsichtiger Beurteilung der Ergebnisse. Als wesentlichste Ursachen wurden Minderleistung (27–32%), Sterilität (16–19%), Eutererkrankungen und Mastitis (14–20%) und Verkauf als Nutzvieh (14–15%) ermittelt. Brucellose und Tbc sind rel. unbedeutend (jeweils 1%). Zwischen den Altersgruppen und Rassen wurden unterschiedlich hohe Anteile der Ursachen ermittelt. K. Damm. 3680.

Wittmann, W. **Die Häufigkeit der Pansen- und Klauenerkrankungen bei mit MKS-Virus infizierten Rindern.** Arch. exp. Veterinärmed. **16** (1962) Nr. 5. S. 887–894. — 6 Tab., 15 Lit.

Auf Grund einer Auswertung der im Friedrich-Loeffler-Institut vorhandenen Prüfungsprotokolle der MKS-Konzentratvaccine konnten in bezug auf die am Pansen auftretenden Sekundäraphthen stammesbedingte Unterschiede festgestellt werden. Bis auf diese stammesbedingten Unterschiede aber ist das klinische und pathologisch-anatomische Bild des Rindes nach Infektion mit den 3 MKS-Virustypen prinzipiell gleich. H. Röhrer. 3680.

Awad, F. I. Studies on type-determination and epidemiology of tuberculosis among cattle in Sudan. **(Untersuchungen über die Epidemiologie und Typendifferenzierung der Rindertuberkulose im Sudan.)** Zbl. Veterinärmed. **9** (1962) Nr. 9. S. 890–898.

Im Sudan sind erst in den letzten Jahren Erhebungen über das Vorkommen der Rindertuberkulose angestellt worden. Dabei machte sich die weite Verbreitung der Nocardiose differentialdiagnostisch störend bemerkbar, durch die auch die meisten unspezifischen Tuberkulinreaktionen ausgelöst wurden. Im Norden des Landes ist die Rindertuberkulose mit ca. 2,4% verhältnismäßig selten, während sie im Süden (Kordofan, Bhar El Ghazal) mit ca. 16% ziemlich verbreitet ist. Dem Prozentsatz der tuberkulinpositiven Rinder entspricht auch etwa der Prozentsatz an tuberkulinpositiven Menschen, da bes. im Süden bei ungünstigen hygienischen Verhältnissen eine enge Lebensgemeinschaft zwischen Tier und Mensch besteht. Am Schlachthof Khartum wurden 1960 188 Mycobakterienstämme vom Rind isoliert, die sich durch die Differenzierung als dysgonisch wachsende *M. bovis* herausstellten, wobei sich der Nährboden nach Besredka als günstig erwies.
W. Richter/Jena. 3680.

Oklješa, B., Kopljar, M., Dumanovsky, F. und Milunović, M.; Zagreb, Univ., Vet. Fak., Inst. za Zootechn. i Hig., Vet. Inst. Varijabilnost prijemljivosti govedeg vimena za infekciju sa Sc. agalactiae. **(Zur Variabilität der Infektionsbereitschaft des Kuheuters gegenüber Streptococcus agalactiae.)** Veterin. Arh. [Zagreb] **32** (1962) Nr. 5/6. S. 103–108. – 2 Abb., 1 Tab., 5 Lit. Zus. Engl., Dtsch.
Im Verlauf von 4 Jahren wurden 280 Kühe gegen Galt behandelt und ständig Milchproben aller Kühe der betroffenen Stallungen bakteriol. untersucht. Bei 75 Kühen kam es im Untersuchungszeitraum zu keinen Reinfektionen, während das Euter von 93 Tieren 1mal, von 57 zweimal, von 28 dreimal, von 17 viermal, von 4 fünfmal, von 5 sechsmal und von 1 Kuh 7mal infiziert war. Die Kurve für die Häufigkeit der Reinfektionen läßt sich durch die Gleichung $y = 14{,}71 - 11{,}32\,x + 3{,}64\,x^2 - 0{,}44\,x^3$ wiedergeben. Bei der Bekämpfung der Euterinfektion durch *Sc. agalactiae* sollten Kühe mit zahlreichen Reinfektionen gemerzt werden, während die Nachkommen resistenter Kühe zur Zucht bes. geeignet sind.
P. Schmidt. 3680.

Rendel, Jan und Sundberg, Thorsten. Factors influencing the type and incidence of mastitis in Swedish dairy cattle. **(Die den Typ und die Häufigkeit der Mastitis beeinflussenden Faktoren beim schwedischen Milchvieh.)** Acta veterin. scand. **3** (1962) Nr. 1. S. 13–32. – 2 Abb., 10 Tab., 19 Lit. Zus. in Schwed., Dtsch.
Die Häufigkeit und der bakteriol. Typ der Mastitis wurden von 1954–59 in 57 Herden des Schwedischen Rotbunten Viehs im Rahmen der vom Veterinärdirektorat und den Landwirtschaftskammern durchgeführten Mastitiskontrolle untersucht. Von den kontrollierten Tieren wurden 1433 bereits in der 1. Laktation erfaßt, und 110 blieben 5 aufeinander folgende Laktationen unter Beobachtung. Ca. $^4/_5$ der Mastitisfälle waren mit einer Staphylokokkeninfektion verbunden. Die Häufigkeit der Mastitis insgesamt und die Frequenz der neuen Fälle stieg mit zunehmendem Alter in signifikantem Maße an. Das Kontrollprogramm führte zu einer beträchtlichen Minderung der Häufigkeit der Mastitis. Nach 5jähriger Kontrolle waren trotzdem 30% der Kühe in der 3.–5. Laktation mit einer Mastitis behaftet. Die Regression der Eutergesundheit in einer Laktation zur Gesundheit in der vergangenen Laktation belief sich auf 0,26. Bei 2 Jahre hintereinander erkrankten Tieren beruhte die Mastitis zumeist auf einer Infektion des gleichen Euterviertels. Die Wiederholbarkeit nahm mit zunehmendem Alter zu. Zwischen dem Butterfettertrag während der 1. Laktation, als Abweichung vom gleichzeitigen Bestandsdurchschnitt gemessen, und der Häufigkeit der Mastitis in späteren Laktationen bestand kein Zusammenhang. Die Regression der Eutergesundheit der Töchter zu derjenigen der Mütter betrug bei 164 Töchter-Mütterpaaren unter Berücksichtigung von 2–3 Laktationen der Mütter sowie der Töchter 0,09–

0,20. Sie ist statistisch zwar nicht gesichert, spricht aber dennoch für einen gewissen erblichen Einfluß auf die Resistenz gegen Mastitis.

H. Busse. 3680.

Gerov, Krum und Čuškov, Petŭr. (Gerow, Krum und Tschuschkow, Peter.); Sofia, Forsch.-Inst. für Fortpflanz.-Biol. und -Pathol. Fiziologičeskata nezrelost i konstitucionalnata dispepsija pri teletata. **(Die physiologische Unreife und konstitutionelle Dyspepsie bei Kälbern.)** Životnovŭdstvo, Sofija **16** (1962) Nr. 11. S. 8–14. – 1 Tab.

Die Kälberkrankheit, die sich schon in den ersten 2–4 Tagen nach der Geburt durch profusen Durchfall manifestiert und von einer sich rasch entwickelnden Dehydratation und Toxikose des Organismus begleitet ist, worauf die erkrankten Tiere meist binnen 24 Std. zum Erliegen kommen, wird von Vff. konstitutionelle Dyspepsie genannt. Die Ursachen dieser in der Arbeit beschriebenen Krankheit sind in der nicht vollwertigen Ernährung der Muttertiere während der Trockenperiode zu suchen. Es wird empfohlen, diesen Kühen keine Biertreber und Schlempe, Rübenschnitzel und Gärfutter zu geben, vielmehr sie während dieser Zeit mit Heu und Kraftfuttergemisch zu füttern bei ausreichenden Vitamin-D_2-Mengen in der Ration (gegebenenfalls tägl. Injektion von 5–6 Mill. IE Vit. D_2 1 Mon. vor dem Kalben). Die Kälber sind sofort zu isolieren und peinlich sauber zu halten. Die erste Biestmilch wird ihnen in den ersten 30 Min. nach der Geburt mit Zusatz von 2 Eiern und 200 mg Biomycin gegeben. Die weitere Biestmilch, mit denselben Zusätzen, erhalten sie 2mal tägl. 4 Tage lang. Vff. empfehlen auch andere Vorbeugungsmaßnahmen (i.p. Injektion von 1 g Streptomycin; Injektion von 0,8–1,2 Mill. IE Vit. D_2 und 150000 IE Vit. A; tiefe Einläufe mit physiol. Lösung; i.m. Injektion von Mutterblut, 3mal tägl. je 80–120 cm^3; Blutübertragung).

N. Platikanow. 3680.

Merkuŕeva, E. K. (Merkurjewa, Je. K.) **Džersejskij skot i ego pomesi v SSSR (Biol. osnovy akklimatizacii i skreščivanija krupnogo rogatogo skota v svjazi s problemoj povyšenija žirnomoločnosti).** (Das Jerseyvieh und seine Kreuzungsprodukte in der UdSSR [biologische Grundlagen der Akklimatisierung und Kreuzung von Rindern in Zusammenhang mit dem Problem einer Steigerung des Milchfettgehaltes].) Moskau: Univ. 1961. (256 S. mit Abb.) Rbl. 1,5. Aus: Referativnyj žurnal. Biologija, Moskva **1962** Nr. 7. L 95. S. 13. In diesem Buch werden die Ergebnisse der komplexen genetisch-züchterischen und genetisch-physiol. Untersuchung der Akklimatisierung von Jerseyvieh im Gebiet Rjasan und die Ergebnisse seiner Kreuzung mit schwarzbuntem Vieh ostfriesischen Blutes in Zusammenhang mit dem Problem einer Steigerung des Fettgehaltes der Milch auf einigen Sowjetgütern der Gebiete Rjasan und Moskau (Ergebnisse 5jähriger Untersuchungen) besprochen. Auch sind Angaben aus unveröffentlichten Arbeiten und Dissertationen sowie einiges Material aus ausländischen Erfahrungen angeführt.

übersetzt v. Th. C. Boetticher.

D. SCHWEINE

Lušpaj, N. P., Kasaj, V. F. und Tokarev, V. S. (Luschpai, N. P., Kassai, W. F. und Tokarew, W. S.); Krasnojarsk, Forsch.-Inst. für Landwirtsch. Soveršenstvovanie svinej severokavkazskoj porody. **(Die Verbesserung der Schweine der Nordkaukasischen Rasse.)** Svinovodstvo, Moskva **16** (1962) Nr. 7. S. 32–33. – 2 Tab.

Der Lehr- und Versuchsbetrieb „Krasnodarskoje" besitzt eine der führenden Herden dieser Rasse. Die Eber haben mit 36 Mon. ein Lgw. von 294 kg, eine Körperlänge von 167 cm und einen Brustumfang von 163 cm; bei den Sauen sind es 206 kg, 150 und 147,4 cm. Die durchschnittl. Wurfgröße beträgt 10,5 Ferkel, die Milchleistung 83 kg. Die Absatzferkel wiegen 19,4 kg. Zur Verbesserung der Herde werden mit 2 Mon. die Jungtiere der besten Sauen zur Zucht ausgewählt und jeden Monat die Tiere entfernt, die die Bedingungen der Klasse I nicht erfüllen. Sie werden in Gruppen von 100 Tieren gehalten. Um die in bezug auf Schnellwüchsigkeit und Futterverwertung besten Tiere festzustellen, wurden die Nachkommen von 5 Zuchtebern einer Kontrollmast unterworfen. F. Schenk. 3770.

Laanmjaė, V. Ė. (Laanmjae, W. E.); Estn. Forsch.-Inst. für Tierzucht und Veterinärmed. Kontrol'nyj otkorm svinej v Ėstonskoj SSR. **(Die Schweinekontrollmast in der Estnischen SSR.)** Svinovodstvo, Moskva **16** (1962) Nr. 7. S. 29–31. – 2 Abb., 1 Tab.

In der Kontroll- und Versuchsstation für Schweinezucht des o. a. Inst. wurden 1961 248 Läufer der Estnischen Baconrasse gemästet; sie erreichten 100 kg mit 189 Tagen, die Tagesdurchschnittszunahmen betrugen 697 g, der Futterverbrauch lag bei 4,09 FE/kg Zunahme, die Baconausbeute bei 59,4%. Bei den 252 Läufern der Großen Weißen Rasse betrugen diese Kennziffern entspr. 193 Tage; 654 g; 4,05 FE/kg Zunahme und 60,1%. Für die Vorbeurteilung eines Ebers ist die Kontrollmast von 12 direkten Nachkommen erforderlich, für die endgültige Einschätzung die Kontrollmast von 20 Nachkommen. F. Schenk. 3820.

Csire, L. A mangalicák központi hizékonyságvizsgálatához szükséges egyedek számának megállapitása. **(Bestimmung der für zentrale Mastleistungsprüfungen von Mangalicas erforderlichen Zahl von Tieren.)** Kísérletügyi Közlemények, Állattenyésztés [Mitt. landwirtsch. Versuchsstellen Ungarns, Tierzucht] **54/B** Nr. 1. S. 41–51. – Aus: Ung. Agrar-Rdsch. **1963** Nr. 2.

Vf. untersuchte an 10 Mangalica-Würfen während des Mastabschnittes von 40–150 kg die zur Erbwertermittlung bei dieser im Typ gut ausgeglichenen, jedoch an Fruchtbarkeit den Ungarischen Yorkshire unterlegenen Rasse, die erforderliche Zahl der Nachkommen eines Ebers sowie die Frage, ob es notwendig ist, das Geschlecht der Ferkel bei der Leistungsprüfung zu berücksichtigen. Nach den Ergebnissen des Versuches ist es überflüssig, auf das Geschlecht Rücksicht zu nehmen und Würfe auszuschließen, deren Ferkel ausschließlich gleichen Geschlechtes sind. Weiterhin schlägt Vf. vor, sich in der Gruppengröße auf je 2 Individuen zu beschränken, da die so gewonnenen Daten den Durchschnittswerten der ganzen Würfe sehr nahekommen. Bei der Untersuchung einzelner Sauen haben die aus den Ergebnissen von 2 Nachkommen auf die Mastleistung gezogenen Schlüsse einen viel unbestimmteren Wert als die aus den Daten von 3 oder 4 Tieren gezogenen. Dennoch ist Vf. – in Anbetracht des beschränkten Unterbringungsraumes, der für Prüfungen zur Verfügung steht – der Ansicht, daß sich durch das empfohlene Verfahren eine schnellere Verbesserung der Rasse erzielen läßt als durch Untersuchung von 3–4 Tieren je Wurf, da man in diesem Falle nur $^2/_3$ oder die Hälfte aller Sauen nach ihrer Nachkommenleistung beurteilen könnte. 3820.

Ladan, P. E. und Bondarev, G. F. (Ladan, P. Je. und Bondarew, G. F.) Prižiznennoe opredelenie obščego vychoda špika i mjasa s pomošč'ju ul'trazvuka. **(Die Ultraschall-Bestimmung der Gesamtausbeute an Speck und Fleisch beim lebenden Tier.)** Svinovodstvo, Moskva **16** (1962) Nr. 11. S. 30–34. – 8 Tab.

Die durchschnittl. Speckdicke kann als Kennziffer für die Bestimmung der Gesamtausbeute an Speck dienen (Korrelationskoeffizient bei Nordkaukasischen Schweinen 0,9 ± 0,002), wenn das Lgw. der Tiere berücksichtigt wird. Nach den Angaben von Kontrollschlachtungen wurde eine Tabelle zur Bestimmung der Speckausbeute aufgestellt, aus der diese nach der durchschnittl. Speckdicke (gemessen mit dem Ultraschallgerät TUK-2) und dem Alter abgelesen werden kann. Da die Speckdicke bei Tieren mit gleichem Lgw. und unterschiedlicher Speckdicke in direktem Zusammenhang zu seiner Gesamtausbeute und in umgekehrtem Zusammenhang zu der Gesamtausbeute an Fleisch steht und gleichzeitig ein direkter Zusammenhang zwischen Lgw., Fleischausbeute und durchschnittl. Speckdicke besteht, kann man danach den Korrelationskoeffizienten berechnen und eine Tabelle der Gesamtausbeute an Fleisch aufstellen, aus der diese nach der durchschnittl. Speckdicke und dem Lgw. der Tiere abgelesen werden kann. F. Schenk. 3825.

Volkopjalov, B. P. und Grečišnikov, N. N. (Wolkopjalow, B. P. und Gretschischnikow, N. N.); Leningrad, Landwirtsch. Inst. Opyt priživnennogo opredelenija ploščadi „myšečnogo glazka" priborom TUK-2. **(Die Bestimmung der Fläche des Muskelauges beim lebenden Schwein mit dem Gerät TUK-2.)** Svinovodstvo, Moskva **16** (1962) Nr. 10. S. 42–44. – 5 Abb., 1 Tab.

Das Muskelauge wird am besten zwischen dem 9.–10. Brustwirbel und dem 3.–4. Lendenwirbel gemessen. Dazu wird auf dem Rücken an der letzten Rippe von oben nach unten ein 5–6 cm breiter und 12–13 cm langer Streifen ausrasiert und ein 10–12 cm langer Strich gezogen, auf dem im Abstand von 1 cm Querstriche abgetragen werden. Der Streifen wird mit Rizinusöl o. ä. eingerieben. Der Meßkopf wird jeweils an den Schnittstellen der Linien angesetzt. Die erste auf dem Schirm erscheinende Spitze zeigt die Speckdicke an, die zweite die Muskeldicke. Die Größe des Muskelauges kann an Hand der Messungen graphisch dargestellt und nach einer Formel berechnet werden. F. Schenk. 3825.

Vogt, D. W., Comstock, R. E. und Rempel, W. E.; St. Paul, Univ. of Minnesota. Genetic correlations between some economically important traits in swine. **(Genetische Korrelationen zwischen einigen wirtschaftlich wichtigen Eigenschaften bei Schweinen.)** J. Animal Sci. **22** (1963) Nr. 1. S. 214–217. – 2 Tab., 13 Lit.

Vff. schätzten genetische Korrelationen zwischen der Wachstumsrate von Sauen (vom 56. Tag bis ca. 200 lb.; X), der Futterverwertung der ganzen Würfe in der gleichen Zeit (Y_2), der durchschnittl. Zahl lebend geborener Ferkel in den Würfen ihrer Töchter (Y_3) und dem durchschnittl. Absatzgewicht der Ferkel in deren Wurf (Y_4). Die Schätzungen erfolgten innerhalb von Station, Linie, Jahr und Wurfnummer und betrugen −0,22, +0,06 bzw. +0,47. Diese Werte zeigen, daß zwischen den untersuchten Merkmalen keine der Selektion entgegenstehenden antagonistischen genetischen Korrelationen vorliegen. A. Schaaf. 3856.

Haynes, Colin. They turn out 40 pigmen a year. **(Die Ausbildung von jährlich 40 Schweinepflegern am Riseholme-Landwirtschaftsinstitut.)** Pig Farming **10** (1962) Nr. 9. S. 37. 39. – 6 Abb.

In dem nördlich von Lincoln (Ostengland) gelegenen Institut erfolgt die Unterrichtung neben der Vermittlung der Theorie vor allem in der praktischen Zucht und Mast. Die 25 Large-White-Sauen umfassende Zuchtherde dieses Versuchs- und Ausbildungsbetriebes ist in der warmen Jahreszeit in einfachen hüttenähnlichen Stallungen mit Auslauf auf Weide untergebracht, im Winter aber in alten Ställen mit Einzelfütterung. Im Durchschnitt wurden bisher folgende Leistungen in der Herde erzielt: pro Wurf 10,7 lebend- und 0,8 totgeborene Ferkel; mit 3 Wochen 8,9 aufgezogene Ferkel pro Wurf bei einem Wurfgewicht von 103,4 lb.; mit 8 Wochen beim Absetzen 8,7 aufgezogene Ferkel pro Wurf bei einem Wurfgewicht von 365,5 lb. Die Mast der Schweine erfolgt in diesem Betrieb in abgeänderten Harper-Adams-Ställen. Bes. werden noch die Verfütterung von Magermilch aus Tankbehältern, die außerhalb der Ställe angebracht sind, und die Verteilung der Jauche mittels Pumpe auf die Felder beschrieben. R. Kürbs. 3902.

Nigul', L. (Nigul, L.); Estn. Forsch.-Inst. für Tierzucht und Veterinärmed. Konvejernaja sistema v svinovodstve. **(Das Fließsystem in der Schweinezucht.)** Svinovodstvo, Moskva **16** (1962) Nr. 11. S. 16–17. – 1 Abb.

Bei diesem System werden die Schweine bestimmter Alters- und Produktionsgruppen getrennt in für sie bestimmten Schweineställen gehalten und entspr. ihrem Entwicklungsstand bzw. der Produktionskategorie von einem Stall in den anderen überführt. Dafür sind mindestens 4 Ställe erforderlich, und zwar für 1. die Eber, die güsten und trächtigen Sauen und die zur Auffüllung des Zuchtbestandes bestimmten Tiere, 2. die abferkelnden und säugenden Sauen, 3. die Absatzferkel bis zu 4 Mon. und 4. die Masttiere. Sehr wichtig ist die Ausarbeitung eines Deck- und Abferkelplanes für ein ganzes Jahr, damit die Verlegung der Tiere in die verschiedenen Ställe reibungslos erfolgen kann. Das Fließsystem ermöglicht eine konsequente Spezialisierung und Mechanisierung. F. Schenk. 3904.

Schröter, G.; Halle, Rat des Bezirkes, Inst. für Landwirtsch. **Industrielle Methoden der Schweinefleischproduktion im VEG „Walter Schneider", Eisleben.** Tierzucht 17 (1963) Nr. 3. S. 121–123. — 5 Abb. 3904.

Rozenbljum, B. M. und Maslova, N. N. (Rosenbljum, B. M. und Maslowa, N. N.); Beloruss. Forsch.-Inst. für Ökonomik und Organisation der Landwirtsch. Ob optimal'nych razmerach svinovodčeskich ferm. **(Über die optimale Größe von Schweinefarmen in Belorußland.)** Svinovodstvo, Moskva **16** (1962) Nr. 10. S. 24–25. — 3 Tab.
Unter Berücksichtigung der Größe der Kolchose und Sowchose in bezug auf das vorhandene Ackerland sind in Belorußland Zuchtfarmen für 100–200 Zuchtsauen und 300–600 Hilfssauen sowie Mastfarmen für 2500–5000 Tiere am zweckmäßigsten. Bei diesen Größen wird vorausgesetzt, daß die Großgruppenhaltung angewendet wird und daß alle benötigten Futtermittel, auch das Kraftfutter, im Betrieb selbst erzeugt werden. F. Schenk. 3904.

Ladan, P. E., Taričenko, I. I. und Trevoga, I. A. (Ladan, P. Je., Taritschenko, I. I. und Trewoga, I. I.) Vyvedenie inbrednych chrjakov. **(Die Zucht von Inzuchtebern.)** Životnovodstvo, Moskva **24** (1962) Nr. 12. S. 41 bis 44. — 4 Tab.
Im Zuchtbetrieb für Große Weiße Schweine „Wenzy-Sarja" ergab eine Analyse der Jahre 1950–59, daß die Leistungen der Sauen bei Inzucht denjenigen bei Fremdzucht nur wenig nachstehen; so lagen die Fruchtbarkeit bei erwachsenen Sauen 1%, das Geburtsgewicht der Ferkel 7% und die Ferkelverluste bis zum Absetzen 12% niedriger. Auch bei den Inzuchtebern lagen die Kennziffern der Entwicklung und der Leistungen (befruchtete Sauen in %, deren Fruchtbarkeit, Durchschnittsgewicht der Ferkel) 1–5% niedriger. Inzuchtversuche (Vater × Tochter, Halbbruder × Halbschwester) wiesen die gleichen Ergebnisse auf. F. Schenk. 3906.

Šestiperov, A. A. (Schestiperow, A. A.) Sravnitel'naja ėffektivnost' različnych form promyšlennogo skreščivanija svinej. **(Vergleich des Nutzeffektes unterschiedlicher Formen der Gebrauchskreuzung von Schweinen.)** V sb.: Povyšenie produktivnosti s.-ch. životnych, Mosvka **1961** S. 51–63. — Aus: Referativnyj žurnal. Biologija, Moskva **1962** Nr. 15. L 139. S. 17–18.
In 2 Versuchsserien wird die Wirksamkeit der abwechselnden gewöhnlichen Gebrauchskreuzung folgender 2; 3 und 4 Schweinerassen untersucht: Großes Weißes Schwein, Breitowoer Schwein, Landrasse und Urshumer Schwein. In beiden Versuchsserien unterschieden sich die Kreuzungstiere von den Großen Weißen Schweinen durch eine höhere durchschnittl. Tagesgewichtszunahme, eine größere Frühreife und eine bessere Futterverwertung. Nach den meisten wirtschaftlichen Kennzahlen erwies sich die Kreuzung von 3 und 4 Rassen wirksamer als die zweier Rassen. Die Bastarde aus 3 oder 4 Rassen unterscheiden sich von denen zweier Rassen durch eine höhere Lebensfähigkeit, ein schnelleres Wachstum und eine bessere Futterverwertung. Die Ergebnisse der abwechselnden Kreuzung hängen in bedeutendem Maße von der Kombinierbarkeit der Rassen ab, bei allen Schweinerassen aber wurden gute Ergebnisse durch die Verwendung von Landrasseebern und Ebern der Urshumer Rasse erzielt; dabei stellte sich heraus, daß die Ferkel, die von Ebern der Landrasse fielen, fast in allen Merkmalen besser waren als die Ferkel von Ebern der Urshumer Rasse. Die besten Ergebnisse wurden

durch Rotationskreuzung von 4 Rassen erzielt, der Großen Weißen, Breitowoer, der Landrasse und Urshumer Rasse, wobei die Kreuzungstiere zweier Rassen, der Großen Weißen und der Breitowoer, von Ebern der Landrasse und die Dreirassennachkommen von Ebern der Urshumer Rasse gedeckt wurden. Bei der Kreuzung zweier Rassen erwiesen sich die Breitowoer Eber als weniger geeignet. Vf. weist darauf hin, daß für die Kreuzung von 3 und 4 Rassen nur die Eber der Breitowoer Rasse und die der Landrasse und Urshumer Rasse heranzuziehen sind. übersetzt v. I. Posdirca. 3906.

Elistratova, M. G. (Jelistratowa, M. G.) Skreščivanie svinomatok belorusskoj černo-pestroj porodnoj gruppy s chrjakami brejtovskoj porody. **(Die Kreuzung der Sauen der Belorussischen Schwarzbunten Rassengruppe mit Ebern der Breitowoer Rasse.)** Sb. naučn. tr. Mogilevsk. obl. gos. s.-ch. opytn. st. **1** (1961) S. 99–107. – Aus: Referativnyj žurnal. Biologija, Moskva **1962** Nr. 15. L 137. S. 17.

Es wurden 2 Gruppen analoger Sauen gekreuzt: I — mit Ebern der Schwarzbunten Rassengruppe, II – mit Ebern der Breitowoer Rasse. In Gr. II betrug die durchschnittl. Wurfgröße 11,2 und in Gr. I 9,1 Ferkel. Das Geburtsgewicht der Kreuzungstiere ist um 9,5% höher als das der reinrassigen Ferkel, die Verluste sind um 7,9 geringer und das Gewicht mit 8 Mon. um 16,3% höher. Die durchschnittl. Gewichtszunahme beträgt bei der Mast von Kreuzungstieren 500 g, bei der von reinrassigen 445 g. Der Futteraufwand je 1 kg Gewichtszunahme ist in Gr. II um ⌀ 0,6 FE geringer als in Gr. I. Das Gewicht von 100 kg wird von Tieren der Gr. II um ⌀ 22 Tage eher als von den reinrassigen Tieren erreicht. Das Schlachtgewicht beträgt in Gr. II 75,7, in Gr. I 74,2%. Der Fleischanteil ist in Gr. II um 11,2% höher, das Speckgewicht um 22% und das Knochengewicht um 1,2% geringer. Die Schlußfolgerungen hinsichtlich der wirtschaftlichen Zweckmäßigkeit der angewendeten Kreuzungs-Schemata wurden gezogen.
übersetzt v. I. Posdirca. 3906.

Žirnov, I. E. (Shirnow, I. Je.) Promyšlennoe skreščivanie svinej krupnoj beloj porody s ėstonskoj vislouchoj porodnoj gruppoj. **(Die Gebrauchskreuzung von Schweinen der Großen Weißen Rasse mit dem Estnischen Schlappohrigen Schwein.)** Sb. naučn. tr. Ėst. n-i. in-t životnovodstva i veterinarii **1961** Nr. 5. S. 127–135. – Orig.: russ., Ausz.: engl. Aus: Referativnyj žurnal. Biologija, Moskva **1962** Nr. 11. L 115. S. 18.

Die Leistungsfähigkeit der Zuchtsauen wurde nach der Fruchtbarkeit, der Größe der Ferkel sowie der Aufzuchtleistung (Ferkelzahl mit 8 Wochen) bestimmt. Die höchste Fruchtbarkeit (12 Ferkel je Wurf) wies die Große Weiße Rasse auf, bei ihrer Kreuzung mit Ebern der Estnischen Schlappohr-Rasse fielen ⌀ 11,3 Ferkel/Wurf, beim reingezogenen Estnischen Schlappohrigen Schwein 11,2 Ferkel/Wurf. Im Alter von 60 Tagen betrug das Wurfgewicht bei der Großen Weißen Rasse 177 kg, bei den Kreuzungen 165,6 und bei der Estnischen Schlappohr-Rasse 150,6 kg. Die Nachkommenschaft der Großen Weißen Rasse zeigte eine größere Vitalität. Die durchschnittl. Tageszunahme betrug bei den Großen Weißen 548 g, bei den Kreuzungstieren 600 g und beim Estnischen Schlappohrigen Schwein 564 g. Der geringste Futterverbrauch war bei der Großen Weißen Rasse sowie den Kreuzungen zu beobachten. In der Fleischausbeute war die Gruppe der Kreuzungstiere den anderen überlegen. übersetzt v. Th. C. Boetticher. 3906.

Četyrkin, V. V. (Tschetyrkin, W. W.) Kontrol'nyj otkorm podsvinkov, polučennych ot raznych variantov promyšlennogo skreščivanija. **(Die Kontrollmast von Läufern, die aus verschiedenen Varianten der Gebrauchskreuzung erhalten wurden.)** V sb.: Puti uveličenija proiz-va i sniženija sebestoimosti produktov životnovodstva **1961** S. 140–142. – Aus: Referativnyj žurnal. Biologija, Moskva **1962** Nr. 24. L 94. 14.

Die Versuchsstation für Tierzucht des Landwirtschaftlichen Instituts Kischinjow führte eine Gebrauchskreuzung von 2 Rassen und die Kontrollmast der Läufer von 5 Gruppen, die aus den verschiedenen Varianten der Kreuzung erhalten wurden, und einer reinrassigen Gruppe durch: Gr. I (Kontrollgruppe) Moldauisches Schwarzes Schwein; Gr. II Moldauisches Schwarzes × Ukrainisches Weißes Steppenschwein; Gr. III Ukrainisches Weißes Steppenschwein × Moldauisches Schwarzes Schwein; Gr. IV Moldauisches Schwarzes × Großes Weißes Schwein; Gr. V Lettisches Weißes × Moldauisches Schwarzes Schwein; Gr. VI Moldauisches Schwarzes × Großes Schwarzes Schwein. Die höchste Frühreife bei der Mast zeigten die Schweine der Gr. II: die tägl. durchschnittl. Gewichtszunahme betrug 679 g, das durchschnittl. Lgw. von 100 kg wurde in 203 Tagen erreicht. Bei der Gr. IV waren die Kennziffern entspr.: 640 und 211, bei Gr. VI 620 und 220. Die Läufer der Gr. III und V verbrauchten für 1 kg Gewichtszunahme je 4,5, die der Gr. VI je 5,25 FE. Am höchsten war die Schlachtausbeute in Gr. III und V (79,4 und 79,2%).
übersetzt v. Ch. Eshkowa. 3906.

Kuhlmann, W.; Schwerin, Veterinäruntersuchungs- und Tiergesundheitsamt. **Beitrag zur Trächtigkeitsdiagnose beim Schwein.** Berliner Münchener tierärztl. Wschr. **76** (1963) Nr. 8. S. 143–145.
Die üblichen, vor allem bei der Stute gebräuchlichen biol. und chem. Graviditätsdiagnosen sind beim Schwein wegen der geringen Anwendungsbreite nur wenig brauchbar. Dagegen bietet die histol. Untersuchung eines kleinen, aus der Scheidenschleimhaut herausgeschnittenen Gewebsstückes die Möglichkeit, die Trächtigkeit schon frühzeitig und die ganze Tragezeit über mit großer Sicherheit festzustellen. Im Prinzip handelt es sich darum, daß bei Gravidität ein 2- bis 3schichtiges Epithel mit deutlicher Kernreihenbildung vorhanden ist, während sich bei güsten Tieren 5–18 Schichten darstellen. — Die Sicherheit des Verfahrens beträgt vom 10.–14. Tag nach dem Deckakt ca. 30%, vom 15.–30. Tag ca. 75% und von da ab 100%. — Gewinnung der Gewebsstücke, Aufbewahrung und Untersuchung bieten keine bes. Schwierigkeiten. F. Schaetz. 3912.

Anonym. Rekomendacii po vyraščivaniju i otkormu svinej. **(Empfehlungen für die Schweineaufzucht und -mast.)** Svinovodstvo, Moskva **16** (1962) Nr. 10. S. 2–19. — 25 Tab.
In dem Artikel werden die fortschrittlichen Erfahrungen auf dem Gebiet der Schweinefleischerzeugung, die Spezialisierung in der Schweinezucht, die Mastarten und die Fütterungsnormen, der Nutzeffekt der intensiven Fleischmast, die Mast mit Körnermais und Maiskolbensilage, die Mast mit Zuckerrüben und Mischfutter, das Bilanzieren der Rationen in bezug auf den Rohproteingehalt durch Futterbohnen, Erbsen und anderes Eiweißfutter, die Versorgung der Mastschweine mit Mineralstoffen und Vitaminen, die Mischfuttermittel, die Antibiotica sowie die in den einzelnen Zonen der UdSSR für Mastschweine zu empfehlenden Rationen ausführlich behandelt.
F. Schenk. 3931.

Holub, Antonín; Brno, Katedra Fyziol. Veterin. Fak. VŠZ. Kvantitativní poměry ve výživě selat v době sání. **(Quantitative Verhältnisse der Ferkelernährung in der Säugeperiode.)** Veterinární Med. **7(35)** (1962) Nr. 10/11. S. 711–724. — 4 Abb., 12 Tab., 10 Lit. Zus. in Russ., Engl.
Auf Grund der Literatur zu den Ergebnissen der künstlichen Ferkelaufzucht muß die Muttermilch als einzige vollwertige Nahrung für die ersten Lebenstage bezeichnet werden. Mengenmäßig ist Fett der Hauptnährstoff in der Milch. Ab 3.–5. Woche wird das Milchfett in steigendem Maße durch die im Beifutter enthaltenen Kohlenhydrate ersetzt. In den ersten Lebenstagen ist das Ferkel fähig, große Nährstoffmengen mit einem Gesamtkaloriengehalt von 40 kcal je 100 g Lgw. in 24 Std. aufzunehmen. F. Svoboda. 3936.

Pudenko, G. Opyt otkorma svinej. **(Erfahrungen bei der Schweinemast.)** Kolchoznoe proizvodstvo, Moskva **22** (1962) Nr. 10. S. 22–23. – 5 Abb., 1 Tab.
In einem Kolchos des Gebietes Poltawa werden für die Schweinemast nur billige wirtschaftseigene Futtermittel verwendet. Diese werden in der mechanisierten Futterküche der Mastfarm von nur 2 AK aufbereitet, die Tagesleistung beträgt 10–11 t. Das gedämpfte Mischfutter (Kraftfutter, Heumehl und Kartoffeln) wird in die Futterverteiler von je 2 t Fassungsvermögen umgefüllt, die auf Autokarren montiert sind. Der Mastbestand ist in 3 Standardschweineställen zu je 1200–1400 Tieren und 2 umgebauten Ställen von je 1000 Tieren untergebracht. Dieser Bestand wird von 19 AK betreut. 1961 betrug der Futteraufwand je 1 kg Fleischansatz nur 5,1 FE und die Selbstkosten je 1 dt Gewichtszunahme 48,20 Rbl., die auf 45 Rbl. gesenkt werden sollen. Die Masttiere werden im Alter von 8–9 Mon. mit einem Durchschnittsgewicht von 93 kg abgestoßen, die Fleischerzeugung beträgt 170 dt (Schlachtgewicht) je 100 ha Ackerland. E. Kahn. 3952.

Lodge, G. A. Expecting too much from your baconers? **(Erwartet man von Bacon-Schweinen zu viel?)** Pig Farming **10** (1962) Nr. 9. S. 44–45. – 2 Abb., 1 Tab.
I. allg. ist es schwierig, gleichzeitig im selben Maße die Mast- und Schlachteigenschaften der Schweine zu verbessern. Bei ad-lib.-Fütterung sind 200 lb. schwere Bacon-Schweine bei der Schlachtung ca. 160 Tage alt. In den einzelnen Mastabschnitten ist die Wachstumsintensität verschieden hoch. So belaufen sich z. B. im Mittel die tägl. Zunahmen im Gewichtsabschnitt 50–70 lb. auf 1,25 lb., 70–90 lb. auf 1,50 und 90–115 lb. auf 1,75 lb., danach verringert sich die Tageszunahme bis Mastende auf 1,50 lb. Die Futterverwertung stellt einen wichtigen Faktor in der Schweineproduktion dar, da 80% der Gesamtkosten auf Futter entfallen. Ziel ist es, eine Futterverwertung von unter 3,0 zu erreichen (was in Dänemark schon 1959 mit ⌀ 2,95 der Fall war). Während der Mastperiode verändert sich die Futterverwertung im Mittel wie folgt: beim Absetzen = 2,0; bei 100 lb. Lgw. = 3,0 und bei 200 lb. Lgw. = über 4,0. Aus finanziellen Gründen kommt es darauf an, daß möglichst viel Bacon-Schweine in die Klasse AA+ eingestuft werden. Aus diesem Grunde ist der begrenzten Futterzuteilung große Bedeutung beizumessen, um kein unerwünschtes Fett zu erzeugen. 2 Beispiele über begrenzte Fütterung sind angeführt. Bei der 1. Methode erhalten die Bacon-Schweine tägl. bei den einzelnen Lgw.-Klassen in lb. folgende Futtermengen in lb.: 40 = 2,0; 80 = 3,50; 120 = 5,0; 160 = 5,25; 200 = 5,50. Im 2. Verfahren steigt die tägl. Futteration gleichmäßig von 2,0 auf 6,0 lb. während der Mast von 40 auf 200 lb. Lgw. der Tiere an. Diese begrenzte Fütterung läßt durchschnittl. Tageszunahmen von 1,3 lb. während der gesamten Mastperiode zu, d. h. die Bacon-Schweine sind bei 200 lb. Lgw. 180 Tage alt. Dabei wird die angestrebte Schlachtqualität erzielt.
R. Kürbs. 3954.

Čupka, Václav und Majerčiak, Pavol; Nitra, Výzkumný Ústav Živočišnej Výroby. Vplyv kŕmenia ad libitum na prírastky živej váhy a jatočnú hodnotu výzkrmonvých ošípaných. **(Der Einfluß von ad-libitum-Fütterung auf die Lebendgewichtszunahmen und den Schlachtwert von Mastschweinen.)** Živočišná Výroba **7(35)** (1962) Nr. 10. S. 713–730. – 2 Abb., 15 Tab., 16 Lit. Zus. in Russ., Engl., Dtsch.
Die Schweine des 1. Versuches, welche mit einer trockenen Kraftfuttermischung aus dem Futterautomaten gefüttert wurden, wiesen gegenüber den aus dem Trog 3mal tägl. mit feuchtkrümeligem Futter gefütterten Kontrollschweinen bis zum Gewicht von 80 kg bessere Gewichtszunahmen auf. Die aus dem Automaten mit trockenem Kraftfutter versorgten und mit gedämpften Kartoffeln zugefütterten Schweine des 2. Versuches hatten im Vergleich

mit der Kontrollgruppe eine um 64 g (12,12%) je Tier und Tag höhere Gewichtszunahme. Die aus dem Automaten mit trockenem Kraftfutter versorgten und mit Grünfutter beigefütterten Schweine des 3. Versuches hatten je Tier und Tag um 90 g höhere Zunahmen im Vergleich zu den Kontrollschweinen. Die Automatenfütterung hatte keinen ungünstigen Einfluß auf die abs. Fleischproduktion, bewirkte aber eine größere Rückenspeckbildung. Bei den Schweinen der 3. Gruppe wurde eine Vergrößerung der Fläche der Muskeln M. long. dorsi und M. multifidus am Kotelettanschnitt hinter der 13. Rippe um 3,76 cm^2 festgestellt. F. Svoboda. 3954.

Knap, Jan; Kostelec n. Orl., Výzkumný Ústav pro Chov Prasat. Výkrm prasat na hluboké podestýlce. **(Die Schweinemast bei Tiefstreuverwendung.)** Živočišná Výroba **7(35)** (1962) Nr. 10. S. 695–712. – 11 Abb., 5 Tab., 13 Lit. Zus. in Russ., Dtsch.

Eingehende Untersuchungen ergaben eine gute Bewährung der Tiefstreu bei der Schweinemast. Es wurde festgestellt, daß das Stallmikroklima bei Tiefstreu keinen ungünstigen Einfluß auf die Gesundheit der Tiere hat. Die rel. Feuchtigkeit der Stalluft in Tiefstreuställen wird durch die Feuchtigkeit der Außenluft nicht wesentlich beeinflußt. Dagegen aber hängt sie stark von der Lüftungsintensität und der Zusammensetzung der Tiefstreu ab. Im Liegeplatz hat die Tiefstreu eine Temperatur von 28–35 °C. Bei 3185 Mastschweinen aus 22 Objekten wurden bei Aufstallung auf Tiefstreu durchschnittl. Tageszunahmen von 0,598 kg erzielt, bei einem Verbrauch von 4,864 Hafereinheiten je 1 kg Zunahme. Die Arbeitsproduktivität ist bei Anwendung von Tiefstreu 2,7- bis 6,6mal höher als bei der bisherigen traditionellen Mastmethode. Zur Tiefstreuaufstallung müssen je Schwein tägl. 0,30 kg Sägespäne oder Torf und 0,75 kg Streustroh zur Verfügung stehen.
F. Svoboda. 3978.

Kördel, W.; Markee, Kreis Nauen, VEG. **Sauen- und Schweineweide im VEG Markee.** Wiss.-techn. Fortschr. Landwirtsch. 4 (1963) Nr. 3. S. 136 bis 137. – 3 Abb. 3980.

Karpuś, M. M. (Karpus, M. M.) Vyroščuvannja svynej na zelenych kormach vypasannjam za dopomogoju elektroogoroži. **(Die Aufzucht von Schweinen mit Grünfutter unter Verwendung des Elektrozauns beim Weiden.)** Nauk. praci. Chmel'nyćka derž. sil'škogospod. dosl. st. **1962** Nr. 1. S. 62–65. – Orig.: ukrain. Aus: Referativnyj žurnal. Biologija, Moskva **1962** Nr. 14. L 164. S 24.

Vf. glaubt, daß die Weidehaltung von Schweinen im Gebiet Chmelnizki auf Getreide- und Leguminosen- sowie Hackfruchtbeständen für die Dauer von 6 Mon. möglich ist. Getreide und Leguminosen wurden von den Schweinen zu 80–90% aufgenommen. übersetzt v. R. Hüffer. 3980.

Majerčiak, Pavel und Čupka, Václav; Nitra, Výskumný Ústav Živočišnej Výroby. Pokusy s použitím krmnych automatov pri odchove mladých plemenných ošípaných na pastve. **(Versuche mit Verwendung von Futterautomaten bei der Aufzucht junger Zuchtschweine auf der Weide.)** Živočišná Výroba **7(35)** (1962) Nr. 9. S. 563–574. – 14 Tab., 12 Lit. Zus. in Russ., Dtsch.

Auf der Weide aufgezogene und mit Kraftfutter aus einem Automaten beigefütterte Jungsauen erreichten eine durchschnittl. Gewichtszunahme von 486 g, die aus dem Troge gefütterten Jungsauen ohne Weide eine Zunahme von 442 g je Tier und Tag. Die Sauen der 1. Gruppe waren im Exterieur besser als die der 2. Gruppe. Die Anzahl der lebend geborenen Ferkel war bei den Würfen der Sauen der 1. Gruppe durchschnittl. um 1,7 Stck., die der Ferkel beim Absetzen um 1,5 Stck. höher als bei der 2. Gruppe. Die auf der Weide aufgezogenen Jungeber erreichten in der Periode vom Absetzen bis zum Verkauf tägl. Zunahmen von ⌀ 590 g. Sie wurden in die Klassen Elite A und Elite B eingereiht. Bei der gruppenweisen Weideaufzucht stieg die Arbeitsproduktivität um das 1,97fache. F. Svoboda. 3980.

Spear, Maynard L. SPF swine a tool for healthier hogs. **(Gesunde Schweinebestände durch spezifisch pathogenfreie Tiere.)** Iowa Farm Sci. **17** (1962) Nr. 3. S. 267–269. — 3 Abb.
Die in vielen Schweinebeständen verbreiteten Infektionskrankheiten verursachen zum Teil hohe Produktionsausfälle. Um diese auszuschalten, wird der Neuaufbau des Bestandes mit spezifisch pathogenfreien Tieren empfohlen. Unter spezifisch pathogenfreien Schweinen versteht man die Nachkommen von durch Hysterektomie gewonnenen Tieren, die so gehalten und gezüchtet werden, daß sie frei von pathogenen Infektionskrankheiten sind. Um von einem verseuchten Bestand zu einer gesunden Schweineherde überzugehen, wird zur Schlachtung des gesamten alten Schweinebestandes und einer gründlichen Reinigung und Desinfektion der alten Stallanlagen, verbunden mit der Durchführung hygienischer Maßnahmen, geraten. Die nach dem Zukauf von Tieren aus spezifisch pathogenfreien Beständen zu befolgenden Grundsätze, um die neue Herde vor einer Einschleppung von Infektionskrankheiten zu schützen, werden erörtert sowie die Sanierungsbeispiele von 2 ehemals verseuchten Beständen angeführt. Weitere Vorteile sowie auch die Zukunftsaussichten spezifisch pathogenfreier Schweineherden finden abschließend Erwähnung. J. Strecke. 3985.

Garanin, Anatolij. (Garanin, Anatoli.) Našijat opit v borbata s kanibalimza pri prasetata. **(Unsere Erfahrung in der Bekämpfung des Kannibalismus bei Läuferschweinen.)** Životnovŭdstvo, Sofija **16** (1962) Nr. 9/10. S. 22–23. – 1 Abb.
In einem Schweinestall mit 800 Mastläufern trat infolge unrichtiger Fütterung stark verbreitet Kannibalismus auf. Die Tiere wurden in einen Talgrund verlegt, wo sie unbegrenzte Möglichkeiten zum Wühlen und Baden hatten. Durch Einbeziehung von Kraftfuttergemisch in die Rationen wurde ihre Ernährung wesentlich verbessert. Der massenhafte Charakter des Kannibalismus verschwand bereits am 1. Tage nach dem Verlegen der Tiere. Einzelne nicht reagierende Läufer wurden isoliert. Im späten Herbst trat, trotz der guten Fütterung, in einer Bucht wieder Kannibalismus auf. Durch Einbringen von Rasenziegeln aus einem Akazienwald konnte er rasch wieder liquidiert werden. N. Platikanow. 3985.

E. SCHAFE

Petrov, A. I. (Petrow, A. I.) Plemennaja rabota v ovcevodstve. **(Züchterische Arbeit an Schafen.)** V sb.: Plemen. rabota v životnovodstve Kazachstana, Alma-Ata **1961** S. 13–110. — Aus: Referativnyj žurnal. Biologija, Moskva **1962** Nr. 24. L 69. S. 10.
Die Methoden der Zuchtarbeit in der Schafzucht Kasachstans werden geschildert und die wichtigsten dort gehaltenen Schafrassen beschrieben, und zwar: das Sowjetische Merinoschaf, das Feinwollige Altaischaf, das Kasachische und das Precos-Schaf, das Kasachische Feinwoll-Schaf, das Kasachische Archar-Merino-Schaf, das Mittelfeinwollige Fleisch-Wollschaf (die Rasse wurde in der Versuchswirtschaft Mynbajew und einem Sowchos aus Kreuzungstieren von Fettschwanz- und Precos-Schafen der I. und II. Generation unter Verwendung anderer fein- und mittelfeinwolliger Rassen geschaffen), die zu den Fettschwanzschafrassen gehörenden Saradshaer und Edilbajewer Rasse sowie das Karakulschaf. Bei der Beschreibung der Züchtungsmethoden werden Beispiele einer gelungenen Anwendung der Einkreuzung und der Arthybridisierung angeführt. Größte Aufmerksamkeit wird der Bonitierung feinwolliger Schafe und der Einführung von Zuchtbüchern gewidmet. übersetzt v. Th. C. Boetticher. 4010.

Giginejšvili, N. S. (Gigineischwili, N. S.) Metodičeskie i organizacionnye voprosy cvetnogo karakulevodstva. **(Methodische und organisatorische Fragen der Farbkarakulzucht.)** Životnovodstvo, Moskva **24** (1962) Nr. 7. S. 52 bis 57. — 2 Abb., 1 Tab., 22 Lit.
Um die Erzeugung farbiger Felle bis 1965 auf 20% zu erhöhen, wird empfohlen, bei grauen Karakuls unter Anwendung der Frühbestimmung der Lebensfähigkeit (sofort nach der Geburt) soweit wie möglich die homogene Paarung grauer Schafe anzuwenden, bei der 75–80% graue Lämmer erzielt werden (graue Böcke × schwarze Muttern = 40–45% graue Lämmer). Bei den Sur-Karakuls soll ebenfalls die Zuchtwahl gleichfarbiger Tiere die Hauptzuchtmethode bilden, daneben wird die Paarung von Buchara-Surböcken mit schwarzen Muttern angewendet. Bei den aus den braunen Karakuls gezüchteten Surchan-Darjinsker Surschafen mit Bronze-, Platin- und Bernsteinfärbung ist — wie bei den Buchara-Surschafen — nicht nur die Schaffung von Bockherden wichtig, sondern auch die Züchtung schwarzer und brauner weibl. Sur-Nachkommen zur Weiterzucht. Die rosafarbenen Karakuls sollten auf der Grundlage der grauen und braunen Karakuls gezüchtet werden. Die Züchtung weißer Karakuls befindet sich noch im Versuchsstadium. Wichtig bei der Karakulzucht ist die Spezialisierung der einzelnen Betriebe auf bestimmte Farben. F. Schenk. 4080.

Ermekov, M. A., Gladkov, P. F. und Čumin, N. P. (Jermekow, M. A., Gladkow, P. F. und Tschumin, N. P.); Alma-Ata, Kasach. Forsch.-Inst. für Tierzucht. Kurdjučnye ovcy cdntral'nogo Kazachstana. **(Die Fettschwanzschafe in Zentralkasachstan.)** Životnovodstvo, Moskva **24** (1962) Nr. 9. S. 61–67. — 6 Tab.
Die Fettschwanzschafe in diesem Gebiet (Karaganda und Pawlodar) sind bei sehr schlechten Fütterungs- und Haltungsbedingungen bez. Körperbau, Lgw., Größe und Form des Fettschwanzes, Farbe und Wollqualität recht unterschiedlich. Die schwarzen Tiere liefern bei guter Fleisch- und Fettleistung bessere Wolle. Die Schafe sind sehr schnellwüchsig (Widerristhöhe mit 1,5 Jahren 69,5 cm), aber nur die erwachsenen Muttern mit überdurchschnittl. Ernährungszustand entsprechen den Minimalforderungen für Klasse I (60–65 kg Lgw.). Ihre Anzahl steigt mit zunehmendem Alter (von 31,3% mit 1,5 Jahren auf 49,2% mit 3,5 Jahren). Bei günstigen Futterbedingungen führt die Weidemast zu guten Ergebnissen (13,6 kg Zunahme in 195 Tagen). Die Jungtiere werden am zweckmäßigsten mit 4–4,5 Mon. geschlachtet (Schlachtkörpergewicht 17,53 kg, mit 7 Mon. 18,5 kg). Der Wollertrag beträgt nur 1,74 kg/Mutter/Jahr. Diese Fettschwanzschafe bilden eine wertvolle Basis für die Züchtung hochproduktiver Fleisch-Fettschafe. F. Schenk. 4090.

Ermekov, M. A. und Skorobogatov, Ju. A. (Jermekow, M. A. und Skorobogatow, Ju. A.) Novaja porodnaja gruppa mjaso-šerstnych polutonkorunnych ovec na juge Kazachstana. **(Eine neue Rassengruppe mittelfeinwolliger Fleisch-Wollschafe im Süden Kasachstans.)** Vestn. s.-ch. nauki **1962** Nr. 2. S. 56–62. — Zus. in Kasach. Aus: Referativnyj žurnal. Biologija, Moskva **1962** Nr. 16. L 124. S. 19.
Eine neue Rassengruppe mittelfeinwolliger Schafe wurde in der Versuchswirtschaft des Kasachischen Inst. für Tierzuchtforschung durch Kreuzung Kasachischer Fettschwanz-Mutterschafe mit Precos-Böcken und mit nachfolgender geschlossener Weiterzucht der Kreuzungstiere gezüchtet. Die Schafe der neuen Rassengruppe sind groß (die Böcke wiegen 90–115 kg und die Mutterschafe 60–65 kg), sie haben gutausgeprägte Fleischformen und liefern einen bedeutenden Schurertrag einer ausgeglichenen mittelfeinen Wolle (der Durchschnittsschurertrag der Böcke beträgt 7–10 kg, der der Muttern 4–4,5 kg). Im Kolchos „Kommunism“ (Gebiet Dshambul) wurden

die Fettschwanzschafe durch Böcke des Precos-, Stawropoler und Sowjetischen Merinoschafes sowie Böcke der mittelfeinwolligen Rassengruppe verbessert. Hinsichtlich der Leistungsfähigkeit übertreffen die mittelfeinwolligen Schafe bei Weidehaltung die feinwolligen. Bei den Nachkommen mittelfeinwolliger Mutterschafe und eines nordkaukasischen Bockes wurde größtenteils (62,5%) Wolle der Qualität 50–56 erhalten. Die Schafe der neuen Rassengruppe sind den Halbwüsten-Bedingungen der südöstlichen Zone Kasachstans gut angepaßt. übersetzt v. Th. C. Boetticher. 4090.

Kazakov, V. M. (Kasakow, W. M.); Stawropol, Unions-Forsch.-Inst. für Schaf- und Ziegenzucht. Ob iskusstvennom vyzyvanii ochoty u ovec. **(Die künstliche Auslösung der Brunst bei Schafen.)** Životnovodstvo, Moskva **24** (1962) Nr. 8. S. 58–61. – 2 Tab.
Die stimulierende Wirkung der künstlichen Verkürzung des Lichttages ist bei morgendlicher Verdunklung und einer Lichttagdauer von 10–11 Std. am größten. Der Unterschied zwischen der Belichtungsdauer vor und während des Versuchs soll mindestens 5 Std. betragen. Die Wirkung trat nach 30–35 Tagen bei 84–94% der güsten und säugenden Muttern ein. Die Befruchtungsziffer betrug 53,4% (Kontrolltiere 48,6%), das Ablammergebnis 137% (Kontrolltiere 111%.) Die Lämmer entwickelten sich normal. Bei Anwendung dieses Verfahrens können die Muttern auch im Sommer besamt werden. F. Schenk. 4166.

Steklenev, E. P. (Steklenew, Je. P.) Polovaja sezonnost' u askanijskich tonkorunnych ovec i rol' svetovogo faktora v ee projavlenii. **(Die jahreszeitliche Gebundenheit in der Geschlechtsaktivität bei feinwolligen Askanija-Schafen und die Rolle des Faktors Licht.)** V sb.: Razvitie ovcevodstva na Juge Ukrainy, Kiev **1961** S. 39–44. – Aus: Referativnyj žurnal. Biologija, Moskva **1962** Nr. 16. L 127. S. 19.
Die Zuchtsaison der feinwolligen Askanija-Schafe fällt hauptsächlich in den Sept. und die erste Hälfte des Okt. Von 75 beobachteten Mutterschafen kamen 21 Mutterschafe im Jan.-Febr. in Brunst, 9 im März-Apr., im Mai-Juni keines, im Juli-Aug. 5, im Sept. 34 und im Okt. 6. Zur Untersuchung des Einflusses des Lichtfaktors auf die geschlechtliche Aktivität wurden Schafe verschiedener Lammzeiten unter gleichen wirtschaftlichen Bedingungen beobachtet. Die Versuchsgruppe stand unter dem Einfluß eines künstlich verkürzten Lichttages (10–11 Std. tägl.), die Kontrollgruppe hatte normale Lichtbedingungen. Die Schafe der Versuchsgruppe, die aus güsten Tieren und aus Muttern der Dezemberlammung bestand, kamen in der Zeit von Juni-Aug. in Brunst, die Tiere der Kontrollgruppe dagegen von Aug.-Okt. Bei Mutterschafen der Versuchs- und Kontrollgruppe, die im Apr. gelammt und die Lämmer gesäugt hatten, traten während der Versuchsperiode keine Brunsterscheinungen auf. Der Saugakt rief eine reflektorische Hemmung der geschlechtlichen Aktivität bei den Muttern hervor. Einige säugende Tiere wiesen jedoch 3–5 Wochen nach dem Lammen sexuelle Aktivität auf. übersetzt v. Th. C. Boetticher. 4166.

Kosych, A. P. (Kossych, A. P.) Pri častičnoj kastracii uveličivaetsja proizvodstvo mjasa. **(Erhöhung der Fleischproduktion bei teilweiser Kastration der Bocklämmer.)** Ovcevodstvo, Moskva 8 (1962) Nr. 10. S. 10–11. – 1 Tab.
Untersuchungen in Betrieben und von Versuchsstationen zeigten, daß bei voller Kastration die hormonale Tätigkeit der Hoden aufhört und die Entwicklung der Tiere gehemmt wird. Bei teilweiser Kastration nach der Methode von Baiburtzjan aber war der Fleischansatz höher als bei nicht kastrierten Bocklämmern. Nach Versuchen in 4 Betrieben betrugen die durchschnittl. tägl. Gewichtszunahmen bei den teilweise kastrierten Tieren 74 g, bei vollkastrierten 56 g und bei nicht kastrierten Bocklämmern 61 g; im Laufe von 8 Mon. hatten sie entspr. 17,9 kg, 13,5 kg und 14,7 kg zugenommen. Die

Schurerträge lagen bei den teilweise kastrierten Hammeln um 187 g höher als bei den voll kastrierten. Die größte Differenz im Fleischansatz ergibt sich in den ersten 6 Mon. nach erfolgter Kastration, später gleicht sie sich mehr aus. Die im zeitigen Frühjahr geborenen und teilweise kastrierten Hammel können bereits im Okt. mit einem Gewicht von 35–40 kg zum Schlachten abgeliefert werden. E. Kahn. 4180.

Viktorov, P. I. und Nenašev, P. D. (Wiktorow, P. I. und Nenaschew, P. D.) Soveršenstvovanie tonkorunnych ovec po skorospelosti. **(Die Verbesserung der Frühreife bei Feinwollschafen.)** S. ch. Sev. Kavkaza **1962** Nr. 1. S. 49–52. — Aus: Referativnyj žurnal. Biologija, Moskva **1962** Nr. 13. L 152. S. 21.
45 Tage alte Lämmer des Sowjetischen Merinoschafes erhielten in der Kontrollgruppe 100 g Hafer, in der Versuchsgruppe 200 g Sojakuchen je Tier und Tag. Bis zum Alter von 7 Mon. nahmen die Einzellämmer der Kontrollgruppe 38,6 kg zu, die Zwillingslämmer 32,5 kg, die Lämmer der Versuchsgruppe entspr. 44,7 und 41,0 kg. Die Versuchsgruppe erhielt eine erhöhte Menge an Eiweißstoffen. Bei der Versuchsgruppe war das Fleisch:Knochen-Verhältnis im Schlachtkörper günstiger als bei der Kontrollgruppe. Der Futteraufwand machte sich beim Schlachten der Tiere aus der Kontrollgruppe im Alter von 7–8 Mon. 7fach und bei denen aus der Versuchsgruppe 8½ fach bezahlt. In 6,5–7 Jahren wurden bei der 2. Schur von der Kontrollgruppe ⌀ 5,3 kg und von der Versuchsgruppe 6,2 kg Wolle erhalten. Die Auslese der besten Lämmer (nach den ersten Schurerträgen, dem Lgw. und der Festigkeit der Konstitution) und die Schaffung guter Fütterungs- und Haltungsbedingungen sind für die züchterische Verbesserung der feinwolligen Schafe und die Steigerung ihrer Frühreife am wichtigsten.
übersetzt v. Ch. Eshkowa. 4196.

Gaál, M. Az anyajuhok teleltetése silázson és téli juhlegelőn. **(Winterhaltung von Mutterschafen mit Silagefütterung und Hüten auf Schaf-Winterweiden.)** Kísérletügyi Közlemények, Állattenyésztés [Mitt. landwirtsch. Versuchsstellen Ungarns, Tierzucht] **54/B** (1961) Nr. 1. S. 83–97. — Aus: Ung. Agrar-Rdsch. **1963** Nr. 2.
Im Winter 1958/59 untersuchte Vf. an 2 Herden von je 153 Ungarischen Kammwollmerino-Mutterschafen die Auswirkungen einer Winterhaltung mit Silagefütterung ohne Heuergänzung auf tragende und säugende Muttern, auf neugeborene Lämmer und auf den Wollertrag. Die Versuchsherde erhielt während des ganzen Winters nur Silage bzw. als Zusatz tägl. je Tier 0,4 kg gemischtes Kraftfutter und Haferstroh. Gleichzeitig wurden der Kontrollherde Kleeheu, Kleestroh, Kleespreu, Futterrüben und als Zusatz 0,3 kg gemischtes Kraftfutter verabreicht. Die tägl. Ration der Versuchstiere betrug ⌀ 4 kg Silomais-Silage, von der ca. 10% unverdauliche Stengelteile und erdige Verunreinigungen als Rückstand zurückblieben. Am 25. Nov., zu Beginn der Winterhaltung, betrug das durchschnittl. Lgw. der Muttern in der Versuchsherde 44,64 kg, in der Kontrollherde 44,42 kg, das sich nach der Schur im Jahre 1959 auf 45,52 kg bzw. 44,69 kg erhöhte. Das Ablammen begann in beiden Herden im Febr. Das durchschnittl. Geburtsgewicht der Lämmer betrug in der Versuchsherde 3,62 kg, in der Kontrollherde 3,85 kg. Das Durchschnittsgewicht erhöhte sich im Alter von 4 Wochen in der Versuchsgruppe auf 9,98 kg, in der Kontrollgruppe auf 10,18 kg und erreichte im Alter von 12 Wochen Werte von 20,61 kg bzw. 21,83 kg. In den ersten 12 Wochen nach der Geburt fielen in der mit Heu gefütterten Herde 9% mehr Lämmer aus als in der Versuchsherde. Die tägl. durchschnittl. Milchleistung der mit Silage gefütterten Muttern betrug in den ersten 10 Tagen nach dem Ablammen 21,33 dl, die der mit Heu gefütterten 14,91 dl. Die durchschnittl. Stapeltiefe der Wolle erreichte in der Versuchsherde 7,67 cm, in

der Kontrollherde 7,53 cm, das durchschnittl. Schurgewicht betrug 4,81 bzw. 4,89 kg. Die Pflege des Vlieses konnte mithin durch entspr. Einstreuen und Lüften auch bei Silagefütterung vollkommen gewährleistet werden. Auf Grund seiner Versuchsergebnisse empfiehlt Vf., die Winterhaltung der Mutterschafe ohne Heuverabreichung mit einer Silomais-Silage-Fütterung und Kraftfutterergänzung nach Bedarf durchzuführen, da das Einsilieren mit den geringsten Nährstoffverlusten verbunden ist und sich in Form von Silagen die größten Nährstoffmengen von der Flächeneinheit gewinnen lassen. 4202.

Tockaja, L. Ja. (Tozkaja, L. Ja.) Produktivnye kačestva sokol'skich ovec raznych tipov konstitucii. **(Die Leistungseigenschaften der Sokolkier Schafe verschiedenen Konstitutionstyps.)** Tr. Chaŕkovsk., s.-ch. in-ta **34(81)** (1961) S. 45–52. — Aus: Referativnyj žurnal. Biologija, Moskva **1962** Nr. 5. L 159. S. 21.
Die qualitätsmäßig besten Lammfellchen lieferten die Sokolkier Mutterschafe des kräftigen Typs, die 53,9% Lämmer mit Fellchen der Klasse Elite und Klasse I brachten. Vf. schlußfolgert, daß zur Produktion von Lämmern des erwünschten Konstitutionstyps mit guten Eigenschaften des Fellchens bei der Selektion der Mutterschafe der „Woll-Konstitutionstyp" zu berücksichtigen ist. übersetzt v. Th. C. Boetticher. 4222.

Karpova, N. A. (Karpowa, N. A.); Askanija-Nowa, Gebiet Cherson, Ukrain. Iwanow-Forsch.-Inst. für Tierzucht der Steppengebiete. Izučenie gustoty šerstnogo pokrova u linejnych baranov askanijskoj porody. **(Untersuchungen über die Dichte des Haarkleides bei Linien-Zuchtböcken des Askanija-Schafes.)** Ovcevodstvo Moskva 8 (1962) Nr. 9. S. 31–35. — 5 Abb., 3 Tab.
Vorliegende Arbeit befaßt sich mit der Aufgabe, die Eigenarten des Haarkleides bei Askanija-Böcken festzustellen, um die Produktivität der einzelnen Linien bei intensiver Fütterung und Haltung zu ermitteln. Durch diese Versuche wurde die Meinung der Praktiker widerlegt, wonach faltenlose Böcke ein lichteres Vlies mit längerem Haar aufweisen sollen als faltenreiche. Die faltenlosen Zuchtböcke der Linie 952 hatten 73 Haare je mm² Hautfläche und damit 13,8% mehr als der Durchschnitt der Gruppe. Im Alter von 15 Mon. ist bei den Askanija-Böcken aller Linien die Herausbildung des Haarkleides fast abgeschlossen. Durch vollwertige Fütterung können bereits in diesem Alter dank dem dichten, aus langen Wollhaaren bestehenden Vlies hohe Schurerträge (16,5 kg) erzielt werden. E. Kahn. 4222.

Achmedov, G. (Achmedov, G.); Dubrowizy, Gebiet Moskau, Unions-Inst. für Tierzuchtforsch. Nekotorye zakonomernosti rosta šersti u ovec v uslovijach Central'noj nečernozemnoj zony. **(Einige Gesetzmäßigkeiten des Wollwachstums bei Schafen unter den Verhältnissen der Zentralen Nichtschwarzerdezone.)** Ovcevodstvo, Moskva 8 (1962) Nr. 12. S. 28–29. — 3 Tab.
Mit Schafen (Alter 2,5 Jahre) verschiedener Rassen wurden 1960/61 Versuche durchgeführt, wobei festgestellt werden konnte, daß das intensivste Wollwachstum in den Sommer-Herbstmonaten erfolgt (²/₃ des Jahreszuwachses). Mit der Aufstallung geht das Wachstum der Wollhaare zurück, zugleich werden sie auch dünner. Auch am Ende der Trächtigkeit und in der 1. Laktationsperiode nimmt das Wachstum der Wollhaare ab, und ihre Reißfestigkeit verschlechtert sich, da die Nährstoffe für die Entwicklung der Frucht und für die Milchbildung abgezogen werden. E. Kahn. 4222.

Apsemetov, T. (Apsemetow, T.) Moločnaja produktivnost' tonkorunnych matok pri dobavke k racionu mineral'noj podkormki. **(Die Milchleistung feinwolliger Mutterschafe bei Zusatz von Mineralstoffen zur Ration.)** Vestn. s.-ch. nauki **1961** Nr. 11. S. 40–46. — Orig.: russ., Ausz.: kasach. Aus: Referativnyj žurnal. Biologija, Moskva **1962** Nr. 11. L 176. S. 25.

Zum Studium des Einflusses der Beifütterung von Mineralstoffen (Knochenmehl) auf Menge und Zusammensetzung der Milch von Mutterschafen feinwolliger Rassen wurde ein Versuch an Mutterschafen mit Einzellämmern des Sowjetischen Merino-, Precos- und Kasachischen Feinwollschafes (je 6 Tiere) durchgeführt. Die erste Versuchsgruppe (Gr. I) erhielt zur Grundration 20 g Knochenmehl, die Kontrollgruppe (Gr. II) nur die Grundration. Die Beifütterung begann in der 2. Hälfte der Trächtigkeit und wurde bis 2 Mon. nach der Lammung fortgesetzt. Die Tagesdurchschnittsleistung der Mutterschafe aus Gr. I stieg im Jahre 1960 um 3,3–15%, im Jahre 1961 um 7,8–18%. Die beste Milchleistung wiesen die Precos und Sowjetischen Merinos auf, die höchsten Tagesdurchschnittsleistungen wurden im 1. Laktationsmonat beobachtet. Die Tagesdurchschnittszunahme der Lämmer in Gr. I betrug 230–347 g, in Gr. II 210–220 g. Je 1 kg Gewichtszunahme wurden in Gr. I 4,45 kg Milch verbraucht, in Gr. II 4,75 kg. In Gr. I stieg der Milchfettgehalt um ⌀ 0,4%, der Gehalt an Eiweiß um 0,52%, an Asche um 0,17, an Ca um 0,02 und an P um 0,02%.

übersetzt v. Th. C. Boetticher. 4226.

Padučeva, A. L. (Padutschowa, A. L.); Dubrowizy, Gebiet Moskau, Unions-Inst. für Tierzuchtforsch. Opredelenie skorosti rosta šersti u jagnjat v ėmbrional'nyj period. **(Bestimmung der Geschwindigkeit des Wollwachstums bei Lämmern in ihrer embryonalen Periode.)** Ovcevodstvo, Moskva 8 (1962) Nr. 10. S. 25–26. — 1 Tab.

In der 2. Trächtigkeitshälfte wurden Mutterschafen verschiedener Rassen radioaktive Schwefelverbindungen verabfolgt, und zwar jeweils nach 10–20 Tagen in Dosen von 1–0,5 mC. Nach der Geburt wurden den Lämmern Wollproben entnommen und von diesen Röntgenbilder angefertigt. Die erste Markierung der Wollbildung war nach Verabfolgung des S 35–47 Tage vor der Lammung entstanden, die übrigen Ansätze je nach der Schnelligkeit des Wollwachstums und den Terminen der S-Verabfolgung. Die Schnelligkeit des Haarwachstums ist bei den einzelnen Rassen unterschiedlich und hängt auch vom Aufbau des Wollhaares selbst ab. Mit Hilfe des Spektrofotometers ließ sich erkennen, daß die Embryonen am besten Methionin und am geringsten Natriumsulfat ausnutzen können. Die Verabfolgung von S-haltigen Verbindungen als Zufütterung während der Trächtigkeit übt einen positiven Einfluß auf die Entwicklung des Vlieses bei der Nachzucht aus und kann daher der zootechnischen Praxis empfohlen werden.

E. Kahn. 4234.

Karpov, P. L., Krajnov, I. D., Moroz, V. K., Krasikov, D. S., Troščin, S. I. und Krisjuk, V. I. (Karpow, P. L., Karinow, I. D., Moros, W. K., Krassikow, D. S., Trostschin, S. I. und Krisjuk, W. I.) Kak lučše organizovat' ovcevodstvo v uslovijach intensivnogo zemledelija? **(Wie läßt sich die Schafhaltung in den Gebieten mit intensivem Ackerbau am besten organisieren?)** Ovcevodstvo, Moskva 8 (1962) Nr. 8. S. 34–37. — 1 Abb.

Die praktischen Erfahrungen zahlreicher Betriebe und Forschungsinstitute lehren, daß der Anteil der Maissilage auf 60–70% der Ration gebracht werden kann, ohne daß die Leistungen der Tiere zurückgehen. In diesem Zusammenhang wurde vom Inst. für Schaf- und Ziegenzucht ein entspr. Betriebssystem für Schaffarmen in den Gebieten mit intensivem Ackerbau entwickelt, das große vollmechanisierte Schaffarmen mit einem Bestand von ⌀ 15000 Schafen vorsieht. Der Anteil der Mutterschafe beträgt hierbei 75%, der an Jungtieren 23,5% und der an Böcken 1,5% des Gesamtbestandes. Für eine Gruppe von 2500 Schafen wird je ein beheizbarer Stall (Kapazität 835 Schafe) für die Lammzeit errichtet, während der übrige Bestand in Offenställen (Schutzdach) untergebracht wird, deren Seitenwände für den Winter mit Strohballen ausgefüllt werden. Das ganze Jahr über haben die Schafe Zugang zu den Ausläufen von 5000–6000 m² Größe. Die Maissilage wird mit Traktorenkarren herangeschafft und mit einem Lader in die Vorratsbehälter der Trogförderer umgefüllt. Die Grundlage des Futterbaues bilden Silomais, Hülsenfrüchte, Zuckerrüben und sonstige ertragreiche Futterpflanzen. E. Kahn. 4271.

Gaál, M. Anyajuhok különböző létszámu csoportokban történő teleltetése. **(Winterhaltung von Mutterschafen in verschieden großen Gruppen.)** Állattenyésztés [Tierzucht] **11** (1962) Nr. 3. S. 237–244. – Aus: Ung. Agrar-Rdsch. **1963** Nr. 2.
Es wurde untersucht, wie sich bei gleicher Fütterung die Leistung der Muttern, die Zahl und die Zunahmen der Sauglämmer entwickeln, falls die Gruppengröße 50 (Gr. I), 100 (Gr. II) oder 156 (Gr. III) Muttern beträgt. Die Gruppen wurden während des Winters – von Mitte Nov. bis Mitte März – in Ausläufen voneinander getrennt untergebracht. Nach den Versuchsergebnissen betrug das durchschnittl. Geburtsgewicht der Lämmer in Gr. I bei Einzelgeburten 4,90, bei Zwillingsgeburten 3,68 kg, in Gr. II 4,50 kg bzw. 3,50 kg, in Gr. III 4,39 kg bzw. 3,40 kg. Das Gewicht im Alter von 12 Wochen erreichte in Gr. I 21,88 bzw. 18,71 kg, Gr. II 22,63 bzw. 17,45 kg, Gr. III 21,03 bzw. 18,41 kg. Der Unterschied im Geburtsgewicht der Einzellämmer aus Gr. I und II sowie der im Geburtsgewicht der Zwillinge der Gr. I und III war statistisch gesichert. Die Unterschiede im 12-Wochen-Einlingsgewicht waren zwischen den Gr. I und II sowie II und III statistisch gesichert, bei den Zwillingslämmern ließen sich keine signifikanten Unterschiede nachweisen. In Gr. I fielen 69, in Gr. II 94 und in Gr. III 156 Lämmer. Die Zahl der Lämmer von der Geburt bis zum Absetzen gestaltete sich in der Gr. I am günstigsten, da hier 20,5% weniger Einzellämmer eingingen als in Gr. II und 21,5% weniger als in Gr. III. Bei den Zwillingslämmern waren die Verluste in Gr. I um 2% bzw. um 4% geringer als in den Gr. II bzw. III. Die durchschnittl. Milchleistung der Mutterschafe betrug vom Ablammen bis zum Absetzen in Gr. I 134,15 l, in Gr. II 130,37 l und in Gr. III 119,50 l. Die Unterschiede hinsichtlich der durchschnittl. Stapeltiefe (7,23 cm, 7,50 cm und 7,40 cm), des Schurgewichtes (4,39 kg, 4,61 kg und 4,46 kg) sowie des Lgw. nach der Schur (42,90 kg, 41,05 kg und 42,51 kg) waren statistisch nicht gesichert. Vf. schlägt vor, die Muttern in kleineren Gruppen überwintern zu lassen, da dadurch die Lämmerverluste zwischen Geburt und Absetzen erheblich verringert werden können. 4272.

Evdokimov, Ė. S. (Jewdokimow, E. S.) Primenenie biovetina i biovita-40 pri legočnych zabolevanijach ovec. **(Die Verwendung von Biovetin und Biovit-40 bei Lungenerkrankungen von Schafen.)** Ovcevodstvo, Moskva 8 (1962) Nr. 12. S. 30–32. – 1 Tab.
In einem Kolchos wurde ein Versuch mit 30 chronisch kranken Schafen (Alter 1–4 Jahre) durchgeführt. Den älteren Schafen wurden 2 g Biovetin (500000 Einheiten Chlortetracyklin) und den 1jährigen Tieren 1 g verabfolgt. Die Gabe an Biovit-40 betrug 12,5 g bei den älteren und 6,25 g bei den jüngeren Tieren. Die Biovit-40-Gaben erwiesen sich als die wirkungsvollsten, was wahrscheinlich darauf zurückzuführen ist, daß das Biovit-40 Vitamin B_{12}, Eiweiße, Fette und Mineralstoffe sowie Spurenelemente enthält.
E. Kahn. 4280.

SPEZIELLE KLEINTIERZUCHT

C. GEFLÜGEL

Hühner

Küthe, G.; Gießen. **Beeinflussen die durch den Schlupftermin bedingten Kleineiermengen den Erfolg der Hühnerhaltung.** Dtsch. Geflügelwirtsch. **13** (1961) Nr. 46. S. 507–509. – 2 Abb., 5 Tab., 3 Lit.

Junghennen, die mit dem Legen beginnen, legen erst 3-4 Wochen lang kleine Eier. Diese Tatsache tritt bei Hennen aus Frühbruten (Nov.–Febr.) stärker in Erscheinung als bei Hennen aus Spätbruten (Mai–Sept.). Frühbruthennen beginnen eher zu legen, Dezemberschlupf erreicht eine 25%ige Legeleistung nach 147 Tagen, Augustschlupf mit 202 Tagen. Die Preisdifferenz zwischen Normal- und Kleineiern ist sehr groß. Vf. beweist an Hand einer Modellrechnung und einer Gegenüberstellung des Eieranfalls der verschiedenen Schlupftermine im Verhältnis zur Preiskurve, daß der Mindererlös, bedingt durch Spätschlupf, größer ist als der Mindererlös, bedingt durch anfallende Kleineiermengen. Um dem Großbetrieb die Absatzschwierigkeiten der Kleineier in den Mon. Sept.–Nov. zu erleichtern, hält dieser gutlegende 1jährige Hennen über die Zeit hinaus, damit neben Kleineiern auch Großeier angeboten werden. W. Sommerfeld. 4608.

Sonderegger, H. **Die Eingliederung der landwirtschaftlichen Geflügelhaltung in eine Gesamtplanung der schweizerischen Geflügelwirtschaft.** Geflügelhof [Zollikofen-Bern] **26** (1963) Nr. 10. S. 147–149. 151–152. 154–155. 158. – 2 Abb., 6 Tab.
Die Entwicklung der Geflügelhaltung im letzten Jahrzehnt zeigt eine Arbeitsteilung zwischen Zucht- und Vermehrungsbetrieb einerseits sowie Halte- und Mastbetrieb andererseits. Die Geflügelhaltung der neben- und hauptberuflichen Landwirte ist zurückgegangen, während sich die Zahl der Geflügelfarmer nahezu verdoppelte. Der Anteil der Inlandproduktion an Eiern beträgt ca. 60%. Durch Qualitätsproduktion und eine zweckmäßige Vermarktung soll erreicht werden, daß das Schweizer Ei und das Schweizer Poulet qualitativ den Importprodukten überlegen ist. Die zukünftige Entwicklung der Geflügelmast als arbeitsextensiver Betriebszweig wird vor allem in der inneren Aufstockung bäuerlicher Klein- und Mittelbetriebe gesehen. Für den Aufbau der Legehennenhaltung wird die Einrichtung von 100 Zucht- und Vermehrungsbetrieben, 300 gewerblichen Ablegebetrieben, 200 Aufzuchtbetrieben, 3000 Haltebetrieben und 70000 Selbstversorgungsbetrieben vorgeschlagen. Vf. zeigt abschließend Möglichkeiten der Rationalisierung auf. U. Hofmann. 4608.

Koch, Marheinz. **Der Leistungsstand der holländischen Geflügelzucht.** Dtsch. Geflügelwirtsch. **13** (1961) Nr. 45. S. 498–501. – 2 Tab.
Alljährl. wird der Hühnerleistungsstand des Kontrollhofes Putten wiedergegeben. Dort wurden seit Gründung der Anstalt zum 5. Mal 61 Stämme Gebrauchshybriden geprüft. Die Legeleistung betrug ⌀205,2 Eier in 343 Tagen, die Höchstleistung war 228,8, die Mindestleistung 173,1 Eier. Die durchschnittl. Befruchtung lag bei 89,5%, optimal 96,3, min. 81,5%, das Schlupfergebnis betrug ⌀ 79,2%, es schwankte zwischen 64,0 und 91,3%. Die Verlustprozente liegen durchschnittl. bis zum Alter von 23 Wochen bei 7% und bis zum Alter von 500 Tagen insgesamt bei 24%. Drei der geprüften Stämme wiesen Verluste von 41–43% auf, die meisten Stämme (41 Stck.) hatten bis zu 20% Verluste, der Rest liegt dazwischen. W. Sommerfeld. 4608.

Kupsch. **Neues aus der Geflügelzucht und -haltung in Brasilien.** Dtsch. Geflügelwirtsch. **14** (1962) Nr. 7. S. 90–93. – 6 Abb.
Die Geflügelzucht und -haltung hat in den letzten Jahren in Brasilien große Fortschritte gemacht, da die Gewinnspanne für den Erzeuger von Eiern und Schlachtgeflügel sehr günstig lag. Die Hühnerhaltung wird in der Nähe von Großstädten von Japanern betrieben. Die Legehennen (Weiße Leghorn und New Hampshire) werden auf Lattenrosten oder in Käfigen (Eigenbau) gehalten. Die Legekäfige befinden sich einreihig zu beiden Seiten des Bedienungsganges, neuerdings auch in 2 Etagen, wobei die 2. Reihe treppenförmig über der ersten aufgehängt wird. Gemästet werden aussortierte New Hampshire-Hähnchen, seltener die Leghorn-Hähnchen. Die Kükenaufzucht bis zum 14.

Lebenstag findet in kleinen, primitiv aus Holz gebauten Aufzuchtbatterien statt, oben und unten sind Lattenroste zur besseren Ventilation. In den ersten Tagen wird auf die unteren Latten Papier gelegt. In den Wintermonaten werden sie mit Säcken abgedeckt. Die Aufzuchtverluste sind gering, in der kalten Jahreszeit geringer als in der warmen. Die älteren Küken gelangen in größere Käfige. Den Legehennen verabreichen die Japaner ein verpilztes, säuerliches Futter, das unter Zusatz von Hühnerkot, Humus und Zuckerrohr hergestellt wird; sie ersetzen damit die teuren Antibioticazusätze. Die arbeitsintensive Fütterung und die sorgfältige Betreuung des Geflügels durch die Japaner garantieren trotz primitiver Betriebseinrichtungen große Erfolge. W. Sommerfeld. 4608.

Milne, F. N. J. The Queensland poultry industry. **(Geflügelindustrie in Queensland.)** Wld. Poultry Sci. J. **18** (1962) Nr. 2. S. 153–161. – 4 Abb.
Das Gebiet umfaßt $^{1}/_{5}$ des Landes, mit 2500 Geflügelbetrieben liegt der größte Teil der Broilerproduktion in diesem Gebiet. In den Großbetrieben liegt die Legeleistung über 200 Eiern. Der Geflügelbetreuungsdienst führt neben den Beratungen die Blutuntersuchungen durch. In den Versuchsstationen werden Fragen der Fütterung behandelt, vor allem im Zusammenhang mit der heimischen Getreideproduktion. An tierischen Eiweißfuttermitteln werden Produkte der Walfangindustrie getestet. Untersuchungen in der Eiqualität werden ebenfalls durchgeführt. Fragen im Zusammenhang mit der Masthuhnzucht treten stark in den Vordergrund. E. Urban. 4608.

Trail, J. C. M. A comparison between five breeds and crosses of commercial poultry in Uganda. II. Shell and egg interior quality. **(Ein Vergleich zwischen fünf Wirtschaftsgeflügelrassen und Kreuzungen in Uganda. 2. Mitt. Qualität der Schale und des Ei-Inneren.)** Trop. Agric. **40** (1963) Nr. 1. S. 55–61. – 1 Abb., 9 Tab., 14 Lit. 1. Mitt. vgl. LZ. Abt. III **8** (1963) Nr. 3. S. 529.
An der Untersuchung waren die 3 Hühnerrassen Helle Sussex, Rote Rhodeländer, Schwarze Australorp und die beiden Kreuzungen Helle Sussex × Rhodeländer und Weiße Leghorn × Rhodeländer beteiligt. Von 12 Mon. alten Legehennen, unter gleichen Verhältnissen aufgezogen und gehalten, wurden tägl. 22 Eier von jeder der 5 Rassen und Kreuzungen 22 Tage lang, insgesamt 2390 Eier, auf Eiweißqualität, Schalendicke und das Auftreten von Blut- und Fleischflecken überprüft. Die schwarzen Australorp wiesen nach Haugh-Einheiten gemessen die höhere Eiweißqualität gegenüber den 4 anderen Rassen und Kreuzungen auf. Ebenso rangierten die Hellen Sussex und die Kreuzung Weiße Leghorn × Rhodeländer in der Eiweißbeschaffenheit vor der Kreuzung Helle Sussex × Rhodeländer und den Rhodeländern. Die Hellen Sussex hatten signifikant dickere Eischalen als die übrigen Rassen und Kreuzungen, die Australorp und die Kreuzung Weiße Leghorn × Rhodeländer wiederum dickere Schalen als die Kreuzung Helle Sussex × Rhodeländer und die Rhodeländer. Die Schalendicke aller Rassen lag unter dem allg. geforderten Durchschnitt von 0,35 mm. Der höchste Anteil an Blutflecken-Eiern mit 9,1% wurde bei den Rhodeländern festgestellt, der niedrigste mit 2,1% bei der Kreuzung Weiße Leghorn × Rhodeländer. Das Vorkommen von Fleischflecken war bei den Kreuzungen Helle Sussex × Rhodeländer, Weiße Leghorn × Rhodeländer und den Hellen Sussex eindeutig geringer als bei den Rhodeländern und Australorp. Es ergab sich ein Spielraum von 6,9–18,6%. Die Rhodeländer zeigten in den 3 geprüften Qualitätsfaktoren die schlechtesten Ergebnisse. W. Greiner-Petter. 4608.

Wright, Vernon; Wellington, New Zealand Tourist and Publicity Dep. The poultry industry in New Zealand. **(Geflügelindustrie in Neu-Seeland.)** Wld. Poultry Sci. J. **18** (1962) Nr. 2. S. 121–132. – 4 Abb.
Es wird die Gesamtentwicklung der Geflügelwirtschaft von 1896–1962 dargelegt. Die ersten Leistungstiere wurden 1910 importiert. Ab 1940 beschäftigt

man sich mit Kreuzungshennen, vornehmlich aus der Verpaarung Weiße Leghorn × Australorp, die sehr gute Legeleistungen bringen. Leistungsprüfungen wurden nach dem 2. Weltkrieg eingeführt. Kunstbrut wird seit 1910 betrieben; 1930 ging man zur Brut mit Schrankbrütern über, heute werden die Küken in automatischen Brütern erbrütet. Die Kükensortierung ist seit 1941 bekannt. Die intensive Kükenaufzucht erfolgt in Großanlagen in Gruppen von 1000 Tieren. Eine kontinuierliche Eierproduktion wird durch die Intensivhaltung der Legehennen erzielt, die Stallkapazitäten liegen zwischen 6000 und 8000 Hennen. Seit 1942 wird bei Tieren jeden Alters Alleinfutter verabreicht, die Pelletierung erfolgte ab 1953. Für die Ökonomik der Eierproduktion werden heute Rationen mit hohem Energiegehalt eingesetzt.
E. Urban. 4608.

Skaller, Fred. Poultry breeding in Australia. **(Geflügelzucht in Australien.)** Wld. Poultry Sci. J. **18** (1962) Nr. 2. S. 137–141. – 3 Lit.

Kreuzungshennen der Verpaarung Weiße Leghorn × Australorp sind weit verbreitet, ihre Leistung liegt über der beider Elternrassen, im 500-Tage-Test wurden 212 Eier erreicht. Die Intensivhaltung steht im Vordergrund mit Kapazitäten von 2000–10000 Tieren. Neue Methoden der Zucht und Erbwertschätzung finden starke Beachtung. Leghorn-Linienkreuzungen erbrachten 277 Eier, die Australorp legten 237 Eier im 600-Tage-Test. Zur Broilermast werden jährl. 10 Mill. Küken eingestallt, die Hälfte davon Kreuzungshahnenküken. Es wird ein Programm der Masthuhnzucht entwickelt. Alle vorhandenen Rassen werden für diese Zucht eingesetzt. Bei den Hahnenlinien steht das dominante Weiß im Vordergrund. Bei der Mastprüfung 1961 erreichten die Broiler in 11 Wochen ein Lgw. von 3,25 lb. bei einem Futterverbrauch von 1:3 und übertrafen die Kreuzungshähnchen um 0,25 lb.
E. Urban. 4608.

Anonym. **Houdan — zartfleischige Hühner mit Federhaube und Schmetterlingskamm.** Geflügelhof [Zollikofen-Bern] **26** (1963) Nr. 15. S. 247–249. – 3 Abb. 4630.

Abelein, R.; Grub, Bayr. Landesanst. für Tierzucht. **Möglichkeiten der Krankheitsresistenzzüchtung in der Hühnerzucht.** Dtsch. Geflügelwirtsch. **14** (1962) Nr. 9. S. 111–112. 119.

Neben Anwendung hygienischer Maßnahmen wird versucht, die Tiere durch Zucht auf erhöhte Resistenz gegen Krankheiten widerstandsfähig zu machen. Die Resistenzzüchtung (RZ) erweist sich als notwendig, da eine Massierung der Geflügelbestände eine erhöhte Krankheitsgefahr mit sich bringt. Vf. unterscheidet bei der RZ die Scheinresistenz, die echte Resistenz und die Immunität, die von spez. Genen abhängig sind. Es gibt fast keine Krankheit und Umweltbedingung, deren Einfluß durch Züchtung nicht beeinflußt werden kann. Beim Huhn liegen positive Untersuchungen über genetische Unterschiede in Befall und Krankheitsverlauf über folgende Krankheiten vor: Hühnertyphus, Pullorumseuche, Mareksche Lähme, Blackhead, Pocken, Bronchitis, Aspergillose u. a. m. Tiere, die sich gegen Pullorum als widerstandsfähig erwiesen, sind es auch gegen alle anderen Salmonellosen. Die RZ befaßt sich vor allem mit Leukose und Marekscher Lähme, da therapeutische Maßnahmen bisher unbekannt sind. Für eine erfolgreiche RZ gilt, daß man den Erreger, den Infektionsweg und die Bedingungen, die eine Infektion ermöglichen und zur späteren Erkrankung führen, kennt. Im Versuch muß die Infektion natürlich und darf nicht i.v. oder i.m. erfolgen. Sind resistente Linien vorhanden, müssen sie auf ihre spez. Widerstandsfähigkeit geprüft werden, damit bei nachfolgenden Kreuzungen nicht 2 Linien gepaart werden, deren Widerstandsfähigkeiten verschiedene Ursachen haben. Dann bleiben Erfolge aus. W. Sommerfeld. 4652.

Siegel, P. B.; Blacksburg, Polytechn. Inst. Selection for breast angle at eight weeks of age. I. Gene interactions and heritabilities. **(Selektion nach den Brustwinkelmessungen im Alter von 8 Wochen. 1. Mitt. Interaktionen der Gene und Heritabilität.)** Poultry Sci. **41** (1962) Nr. 4. S. 1177–1185. – 2 Abb., 5 Tab., 19 Lit.

Der sexuelle Dimorphismus zwischen Hähnen und Hennen findet sich in den Untersuchungen bestätigt. Der Brustwinkel ist beim männl. Tier größer. Eine Selektion im 8-Wochen-Alter nach verschiedenen Brustwinkeln brachte bei der F_1 bereits signifikante Differenzen. Nach 4 Generationen ergaben sich bereits bei Hähnen und Hennen Unterschiede von 7,0° und 6,2°. Die reale Heritabilitätsschätzung bei den weibl. Nachkommen wies geringe Schwankungen zu den beobachteten Regressions- und Variationskomponenten auf. Additive Effekte machen einen großen Teil der gesamten genetischen Variation aus. Dominanz, Epistasie sowie der mütterliche Einfluß scheinen von geringem Einfluß auf die Merkmalsvererbung im angeführten Versuch zu sein. Beziehungen zum Geschlecht bei der Vererbung des Brustwinkels im Alter von 8 Wochen scheinen zu bestehen. E. Urban. 4660.

Rodero, Antonio; Córdoba, Fac. de Veterin., Dep. de Zootecn. Influencia racial y del macho en algunos caracteres de las gallinas de razas castellana negra, utrerana franciscana y Leghorn blanca. **(Der Einfluß der Rasse und des Hahns auf einige Merkmale bei Schwarzen Kastilianern, Gestreiften Utrerana und Weißen Leghorn.)** Arch. Zootecn. [Córdoba] **11** (1962) Nr. 44. S. 333–346. – 19 Tab., 23 Lit.

An 708 Angehörigen der 3 Rassen wurden Befruchtung, Schlupffähigkeit, 4-Wochen-Gewicht, Sterblichkeit, Geschlechtsverhältnis und Widerstandsfähigkeit untersucht. Die Utrerana erreichten das höchste Lgw., die Leghorn das geringste. Der Einfluß der Hähne auf die Fruchtbarkeit der Hennen war deutlich, doch bestanden Unterschiede zwischen den Rassen: Die Kastilianer-Hennen hatten mit 92,8% die besten Befruchtungsergebnisse (Leghorn 90,3, Utrerana 77,8). Die Schlupfergebnisse wurden vom Hahn nicht beeinflußt, aber von der Rassenzugehörigkeit (K:L:U = 80,8:77,4:73,5). Die Sterblichkeit der Küken und das Geschlechtsverhältnis waren weder von der Rasse noch von den Hähnen abhängig, während die Hähne die Widerstandsfähigkeit der Küken mitbestimmten; die Rassezugehörigkeit spielte hierbei keine Rolle. C. Engelmann. 4667.

Anonym. Rekomendacii po vyraščivaniju pticy na mjaso. **(Empfehlungen zur Aufzucht von Mastgeflügel.)** Pticevodstvo, Moskva **1962** Nr. 11. S. 4–9. – 2 Abb., 6 Tab.

Vom Min. für Landwirtsch. der UdSSR wurden unter Mitarbeit hervorragender Fachleute Musterrationen für bestimmte Produktionszonen ausgearbeitet. Entspr. den Anbauverhältnissen wurden weitestgehend Mais, Leguminosen (Erbsen, Bohnen und Lupinen), Zuckerrüben und Silage eingesetzt. Die Mastdauer soll bei Broilern 80, bei Enten 55, bei Gänsen 75 und bei Puten 120 Tage betragen. Die geforderten Mastendgewichte sind entspr. 1,5 kg, 2,1 kg, 4,0 kg und 4,0 kg, und der Verbrauch an FE/kg Zuwachs soll 3,5 kg, 4,0 kg, 3,7 kg und 4,0 kg nicht übersteigen. H. Pingel. 4667.

Knížetova, Rita, Kníže, Bohumír und Tláskal, Josef; Praha, Oddělení Genet. KU Přírodovědecké Fak.; Úsatv Exp. Biol. a Genet. ČSAV; Chrustenice, Stanice Velkovýrobní Technol. Drůbeže. Některé problémy šlechtění plemen slepic pro výrobu broilerů. I. Hodnocení zmasilosti. **(Einige Probleme der Hühnerveredlung für die Boilerproduktion. 1. Mitt. Bewertung des Fleischansatzes.)** Živočišná Výroba **7(35)** (1962) Nr. 12. S. 819–824. – 3 Tab., 8 Lit. Zus. in Russ., Engl., Franz., Span.

Hähnchen aus Kreuzungen von New Hampshire × Sussex sowie reinrassige Cornish-Hähnchen übertreffen gewichtsmäßig die Leghorn-Hähnchen. Im

Fleischansatz sind nur die Cornish-Hähnchen besser. Die Muskelbildung bei Rassen mit kombinierter Leistung ist allg. intensiver als bei leichten Rassen, bei welchen aber das Knochengerüst feiner ist. Die zwischen dem Fleischansatz und dem Körpergewicht sowie den hauptsächlichsten Körpermaßen festgestellten Korrelationen sind ungenügend ausgeprägt, so daß sie keine Unterlagen zur Beurteilung der Fleischigkeit der Schlachthähnchen bieten können. Das entscheidende Kriterium bei der Beurteilung des Schlachtwertes von Masthähnchen ist das Ergebnis der subjektiven Beurteilung.
F. Svoboda. 4667.

Schneider, Donald L.; Rocson, Univ. of Arizona, Dep. of Agric. Biochem. and Poultry Sci. Effect of oleic acid on the delay of sexual maturity in chickens caused by sterculia foetida oil. **(Der Einfluß von Ölsäuren und die Verzögerung der Geschlechtsreife bei Hühnern, untersucht am Sterculia foetida Öl.)** Poultry Sci. **41** (1962) Nr. 3. S. 1005–1007. – 1 Abb., 4 Lit.
6 Leghorn-Hennengruppen erhielten neben 200 mg S. foetida Öl 200 mg, 1200 mg und 2000 mg Ölsäure in Gelatinekapseln verabreicht. Während die Kontrollgruppen ohne Zusätze und mit 200 mg Ölsäure im 22-Wochen-Alter mit dem Legen begannen und mit 27 Wochen die Höchstleistung erreichten, begannen die Hennen der Versuchsgruppen nicht vor der 25. Lebenswoche mit dem Legen. In der Gruppe mit 200 mg Foetida Öl legten 2 von 9 Hennen, eine 50% Legeleistung wurde erst in der 32. Lebenswoche erreicht. In den anderen Versuchsgruppen war die Leistung ganz gering. Nicht beantwortet werden kann, in welcher Weise die Beeinflussung der Ovarien erfolgt.
E. Urban. 4670.

Solodkij, F. T., Lomakin, A. M. und Blinova, K. M. (Solodki, F. T., Lomakin, A. M. und Blinowa, K. M.) Elovaja chvoja v racionach kur. **(Fichtennadeln in Hühnerrationen.)** Pticevodstvo, Moskva **1962** Nr. 10. S. 10.
Der Tagesbedarf an Carotin beläuft sich je Huhn auf 3-4 mg. 1 kg Fichtennadeln enthält 90 mg Carotin. Durch Verabreichung von 10 g frischer Fichtennadeln je Henne und Tag konnte die Legeleistung bedeutend erhöht werden.
H. Pingel. 4688.

Bartlett, B. E. und Podger, R. N. Some aspects of egg quality. **(Einige Ansichten über Eiqualität.)** J. Agric. [Melbourne] **60** (1962) Nr. 9. S. 419 bis 429. – 8 Abb., 3 Tab.
Vff. untersuchten alle Faktoren, die für die Eiqualität bestimmend sind, und geben Hinweise über die Bestimmung der Qualitätsmerkmale sowie die Möglichkeiten zur Gewinnung von Qualitätseiern. 1 AK zum Wiegen und Ermitteln des spez. Gew. und eine weitere zur Messung der Eiweißhöhe, der Eifarbe und zur Feststellung von Blut- und Fleischspuren können gemeinsam mit einem Schriftführer 60–80 Eier/Std. bearbeiten.
R. Doehl. 4700.

Griffin, J. G. und Thomas, C. H. Egg production stays up when floor space reduced. **(Bleibende Legeleistung auch bei Reduzierung des Hennenplatzes.)** Mississippi Farm Res. **25** (1962) Nr. 5. S. 4. – 3 Tab.
Den Ergebnissen liegen 2jährige Untersuchungen in unterschiedlich klimatisierten Ställen zugrunde. Den Leghorn-Hennen standen 1,5; 2,25 bzw. 3 sq.ft. zur Verfügung. Die Futterverwertung verbesserte sich etwas, und zwar in gleichem Maße, wie die Größe des Hennenplatzes reduziert wurde. Der Offenstall brachte die geringste Jahresleistung. Eine Wärmeisolation gegen die sommerliche Hitze brachte geringe Vorteile in der Gruppe mit 3 sq.ft. je Henne. Gut isolierte Ställe mit mechanischer Ventilation brachten keine eindeutig höheren Legeleistungen im Vergleich zur traditionellen Bauweise. Eine sorgfältige Regulierung der Ventilation ist in den Ställen notwendig, wo mehr Hennen pro sq.ft. gehalten werden. Wichtig ist, daß bei stärkerer Belegung die Nestfläche, Freß- und Tränkseitenlänge sowie die Sitzstangenfläche für alle Tiere gleich bemessen sind.
E. Urban. 4707.

Crawford, R. D. Note on the effect of cage housing on fertility, body weight and mortality of cockerels. **(Bericht über die Wirkung der Haltung von Hähnchen in Einzelkäfigen auf die Fruchtbarkeit, das Körpergewicht und die Sterblichkeit.)** Canad. J. Animal Sci. **42** (1962) Nr. 1. S. 120-122. – 2 Tab., 2 Lit.
Die varianzanalytische Auswertung der Untersuchungen zeigt zu Versuchsbeginn keine, zu Versuchsende aber hoch gesicherte Unterschiede im Abschlußgewicht. Die Verluste waren sehr unterschiedlich, am stärksten aber in der nur aus Hähnen bestehenden Gruppe. In der Fruchtbarkeit bestanden bei graphischer und varianzanalytischer Untersuchung keine Unterschiede. Die geringe Befruchtungsrate ist teilweise auf die schlechte Fruchtbarkeit der mit den Hähnen angepaarten Hennen zurückzuführen. Es wird festgestellt, daß die Haltung geschlechtsreifer Hähne in Einzelkäfigen für eine Dauer von 4 Mon. nicht zu einer Verschlechterung der Befruchtung führt. Diese Art der Haltung erbringt höhere Gewichtszunahmen, und die Verluste durch die Kämpfe der Hähne und das Treten werden vermieden. H. Busse. 4707.

Friedhoff, K.; Hannover, Tierärztl. Hochschule, Inst. für Parasitol. und Veterinärmed. Zool. **Therapie des Capillariabefalles beim Geflügel.** Berliner Münchener tierärztl. Wschr. **76** (1963) Nr. 8. S. 151–155. — 6 Tab., 11 Lit. Zus. in Engl.
Bisher war kein wirksames Anthelminthikum zur Bekämpfung des Capillariabefalles beim Geflügel bekannt. Bei natürlich infizierten Hühnern, Gänsen und Tauben wird eine Behandlung mit Dithiazaninjodid durchgeführt, die sich nicht bewährt. Eine gute Wirkung wird mit Methyridin erzielt. Sowohl bei s. c. Injektion als auch bei Verabreichung im Trinkwasser werden *C. obsignata* sicher und *C. anatis* wahrscheinlich abgetötet. Mit diesem Mittel kann nur die geschlechtsreife Form von *Ascaridia galli* bekämpft werden. *Heterakis gallinae* wird nicht oder nur unzureichend beeinflußt. Am wirksamsten erweisen sich 200 mg Methyridin auf 100 cm³ Wasser, nachdem man die Hühner vorher gefüttert und etwa 18–24 Std. hat dursten lassen. Pro Huhn müssen 150 cm³ mit Methyridin versetztes Trinkwasser angeboten werden, damit jedes Tier mindestens 50 cm³ davon aufnehmen kann. Die Durstperiode darf nicht verkürzt werden. Die zu behandelnden Tiere sind auf jeden Fall vorher zu füttern. E. Tempel. 4710.

Schliesser, Th. und Berger, W. **Vergleichende Untersuchungen mit der Frischblut-Schnellagglutination und der Tuberkulin-Kehllappen-Probe bei Hühnern.** Mh. Tierheilkunde **14** (1962) Nr. 7. Rindertuberkulose u. Brucellose **11** S. 91–98. — 3 Tab.
Vff. untersuchten in 53 meist bäuerlichen und kleinbäuerlichen Betrieben insgesamt 2428 Hühner vergleichend mit der Tuberkulin-Kehllappenprobe und der Frischblut-Schnellagglutination, analog der Pullorumuntersuchung. In 43 dieser Betriebe erwiesen sich die Hühner als mit Geflügeltuberkulose verseucht, während die Rinderbestände staatl. anerkannt Tbc-frei waren. Nur in einem dieser Rinderbestände kam es zu unspezifischen Tuberkulinreaktionen. Vff. schließen daraus, daß Geflügeltuberkulose bei Rindern meist nicht zu einer Sensibilisierung führt. Durch die Frischblut-Schnellagglutination wurden 308 = 12,7% positive Reaktionen erzielt, durch die Kehllappenprobe dagegen nur 160 = 6,6%. Von 43 Hühnern, die in der Agglutination positiv, mit der Kehllappenprobe aber negativ reagiert hatten, erwiesen sich durch die Sektion bzw. bakteriologische Untersuchung 40 als tuberkulös infiziert. W. Richter/Jena. 4710.

Oshel, D. D.; Ames, Iowa, U. S. Dep. of Agric., Nat. Animal Disease Lab., Biol. Serv. Federal requirements and procedures used for evaluation of infectious bronchitis vaccines. **(Auf Forderungen und Verfahren zur Beurteilung bei Vaccinen gegen Infektiöse Bronchitis.)** Poultry Sci. **42** (1963) Nr. 1. S. 173–178. — 3 Abb. 4710.

Rigdon, R. H., Ferguson, T. M. und Couch, J. R.; College Station, Texas Agric. and Mechanical Coll., Dep. of Poultry Sci. Spontaneous-occurring muscular necrosis in the chicken. **(Spontanes Auftreten von Muskelnekrosen bei Küken.)** Poultry Sci. **41** (1962) Nr. 2. S. 398–409. – 12 Abb., 1 Tab., 20 Lit.

Die Nekrosen traten spontan auf und glichen den Schäden, wie sie bereits bei Puten und Enten beobachtet wurden. Sie zeigten eine große Variation und wurden an den verschiedensten Muskeln festgestellt. 24 Std. nach dem Schlupf zeigten sich die ersten Degenerationserscheinungen. Große Mengen Glykogen waren in einigen dieser degenerierten Zonen zu finden. Es wurde beobachtet, daß die genannten Degenerationen in der Muskelschichtung einen angeborenen Fehler in der Carbohydratumwandlung in lokalen Muskeln darstellten. E. Urban. 4710.

Enten

Friedemann, K.; Arnsdorf bei Dresden. **Die Khaki-Cambpell-Ente, eine wirtschaftliche Entenrasse.** Garten u. Kleintierzucht, Ausg. B **2** (1963) Nr. 9. S. 9. – 2 Abb. 4895.

Hollander, W. F. und Walther, Paul L.; Ames, Iowa, Univ., Dep. of Genetics; Dep. of Poultry Sci. Recessive „lavender" in the muscovy duck. **(Das rezessive Merkmal „Lavendel" bei der Türkenente.)** J. Heredity **53** (1962) Nr. 2. S. 81–83. – 1 Abb., 1 Tab., 13 Lit.

Zu den bereits bekannten, von Taibel genetisch untersuchten 6 Farbenschlägen der Türkenente (vgl. Ann. Sperimentaz. agrar. [N. S.] **10** [1956] S. 2143; LZ. Abt. III **5** [1960] Nr. 2. S. 258.) fanden Vff. einen weiteren blauen, dessen Federn nicht den dunkleren Saum besitzen, wie er von den blauen Hühnerrassen (Andalusier) her bekannt ist. Die Entenküken sind ähnlich gefärbt wie die wildfarbenen, aber blasser, d. h. fahlgrau statt dunkelbraun, und die erwachsenen sind einheitlich mövengrau. Die auf einer Farm in Iowa gefundenen Tiere entstammen einer Kreuzung schwarz × weiß; das neue Merkmal (ll) ist rezessiv gegenüber wildfarben und nicht geschlechtsgebunden. Es ist kein Allel zu „gestreift" (b) oder „schwärzlich" (a) und ist seltener als die anderen Farbenschläge. Es dürfte dem rezessiven Blau der Bredas und dem rezessiven „Schiefergrau" der Puten entsprechen bzw. der „milchigen" Farbe der Tauben. Die Bezeichnung „Lavendel" ist von Woith übernommen, der sie für das Bredablau verwandte (Geflügel-Börse **82**, [1961] S. 2–3). C. Engelmann. 4960.

Kamar, Gamal A. R.; Giza, Egypt, Univ. of Cairo, Fac. of Agric., Animal Product. Dep. Seasonal variation in fertility and hachability of duck eggs. **(Jahreszeitliche Schwankungen in der Befruchtung und Schlupffähigkeit bei Enteneiern.)** Poultry Sci. **41** (1962) Nr. 4. S. 1029–1035. – 6 Tab., 11 Lit.

28550 Enteneier der Rassen Sudani, Dumyati, Khaki Campbell, Rouen- und Pekingenten wurden künstlich erbrütet, 883 Eier der beiden erstgenannten Rassen auch in Naturbrut. Die Befruchtungsprozente verteilten sich in der Reihenfolge der angegebenen Rassen wie folgt: 69, 59, 36, 56, 54. Die Schlupfergebnisse der befruchteten Eier lagen bei 22, 36, 46, 37und 45%. Befruchtung wie Schlupffähigkeit variierten teilweise stark zwischen den Mon. und Jahreszeiten. Die besten Ergebnisse wurden in der kühlen Jahreszeit erzielt. Mit steigender Tagestemperatur und sinkender Luftfeuchtigkeit nahm auch das Brutergebnis ab. Diese unzureichenden Resultate haben ihre Ursachen in einer noch teilweise unzweckmäßigen Haltung der Zuchttiere, in einer starken Porosität der Eischale und der geringen Luftfeuchtigkeit in den Brütern. Die Eier der Sudani-Enten schlüpften in der Naturbrut besser. E. Urban. 4965.

Truthühner

McCartney, M. G.; Wooster, O., Agric. Exp. Stat., Dep. of Poultry Sci. Heritabilities and correlations for reproductive traits in a randombred population of turkeys. **(Heritabilität und Korrelationen einer Stichprobenpopulation bei Puten zur Bestimmung von Reproduktionsmerkmalen.)** Poultry Sci. **41** (1962) Nr. 1. S. 168–174. — 5 Tab., 23 Lit.

Insgesamt 446 Töchter von 84 Hähnen und 140 Müttern wurden in 2 Jahren analysiert. Basierend auf der Vollgeschwisterkorrelation wurde die Heritabilität für die Eizahl auf 49 geschätzt. Die Werte für Fruchtbarkeit, Schlupffähigkeit und Zahl der Nachkommen war gering. Übereinstimmende Werte für das Eigewicht waren 0,91 für Jan., März und Mai. Die Werte für das Körpergewicht betrugen 0,93, 0,81, 0,65. Rel. hohe Schätzungen wurden für die Eizahl (0,508) und Eigröße (0,306) festgestellt. Außer einer Korrelation zwischen Eigewicht und Körpergewicht zeigten sich keine weiteren Zusammenhänge. E. Urban. 5085.

Shoffner, R.; Minnesota, Univ. **Zur Technik der künstlichen Besamung.** Geflügelhof [Zollikofen-Bern] **25** (1962) Nr. 52. S. 944–946. — 6 Abb.

Die schwache Fruchtbarkeit bei Truthennen kann durch Kombinieren der natürlichen Paarung und der KB bis auf ca. 80% befruchtete Eier gesteigert werden. Der Züchter, dessen Puten schwache Fruchtbarkeit aufweisen, sollte selbst die Technik der KB erlernen oder mit einer spezialisierten Gruppe einen Vertrag abschließen. Der gewonnene Samen sollte bei normaler Temperatur sofort eingespritzt werden, um seine Fruchtbarkeit nicht zu beeinträchtigen, wobei i. allg. 0,05 cm^3 Samen gespritzt werden. Die KB wird bei Truthühnern alle 3 Wochen vorgenommen. Beim Einspritzen des Samens ist wichtig, daß das Mastdarmende vollständig umgekehrt ist, um so die Öffnung des Eierganges freizulegen, so daß die Spritze 3 cm tief oder mehr eingeführt werden kann. Anschließend muß die Umkehrung des Mastdarmendes zurückgeführt werden, damit sich der Eiergang zusammenziehen kann.

U. Hofmann. 5090.

Kessel, K. v.; Kartzfehr. **Warum Putenmast?** Dtsch. Geflügelwirtsch. **14** (1962) Nr. 22. S. 283–285. — 7 Abb.

Der deutsche Markt verlangt immer mehr nach einer frischen inländischen Pute als nach einer eingefrorenen Importpute. Das Putenfleisch ist hochwertig und hochverdaulich. Eine Putenmast läßt sich ohne größere Investitionen aufbauen. Vf. gibt dem Mäster Hinweise für die Haltung und Fütterung der Puten. Puten sind sehr wärmebedürftig, die Temperatur unter der Glucke soll 34–36 °C, im Raum 18–20 °C betragen. 7–8 Tiere können bis zur 4. Woche je m^2 gehalten werden. Die Küken sind sehr feuchteempfindlich und schreckhaft, sie brauchen trockene Einstreu, die Stallecken müssen abgerundet werden. Blackhead ist mit Enheptin zu bekämpfen. Die Mast dauert 4-6 Mon., es empfiehlt sich, die Küken zwischen Ende Mai und Anfang Sept. zu beschaffen. Die Futterverwertung liegt bei 1:4 bis 1:4,5. Der Futteraufwand liegt bei 50–55% des Verkaufserlöses.

W. Sommerfeld. 5096.

D. KANINCHEN

Altmann, Dietrich; Erfurt. **Kaninchenrassen aus der Sowjetunion.** Pelzgewerbe [N. F.] **13** (1962) Nr. 5. S. 206–207. — 22 Lit.

Vf. führt die in der Halle der Sowjetunion auf der 10. Landwirtschaftsausstellung in Leipzig-Markkleeberg gezeigten 6 neugezüchteten sowjetischen Kaninchenrassen auf: Schwarzbraunes Kaninchen, Wualewo-Serebristaja-Rasse, Silberkaninchen, Sowjetisches Marderkaninchen, Weißes Angorakaninchen, Kurzhaarkaninchen. 5258.

Kim, M. M. und Mašurko, M. I. (Kim, M. M. und Maschurko, M. I.) Intensivnyj otkorm krolikov. **(Intensivmast der Kaninchen.)** Krolikovodstvo i zverovodstvo, Moskva **4** (1961) Nr. 11. S. 14–15. – 2 Abb., 5 Tab.
W. Sommerfeld. 5265.

E. PELZTIERE

Weigel, Ingrid; München. **Nerze gehören zur Gattung der Wiesel.** Pelzgewerbe [N. F.] **13** (1962) Nr. 5. S. 205–206.
Vf. führt die zur Gattung der Wiesel (Mustela) gehörenden 15 Arten auf, die sich auf die 2 Untergattungen der Iltisse (Putorius) und Wiesel verteilen.
5302.

Il'ina, E. D. (Iljina, Je. D.) Metody razvedenija cvetnych norok. **(Methoden für die Züchtung farbiger Nerze.)** Tr. Mosk. vet. akad. **40** (1961) S. 119-124. – Aus Referativnyj žurnal. Biologija, Moskva **1962** Nr. 15. L 142. S. 18.
Die Untersuchung von 2804 Blauen Nerzen ergab keinen Zusammenhang zwischen Farbe und Wurfgröße. 1960 wiesen die jungen weibl. Nerze (Aleuten und Blaue Iris) des Sowchos Puschkino die höchste Produktivität auf, 1959 war der Blaue Iris am wenigsten produktiv. Die geringe Produktivität farbiger Nerze gegenüber der der Standardnerze ist bedingt durch das Fehlen der notwendigen züchterischen Arbeit sowie durch den stärkeren Einfluß ungünstiger Umweltbedingungen. Als Maßnahmen zur Steigerung der Produktivität farbiger Nerze sind angegeben: die Züchtung der Blauen Nerze in Reinzucht; um eine silber-blaue Nachkommmenschaft mit einer besseren Farbe als bei den Müttern zu erhalten, ist das Decken der silber-blauen ♀ mit ♂ Saphir zugelassen; eine systematische Durchführung einer strengen Selektion, die auf die Steigerung der Produktivität und die Qualitätssteigerung der Pelze gerichtet ist; Feststellung der Familiengruppen, die sich durch die besten Kennzahlen auszeichnen und eine gründliche züchterische Arbeit mit ihnen; Schaffung optimaler Bedingungen für die Entwicklung der Tiere.
übersetzt v. I. Posdirca. 5302.

Brager-Larsen, O. Seksuell helsekontroll i minkfarmene. **(Sexuelle Gesundheitskontrolle in Nerzfarmen.)** Norsk Pelsdyrbl. **36** (1962) Nr. 11. S. 185–186. – (Vgl. LZ. Abt. III **7** (1962) Nr. 9. S. 1876.)
Es ist besser, bei Spermauntersuchung mit 2 Personen zu arbeiten. Spermaproduktion wurde schon nach 3 Min. Paarungszeit festgestellt. Die Fähen müssen lange genug geritten worden sein, um zu ovulieren. Bei einhodigen ♂ wurde kein abweichendes Spermabild festgestellt. ♂ mit kleinen und schwachen Hoden müssen gemerzt werden. Umpaarung der bei der Spermaentnahme verwendeten ♀ wird für überflüssig gehalten. O. Onstad nimmt dazu Stellung. Beachtung von Hodenanomalien ist notwendig. Nach einer Paarungszeit von wenigen Minuten fallen nicht immer gute Würfe an. Längere Paarungszeit hat den Vorteil, daß ♀ dann mehr Eier abgeben. Wenn auf Umpaarung der zur Spermaentnahme verwendeten ♀ verzichtet werden kann, ist dies von Vorteil. J. K. Hinrichsen. 5302.

Rimeslåtten, Hans und Aam, Aasmund. Forsøk med tørrfiskmjøl til sølvrev, blårev og mink. Virkningen av vitamin B_6, husdyrlever og jern på avlsresultater, anemi, vekst og pelsfarge. **(Versuche mit Stockfischmehl bei Silberfüchsen, Blaufüchsen und Nerzen. Die Wirkung von Vitamin B_6, Haustierleber und Eisen auf Zuchtergebnisse, Anämie, Wachstum und Fellfarbe.)** Norsk Pelsdyrbl. **36** (1962) Nr. 24. S. 392-404. – 2 Abb., 5 Tab., 8 Lit.
Veranlassung zu den seit 1956 durchgeführten Versuchen war die Beobachtung, daß nach der Verfütterung größerer Mengen von „Kappmehl", einer bes. Art von Stockfischmehl, bei Blaufüchsen anomale Färbungen, dünner

Haarbesatz und niedrige Geburtsgewichte auftraten. Zu einem Grundfutter, das je 1000 g Futtermischung 200 g Stockfischmehl enthielt, wurden 25 verschiedene Kombinationen von Zusätzen verabreicht. Dieses Grundfutter hat einen zu geringen Vit.-B_2-Gehalt, bes. für Silber- und Blaufüchse. Der zu geringe Gehalt an Vit. B_6 wirkte sich am stärksten bei Nerzfähen und deren Würfen aus. Diese Mängel konnten z. T. durch Zusatz von Pyridoxinhydrochlorid behoben werden, das aber nicht wirksam genug war, um das Wachstum der Welpen und deren Entwicklung des Felles zu normalisieren. Ein Zusatz von Ferrosulfat wirkte sich auf das Blutbild der Welpen, deren Wachstum und die Fellbildung günstig aus, konnte aber weder bei Silberfüchsen noch bei Nerzen das Auftreten von hellen oder weißen Flecken in der Unterwolle verhindern. Positive Wirkungen hatte auch die Zugabe von 10% Haustierleber zum Grundfutter bei Nerzfähen. Anämie bei den Welpen konnte aber durch Leber allein nicht verhindert werden, wohl aber in Verbindung mit Eisengabe. Wenn das Stockfischmehl durch vakuumgetrocknetes Heringsmehl oder dampfgetrocknetes Fischvollmehl ersetzt wurde, so konnte das Auftreten von Anämie und von weißer Unterwolle verhindert werden.

J. K. Hinrichsen. 5302.

Bassett, Charles J. und Warner, Richard. G. **Antibiotica und Nerzgröße.** Dtsch. Pelztierzüchter 37 (1963) Nr. 4. S. 64–65. — 1 Abb. 5302.

Holcomb, Larry C., Schaible, Philip J. und Ringer, Robert K. The effects of varied lighthing regimes on reproduction in mink. **(Der Einfluß des Lichts auf die Fortpflanzung der Nerze.)** Michigan State Univ., agric. Exp. Stat., quart. Bull. 44 (1962) Nr. 4. S. 666–678. — 5 Abb. · 2 Tab. 6 Lit.

Da sich die Familie der Marder von den meisten anderen Tiergattungen in der Physiologie ihrer Fortpflanzung beträchtlich unterscheidet, ist die Wirkung des Lichts auf die zu dieser Familie gehörenden Arten von bes. Interesse. Vff. führen vorangegangene Versuche von Bissonnette, Pearson und Enders, Hammond sowie Hronopulo an, die den Einfluß des Lichts auf die Paarungsbereitschaft, Trächtigkeitsdauer und Wurfgröße untersuchten. Von diesen Beobachtungen ausgehend wurden 2 Versuche unternommen, wobei verschiedene Nerztypen unterschiedlichen Lichtbedingungen ausgesetzt wurden. Einmal die Bestrahlung vor der Paarung, die Bestrahlung vor und nach der Paarung und die Bestrahlung nach der Paarung. Rüden und Fähen der Kontrollgruppe erhielten nur natürliches Tageslicht. Die 1. Versuchsgruppe befand sich in Außengehegen, die 2. Versuchsgruppe in Schuppen. In den meisten Fällen verkürzte zusätzliches Licht, vor und nach der Paarung gespendet, die Länge der Trächtigkeit, während die Anzahl der Welpen pro Wurf zunahm. Welpen, von Fähen geboren, die nach der Paarung bestrahlt wurden, waren größer als die von den Kontrolltieren geworfenen. Fähen, vor der Paarung bestrahlt und nach der Paarung dann normalem Licht ausgesetzt, wiesen eine längere Trächtigkeitsperiode auf als die vor und nach der Paarung bestrahlten Fähen. Vff. schlußfolgern, daß der Gebrauch von zusätzlichem Licht nur nach der Paarung dazu beiträgt, die Anzahl der Welpen im Wurf und damit die Vermehrung zu begünstigen.

G. Bendrat. 5302.

Geurden, L. M. G. und Devos, A. Onderzoek over sterfte bij nertsen tijdens de periode 1956–60. **(Untersuchung über Todesfälle bei Nerzen im Zeitraum 1956–1960.)** Meded. Veeartsenijschool Rijksuniv. Gent 4 (1960) Nr. 4. S. 5–27. — 12 Abb., 4 Tab., 10 Lit.

Zur Todesursachenstatistik wurde ein aus 148 Nerzen bestehendes Untersuchungsmaterial ausgewertet, in dem zu je ca. 15% Futterschäden und Pneumonien als Todesursache festgestellt wurden. An Infektionskrankheiten kamen Staupe (6,1%), Tbc (12,7%), Milzbrand (5,4%), und Rodentiose (1,3%) vor. Bei je einem Tier war eine Infektion mit *Proteus vulgaris* und

Staphylococcus aureus nachzuweisen. Weitere Todesursachen waren: Gastro-Enteritis (12,1%), Magenperforation (1,3%), Ascites (2,6%), Pneumonie (16,2%). Affektionen des Harnapparates in Form von Nierenblutungen, Nephritis, Blasensteinen fanden sich in 5,4% der Fälle. Weiterhin wurden als Todesursache Abortus, Haemopericard und Bißwunden ermittelt.
H. Zimmermann. 5302.

Ford, Thomas M.; Iowa State Univ., Dep. of Veterin. Hyg. Diseases of mink. **(Nerzkrankheiten.)** Iowa State Univ. Veterinarian **24** (1961/62) Nr. 3. S. 137–143. – 2 Abb., 6 Lit.
Nach einer Übersicht über die hauptsächlichsten Nerzkrankheiten werden die wichtigsten Erkrankungen mit Angaben über Ursache, Symptome, Sektionsbefund sowie prophylaktische und therapeutische Maßnahmen besprochen. Als Viruskrankheiten werden die Staupe und Virus-Enteritis, als bakterielle Erkrankung der Botulismus ausführlicher behandelt. Von den Futterschäden finden Chastek-Paralyse, Anämie säugender Fähen, Steatitis, Blasensteine und Acidosis ausführlichere Erwähnung. Näher besprochen werden ferner Vergiftungen durch Hormonpräparate, Blei, Streptomycin und Sulfonamide. Abschließend wird unter Verschiedenes auf die Aleutenkrankheit und den „grauen Durchfall" (Grey Diarrhea) eingegangen. H. Zimmermann. 5302.

Schiel, Helmut. **Die Bedeutung der Vitamine in der Chinchillazucht.** Dtsch. Pelztierzüchter **37** (1963) Nr. 4. S. 69–72. 5318.

Anonym. Chinchilla – pelsbehandling. **(Die Behandlung der Chinchillafelle.)** Norsk Pelsdyrbl. **37** (1963) Nr. 8. S. 141–145. – 14 Abb. 5318.

Anonym. **Gehegebau.** Chinchilla-Zucht **6** (1963) Nr. 3. S. 32–43. 5318.

Hergenhahn, Ch. **Pelzbenagen, Gründe und Gegenmaßnahmen.** Chinchilla-Zucht **5** (1962) Nr. 10. S. 118–120.; Nr. 11. S. 122–129.
Nachdem sich Hautkrankheiten durch Pilze, Bakterien, Flechten, Vit.-Mangel und Haltung auf Drahtböden als vermutete Ursachen des Pelzfressens nicht bestätigt haben, wird eine auf erblicher Veranlagung beruhende Nervosität als Hauptursache verantwortlich gemacht. Ausgelöst werden kann diese Untugend durch Lärm, Unruhe in der Farm, starke Temperaturschwankungen, Vernachlässigung in der Pflege der Tiere und eine den Tieren nicht zusagende Umgebung. Auch kann das Fellfressen durch Langeweile der Tiere und Folge von Schmerzen und Verletzungen entstehen.
H. Zimmermann. 5318.

Weigel, Ingrid; München. **Zur Fortpflanzung der Skunks.** Pelzgewerbe [N. F.] **13** (1962) Nr. 5. S. 208–210. – 1 Abb., 5 Lit. 5325.

G. BIENEN

Bornus, L.; Skierniewice, Pologne. La recherche apicole en Pologne. Travaux récents. **(Die bienenkundliche Forschung in Polen. Neue Ergebnisse.)** Ann. Abeille **5** (1962) Nr. 2. S. 155–168. – 5 Abb., 20 Lit.
Die Forschungen und ihre Ergebnisse beziehen sich hauptsächlich auf folgende Gebiete: Honig (Bildung, Zusammensetzung, bakteriostatische Wirkung, Spurenelemente, chem. und Pollenanalyse); Nektarbildung (phänologische bzw. standortliche Einflüsse); Bestäubung (Einfluß der Bienen auf die Steigerung der Fruchtbarkeit von Nutzpflanzen, insbesondere Brassica sp. und Fagopyrum sp.); Verbesserung und Steigerung der Bienenweide (in Polen gibt es gebietsweise bis 11 Völker/km²); Untersuchungen am Wachs (bes. Maßnahmen zur Beseitigung pathogener Keime); Biometrische Untersuchungen an Bienen (Morphologie und Biologie); Klima innerhalb des Stockes; natürliche und künstliche Besamung; Heterosis bei Kreuzungen zwischen *A. mellifica*, *A. ligustica* und *A. caucasica*; Königinnenmuttersaft.
F. Lüpnitz. 5402.

Crane, Eva. Czechoslovakia and its beekeeping. **(Die Bienenzucht in der CSSR.)** Bee Wld. **44** (1963) Nr. 1. S. 30–32. 5406.

Maurizio, A.; Liebefeld, Bern, Bienenabt. **Zuckerabbau unter der Einwirkung der invertierenden Fermente in Pharynxdrüsen und Mitteldarm der Honigbiene (Apis mellifica L.). 3. Fermentwirkung während der Überwinterung bei Bienen der Ligustica-Rasse.** Insectes sociaux **8** (1961) Nr. 2. S. 125 bis 175. – 15 Abb., 10 Tab., 23 Lit. Zus. in Engl., Franz. 2. Mitt. vgl. LZ. Abt. III **6** (1961) Nr. 11. S. 1945.

Papierchromatographisch wurde das Hydrolysierungsvermögen der invertierenden Fermente in Pharynxdrüsen und Mitteldarm der Biene gegenüber Saccharose, Maltose, Melezitose, Raffinose (quantitativ) sowie Melibiose und Trehalose (qualitativ) im Verlaufe der Überwinterung (von Anfang Okt.–Ende Apr. in 4wöchentl. Abständen) geprüft. Sowohl Pharynxdrüsen- als auch Mitteldarmextrakte aus Winterbienen wirken i. allg. langsamer und schwächer als Extrakte aus Sommerbienen. Dabei ist ab März ein Anstieg im Hydrolysierungsvermögen festzustellen. Ende Apr. wird von den Winterbienen der für Sommerbienen charakteristische Wert erreicht. – Während der enzymatischen Hydrolyse zusammengesetzter Zucker entstehen nicht nur einfache Zucker, sondern gleichzeitig werden durch Gruppenübertragung höhere Zucker synthetisiert. Hierbei bestehen zwischen Pharynxdrüsen- und Mitteldarmferment Unterschiede. Beim Saccharoseabbau werden bei beiden Hexosen (Fructose, Glukose), Maltose und α-Maltosyl-β-D-fructofuranosid (Trisaccharid „a") gebildet. Bei den Serien mit Mitteldarmextrakt kommen noch hinzu: Isomaltose, ein weiteres Disaccharid, ein Trisaccharid „b" sowie eine Reihe von höhermolekularen Oligosacchariden. Anteil und gegenseitiges Mengenverhältnis der Abbauprodukte zeigen ebenfalls Unterschiede. Beim Melezitoseabbau entsteht mit Drüsenextrakten Turanose als Zwischenprodukt, mit Darmextrakten nicht. M. Biedermann. 5425.

Maurizio, A.; Liebefeld, Bern, Bienenabt. **Zuckerabbau unter der Einwirkung der invertierenden Fermente in Pharynxdrüsen und Mitteldarm der Honigbiene (Apis mellifica L.). 4. Sommerbienen der italienischen, kaukasischen und griechischen Rasse.** Insectes sociaux **9** (1962) Nr. 1. S. 39–72. – 10 Abb., 5 Tab., 7 Lit. Zus. in Engl., Franz. 3. Mitt. vgl. vorst. Ref.

Mit gleicher Methodik wie in der 3. Mitt. wird das Hydrolysierungsvermögen der Pharynxdrüsen- und Darmfermente von Sommerbienen geprüft. – Saccharose und Maltose werden in der Regel durch Pharynxdrüsenextrakte, Melezitose, Raffinose, Melibiose und Trehalose durch Mitteldarmextrakte schneller und stärker abgebaut. Lactose wird von Bienenfermenten nicht angegriffen. Spektrum und gegenseitiges Mengenverhältnis der Hydrolyseprodukte sind meist verschieden für die beiden Fermente. Das Zuckerspektrum ist gewöhnlich um so reichhaltiger, je langsamer die Hydrolyse verläuft. – Im Hinblick auf die gebildeten Abbauprodukte zeigen die geprüften Rassen (auch die früher bearbeiteten Nigra und Carnica) keine Unterschiede, wohl aber im zeitlichen Ablauf der Hydrolyse. Caucasica und Cecropia weisen schwächer wirkende Fermente auf, was langsamere Zuckerspaltung zur Folge hat. – Wie der Vergleich von Sommer- und Winterbienen zeigt, scheint das Mitteldarmferment im Laufe des Jahres geringeren Aktivitätsschwankungen unterworfen zu sein als das Pharynxdrüsenferment. Die Affinität der Fermente gegenüber einzelnen Zuckerarten ist unterschiedlich, wobei es bei Winterbienen öfter zu einer Umkehr der Affinität kommt. Das könnte vielleicht auf Schwankungen in der Fermentaktivität beruhen.
M. Biedermann. 5425.

Maurizio, A.; Liebefeld, Bern, Bienenabt. **Zuckerabbau unter der Einwirkung der invertierenden Fermente in Pharynxdrüsen und Mitteldarm der**

Honigbiene (Apis mellifica L.). 5. Einfluß von Alter und Ernährung der Bienen auf die Fermentaktivität der Pharynxdrüsen. Ann. Abeille 5 (1962) Nr. 3. S. 215–232. – 6 Abb., 5 Tab., 10 Lit. 4. Mitt. vgl. vorst. Ref.
Mit Hilfe der quantitativen Papierchromatographie wurde das Hydrolysierungsvermögen des Pharynxdrüsen- und Mitteldarmfermentes verschieden alter und unterschiedlich ernährter Bienen (Nigra und Krainer) gegenüber Saccharose geprüft. – Bei frisch geschlüpften Bienen ist das Mitteldarmferment schon aktiv, das Pharynxdrüsenferment dagegen knapp fähig, Saccharose anzugreifen. Bei normal im Volke lebenden Sommerbienen steigert sich die Fermentwirkung der Pharynxdrüsen mit dem Alter und erreicht ihren Höhepunkt bei 28 Tage alten Bienen. Saccharose wird dann von dem Pharynxdrüsenextrakt innerhalb von 10 Std. völlig abgebaut. Die Fermentaktivität steigt bei gekäfigten Bienen zunächst auch an, erreicht aber nur bei mit Pollen ernährten Tieren die gleiche Höhe wie bei freifliegenden. Bei nur mit Zucker ernährten Bienen geht die Fermentaktivität bald wieder zurück. Zur max. Fermentaktivierung ist demnach Pollenernährung notwendig. Alter, Ernährung und physiol. Zustand der Bienen wirken sich nur auf den zeitlichen Hydrolyseablauf aus, nicht aber auf das entstehende Zuckerspektrum und das Mengenverhältnis der Abbauprodukte, ebenfalls gibt es keine Unterschiede bei den beiden geprüften Rassen.

M. Biedermann. 5425.

Jordan, R.; Wien, Bundesanst. für Bienenkunde. **Über die abermalige Entfaltung — Regeneration — der Futtersaftdrüsen bei Flugbienen.** Bienenvater [Wien] 84 (1963) Nr. 1. S. 3–9. – 7 Abb., 1 Tab.
Vf. untersuchte erstens, bis zu welchem Grade eine Regeneration der Futtersaftdrüsen bei Flugbienen erfolgen kann. Alte, nosemafreie Flugbienen mit rückgebildeten Futtersaftdrüsen wurden von der Tränke abgefangen und im Brutschrank mit Pollen-Honigteig gefüttert. Nach 8 Tagen waren die Futtersaftdrüsen bei 62,79% gut, 25,58% teilweise, 6,97% voll und 4,6% nicht entfaltet. Entgegen anderen Meinungen vermögen sich die Futtersaftdrüsen neu zu entfalten und können Flugbienen auch Pollen verdauen und in ihren Eiweißhaushalt einbauen. Zweitens wurde untersucht, wie lange die regenerierten Futtersaftdrüsen im Notfall in Funktion gehalten werden können. In einem Einwabenbeobachtungsstock wurden alle Flugbienen entfernt und 7 Tage alte Jungbienen gezwungen, 3mal hintereinander eine Mittelwand auszubauen, die man ihnen an Stelle der jeweils verdeckelten Brutwabe gab, und 4mal darin Brut aufzuziehen. Am Schluß des Versuchs waren die Bienen 58 Tage alt. Die Futtersaftdrüsen waren ausnahmslos voll entfaltet und prall mit Futtersaft gefüllt. Das Gewicht der zur Qualitätsbestimmung herangezogenen Puppen der letzten Brut war nur unwesentlich geringer als das normaler Brut, aber höher als das aus vielmals bebrüteten Waben. Die Futtersaftdrüsen der Puppen waren normal entwickelt.

G. Droege. 5425.

Cook, V. A.; Oamaru, New Zealand, Dep. of Agric. Drifting of bees. Effect of hives placed in circle. **(Verfliegen von Bienen. Die Wirkung der Beutenaufstellung im Kreise.)** New Zealand J. Agric. 105 (1962) Nr. 5. S. 407. 409. 411. – 4 Abb., 3 Tab., 2 Lit.
Starkes Verfliegen der Bienen ist in verschiedener Hinsicht von Übel: z. B. ungleiche Völker, falsches Bild bei Auswahl von Zuchtvölkern, Verbreitung von Krankheiten. – Die Faktoren, die zum Verfliegen führen (Flugstraßen, Wind, Alter der Bienen, Anordnung der Beuten) werden besprochen. Den größten Einfluß auf das Verfliegen hat die Anordnung der Beuten. Bei Aufstellung im Kreise (10 Völker, Abstand von Beute zu Beute 4 ft.) mit den Fluglöchern nach innen hatten sich nach 9 Tagen 0,83% der gezeichneten Bienen meist in die unmittelbar benachbarten Stöcke verflogen. Bei der

üblichen Aufstellung in zwei Reihen (9 Völker, Abstand in der Reihe 3ft., von Reihe zu Reihe 4ft.) waren es 5,03% in die verschiedensten Völker. Bei Aufstellung im Kreise kann der Imker weiterhin jedes Volk bearbeiten, ohne in der Flugrichtung eines anderen zu stehen, und an jedes Volk ist mit einem Fahrzeug heranzukommen, ohne den Bienenflug zu behindern.

M. Biedermann. 5425.

Free, J. B.; Rothamsted Exp. Stat. The behaviour of honeybees visiting field beans (Vicia faba). **(Das Verhalten von Honigbienen, die Feldbohnen [Vicia faba] besuchen.)** J. Animal Ecol. **31** (1962) Nr. 3. S. 497–502. — 1 Abb., 6 Tab., 10 Lit.

Drei verschiedene Arten des Besuches von *Vicia faba* durch Honigbienen sind zu unterscheiden: a) alleiniger Besuch der extrafloralen Nektarien, b) sammeln von Nektar durch Löcher an der Blütenbasis, c) regulärer Blütenbesuch zwecks Nektar- und Pollensammeln. Die meisten Bienen sammeln nur nach einem Typ, einige kombinieren a und b oder b und c, nur sehr wenige a und c. Die Häufigkeit des Auftretens der enzelnen Typen ist unterschiedlich an verschiedenen Tagen und zu verschiedenen Tageszeiten. Die Unterschiede kommen mehr durch den Wechsel der sammelnden Bienen als durch Änderung des Verhaltens der einzelnen Bienen zustande. M. Biedermann. 5425.

Butler, C. G. **Das Zusammenwirken eines Bienenvolkes.** Bienenwelt [Graz] 4 (1962) Nr. 12. S. 269–275. — 1 Abb.

Verschiedene Faktoren bewirken den Zusammenhalt eines Bienenvolkes. Zunächst die Arbeitsteilung. Man unterscheidet 3 Zeitabschnitte. Im ersten sind die Jungbienen nur mit Zellenputzen beschäftigt. Im zweiten verrichten sie alle anfallenden Arbeiten im Stock, überwiegend die, die ihrer körperlichen Entwicklung am meisten entsprechen. Im dritten sind sie als Wächter- und Sammelbienen beschäftigt. Die Teilung in Stock- und Feldbienen hängt nach Ribbands mit der Tendenz der älteren Bienen, die Umgebung des Brutnestes zu meiden, zusammen. Jedes Volk hat einen Volksduft, der sich von anderen Völkern unterscheidet. Er wird z. T. durch den eingebrachten Nektar bestimmt. Völker in gleicher Massentracht ähneln sich im Volksgeruch. Weiter ist das Mitteilungsvermögen für den Zusammenhalt eines Volkes sehr wesentlich. Spurbienen geben Entfernung, Richtung und Geruch einer guten Trachtquelle bekannt und veranlassen die Sammlerinnen, die Tracht einzubringen. Sie sammeln selbst nicht, sondern suchen nach neuen Trachtquellen. Der Geruch der Königin und die Menge der Königinnensubstanz, die von der Königin in ihren Mandibeldrüsen produziert und von ihren Pflegerinnen über den ganzen Körper verteilt wird, hält das Volk zusammen und verhindert den Bau von Weiselzellen und die Entwicklung der Eierstöcke der Arbeitsbienen. Das Schwärmen erfolgt, wenn durch Stockübervölkerung die Bienen zu wenig Königinnensubstanz aufnehmen können bzw. wenn die Königin selbst nicht mehr genügend produziert. Die Königinnensubstanz ist eine 9-oxodec-2-enoic-Säure · $CH_3 \cdot CO(CH_2) \cdot CH{:}CH \cdot COOH$.

G. Droege. 5430.

Nedjalkov, K. und Krŭstev, V. (Nedjalkow, K. und Krâstew, W.) Ventilacija na košerite. **(Belüftung der Bienenstöcke.)** Pčelarstvo, Sofija 8 (1962) Nr. 9/10. S. 11-13. — 2 Abb.

Um die Nachteile der Belüftung der Beute durch das untere Flugloch (starke Erkaltung, Schneeanhäufung, Schließen des Fluglochs durch Eisbildung, Ersticken der Bienen usw.) zu vermeiden, empfehlen Vff. folgende Belüftungsvorrichtung: in der Mitte der Beute wird über dem unteren Flugloch ein zweites Flugloch von 12–15 cm Länge und 0,9 cm Breite hergestellt, das schräg von oben nach unten und von innen nach außen ausgeschnitten wird, damit kein Regenwasser hineingerät. Vor dieses Flugloch wird ebenfalls ein Anflugbrett angebracht. Im Herbst wird das untere Flugloch nach und nach geschlossen und im Winter vollständig zugemacht. Im Frühjahr wird es wieder allmählich geöffnet. N. Platikanow. 5435.

Bretschko, Josef; Graz, Imkerschule. **Einfluß des Futtersaftes auf die Entwicklung der Königinnen. Besteht ein Zusammenhang zwischen der Anzahl der Weiselzellen einer Zuchtserie und dem Schlupfgewicht der Königinnen?** Bienenwelt [Graz] 4 (1962) Nr. 12. S. 278–281. – 1 Tab.

Vf. wog von 11 Pflegevölkern je 10 Königinnen und 10 Nymphen. Das Durchschnittsgewicht schwankte bei Königinnen zwischen 215 und 233 mg, bei Nymphen 48 Std. vor dem Schlupf zwischen 250 und 290 mg. In Zuchtserien der Klasse 1 mit 16–30 Weiselzellen wogen die Königinnen 219,5 mg, in der Klasse 2 mit 30–40 Weiselzellen 224 mg. Die Nymphen wogen 270 und 266 mg. Die Gewichtsunterschiede liegen im Zufallsbereich. Die Untersuchungen ergaben, daß aus größeren Zuchtserien keine körperlich schlechter ausgebildeten Königinnen hervorgehen. Der entscheidende Einfluß auf die körperliche Ausbildung von Jungköniginnen ist in der Pflegebereitschaft zu suchen. Vf. untersuchte weiter die Versorgung der Weiselzellen mit Futtersaft. Grobsinnlich unterschied er nach gut, mittel und schlecht versorgt. Es wurden die Nymphen der so beurteilten Zellen beim Verschulen gewogen. Nur solche aus schlecht versorgten Zellen waren leichter. Eine Erhöhung der Futtersaftmenge bewirkt keine Erhöhung des Körpergewichts. Königinnen aus Umweiselungszellen sind deshalb meist besser, weil sie nach dem Schlupf und bis zur Paarung unter optimalen Umweltbedingungen gehalten werden. G. Droege. 5460.

Reßmann, G.; Faak am See, Kärnten. **8-DK-370-490-1077? Die „Familien-Stockkarte" und ihre Auswertung.** Bienenwelt [Graz] 4 (1962) Nr. 12. S. 265–268.

Vf. macht einen Vorschlag für eine neue Stockkarte. Alle nötigen Angaben, Vorgeschichte, Herkunft, Ertrags- und Leistungswert, Zustand des Volkes etc. werden in Zahlen, Buchstaben und Farbpunkten ausgedrückt, die in richtiger Reihenfolge gesetzt, von jedem Volk ein klares Bild vermitteln. Der Ertragswert wird in Prozent des möglichen Honigertrages ausgedrückt und in 5 Farben dargestellt. Bis 20% schwarz, bis 40% blau, bis 60% rot, bis 80% gelb, darüber weiß. Der Leistungswert des besten Volkes erhält die Zahl 1. Es folgen der Reihe nach alle übrigen mit 2, 3, 4 etc. Völker mit gleichem Ertragswert haben auch die gleiche Wertzahl. Die Entwicklung des Volkes wird in 5 verschiedenen Farben dargestellt. Um anzugeben, ob geschwärmt, still umgeweiselt, der Schwarm verhindert wurde etc., werden wieder Zahlen verwendet. Weitere wichtige Angaben können mit bestimmten Abkürzungen beigefügt werden. G. Droege. 5480.

Moorman, Robert B. Help your bees survive the winter. **(Helft euren Bienen, den Winter zu überleben.)** Iowa Farm Sci. **17** (1962) Nr. 4. S. 289 bis 290. – 4 Abb.

Das Verhungern der Bienen ist Hauptgrund für Völkerverluste im Winter. Starke Völker mit reichen Honig- und Pollenvorräten überstehen selbst die kältesten Winter. Die Königinnen in überwinternden Völkern sollten nicht älter als 2 Jahre sein. Vorteilhaft ist es, die Beuten mit Teerpappe zu umgeben (bei Freiaufstellung). Sie bietet Windschutz (sehr wichtig) und bildet gleichzeitig eine wärmeabsorbierende Oberfläche. – Hinweise für notwendige Arbeiten an den Bienen in den Mon. Febr. und März werden gegeben. Dabei weist Vf. darauf hin, daß die Bienen nicht mehr als nötig gestört werden sollten, da vor allem die Gefahr sehr groß ist, daß die Brut verkühlt. Futtervorräte sind zu prüfen. Für ein Pollenersatzmittel wird folgende Empfehlung gegeben: 1 Teil trockener Pollen mit $2^2/_3$ Teilen heißem Wasser vermischen,

dazu kommen $5^1/_3$ Teile Zucker und 3 Teile Sojamehl (jeweils Gewichtsteile). Dieses Gemisch wird den Bienen als Teig dargeboten.
R. Bährmann. 5485.

Michajlov, K. I. und Taranov, G. F. (Michailow, K. I. und Taranow, G. F.) Zimovka pčel pri maloj ventiljacii. **(Die Überwinterung der Bienen bei mäßiger Durchlüftung.)** Pčelovodstvo, Moskva **38** (1962) Nr. 10. S. 6–9. — 2 Abb., 5 Tab., 2 Lit.
Versuchsweise wurden Bienen bei völlig verschlossenen Fluglöchern und ohne obere Erwärmung durchwintert. Die Öffnung der Fluglöcher erfolgte generell am 20. Febr. Wenn Unruhe im Stock auftrat oder die Temperatur im Überwinterungsraum anstieg, wurde vorzeitig geöffnet; bei +2 °C ein Flugloch, bei + 4° beide Fluglöcher. Der Futterverbrauch war um ⌀ 0,8 kg geringer als bei den Kontrollvölkern, geringer war auch der Totenfall. Die Rückstände im Darm betrugen 22,8 mg (bei Kontrollvölkern 26,5 mg). Alle Versuchsvölker hatten im Frühjahr mehr Brut. Die Luftfeuchtigkeit in der Beute lag bei 91–92%, nach Öffnen der Fluglöcher sank sie auf 72–81%. Von 77 Völkern wurde nur bei 5 (6,5%) geringe Feuchtigkeit in der Beute festgestellt.
H. Gentz. 5485.

Kozin, R. B. (Kosin, R. B.); Moskau, Landwirtsch. Timirjasew-Akad., Lehrstuhl für Bienenzucht. Zimovka kavkazskich pšel v Jaroslavskoj oblasti. **(Die Überwinterung kaukasischer Bienen im Jaroslawler Gebiet.)** Pčelovodstvo, Moskva **39** (1962) Nr. 12. S. 24–25. — 2 Tab.
Zur Ermittlung des besten Standorts für die Überwinterung wurden je 18 Völker im Freien, im Keller, im Überwinterungsraum und unter einem Schutzgehäuse aus Brettern überwintert. Am günstigsten verlief die Überwinterung unter dem Schutzgehäuse. Nosema- und Totenbefall waren nur gering, die Rückstände im Darm mäßig. Der Honigverbrauch betrug ⌀ 11,2 kg. Ein Schutzgehäuse (2,00×0,88 bzw. 0,77 m) dient für 2 Beuten. Der Zwischenraum zwischen Beuten- und Gehäusewand (10–15 cm) wird mit Werg und Moos gefüllt, der Boden mit Tannenstreu bedeckt; das ganze ruht auf 25–30 cm hohen Pfählen.
H. Gentz. 5485.

Rope, C. G.; Auckland, New Zealand, Dep. of Agric. Dealing with the swarming instinct in bees. **(Die Behandlung des Schwarminstinktes bei den Bienen.)** New Zealand J. Agric. **105** (1962) Nr. 5. S. 417. 419. — 3 Abb.
Die 3 verschiedenen bei den Bienen vorkommenden Typen von Königinnenzellen werden beschrieben: Nachschaffungs-, stille Umweiselungs- und Schwarmzellen. — Bei schwachen Völkern empfiehlt Vf. zur Schwarmkontrolle wöchentl. Ausbrechen der Weiselzellen. Sonst wird schwarmhemmende Völkerbehandlung angeraten, u. a. genügend Raum für Brut und Honig, ausbauenlassen von Mittelwänden, große Fluglöcher. Völker in Schwarmstimmung läßt man ihren Platz mit schwachen tauschen. Gute starke Völker können durch Schiede zwischen den Magazinzargen in 3 Teile geteilt werden, ohne die Königin zu suchen. In jedem Teil sollen sich 2 schöne Weiselzellen befinden. Später werden je nach Bedarf die Teile wieder vereinigt oder einzeln aufgestellt. Weiterhin wird die Behandlung abgeschwärmter Völker besprochen.
M. Biedermann. 5492.

Chauvin, R.; Bures-sur-Yvette, Seine-et-Oise, Stat. de Rech. sur l'Abeille. Nutrition de l'abeille. **(Ernährung der Bienen.)** Ann. Nutrit. Alimentat. [Paris] **16** (1962) Nr. 5. S. 41–63. — 74 Lit.
Vortrag auf der Tagung „Ernährung bei Poikilothermen", Jan./Febr. 1962, Versailles. Auf Grund einer umfangreichen Literaturübersicht werden folgende, für die Ernährung wesentlichen Faktoren dargestellt: Bedeutung inkretorischer Drüsen und deren Enzyme; Zuckerstoffwechsel; Aufnahme bzw. Verdauung von Stärke; Mechanismus der Pollenaufnahme und -verdauung;

N-Stoffwechsel; Fe-Stoffwechsel; Bedeutung der Ascorbinsäure; Ernährung und Entwicklung von Königin- und Arbeiterin-Larven; Einfluß von Symbionten; Einfluß des Alters auf den Ablauf der stoffwechselphysiologischen Vorgänge; Nahrungsbedarf und Pflege von Königin und Larven; Ernährung und Stoffwechselvorgänge während der Überwinterung. F. Lüpnitz. 5494.

Mel'ničuk, I. A. (Melnitschuk, I. A.) Kislota i sachar. **(Säure und Zucker).** Pčelovodstvo, Moskva **39** (1962) Nr. 12. S. 31–34. – 2 Abb., 4 Tab.
Vf. führte systematische Untersuchungen durch, inwieweit eine Säurebeigabe bei der Herbstauffütterung den Zustand der Völker beeinflußt. Eine Beigabe von 0,3 g Säure auf 1 kg Zuckerlösung führt zu einer besseren Überwinterung und schnelleren Entwicklung im Frühjahr. Die besten Ergebnisse wurden mit Essig- und Oxalsäure erzielt. H. Gentz. 5494.

Kalinin, A. P. und Radbil', O. S. (Kalinin, A. P. und Radbil, O. S.); Kasan. Vlijanie matočnogo moločka i pčelinogo jada na nekotorye železy vnutrennej sekrecii. **(Die Einwirkung des Futtersaftes und des Bienengiftes auf einige Inkretdrüsen.)** Problemy ėndokrinologii i gormonoterapii, Moskva 8 (1962) Nr. 5. S. 119–123. – 56 Lit.
Die Frage der oestrogenen oder androgenen Wirkung des Futtersaftes kann noch nicht als endgültig gelöst gelten. Die auftretenden Widersprüche können ihren Grund auch darin haben, daß bei den Versuchen verschiedenartige Lösungen des Futtersaftes verwendet wurden. Es ist ferner nicht ausgeschlossen, daß unter den biol. aktiven Verbindungen des Futtersaftes thermolabile oder auch solche auftreten, die durch die Einwirkung des Luftsauerstoffes oder durch Mikroorganismen zerstört werden. Strittig ist auch die Frage des Vit.-E-Gehaltes. Die Einschätzung aller Ärzte, die Futtersaft für verschiedene klinische Zwecke verwandten, ist einstimmig, daß er für Personen vorgerückten Alters von wohltuender Wirkung ist. Verschiedene Forscher vertreten die Meinung, daß der Effekt des Futtersaftes in seiner günstigen Wirkung auf die Inkretdrüsen, bes. auf die Geschlechtsdrüsen, beruht. Bei Klimax, Impotenz, Unfruchtbarkeit bei Männern und Frauen wurden mit Futtersaft beste Erfolge erzielt. Er übt eine positive Wirkung auf das Körpergewicht aus und ist sehr wirksam bei'Glykämie der Diabetik. Das durch verschiedene Versuche in der SU vorliegende reichhaltige Material ermöglicht nunmehr, den therapeutischen Effekt der Futtersaftpräparate einzuschätzen und den Mechanismus seiner Wirksamkeit zu klären.
H. Oschmann. 5496.

Kaškovskij, V. G. und Šigaeva, A. N. (Kaschkowski, W. G. und Schigajewa, A. N.); Kemerowo, Landwirtsch. Versuchsstat., Abt. für Bienenzucht. Kak uveličit' vychod voska. **(Wie die Wachsproduktion erhöht werden kann.)** Pčelodstvo, Moskva **39** (1962) Nr. 10. S. 28. – 2 Tab.
Durch mehrmaliges Auspressen kann die Ausbeute an Wachs erheblich erhöht werden. So ergeben 3 Auspressungen von 1 kg Waben 160 g Wachs, 4 – 200 g, 5 – 210 und 10 Auspressungen – 255 g. Die Methode Najtschukows wird beschrieben. H. Gentz. 5496.

Jordanov, D. (Jordanow, D.) Predpazitel. **(Windfang.)** Pčelarstvo, Sofija 8 (1962) Nr. 9/10. S. 20–21. – 5 Abb.
Anleitung zur Herstellung eines Windfangs. Dieser stellt einen Kasten dar, der aus folgenden Brettchen von 1,0–1,5 cm Stärke zusammengesetzt wird: a) ein Brettchen 30 × 5,5 cm, an dessen beiden Enden Stücke von 4,5 × 5,5 cm Größe ausgeschnitten werden; b) zwei Brettchen 4,5 × 5,5 cm; c) ein Brettchen 23 × 4 cm und d) ein Brettchen 23,0 × 4,5 cm mit Schlitz 16,0 × 0,8 cm. Der so gebaute Kasten wird vor das Flugloch angebracht. Durch einen derartigen Windfang werden die Völker vor Kälte, Feuchtigkeit usw. geschützt.
N. Platikanow. 5520.

Anonym. **Unsere besten Bienennährpflanzen.** Bienenvater [Wien] **84** (1963) Nr. 3. S. 74–80.

In Ungarn und Jugoslawien, wo größere Bestände der Weide (Salix) vorkommen, kann man Weidenhonigerträge bis zu 15 kg erzielen. Späte Honigtauspende der Weiden kann für die Überwinterung der Bienen ungünstig sein. Es gibt ca. 300 Weidenarten. Mehrere Arten werden beschrieben. Von Spitz- und Bergahorn schleuderte Vf. im Apr. 9,2 kg Honig je Volk. Nektarmessungen von Joirisch ergaben bei Spitzahorn 200–300, bei Feldahorn 1000–1100 kg Honig/ha. Ahornarten werden beschrieben. Unter den als Bienenweide wertvollen Ziersträuchern behandelt Vf. folgende Arten: Bartblumenstrauch (*Caryopteris clandonensis*), Bastardindigo (*Amorpha fructicosa*), Scheinquitte (*Chaenomeles japonica*), Mahonie (*Mahonia aquifolium*), Blutjohannisbeere (*Ribes sanguineum*), Goldregen (*Laburnum anagryoides*), Mispel (*Cotoneaster*), Schneebeere (*Symphoricarpus racemosus*), Zimthimbeere (*Rubus odoratus*), Eibisch (*Hibiscus*), Schottische Zaunrose (*Rosa rubiginosa*), und Apfelrose (*Rosa rugosa*). G. Pritsch. 5530.

Fossel, A. **Kulturpflanzen als Nektarspender.** Dtsch. Bienenwirtsch. **13** (1962) Nr. 11. S. 330–333. – 3 Abb.

Durch die Entwicklung von Chemie und Technik sind viele Nektarspender verlorengegangen (Flachs, Krapp, Färberwau, Weberkarde, Safran etc.). Die verläßlichste Nektarquelle sind die Ölfrüchte, die in geschlossenen Beständen zur Verfügung stehen und der Bestäubung bedürfen. Deshalb bestehen gute Beziehungen zwischen Ölfruchtbauern und Imkern. Im Feldgemüsebau kommen nur wenige Nektarspender in Frage (Kürbis, Spargel, Bohnen, Gurke). Im Futterbau werden die wertvollen Nektarpflanzen im Interesse eines hohen Nährwertes und Massenertrages geschnitten, wenn die ersten Blüten sich öffnen. Die beträchtlichen Mengen an Saatgut für den Futterbau werden aus anderen Ländern eingeführt, die den Honig aus diesen Nektarspendern ernten. Vf. regt an, daß Imkervereine Anbauverträge abschließen und die Imker in Garten und Feld Gemüse- und Futterpflanzensamen erzeugen. Im Zwischenfruchtbau könnte der Kleeanteil in den Grassamenmischungen erhöht werden, als Stützpflanzen könnten statt Gerste und Hafer Wicken, Senf oder Lupinen gewählt werden. Phacelia und Buchweizen sollten vermehrt für den Nachfruchtbau verwendet werden. Klee- und Luzernefelder sollten einmal jährl. zur Blüte kommen, was ihre Nutzungsdauer verlängert. G. Droege. 5530.

Šul'gina, E. O. (Schulgina, Je. O.) O vlijanii vreditelej na nektaronosnost' rastenij. **(Über den Einfluß der Schädlinge auf die Nektarbildung der Pflanzen.)** Zaščita rastenij ot vreditelej i boleznej, Moskva **6** (1961) Nr. 11. S. 10.

Die Menge des von den Bienen eingebrachten Honigs wird stark von der Witterung und dem Schädlingsbefall der Nektarpflanzen beeinflußt. Im Gebiet von Gorki gaben z. B. die Linden in der Zeit von 1948–58 nur einmal (1949) einen guten Honigertrag. Die Mißernten waren in 3 Jahren (1950, 1952, 1958) durch die kalte und regnerische Witterung bedingt, in den anderen Jahren durch Schädlingsbefall (Kleiner Frostspanner). Auf Luzernefeldern können Falter (Gammaeule u. a.) den ganzen Honig entnehmen, so daß für die Bienen nichts mehr übrig bleibt. H. Decker. 5530.

Schönitz, R.; Winkwitz bei Meißen. **Mehr Mut zu Nahwanderungen in den Raps.** Garten u. Kleintierzucht, Ausg. C **1** (1962) Nr. 6. S. 3.

Vf. berichtet über seine Erfahrungen mit Nahwanderungen in den Raps über 1250 und 1900 m. In beiden Fällen konnte ein Rückflug zum Heimatstand bzw. später zum Wanderstand zu vorsichtshalber zurückgelassenen Ablegern nicht beobachtet werden. Um ganz sicher zu gehen, ist es zweckmäßig, die Bienen frühzeitig genug umzusetzen, bevor sie sich auf die Kultur eingeflogen haben. Bei Nahwanderung in später blühende Kulturen ist die Gefahr des

Rückfluges größer, weil die Bienen sich infolge verminderten Trachtangebotes z. T. auf weiter entfernt liegende Trachten eingeflogen haben. Man muß dann vorsichtshalber einen Ableger zur Aufnahme des Rückfluges am Heimat- bzw. Wanderstand zurücklassen. Durch die kurze Entfernung zum Nahwanderstand ist die Beaufsichtigung und Schwarmbehandlung leichter.
G. Droege. 5540.

Georgantas, Pan D.; Athen, Min. of Agric., Bee Dep. Notes on the use of terramycin in various proportions against E.F.B. **(Bemerkungen über die Anwendung von Terramycin in verschiedenem Verhältnis gegen die europäische Faulbrut.)** Bee Wld. **43** (1962) Nr. 3. S. 82.
Gegen europäische Faulbrut wird verschiedentlich in Amerika und Europa Terramycin in Dosen von 40–50 g pro 10–12 kg Zuckerlösung angewendet. Bei Versuchen mit unterschiedlichen Dosen (40, 30, 20, 10 g) ergab sich, daß noch 10 g in 10–12 kg Zuckerlösung in der Lage waren, europäische Faulbrut zu verhindern und zu heilen. Vf. meint, daß die Macedonische Biene wahrscheinlich widerstandsfähiger gegen diese Krankheit ist. Weiterhin spielen evtl. Klima und Trachtangebot eine Rolle. Die Bienen in Attica waren widerstandsfähiger als die in Macedonien. M. Biedermann. 5560.

Danieljan, S. G. (Danijeljan, S. G.) Meleoz pčel v Armjanskoj SSR. **(Die Meleose der Bienen in der Armenischen SSR.)** Pčelovodstvo, Moskva **39** (1962) Nr. 10. S. 20–21. — 1 Abb.
Die Krankheit wird durch die parasitären Larven von Meloe (Coleoptera) hervorgerufen, die sich in den Leib der Biene einboren und sie aussaugen. Sie sind auf den Blüten wilder Rosen, der Kamille, der Luzerne, bes. aber der Esparsette anzutreffen. Die Krankheit äußert sich in krampfartigem Winden, Hochspringen und Versuchen, mit den Beinen etwas vom Körper abzustreifen. Die Bekämpfung erfolgt mit Naphthalin. H. Gentz. 5565.

Michael, A. S.; Beltsville, Md., U.S. Dep. of Agric., A.R.S., Entomol. Res. Div. Tropilaelaps clareae, a mite infesting honeybee colonies. **(Tropilaelaps clareae, eine Milbe, die Bienenvölker heimsucht.)** Bee Wld. **43** (1962) Nr. 3. S. 81–82. — 1 Lit.
Die Milbe wurde auf den Philippinen in Proben von Brutwaben aus Bienenvölkern gefunden. Die Milben befanden sich in verdeckelten Brutzellen. Unter den toten Puppen saßen jeweils mehrere adulte Milben. Nur in milbenbefallenen Zellen waren die Flügel der toten Puppen deformiert. Die Anzahl der befallenen Völker steigt an. Eine Diagnose der Gattung Tropilaelaps wird gegeben. M. Biedermann. 5570.

H. SEIDENRAUPEN

Descours, Jan; Milanowek, Polska, Lab. Jedwabiu Naturalnego. La campagne séricicole 1961 en Pologne. **(Die Seidenraupenzucht 1961 in Polen.)** Rev. Ver à Soie [N.S.] **13(4)** (1961) S. 357–359. — 1 Tab. Zus. in Engl.
In Polen gab es 1961 ca. 3300 Seidenbauer (59% Land, 41% Stadt), die ca. 44 kg Brut aufzogen (= 85% von 1960). Hieraus resultierten 78000 kg Frischkokons (= 86% von 1960). Das bedeutet einen Ertrag von 1,74 kg Kokons aus 1 g Brut (1960: 1,68 kg). 50% der Industriebrut waren aus Italien eingeführte polyhybride Rassen. Ein erstmalig eingerichteter kollektiver Bebrütungsraum hatte gute Ergebnisse zu verzeichnen und soll nach Möglichkeit beibehalten werden. Die industrielle Verarbeitung der Kokonernte brachte 6,1 t Rohseide (Grège) (= 90% von 1960), die jedoch keineswegs den Bedarf decken, so daß Importe aus der chinesischen Volksrepublik getätigt werden. Die Seidenausbeute in der Spinnhütte (Haspelrendite) konnte weiter verbessert werden; für 1 kg Rohseide wurden benötigt: 1960

= 3,8 kg Trockenkokons, 1961 = 3,4 kg. – In 1 Tab. werden die wichtigsten Kennziffern für den polnischen Seidenbau der letzten 10 Jahre (1952–61) angegeben. H. Rost. 5652.

Averkiev, I. S. (Awerkijew, I. S.) Osnovnye problemy severnogo šelkovodstva i metody ich rešenija. **(Die Hauptprobleme der nördlichen Seidenraupenzucht und Methoden zu ihrer Lösung.)** Sb. tr. Povolžsk. lesotechn. in-t **1961** Nr. 55. S. 185–197. – Aus: Referativnyj žurnal. Biologija, Moskva **1962** Nr. 13. L 264. S. 33.
Die natürlichen Bedingungen der ASSR der Mari sind für die Züchtung des chinesischen Eichenseidenspinners günstig. Die Bereitstellung von Zuchtmaterial unter den örtlichen Bedingungen wurde erfolgreich gelöst. Die späte Aufzucht und die Verlängerung der Überwinterungsperiode der Puppen im Frühjahr in Kühlschränken ermöglichen die erfolgreiche Beschaffung von Zuchtkokons. Es wurden wirksame Methoden für die industrielle Aufzucht von Seidenspinnern auf Warzenbirke ausgearbeitet und hochproduktive univoltine Rassegruppen geschaffen, die gut an die neuen Klima- und Futterbedingungen angepaßt sind. In 12 Jahren wurde die Seidenraupe auf Warzenbirke zu denselben späten Terminen aufgezogen (22. IV.–2. VII. – Beginn der Aufzucht). Die Eier wurden durch Verlängerung der Überwinterungszeiten der Kokons im Frühjahr und durch ihre Unterbringung in Kühlschränken erhalten. Periodisch wurden sich leicht unterscheidende ökologische Variationen gekreuzt. Im Ergebnis einer 12jährigen Aufzucht auf Birke wurde eine Erhöhung des Kokongewichts von 4,8 auf 7,5 g erzielt, eine Steigerung der Fruchtbarkeit der Falter von 150 auf 250, eine Kokonausbeute von 104–500 kg. Unter diesen Bedingungen entstehen und festigen sich bei den bivoltinen Formen univoltine Merkmale und Eigenschaften.
übersetzt v. Ch. Eshkowa. 5652.

Springhetti, A. und Fava, A. Ibridi a due e a quattro varietà die razze italiane di bachi da seta (Bombyx mori L.). **(Hybriden mit 2 und mit 4 Varietäten italienischer Rassen des Maulbeerseidenspinners [Bombyx mori L.].)** Genetica agraria [Pavia] **14** (1961) Nr. 1/2. S. 56–64. – 2 Abb., 2 Tab., 12 Lit. Zus. in Engl.
Aus 3 Varietäten der Rasse „Oro chinese“ und 4 Varietäten der Rasse „Giallo indigeno“ wurden die möglichen Hybriden mit 2 Varietäten innerhalb der Rassen und mit 4 Varietäten zwischen den Rassen hergestellt und vergleichsweise mit den Reinzuchten der Ausgangsvarietäten an 2 verschiedenen Orten aufgezogen. Zur biometrisch-statistischen Auswertung kommen die Merkmale Puppengewicht, Hüllengewicht und Seidengehalt. Es werden bei den Hybriden stets niedrigere Werte gefunden, die aber von denen der reinen Rassen statistisch nicht verschieden sind. Die Untersuchungsergebnisse zeigen, daß durch die Hybridisierung stets eine Erhöhung der von der Rasse manifestierten Variabilität, die bei Kreuzung der Varietäten der gleichen Rasse unter sich sehr gering ist, beigesteuert wird. Die Ergebnisse bestätigen auch den spärlichen Einfluß der Heterosiserscheinungen auf die 3 untersuchten Merkmale und lassen folgern, daß es andere Gründe sind, die die Aufzucht von Hybriden mit 4 Varietäten der bisher praktizierten mit 2 Varietäten verschiedener Rassen vorziehen lassen. H. Rost. 5654.

Doira, Hiroshi und Chikushi, Haruo. Genetical and biochemical analysis of the oily skin characters in Bombyx mori. I. **(Eine genetische und biochemische Analyse der Merkmale für „oily skin“ bei B. mori. 1. Mitt.)** Sci. Bull. Fac. Agric., Kyushu Univ. **19** (1962) Nr. 4. S. 411–427. – 12 Tab., 44 Lit. Orig.: jap., Ausz.: engl.
Unter Verwendung der verschiedensten Kombinationen der für die „oily skin“-Mutanten verantwortlichen und sehr weitläufig über die Chromosomen verstreuten Gene *oa, od, os, Nl* und Allelenserie w_3, w^{01} und *oew*, verbunden

mit einer Bestimmung des Harnsäuregehaltes in der Hypodermis der Raupen, analysieren Vff. die Manifestation des Merkmals „durchsichtige Haut" („translucent", „oily skin"). Das Verhalten der einzelnen Genkombinationen hinsichtlich des Harnsäuregehaltes der Hypodermis ist sehr unterschiedlich und sowohl von bestimmten Genen als auch von dem Umstand abhängig, ob es sich um Haplo- oder Diplo-Individuen handelt. An Hand der Ergebnisse wird vermutet, daß trotz der phänotypischen Gleichartigkeit, d. h. transparente Haut und reduzierte Harnsäureanhäufung in der Hypodermis, der Wirkungsmodus eines jeden der Gene, die für das Merkmal „oily skin" verantwortlich sind, nicht immer der gleiche ist. H. Rost. 5656.

Yamafuji, Kazuo und Yoshihara, Fumiko; Fukuoka, Japan, Kyushu Univ., Agric. Chem. Inst. A gene synthesizing deoxyribonuclease in the polyhedral pre-viral genome. **(Ein Gen, das in dem präviralen Genom für Polyedrie Desoxyribonuklease aufbaut.)** Nature [London] **196** (1962) Nr. 4861. S. 1340. — 2 Tab., 9 Lit.

Zum Nachweis der Desoxyribonukleasetätigkeit der Polyederviren werden jungen Puppen von *Bombyx mori* — von denen aus früheren Untersuchungen bekannt ist, daß sie keine alkalische Desoxyribonuklease enthalten — 0,02 ml einer Polyederaufschwemmung (0,1 mg/ml) injiziert. Die aus den Polyederkristallen der kranken Tiere isolierten Viruspartikel werden nach einer im Orig. beschriebenen Methode behandelt, ihre Enzymtätigkeit wird spektrophotometrisch bestimmt. Aus den Ergebnissen wird ersichtlich, daß das Polyedervirus eine Desoxyribonuklease bildet, die bei pH 12 ihre höchste Aktivität entfaltet, und daß in ihm ein Gen existiert, das die alkalische Desoxyribonuklease aufbaut. Unter Verwendung zweier Stämme mit unterschiedlicher Hautfärbung (plain und striped) weisen Vff. nach, daß eine Korrelation zwischen der Aktivität der Nuklease und der Hautfarbe besteht, was wiederum der Schluß nahelegt, daß das die alkalische Desoxyribonuklease synthetisierende Gen auf dem 2. Chromosom lokalisiert ist (vgl. auch LZ. Abt. III **7** [1962] Nr. 8. S. 1651.). H. Rost. 5656.

Bricteux-Grégoire, S. und Florkin, M.; Liège, Univ., Biochem. Inst. Léon Frédéricq. Contributions à la biochimie du ver à soie. XXVI. Utilisation du glucose pour la synthèse de la fibroïne de Bombyx mori L. **(Beiträge zur Biochemie der Seidenraupe. 26. Mitt. Die Nutzung der Glukose zur Synthese des Fibroins von Bombyx mori.)** Arch. int. Physiol. Biochim. **70** (1962) Nr. 5. S. 711–717. — 1 Tab., 15 Lit.

In den Positionen 1, 2 und 6 mit ^{14}C markierte Glukose wird kurz vor der Spinnreife stehenden Seidenraupen injiziert. Aus dem Fibroin der Kokons dieser Tiere werden die wesentlichen Aminosäuren isoliert, gereinigt und auf ihre Radioaktivität untersucht. Die Prüfung der spez. und der gesamten Aktivität der isolierten Aminosäuren zeigt, daß ein bedeutender Teil der injizierten Glukose für die Synthese des Fibroins verwandt wurde: 15–33% der injizierten Aktivität finden sich im Alanin, Serin, Glyzin, in der Glutaminsäure und in der Asparaginsäure. Das Tyrosin hat keine Aktivität inkorporiert. Bei Injektion von Glukose-1-^{14}C und -6-^{14}C ist das im Verlaufe der Glykolyse erzeugte Pyruvat in der Position 3 markiert, ebenso wie es das sich aus letzterem ableitende Alanin und Serin sein wird. Der Katabolismus der Glukose-2-^{14}C erzeugt Pyruvat-2-^{14}C; folglich werden auch das Alanin und das Serin sowie das sich aus letzterem ableitende Glyzin in Position 2 markiert sein. Hier ist die spez. Aktivität des Glyzins höher als in den beiden anderen Versuchen; sie ist von der gleichen Größenordnung wie die des Alanins und des Serins. Die Ergebnisse stimmen mit der Kenntnis überein, nach welcher die Seidendrüse aus Pyruvat oder aus Pyruvat liefernden Substanzen Aminosäuren mit Ausnahme des Tyrosins aufbauen kann. H. Rost. 5656.

Manunta, C.; Pavia, Univ. di Sassari, Cattedra di Biol., Centro die Genetica del CNR. Ricerche sul metabolismo degli elementi oligo-dinamici nei bachi da seta (Bombyx mori). **(Untersuchungen über den Metabolismus der Spurenelemente bei der Seidenraupe [Bombyx mori].)** Genetica agraria [Pavia] **14** (1961) Nr. 1/2. S. 110–123. – 4 Abb., 1 Tab., 6 Lit. – Zus. in Engl.
An der Asche der Hämolymphe von 12 Seidenspinnerrassen werden die Veränderungen der Konzentration einiger Spurenelemente im Zeitraum zwischen der 4. Häutung und der Spinnreife untersucht. Hinsichtlich Fe, Al und Cu zeigt jeder Stamm ein bestimmtes Verhalten, jedoch ist bei allen als Grundtendenz eine hohe Fe-Konzentration während des 5. Stadiums bei nur in geringen Spuren vorkommendem Cu zu erkennen (Fe Al Cu). Für Fe tritt in dem Zeitraum zwischen „maximaler Größe" und Spinnreife eine Verringerung ein, die auch, allerdings nur bei einigen Stämmen, für Al und Cu festgestellt wird (bei anderen Stämmen ist dagegen eine leichte Erhöhung zu verzeichnen). Diese Erscheinung steht offensichtlich in Beziehung zu den metabolischen Erfordernissen (Inanspruchnahme der Spurenelemente zu den Zeitpunkten der Häutung und in aktiveren Stadien), die an die unterschiedliche genotypische Konstitution gebunden sind. Nicht eindeutig aufgezeigt wird, daß die Häutung selbst durch eine spez. Wirkung dieser obligodynamischen Elemente auf Hormone des endokrinen Systems gefördert wird.
H. Rost. 5656.

Springhetti, A. und Oddone, P.; Pavia, Univ., Ist. Zool. „L. Spallanzani". Osservazioni biometriche sulla massa eteropicnotica nei seritteri del Bombyx mori L. **(Biometrische Feststellungen über die heteropyknotische Masse in den Seidendrüsen von Bombyx mori L.)** Genetica agraria [Pavia] **14** (1961) Nr. 1/2. S. 65–76. – 3 Abb., 5 Tab., 9 Lit. Zus. in Engl.
In dieser Arbeit vorläufigen aber methodischen Charakters untersuchen Vff. die Größe der heteropyknotischen Masse in den Zellen des mittleren Abschnittes der Seidendrüse (Reservoir) bei 17 rein gehaltenen Stämmen mit ziemlich unterschiedlichen Merkmalen. Sie finden, daß bei den frisch geschlüpften Raupen bemerkenswerte Unterschiede zwischen den Stämmen bestehen, die aber nicht zu einer Gruppierung der Mittelwerte geeignet sind. Bei einer trivoltinen Rasse werden für die 1. und die 2. unterschiedliche Mittelwerte festgestellt. Experimentelle Beeinflussung, wie Inkubationstemperatur und abs. Fasten, haben keinen wesentlichen Einfluß auf die Größe der heteropyknotischen Masse. Ihre Zunahme ist während der gesamten Larvenzeit sehr groß und kontinuierlich, im 1. Stadium aber nicht für alle Stämme gleich.
H. Rost. 5660.

Nayar, J. K. und Fraenkel, G.; Urbana, Univ. of Illinois, Dep. of Entomol. Practical methods of year-round laboratory rearing of the silkworm, Bombyx mori (L.) (Lepidoptera, Bombycidae). **(Praktische Methoden der ganzjährigen Laboraufzucht des Maulbeerseidenspinners, Bombyx mori L. [Lepidoptera, Bombycidae].)** Ann. entomol. Soc. America **56** (1963) Nr. 1. S. 122–123. – 1 Lit.
Die Aufzucht von Seidenraupen erfordert in der Regel frisches Maulbeerlaub, ist also auf kommerzieller Basis jahreszeitlich begrenzt. Dies ist auch das Haupthindernis für die allg. Verwendung des Seidenspinners als Laborinsekt für physiol. und biochemische Untersuchungen, für die eine ganzjährige Aufzucht wünschenswert erscheint. Vff. beschreiben das von ihnen angewandte Verfahren, nach welchem auch im Winter Raupen im Labor aufgezogen werden können. Benutzt wird eine univoltine Rasse, deren Diapause durch Salzsäurebehandlung bis 24 Std. nach Eiablage oder Kühlung von mindestens 40 Tagen mit nachfolgender Säurebehandlung (Verfahren werden beschrieben) verhindert bzw. aufgebrochen wird. Das für die Spätherbst- und Winteraufzuchten benötigte Maulbeerlaub wird frühzeitig im Okt. vor dem ersten Frost gesammelt

und in großen, luftdichten Plastikbeuteln im Kühlraum bei 2–4 °C aufbewahrt, wo es sich 2–3 Mon. in guter Verfassung hält. Im Jan. und später liefern 2 kleine Maulbeerbäume im Gewächshaus und notfalls aus Florida bezogenes und eingekühltes Laub die Grundlage dafür, daß ständig ein kleiner Vorrat an Raupen zur Verfügung steht. H. Rost. 5665.

Springhetti, A., Fava, A. und Greppi, M.; Pavia, Univ., Ist. Zool. „L. Spallanzani". Sulla correlazione tra lunghezza e titolo della bava serica (Bombyx mori L.). **(Über die Korrelation zwischen der Länge und dem Titer des Seidenfadens [Bombyx mori L.].)** Genetica agraria [Pavia] **14** (1961) Nr. 1/2. S. 35–42. — 4 Abb., 2 Tab., 5 Lit. Zus. in Engl.

Bei 30 Seidenspinnerrassen aus verschiedenen Ländern und Selektionen und mit ziemlich unterschiedlichen physiol. Merkmalen werden Untersuchungen über das korrelative Verhalten der Länge des von der Raupe erzeugten Seidenfadens zu seiner Stärke (Titer), dargestellt durch das Gewicht von 1 m Faden, durchgeführt und variationsstatistisch ausgewertet. Dabei ergibt sich, daß innerhalb der gleichen Rasse eine negative Korrelation besteht. Vergleicht man jedoch die Mittelwerte von Partien der gleichen Rasse, die unter verschiedenen Bedingungen (lokaler und experimenteller Natur) aufgezogen wurden, so läßt sich keine Korrelation feststellen. Betrachtet man dagegen die Rassen als individuelle Einheiten, d. h. arbeitet man mit den aus den 30 Rassen gewonnenen Mittelwerten, so ergibt sich eine hochgradig signifikante positive Korrelation. H. Rost. 5672.

Arifov, U. A., Klejn, G. A., Ščenkov, S. N., Anastasov, S. A., Pašinskij, S. Z. und Lapidus, L. A. (Arifow, U. A., Klein, G. A., Stschenkow, S. N., Anastassow, S. A., Paschinski, S. S. und Lapidus, L. A.) Ispol'zovanie gamma-lučej v pervičnoj pererabotke kokonov tutovogo šelkoprjada. **(Die Verwendung von Gammastrahlen bei der primären Verarbeitung der Kokons des Seidenspinners.)** Tr. Taškentsk. konferencii po mirn. ispol'zovaniju atomn. ėnergii, Taškent **3** (1961) S. 432–435. — Aus: Referativnyj žurnal. Biologija, Moskva **1962** Nr. 13. L 258. S. 33.

Die Bestrahlung der Kokons mit Gammastrahlen von ^{60}Co in Dosen von 350000–500000 FER (phys. Röntgenäquivalent) bewirkte ein 100%iges Absterben der Puppen. Von den bestrahlten Kokons liegt wegen des besseren Abspinnens der Ertrag an Rohseide um ca. 1% höher als bei Kokons, die mit Heißluft abgetötet wurden. Beim Abspinnen der Kokons, in denen die Puppen mit Gammastrahlen abgetötet wurden, verringert sich das Reißen des Fadens um 6,2%, und der ununterbrochen abspinnbare Faden verlängert sich um 30 m im Vergleich zu den Kontrollkokons. Die Verbesserung solcher wichtigen technol. Merkmale erfolgt durch die bessere Löslichkeit des Serizins der Hüllen. Bei Lagerung unter gleichen Bedingungen schimmeln die mit Gammastrahlen bestrahlten Kokonhüllen bedeutend weniger und später als die Rohkokons, die durch Wärme abgetötet wurden. Der Kokonschimmel besteht aus Schimmelpilzen der Gattungen: Mucor, Penicillium, Aspergilus. Die Hauptursache für das Schimmeln der Kokons ist die Feuchtigkeit, die von den langsam vertrocknenden Puppen ausgeschieden wird. Weiter wird es möglich, die bestrahlten Kokons in Spezialbehältern gefahrlos aufzubewahren, die in Gebäuden oder im Freien zur verstärkten Belüftung gelagert werden.

übersetzt v. Ch. Eshkowa. 5672.

Masera, Enrico; Padova, Staz. Bacol. Sperimentale. Il decorso dell'infezione da Nosema bombycis Naegeli nelle farfalle di Bombyx mori L. **(Der Verlauf der Infektion mit Nosema bombycis Naegeli in den Faltern von Bombyx mori L.)** Genetica agraria [Pavia] **14** (1961) Nr. 1/2. S. 84–88. — Zus. in Engl.

Die mikroskopische Untersuchung der nach der Eiablage abgestorbenen und vertrockneten Falter ermöglicht eine quantitative Einschätzung des Infektionsgrades der Brut, die von mit Nosema bombycis infizierten Weibchen stammt, an Hand der mittleren Sporenzahl im mikroskopischen Feld. Vf. stellt und untersucht die Frage, ob der Infektionsgrad im Falter vom Augenblick der Eiablage bis zum Tode des Tieres konstant bleibt oder ob eine Weiterentwicklung stattfindet. Durch die Untersuchung flächen- und positionsgleicher Flügelstücke auf Nosemabefall sowie Kontrolle der befallenen Falter unmittelbar nach beendeter Eiablage wird gezeigt, daß die Nosemiasis während des imaginalen Lebens fortschreitet. Hierdurch ist nachgewiesen, daß die Durchführung der mikroskopischen Untersuchungen an Faltern lange Zeit nach deren Eiablage Fehlerquellen in die Einschätzung des Parasitierungsgrades trägt. H. Rost. 5680.

Katsumata, F.; Bac-loc, Vietnam. Intestinal polyhedrosis occurring in silkworms in Vietnam. **(Über das Vorkommen der intestinalen Polyedrie bei den Seidenraupen in Vietnam.)** Rev. Ver à Soie [N.S.] **13(4)** (1961) S. 347 bis 354. — 7 Tab., Zus. in Franz.

Bei der Überprüfung von Kontrollaufzuchten an verschiedenen Orten Vietnams hatte Vf. Gelegenheit zur Untersuchung kranker Seidenraupen. Die Ergebnisse sind in Vergleichstabellen dargestellt, aus denen geschlossen wird, daß — entgegen einer früheren Meinung — die „intestinale Polyedrie" in Vietnam neben anderen Krankheiten auch eine Rolle spielt. Des weiteren geht aus den Befunden hervor, daß die einheimischen Rassen gegen die Polyedrie resistenter sind als die japanischen Rassen oder Kreuzungen (Japanische × Vietnamesische, Japanische × Afghanische), wobei die letzteren unterschiedliches Verhalten gegenüber dieser Krankheit zeigen. Als geeignete Maßnahmen zur Verhütung der Krankheitsausweitung nennt er Aufzuchthygiene und Ernährung der Raupen. H. Rost. 5680.

Roždestvenskaja, L. F., Arifov, U. A., Klejn, G. A., Rasulov, Ch. R. und Anastasov, S. A. (Roshdestwenskaja, L. F., Arifow, U. A., Klein, G. A., Rassulow, Ch. R. und Anastassow, S. A.) Vlijanie gamma-lučej Co^{60} na kormovye svojstva list'ev šelkovicy. **(Der Einfluß der Gammastrahlen von ^{60}Co auf die Futtereigenschaften der Maulbeerblätter.)** Tr. Taškentsk. konferencii po mirn. ispol'zovaniju atomn. energii, Taškent **3** (1961) S. 435 bis 438. — Aus: Referativnyj žurnal. Biologija, Moskva **1962** Nr. 13. L 256. S. 32.

Maulbeerblätter wurden mit den γ-Strahlen von ^{60}Co in Dosen von 3000 bis 40000 FER (phys. Röntgenäquivalent) bestrahlt. Die Fütterung von Raupen jüngerer Stadien (I, II, III) mit bestrahlten Blättern erhöhte ihr Gewicht und ihre Lebensfähigkeit. Das Gewicht der Raupen im I. Stadium betrug 129,3% gegenüber der Kontrolle, im II. Stadium 115,9% und im III. Stadium 104,8%. Im Kontrollversuch wurde das Gewicht der Raupen aller Altersstadien mit 100% festgelegt. Es wurde eine hohe Lebensfähigkeit der Versuchsraupen unter den ungünstigen Bedingungen des Sommers beobachtet, die die Lebensfähigkeit der Kontrollgruppe um 25–40% überstieg. Die Versuchsraupen spannen Kokons, die 6,9% schwerer waren als die der Kontrollgruppe. Der Ertrag an Kokons überstieg bei der Versuchsgruppe den der Kontrolle um mehr als das Doppelte. Die Fütterung der Raupen der älteren Stadien (IV und V) mit bestrahlten Blättern senkte ihr Gewicht um 4,1–6,8% und die Ausbeute an Kokons um 5,14%. Es ist möglich, daß das Bestrahlen der Blätter zu einer erhöhten Dehydratation führt, was die Aufnehmbarkeit des Futters für die Raupen der älteren Stadien verringert. Bei den Versuchsraupen der älteren Stadien war der Feuchtigkeitsgehalt in den Exkrementen und die Menge der Exkremente, die in 1 Std. ausgeschieden wurde, niedriger als bei den Kontrollraupen. übersetzt v. Ch. Eshkowa. 5685.

TIERERNÄHRUNG

A. ALLGEMEINES

Täufel, K. **Ernährung und Adaptation.** Ernährungsforschung **7** (1963) Nr. 4. S. 586–597. – 16 Lit. 7010.

Bommer, S. **Zivilisationskrankheiten und Ernährung.** Ernährungsforschung **7** (1963) Nr. 4. S. 598–612. – 99 Lit. 7010.

B. CHEMISCHE BESTANDTEILE DES TIERKÖRPERS UND DER FUTTERMITTEL

Jungalwala, F. B. und Cama, H. R.; Bangalore, India, Dep. of Biochem. Carotenoids in Delonix regia (Gul Mohr) flower. **(Carotinoide in Delonix regia [Gul Mohr]-Blüten.)** Biochem. J. **85** (1962) Nr. 1. S. 1–8. – 2 Abb., 6 Tab., 29 Lit.

Zum Studium der Biogenese der Carotinoide in den Blüten wurden die Blütenbestandteile (Blütenblätter, Kelchblätter, Staubbeutel etc.) von *Delonix regia* (Familie der Leguminosen) auf ihren Gehalt an Carotinoiden untersucht. Die Verfahren zur chromatographischen und spektrophotometrischen Bestimmung der einzelnen Carotinoide werden ausführlich beschrieben (Extraktion, Verseifung, Phasentrennung, Säulenchromatographie, Identifizierung der einzelnen Fraktionen, Messungsverfahren). Die Blütenblätter enthalten 29 Carotinoide, von denen Phytoene, Phytofluene, β-Carotin, γ-Carotin, Lycopenisomeren, Rubixanthin, Lutein, Zeaxanthin und verschiedene Epoxycarotine den Hauptanteil ausmachen. Die höchste Carotinoidkonzentration findet sich in den Staubbeuteln, 90% der Gesamtcarotinoidfraktion ist Zeaxanthin. M. Hoffmann. 7210.

Gillespie, J. M., O'Donnell, I. J. und Thompson, E. O. P.; Parkville, Victoria Wool Res. Lab., C.S.I.R.O., Div. of Protein Chem. The interaction between high- und low-sulphur proteins extracted from α-keratin. **(Die Wechselwirkung zwischen aus α-Keratin extrahierten Proteinen mit hohem und niedrigem Schwefelgehalt.)** Austral. J. biol. Sci. **15** (1962) Nr. 2. S. 409 bis 412. – 1 Abb., 1 Tab., 13 Lit.

Wolle und viele Säugetierkeratine bestehen aus 2 Klassen von Proteinen, aus einer mit hohem S-Gehalt und basischer Natur und einer anderen mit niedrigem S-Gehalt und saurem Charakter. Vff. berichten über Möglichkeiten zur Trennung beider Proteinklassen nach ihrer Veränderung durch Reduktion, Carboxymethylierung oder Oxydation. Die Trennung wird ermöglicht durch Präzipitation der Proteine bei unterschiedlichem pH-Wert und verschiedener Ionenstärke. I. Schröder. 7225.

Bai, B. Meera, Viswanathan, C. V. und Pillai, S. C.; Bangalore, India, Inst. of Sci., Dep. of Biochem. Amino acids in sewage during treatment. **(Aminosäuren im Abwasser während der Behandlung.)** J. sci. ind. Res. [New Delhi], Sect. C **21C** (1962) Nr. 3. S. 72–76. – 1 Abb., 4 Tab., 16 Lit.

Im Schlamm und Abfluß der nach verschiedenen Verfahren (chem. Koagulation (A), Sedimentation (B), anaerobe Zersetzung (C) und aerobe Oxydation (D) aufbereiteten Abwässer wurden papierchromatographisch die Gehalte an Aminosäuren (AS) bestimmt. Auf gleiches Gewicht bezogen enthält der D-Schlamm, auf Gesamt-Schlamm bezogen enthält der A-Schlamm die höchsten AS-Mengen. Der D-Schlamm ist reich an allen AS, besonders an Leucinen; der C-Schlamm hingegen enthält mit Ausnahme von Glykokoll die wenigsten AS. Der A-Schlamm ist besonders reich an Glykokoll, Serin, Threonin und Arginin. Der B-Schlamm enthält verhältnismäßig viel Glykokoll, Serin und Threonin. Der D-Abfluß ist frei von AS; der B-Abfluß dagegen enthält die höchsten AS-Mengen. J. Wünsche. 7230.

Ogle, James D., Arlinghaus, Ralph B. und Logan, Milan A.; Cincinnati, O., Univ. of Cincinnati, Coll. of Med., Dep. of Biol. Chem. 3-hydroxyproline, a new amino acid of collagen. **(3-Hydroxyprolin, eine neue Aminosäure von Kollagen.)** J. biol. Chemistry **237** (1962) Nr. 12. S. 3667–3673. 7230.

Dakshinamurti, K. und Mistry, S. P.; Urbana, Univ. of Illinois, Div. of Animal Nutrit. Tissue and intracellular distribution of biotin-$C^{14}OOH$ in rats and chicks. **(Gewebe- und intracelluläre Verteilung von Biotin-$^{14}COOH$ in Ratten und Küken.)** J. biol. Chemistry **238** (1963) Nr. 1. S. 294 bis 296. — 5 Tab., 9 Lit. 7282.

Ryan, C. A. und Bals, A. K.; Albany, Calif., Western Regional Res. Lab. An inhibitor of chymotrypsin from Solanum tuberosum and its behavior toward trypsin. **(Ein Inhibitor des Chymotrypsins aus Solanum tuberosum und sein Verhalten gegen Trypsin.)** Proc. nat. Acad. Sci. USA **48** (1962) Nr. 10. S. 1839–1844. — 4 Abb., 1 Tab., 10 Lit.
Vff. isolierten nach beschriebener Methodik aus weißen Kartoffeln einen Chymotrypsininhibitor mit großer Wirksamkeit und untersuchten den Chymotrypsin-Inhibitor-Komplex sowie die Inhibitorwirkung auf Trypsin. Der Inhibitor ist eine proteinähnliche Verbindung, möglicherweise ein Polypeptid, er ist ungewöhnlich resistent gegen Hitze, Säuren und Basen und hemmt vollständig die Proteolyse, Esterolyse sowie die Milchgerinnung durch Chymotrypsin infolge Bildung eines inaktiven Enzyminhibitorkomplexes. Der Inhibitor bildet auch mit Trypsin einen Komplex, wodurch die Proteolyse von Casein inhibiert wird. Keine Inhibitoraktivität wurde bei der tryptischen Spaltung von Estersubstraten beobachtet. Auf Grund dieser Wirksamkeit des inhibierten Trypsins vermuten Vff., daß das aktive Zentrum des Trypsins durch die Inhibitorwirkung nicht beeinflußt wird.
I. Schröder. 7300.

Wallach, Donald P., Ko, Howard und Marshall, Norman B.; Kalamazoo, Mich., Upjohn Co., Res. Lab. Purification and properties of a tween-hydrolyzing enzyme from rat adipose tissue. **(Reinigung und Eigenschaften eines Tween hydrolysierenden Enzyms aus Rattenfettgewebe.)** Biochim. biophysica Acta [Amsterdam] **59** (1962) Nr. 3. S. 690–699. — 3 Abb., 4 Tab., 16 Lit.
Es wird ausführlich ein Verfahren zur Herstellung eines Hydrolasepräparates aus dem Fettgewebe von Ratten erläutert, bei dem bezogen auf die ursprüngliche spez. Aktivität eine 70fache Reinigung bei einer Gesamtausbeute an Ferment von 41% erreicht wird. Nach Untersuchungen in der Ultrazentrifuge bestehen die besten Präparate zu 90% aus Enzymprotein. Elektrophoretisch ließ sich das Präparat in 2 oder mehr Komponenten, die sich offenbar im Molekulargewicht sehr ähneln, auftrennen. Bei vorläufigen Untersuchungen auf Substratspezifität zeigte sich die Fähigkeit, einfache aliphatische Ester, Tween-(Polyoxyäthylen-sorbitan) Ester und gewisse Triglycerinester zu hydrolysieren. Bei den aliphatischen Estern bevorzugte das Ferment unter den gewählten Testbedingungen Verbindungen, bei denen die Alkoholkomponente klein ist und die Länge der Fettsäure 5–6 C-Atome beträgt. F. Kreienbring. 7300.

C. UNTERSUCHUNGS- UND VERSUCHSMETHODIK

Mistryukov, E. A.; Moscow, U.S.S.R., Acad. of Sci., Inst. of Org. Chem. Thin-layer chromatography using the descending technique with non-bound alumina plates. **(Dünnschichtchromatographie durch Anwendung der absteigenden Technik mit nicht begrenzten Aluminiumoxydplatten.)** J. Chromatogr. [Amsterdam] **9** (1962) Nr. 3. S. 311–313. — 1 Abb., 5 Lit.
Die Methode wird ausführlich beschrieben. Das konventionelle Verfahren eignet sich allg. für analytische und präparative Arbeiten. I. Schröder. 7450.

Fox, K. K., Harper, M. K., Helsinger, V. H. und Pallansch, M. J.; Washington, U. S. Dep. of Agric., Eastern Utilization Res. and Development Div., Dairy Products Lab. Colorimetric measurement of lactose in dairy products. **(Colorimetrische Bestimmung von Lactose in Milchprodukten.)** J. agric. Food Chem. **10** (1962) Nr. 5. S. 408–410. – 2 Abb., 3 Tab., 4 Lit.
Zur Bestimmung der Lactose in Milchprodukten wird eine Methode ausführlich beschrieben, bei der nach der Reaktion mit Fehlingscher Lösung die Lactose nicht durch das gebildete Cu_2O, sondern über die nicht reduzierte Menge der Cu-Ionen bestimmt wird. Die Entfernung von Protein und Fett vor der Bestimmung der Lactose erfolgt in neutraler Lösung ohne Invertierung eventuell vorhandener Saccharose durch Ausfällung mit einer 4%igen Rivanol-Lösung (2-Äthoxy-6,9-diaminoacridin-lactat). Das überschüssige Rivanol wird durch Zugabe von einem Tropfen 10% NaOH – wobei das pH auf ca. 8,5 steigt – ebenfalls ausgefällt und abfiltriert. Nach der Reaktion mit Fehlingscher Lösung wird das Cu_2O abfiltriert, die noch vorhandenen Zuckerfragmente mit Borsäure komplex gebunden und das nicht reduzierte Cu mit einer Lösung von 4 m NH_4Cl und 4 m NH_4OH in den blauen Ammoniakkomplex überführt. Es wurde eine umgekehrte lineare Beziehung zwischen der Absorption dieser Lösung bei 625 mμ und der Lactosekonzentration gefunden. Im untersuchten Bereich (10% Lactose des Ausgangsproduktes) lag die Genauigkeit der Bestimmung bei $\pm$ 0,2% absolut. Auch ein sehr hoher Saccharosegehalt störte nicht. F. Kreienbring. 7485.

Gee, Mildred; Albany, Calif., Western Regional Res. Lab. Thin layer chromatography of some methylated glycosides. **(Dünnschichtchromatographie von einigen methylierten Glykosiden.)** Analyt. Chem. **35** (1963) Nr. 3. S. 350 bis 353. – 2 Abb., 1 Tab., 3 Lit. 7485.

Gee, Mildred; Albany, Calif., Western Regional Res. Lab. Thin-layer chromatography of sucrose esters and mixtures of raffinose and sucrose. **(Dünnschichtchromatographie von Saccharoseestern und Mischungen von Raffinose und Saccharose.)** J. Chromatogr. [Amsterdam] **9** (1962) Nr. 3. S. 278–282. – 1 Abb., 2 Tab., 7 Lit.
Die Technik der qualitativen und quantitativen Chromatographie auf mit Kieselgel (Merck, Nr. 7729) beschickten Glasstreifen (½×5½ in.) wird beschrieben. 10–200 γ Zuckerester in Chloroform werden 1.5 cm vom unteren Rand des Streifens aufgetragen und mittels Toluol-Essigester-95% Äthanol (10:5:5, v:v) in verschlossenen Reagenzgläsern aufsteigend chromatographiert. Nach dem Trocknen und Besprühen mit 0,2% Dichlorfluorescein in 95% Äthanol erscheinen die Saccharoseester bei Belichtung mit langwelligem UV als gelbe Flecken auf orangefarbenem Untergrund. Die Zeitdauer für eine qualitative Analyse beträgt 30 Min. Saccharose und Raffinose werden mit dem langsam wandernden stark polaren System Isopropanol-Toluol-Essigester-Wasser (10:2:5:2,5, v:v) in 1–2 Std. bei 10 cm Wanderungsstrecke des Lösungsmittels getrennt. Anfärbung erfolgt mit Naphthoresorcin-Phosphorsäure-Lsg. Für die quantitative Analyse von 100–200 γ wird ein Streifen eines Paares zur Lokalisierung der Flecke angefärbt, die entsprechenden Flecken des anderen Streifens abgenommen, mit Dimethylformamid extrahiert und die Lösung im Vakuum zur Trockne eingeengt. Die Ester werden mit 1 ml 0,2 n NaOH in 90% Äthanol verseift (5 Min., 60°) und nach Ausfärbung des Zuckers mit Resorcin-HCl bei 490 mμ colorimetriert.
F. Kreienbring. 7485.

Papa, Louis J., Mark jun., Harry B. und Reilley, Charles N.; Chapel Hill, Univ. of North Carolina, Dep. of Chem. Simultaneous spectrophotometric determination of fructose and glucose mixtures by differential reaction rates. Application to blood serum analysis. **(Gleichzeitige spektrophotometrische Bestimmung von Fructose- und Glukose-Mischungen durch**

unterschiedliche Reaktionsgeschwindigkeit. Anwendung auf die Blutserumanalyse.) Analyt. Chem. **34** (1962) Nr. 11. S. 1443–1446. – 1 Abb., 3 Tab., 24 Lit. Die Analysenmethode basiert auf der unterschiedlichen Reaktionsgeschwindigkeit der Zucker mit Ammoniummolybdat in 0,9 n schwefelsaurer Lösung zu Molybdänblau, dessen Farbe unter den gewählten Bedingungen mehrere Std. stabil ist. Die Reaktion erfolgt bei 100° während entspr. Zeiten, die Absorption der Lösung wird bei 720 mμ gemessen. Blutserum wird vor der Bestimmung entproteinisiert und dephosphatiert. Die für die Analyse angewandten kinetischen Verfahren sind die Single-point-Methode (S.-p.) von Lee und Kolthoff (vgl. Ann. New York Acad. Sci. **53** [1951] S. 1093.) und die Double-point-Methode (D.-p.) von Garmon und Reilley (vgl. Analyt. Chem. **34** [1962] Nr. 6 S. 600.). Die S.-p.-Methode erfordert eine vorherige Bestimmung der Gesamtzuckerkonzentration nach einer unabhängigen Methode. Die optimale Reaktionszeit für die Methode, bei der nur die Fructose in der Messung erfaßt wird, beträgt 77 Min. Die D.-p.-Methode erfordert die Absorptionsmessung nach 2 verschiedenen Zeiten, 77 und 120 Min. Bei Fructosemengen unter 10% des Gesamtgehaltes ergab die S.-p.-Methode bessere Werte, bei Fructosemengen über 10% sind beide Methoden vergleichbar, der durchschnittl. Fehler liegt bei ± 4%. Störungsmöglichkeiten durch andere Zucker und reduzierende Substanzen werden ausführlich besprochen. Saccharose läßt sich in Anwesenheit von entweder Glukose oder Fructose bestimmen. F. Kreienbring. 7485.

Schweiger, A.; Kuhnbach, Bundesanst. für Fleischforsch., Inst. für Chem. und Physik. **Trennung einfacher Zucker auf Cellulose-Schichten.** J. Chromatogr. [Amsterdam] **9** (1962) Nr. 3. S. 374–376. – 1 Abb., 1 Tab., 8 Lit. 15 g Cellulose-Pulver MN 300 (Fa. Machery, Nagel & Co, Düren) werden mit 90 ml aqua dest. ohne Bindemittel homogenisiert, als 0,25 mm dicke Schichten auf Glasplatten aufgetragen und 10 Min. bei 100° getrocknet. Bei Verwendung des Gemisches Essigester-Pyridin-Wasser (2:1:2) und Arbeiten unter Kammerübersättigung lassen sich Galaktose, Glukose, Mannose, Xylose, Ribose und Rhamnose gut trennen; die sehr dicht zusammenliegenden Flekken von Mannose und Arabinose können durch Rechromatographie in wassergesättigtem Phenol-1% NH_3 getrennt werden. Mit Isopropanol-Pyridin-Eisessig-Wasser (80:80:10:40) wird eine Trennung von Glucuronsäure, Mannuronsäure und Galakturonsäure erreicht. Anfärbung der Zucker erfolgt mit einer Lösung von 0,1 m p-Anisidin und Phthalsäure in 96% Äthanol, dabei erscheinen die Hexosen grün, Methylpentosen gelbgrün, Pentosen rotviolett, Uronsäuren braun. Die optimalen Konzentrationen liegen für Hexosen bei 2γ und für Pentosen bei 1γ, die Nachweisgrenzen entsprechend bei 0,5 γ bzw. 0,1–0,2 γ. F. Kreienbring. 7485.

Schmidt, Gerhard H. und Brunnert, Hans; Würzburg, Univ., Inst. für Angew. Zool. **Quantitative Glykogen- und Zuckerbestimmung mit Hilfe der Papierchromatographie.** J. Chromatogr. [Amsterdam] **10** (1963) Nr. 2. S. 190–204. – 4 Abb., 4 Tab., 32 Lit. Zus. in Engl.
Zur schonenden Hydrolyse des Glykogens werden 25 mg mit 1 ml 1n HCl in zugeschmolzenen Röhrchen 15 Std. auf 75 ± 1° erwärmt. Die HCl muß vor der Chromatographie der Glukose durch mehrmalige Vakuumdestillation mit aqua dest. vollständig entfernt werden. Zur Chromatographie werden 8 Flecken von 2–12 γ Glukose auf Schleicher-Schüll-Papier 2043b Mgl (30×30 cm) aufgetragen, dabei befindet sich jeweils eine Analysenmenge neben einer Standardmenge. Das absteigende Durchlaufchromatogramm (Äthylacetat-Pyridin-Wasser, 40:11: 6) wird nach 6–15 Std. (Wanderungsstrecke der Glukose 10–15 cm) bei 25° getrocknet. Die Chromatogramme werden mit Silbernitratlösung in Aceton und alkohol. NaOH angefärbt und das überschüssige Silbernitrat durch Fixiersalzlösung ausge-

waschen. Photometrierung der Silberflecken erfolgt senkrecht zur Laufrichtung direkt auf dem Papier mittels Extinktionsschreiber. Die Methode eignet sich auch für andere reduzierende Zucker. Die mittlere Abweichung beträgt ± 4–4,5%. Die in der Lit. vorhandenen quantitativen papierchromatographischen Verfahren zur Zuckerbestimmung werden eingehend besprochen.
F. Kreienbring. 7485.

Nagel, Werner, Sanpitak, Netracheleo und Willig, Friedrich; Heidelberg, Univ., Physiol.-Chem. Inst. **Eine Methode zur Bestimmung von D-Ribose in Gegenwart von Hexosen und ihre Anwendung bei Untersuchungen über die Pentose-Verwertung von normalen und malignen Geweben.** Hoppe-Seyler's Z. physiol. Chem. **326** (1961) Nr. 1. S. 1–8. – 3 Abb., 2 Tab., 19 Lit.
Die Bestimmung der D-Ribose erfolgt mittels Orcinreaktion, bei der Fructose in gewissen Grenzen nicht stört und die Glukose durch Glukoseoxydase (GOD) zur Gluconsäure oxydiert wird. Die enzymatische Beseitigung der Glukose erfolgt so, daß zu 0,5 ml Untersuchungslösung (5–30 γ Pentose) 0,9 ml 0,25 m Phosphatpuffer pH 5,6 und 0,1 ml einer frischen GOD-Lösung (0,1%), sowie 0,2 ml 20%iges Äthanol gegeben werden und die Mischung bei 37° 3 Std. (bei 500–700γ Glucose) inkubiert wird. Die Orcinreaktion wird direkt in der inkubierten Lösung ausgeführt. Die Brauchbarkeit der Methode wird an Pentose-Stoffwechseluntersuchungen geprüft. F. Kreienbring. 7485.

Mazur, Robert H., Ellis, Bernice W. und Cammarata, Peter S.; Chicago, Ill., G. D. Searle and Co., Res. Lab. A new reagent for detection of peptides, nucleotides, and other N-H-containing compounds on paper chromatograms. **(Ein neues Reagens zum Nachweis von Peptiden, Nucleotiden und anderen N-H-enthaltenden Verbindungen auf Papierchromatogrammen.)** J. biol. Chemistry **237** (1962) Nr. 5. S. 1619–1621. – 2 Tab., 5 Lit.
Folgende Verbindungen können auf Grund der N-H-Bindung mit Hilfe von tert. Butylhypochlorit nachgewiesen werden: Aminosäuren, Acylaminosäuren, Aminosäureester, Peptide, Proteine, Purine, Pyrimidine, Nucleotide, Amine, Aminozucker, Vitamine und Vitaminanaloge, Steroidkonjugate, Nucleinsäuren, Guanidinverbindungen und Antibiotica. Es werden 2 Wege zur Anfärbung auf Papierchromatogrammen beschrieben: 1. Wird das Chromatogramm mit 1%-iger Lösung von tert. Butylhypochlorit in Cyclohexan angesprüht, bei Raumtemperatur im Luftstrom getrocknet, mit einer wäßrigen 1%-igen KJ-Lösung und einer 1%-igen Stärkelösung angesprüht. Die Verbindungen erscheinen als blauschwarze Flecken auf weißem bis hellblauem Untergrund. Nach der 2. Technik erfolgt die Einwirkung des tert. Butylhypochlorits nicht durch Ansprühen, sondern in Gasphase im geschlossenen Gefäß. Die übrige Behandlung entspricht dem 1. Weg. In allen Fällen können 5μg oder weniger jeder Verbindung nach der Chromatographie nachgewiesen werden. I. Schröder. 7495.

Cox, William S.; Cincinnati ,O., Food and Drug Adm. An improved test paper for the detection of mammalian urine residues. **(Ein verbessertes Testpapier zum Nachweis von Säugetierharnrückständen.)** J. Assoc. off. agric. Chemists **45** (1962) Nr. 3. S. 655–656. – 1 Abb., 2 Lit.
Zum Nachweis von Mäuse- bzw. Rattenharnresten auf Papiersäcken, Futtermitteln usw. wird ein Filterpapier beschrieben, womit in 2–5 Min. bis zu 0,005 ml Harn nachgewiesen werden können. Das Testpapier besteht aus 4 Zonen: einer phosphatgepufferten Ureasezone, einer K_2CO_3-Zone, einer Plastikbarriere und dem Indikator (Bromkresolgrün in Weinsäure). Der in der Harnprobe enthaltene Harnstoff wird dabei an der Ureaseschicht gespalten, wobei sich das Ammoniumsalz bildet. In der K_2CO_3-Schicht wird dann freies NH_3 gebildet, das durch die Plastikwand diffundiert und mit Weinsäure Ammoniumtartrat bildet. Die hierdurch hervorgerufene Farbänderung des Indikators ist ein Maß für die in der Probe enthaltene Harn-

stoffmenge. Für die klinische Bestimmung von Harnstoff in Serum oder Plasma dauert der Test 30 Min. (Standardstreifen als Vergleich).
U. Zelck. 7495.

Kakimoto, Yasuo und Armstrong, Marvin D.; Yellow Springs, O., Fels Res. Inst. The phenolic amines of human urine. **(Die phenolischen Amine des menschlichen Harns.)** J. biol. Chemistry **237** (1962) Nr. 1. S. 208 bis 214. – 6 Abb., 3 Tab., 16 Lit.
Es wird ein einfaches Verfahren zur Konzentrierung, Reinigung und zum Nachweis der freien und konjugierten phenolischen Amine im menschlichen Harn durch Adsorption an einem Ionenaustauscherharz (Dowex 50-X2, 100–200 mesh) und nachfolgender 2-dimensionaler Papierchromatographie (aufsteigende Entwicklung mit n-Butanol/Eisessig/Wasser 4:1:1 und i-Propanol/NH_3/Wasser 8:1:1) beschrieben. Als Nachweisreagens wurde diazotiertes p-Nitranilin verwendet. Nach dem angegebenen Verfahren wurden die Harne von 55 Personen untersucht. Es wird das chromatographische Verhalten einer Reihe von phenolischen Aminen mitgeteilt und die Eigenschaften von 14 häufiger auftretenden Verbindungen beschrieben. Außer bereits früher entdeckten Substanzen konnten als Bestandteile des menschlichen Harns p-Sympathol, p-Hydroxbenzylamin und Vanillylamin identifiziert werden. U. Zelck. 7495.

Marr, A. G. M., Owen, J. A. und Wilson, G. S.; Melbourne, Australia, Commonwealth Serum Lab.; St. Vincent's Hospital. Studies on the growth-promoting glycoprotein fraction of foetal calf serum. **(Untersuchungen über die wachstumsfördernde Glykoprotein-Fraktion aus dem Serum von Kälberföten.)** Biochim. biophysica Acta [Amsterdam] **63** (1962) Nr. 2. S. 276 bis 285. – 3 Abb., 3 Tab., 29 Lit.
Im Gegensatz zu anderen Säugerplacenten ist die Rinderplacenta rel. impermeabel für Serum-Proteine. Es finden sich daher im Kälberfetus für die fetale Entwicklung spez. Serum-Proteine. Die Ammoniumsulfat-Fraktion des Kälberfeten-Serums nach H. W. Fisher, T. T. Puck und G. Sato (vgl. Proc. nat. Acad. Sci. USA **44** [1958] Nr. 1. S. 1.) enthält wachstumsfördernde Aktivitäten, die von Vff. durch wiederholtes Ultrazentrifugieren abgetrennt und gereinigt wurden. Es ergaben sich 2 Hauptbestandteile, die als *Fetuin* (*I*) und *α-Makroglobulin* (*II*) identifiziert wurden. Sie unterscheiden sich in den Sedimentationskonstanten S_{20} (**I** = 3, **II** = 20), im I. P. (**I** = 4,0–4,5; **II** = 4,5–5,0), im chromatographischen Verhalten, bei der Stärkegel-Elektrophorese und in der chemischen Analyse (**II** enthält mehr Tyrosin und Tryptophan als **I**). M. Metze. 7500.

Bell, K.; Brisbane, Univ. of Queensland, Sir William McGregor School of Physiol. One-dimensional starch-gel electrophoresis of bovine skim-milk. **(1-dimensionale Stärkegelelektrophorese von Rindermagermilch.)** Nature [London] **195** (1962) Nr. 4842. S. 705–706. – 2 Abb., 1 Tab., 4 Lit.
Magermilchproben werden ohne weitere Vorbehandlung einer Stärkegelelektrophorese unterworfen (5 Std., 12 V/cm, Borsäurepuffer nach Smithies) Die 5 Hauptproteinzonen sind β-Lactoglobulin A, β-Lactoglobulin B, Protein C, α-Lactalbumin und Serumalbumin. Es wird die Magermilch von 4 individuellen Kühen hinsichtlich der 5 Hauptproteinzonen verglichen. Die auftretenden Unterschiede werden diskutiert. I. Schröder. 7500.

Martinez, Wilda H. und Frampton, Vernon L.; New Orleans, La., U. S. Dep. of Agric., Southern Utilization Res. and Development Div., Southern Regional Res. Lab. Isolation and chromatographic characterization of low molecular weight cottonseed proteins. **(Isolierung und chromatographische Charakterisierung von Baumwollproteinen niederen Molekulargewichts.)** J. agric. Food Chem. **10** (1962) Nr. 5. S. 412–415. – 3 Abb., 2 Tab., 13 Lit.

Aus Baumwollsamenmehl wurden durch sukzessive Extraktion mit wäßrigen Äthanollösungen von variierendem Salzgehalt 3 Fraktionen erhalten. Sie wurden auf N, S, P, Asche, Feuchtigkeit und auf 17 Aminosäuren quantitativ untersucht. Während der N- und S-Gehalt in jeder Fraktion hoch ist, ist der Aschegehalt niedrig. Es wurden Keime reduzierenden Kohlenhydraten nachgewiesen. Bei allen wurde mit der Ultrazentrifuge ein einzelner Gipfel mit einem S_{20}-Wert bestimmt. Bei wichtigen Aminosäuren wie Lysin, Leucin, Cystin und Glutaminsäure ergeben sich zwischen den Fraktionen untereinander und dem Gesamtmehl im Gehalt Unterschiede.

I. Schröder. 7500.

Muelenaere, H. J. H. de, Chen, M. L. und Harper, A. E.; Madison, Univ. of Wisconsin, Dep. of Biochem. Studies on the availability of amino acids. I. Effect of alcohol treatment of corn gluten. **(Untersuchungen über die Verfügbarkeit von Aminosäuren. 1. Mitt. Einfluß der Alkoholbehandlung auf Maisgluten.)** J. Nutrit. [Philadelphia] 74 (1961) Nr. 2. S. 125–130. – 1 Abb., 4 Tab., 19 Lit.

Die Versuche wurden mit entfettetem Maisgluten (I) (N = 7,02%, Zeingehalt = 21,65%) und einem „wiederhergestellten" Maisgluten (II) (durch Ergänzung des mit Alkohol extrahierten entfetteten Maisglutens mit derselben Menge des ursprünglichen Zeingehaltes) durchgeführt. Ergebnis: Eine enzymatische Hydrolyse von (I) zeigt im Gegensatz zu (II), daß das native Protein schneller abgebaut wird. Die Menge an freigesetzten Aminosäuren nach Pepsin-Pankreatin-Verdauung (chromatographisch bestimmt) ist wesentlich kleiner, als der mikrobiol. Verfügbarkeit entspricht. Bei in vivo Versuchen verschwindet der N von (I) schneller aus Magen und Darm. Die Verfügbarkeit von Threonin und Valin bei (II) ist niedriger als jene von (I). Die Verfügbarkeit von Isoleucin und Lysin bleibt gleich.

I. Schröder. 7500.

Barreto, R. C. R. und Cutrim, A. M.; Rio de Janeiro, Brazil, Univ., Centr. Lab. of Tuberculosis; Inst. of Phthisiol. and Pneumol. Paper electrophoresis through dialysing barriers. **(Papierelektrophorese durch dialysierende Barrieren.)** J. Chromatogr. [Amsterdam] **9** (1962) Nr. 2. S. 173 bis 175. – 1 Abb., 5 Lit.

Eine Abtrennung geringer Mengen von Verbindungen niederen Molekulargewichts von Proteinen kann ohne Proteinausfällung erreicht werden. Vff. berichten über eine Methode, nach der zu beiden Seiten der Startlinie eine Kollodiumbrücke angebracht wird (mit 4%iger Lösung in Äthyläther-Äthanol, 3:1). Zucker, Aminosäuren und Antibiotika können auf diese Weise abgetrennt werden, da sie die Brücke passieren, während die großen Proteinmoleküle zurückgehalten werden. Mit Veronal-Acetat-Puffer (pH 9,0, 330 V, 4 Std.) zeigen Vff. die Trennung von Streptomycin und Mausserumproteinen. Die Methode eignet sich besonders für die Bestimmung von genannten Verbindungen in Blut- und Serumproben, da nur geringste Mengen erforderlich sind. I. Schröder. 7500.

Szegedi, B. und Juhász, B. Szövetek összfehérje-nitrogén tartalmának meghatározása mikrodiffuzióval. **(Bestimmung des Gesamteiweißgehaltes der Zellgewebe durch Mikrodiffusion.)** Állattenyésztés [Tierzucht] **11** (1962) Nr. 1. S. 89-92. – Aus: Ung. Agrar-Rdsch. **1962** Nr. 4.

Das entwickelte Mikrodiffusionsverfahren eignet sich für Routinearbeiten; es lassen sich mit ihr gleichzeitig und schnell größere Mengen Untersuchungsmaterial analysieren. Anstatt der früher in der Diffusionstechnik gebräuchlichen Conway-Zellen haben die von Vff. entworfenen Diffusionsgefäße einen Dmr. von 24 mm und eine Höhe von 45 mm, die Höhe des Pfropfenschliffes beträgt 15 mm. Der Pfropfen bildet am unteren und oberen Ende ein je 30 mm langes Stäbchen, wobei sein in das Gefäß tauchende Ende bis zu

1 cm rauh geschliffen ist und sich danach verjüngt. Der Pfropfen wird durch eine unpolierte Aluminium- oder Stahlklemme fixiert. Die Gefäße legt man in horizontaler Lage in den Rotator. Die Gewebeproben von 40–100 mg werden in einen Mazerationskolben von 50 ml gebracht und mit 5 ml Mazerationslösung in üblicher Weise zersetzt. Die weitere Aufarbeitung wird ausführlich beschrieben. In parallelen Untersuchungen, die zur Bestimmung der Streuungsbreite und Reproduzierbarkeit der Ergebnisse durchgeführt wurden, konnte eine Standard-Deviation von 0,124 bzw. 0,151 festgestellt werden; die extremen Werte schwankten zwischen +2,6 und −1,5%. Der zu der Probe hinzugewogene N_2 kann mit entspr. Genauigkeit zurückgewonnen werden. 7500.

Flodin, Per und Killander, Johan; Uppsala, Sweden, Univ. of Uppsala, Res. Lab.,; Dep. of Clin. Chem. Fractionation of human-serum proteins by gel filtration. **(Fraktionierung von Humanserumproteinen durch Gelfiltration.)** Biochim. biophysica Acta [Amsterdam] **63** (1962) Nr. 3. S. 403–410. — 4 Abb., 23 Lit.

Es wird die Gelfiltrationsmethode im einzelnen beschrieben (Herstellung der Kolonne, Verwendung der Probe, Elution sowie angewandte Methoden zur Charakterisierung von Serumproteinen). Humanseren wurden mit Sephadex G-200 (einer neuen Type von Dextrangel) fraktioniert. Die Proteine wurden in Form von 3 Hauptgipfeln eluiert. Die analytische Ultrazentrifugation des Materials dieser Gipfel ergab mit steigender Retention in der Kolonne abnehmende Sedimentationskoeffizienten. Es wurde die Verteilung einiger individueller Proteine (α_2-Makroglobulin, α-β-Lipoproteine, 7-S-γ-Globulin, Albumin, Transferrin) papierelektrophoretisch, immunoelektrophoretisch und durch doppelte Diffusion in Agargel untersucht. Vff. schlußfolgern, daß die Wanderung der Proteine durch ihre jeweilige Größe bedingt ist und daß das Dextrangel als ein Molekularsieb wirkt. I. Schröder. 7500.

Schroeder, W. A., Jones, Richard T., Cormick, Jean und McCalla, Kathlen; Pasadena, California Inst. of Technol. Chromatographic separation of peptides on ion exchange resiens. Separation of peptides from enzymatic hydrolyzates of the α, β and γ-chains of human hemoglobins. **(Die chromatographische Trennung von Peptiden an Ionenaustauscherharzen. Trennung von Peptiden aus enzymatischen Hydrolysaten der α, β und γ-Ketten des Humanhämoglobins.)** Analyt. Chem. **34** (1962) Nr. 12. S. 1570–1575. — 9 Abb., 2 Tab., 21 Lit.

Es wird ein Verfahren zur Trennung der löslichen Peptide in den tryptischen Hydrolysaten der Humanhämoglobine A und F_{II} und der α^A, β^A und der γ^F-Ketten dieser Hämoglobine beschrieben. (Herstellung der Puffer und der Kolonnen, Durchführung der Chromatographie). Die Peptidmischungen werden durch Chromatographie am Kationenaustauscher Dowex-50 und Rechromatographie am Anionenaustauscher Dowex-1 aufgetrennt. Eine weitere Prüfung der isolierten Peptidfraktionen erfolgt teilweise durch 1-dimensionale Papierelektrophorese und -chromatographie (Whatman 3 MM bei pH 6,4 in Pyridin-Essigsäure-Puffer [Ingram, vgl. Biochim. biophysica Acta [Amsterdam] 28 (1958) Nr. 3. S. 539.] bei 40–45 V/cm für 45 Min. bzw. Isoamylalkohol-Pyridin-Wasser [7:7:6] absteigend). I. Schröder. 7500.

Nooij, E. H. de und Westenbrink, H. G. K.; Utrecht, Netherlands, Univ., Lab. for Physiol. Chem. Isolation of a homogeneous lysine-rich histone from calf thymus. **(Die Isolierung eines homogenen lysinreichen Histons aus Kalbsthymus.)** Biochim. biophysica Acta [Amsterdam] **62** (1962) Nr. 3. S. 608–609. — 2 Abb., 5 Lit.

Die Isolierungsmethode beruht auf der Tatsache, daß durch 5%ige Trichloressigsäure sowohl das argininreiche Histon als auch alle anderen Proteine präzipitiert werden, während das lysinreiche Histon in Lösung bleibt. Alle Arbeiten wurden bei einer Temperatur von 2–4° durchgeführt. 100 g Thymus werden homogenisiert und zentrifugiert. Der gewaschene Rückstand wird 2 Min. mit 100 ml aqua dest gemischt und bis zu einer Endkonzentration von 5% Trichloressigsäure mit 20%iger Trichloressigsäure versetzt. Der Rückstand wird durch Zentrifugieren entfernt, der Überstand dialysiert und lyophilisiert. Die Ausbeute betrug ca. 500 mg. Die so erhaltene Substanz zeigt elektrophoretisch noch geringe Verunreinigungen, die durch präparative Stärkegelelektrophorese abgetrennt werden können. Das homogene Histon enthält 42% des Gesamt-N als Lysin-N. Nach der DNP-Methode konnten endständige α-Aminosäuren nicht nachgewiesen werden, während nach der Phenylthiohydantoin-Methode Spuren von endständigem Glycin, Serin und Alanin nachgewiesen wurden. I. Schröder. 7500.

Hill, Robert L. und Schmidt, William R.; Salt Lake City, Univ. of Utah, Coll. of Med., Lab. for the Study of Hereditary and Metabolic Disorders; Dep. of Biol. Chem. and Med. The complete enzymic hydrolysis of proteins. **(Die vollständige enzymatische Hydrolyse von Proteinen.)** J. biol. Chemistry **237** (1962) Nr. 2. S. 389–396. – 3 Abb., 5 Tab., 51 Lit.
Vff. entwickelten eine enzymatische Methode zur vollständigen Hydrolyse von Proteinen. Das Protein wird zunächst mit Papain hydrolysiert. Die komplette Hydrolyse der resultierenden Peptide erfolgt durch die kombinierte Wirkung von Leucinaminopeptidase und Prolidase. Während die meisten Peptide komplett durch Leucinaminopeptidase abgebaut werden, wird die Hydrolyse bei Prolin enthaltenden Peptiden wesentlich erleichtert. Folgende Verbindungen wurden einer kompletten enzymatischen Hydrolyse unterworfen: Carboxypeptidase, Enolase, Papain, oxydierte Ribonuclease und α_b-Corticotropin. Die Vollständigkeit der Hydrolyse wurde an Hand eines entsprechenden Säurehydrolysates durch Bestimmung der Aminosäuren nachgewiesen. Asparagin, Glutamin und Tryptophan wurden ohne Zerstörung praktisch 100%ig erfaßt. Den Vorteil dieser Methode sehen Vff. darin, daß empfindliche Aminosäuren, die bei der Säurehydrolyse teilweise zerstört werden, vollständig erfaßt werden. Wenn auch die Säurehydrolyse bei der Proteinanalyse nicht durch die beschriebene Methode ersetzt werden kann, so stellt sie doch eine wesentliche Ergänzung der existierenden Hydrolysemethoden dar und kann zur Anwendung kommen, wenn die Säurehydrolyse nicht anwendbar ist. I. Schröder. 7500.

Peterson, Elbert A. und Chiazze, Ellen A.; Bethesda, Md., U. S. Dep. of Health, Education and Welfare, Public Health Serv., Nat. Inst. of Health; Nat. Cancer Inst., Lab. of Biochem. Some experimental factors in the gradient chromatography of serum proteins. **(Einige experimentelle Faktoren in der Gradientenchromatographie von Serumproteinen.)** Arch. Biochem. Biophysics **99** (1962) Nr. 1. S. 136–147. – 10 Abb., 10 Lit.
Die chromatographische Trennung von Serumproteinen als Beispiel für eine Proteinmischung erfolgt an DEAE-Cellulosesäulen unter Anwendung eines Tris-Phosphorsäurepuffers (pH 8,6) mit ansteigender Molarität (0,005–0,5 m) und fallendem pH bei 5°. Der Puffer kann an verschiedene Bedingungen eines gegebenen Experiments angepaßt werden. Die Auswirkungen bei Veränderung der Gradientenform und Verminderung des gesamten eingesetzten Volumens auf die Lage der Komponenten des Humanserums im Chromatogramm werden gezeigt. Bei Veränderung der Durchflußraten von 30 ml auf 180 ml/h treten kaum Veränderungen ein; die obere Grenze wird in der Hauptsache durch die mechanischen Eigenschaften des Adsorbens bestimmt, aber kaum durch den Adsorptionsvorgang. Bei Rechromatographie erscheinen die Proteine immer an der gleichen Stelle. Bei Verunreinigungen von außen zeigt das Albumin ein unregelmäßiges Verhalten, indem

das Elutionsvolumen bei wiederholter Rechromatographie sich vergrößert. Das Elutionsvermögen und der Grad der Auflösung der Proben durch verschiedene Puffersysteme werden verglichen. F. Kreienbring. 7500.

Moses, V.; Berkeley, Univ. of California, Lawrence Radiation Lab., Bio-Org. Chem. Group. The decomposition of nine amino acids during chromatography on paper. **(Die Zersetzung von 9 Aminosäuren während der Chromatographie auf dem Papier.)** J. Chromatogr. [Amsterdam] 9 (1962) Nr. 2. S. 241–243. – 1 Tab., 4 Lit.

Die Aminosäuren wurden vor der Untersuchung chromatographisch auf Oxalsäure behandeltem Whatman No. 4 Papier mit destilliertem Phenol-Wasser und n-Butanol-Propionsäure-Wasser gereinigt. Folgende Aminosäuren wurden untersucht: DL-(2-^{14}C] Alanin, DL-[4-^{14}C) Asparaginsäure, DL-[1-^{14}C] Glutaminsäure, [2-^{14}C] Glycin, L-[^{14}C) Leucin, DL-[3-^{14}C)] Phenylalanin, DL-[3-^{14}C] Serin, DL-[2-^{14}C] Tyrosin und D-[4,4-^{14}C] Valin. Aliquote Mengen jeder Aminosäure (0,1 μC ^{14}C) wurden auf Oxalsäure behandeltem oder unbehandeltem Whatman No. 4 Papier aufgetragen und 1 oder 2 dimensional entwickelt. An Lösungsmitteln wurden verwendet: Phenol, destilliertes Phenol und Butanol-Propanol. Ergebnis: Alle Aminosäuren zeigten mehr oder weniger starke Veränderungen während der Chromatographie. In einigen Fällen wurden bis zu 20 Zersetzungsprodukte festgestellt. Das Ausmaß der Zersetzung variierte von 0 (Tyrosin) bis 14% (Leucin). Im allgemeinen zeigten Glycin, Leucin und Phenylalanin den größten Abbau, Tyrosin den geringsten, die anderen 5 liegen zwischen den Extremwerten. Die Destillation des Phenols hatte gegenüber anderer Lit. keinen Einfluß auf die Zerstörungsrate. Die Vorbehandlung des Papiers mit Oxalsäure reduzierte die Abbaurate im Mittel um 30%. I. Schröder. 7505.

Fondarai, J. und Richert, C.; Marseille, France, Fac. de Med. et de Pharmacol., Lab. de Physique. Sur une nouvelle technique chromatographique sur papier des amino-acides soufrés. **(Über eine neue papierchromatographische Technik zur Bestimmung schwefelhaltiger Aminosäuren.)** J. Chromatogr. [Amsterdam] 9 (1962) Nr. 2. S. 262–263. – 1 Abb., 1 Tab., 9 Lit.

Vff. beschreiben eine 1-dimensionale papierchromatographische Methode (absteigende Technik) zur Trennung von 10 schwefelhaltigen Aminosäuren (Cystin und Methionin mit entsprechenden Derivaten). Als Lösungsmittelsystem findet das Gemisch Äthanol-Chloroform-Wasser (60:30:10) Anwendung. Die Aminosäuren werden nach der Entwicklung 1. nach dem klassischen Verfahren mit Ninhydrin und 2. mit Jodplatinat (Science [Washington] 108 [1948] S. 506.) angefärbt. Vor- und Nachteile der beiden Anfärbungsmethoden gehen aus den dargestellten Chromatogrammen im einzelnen hervor. Die $R_{Methionin}$-Werte (Methionin wird als Bezugssubstanz = 1 gesetzt) werden tabellarisch aufgeführt. I. Schröder. 7505.

Kominz, David R.; Bethesda, Md., U. S. Dep. of Health, Education and Welfare, Public Health Serv., Nat. Inst. of Health; Nat. Inst. of Arthritis and Metabolic Diseases. A method for the improved resolution of basic amino acids on the automatic amino acid analyzer. **(Eine Methode für die verbesserte Auflösung basischer Aminosäuren im automatischen Aminosäurebestimmungsapparat.)** J. Chromatogr. [Amsterdam] 9 (1962) Nr. 2. S. 253–254. – 2 Abb., 2 Lit.

Für die Analyse der basischen Aminosäuren wird an Stelle der 15 cm langen Säule (Spackman, Stein und Moore) eine 50 cm lange vorgeschlagen. Die Entwicklung auf der Säule erfolgt mit Natriumcitratpuffer pH5,28, 0,7 n (statt 0,35 n) bei 50°. Das Verfahren ergibt eine stärkere Auflösung und größere Empfindlichkeit. Einige seltenere Verbindungen, die ein Proteinhydrolysat verunreinigen können, werden besser abgetrennt. Die basischen

Aminosäuren lassen sich auch neben anderen langsam wandernden ninhydrinpositiven Verbindungen, wie Glucosamin, Galaktosamin, Ornithin, Tryptophan u. a., trennen. H. Kreienbring. 7505.

Kociałkowski, Zdzisław und Wiewiórowski, Maciej; Poznań, Katedra Chemii Rolnej, Zakład Hodowli Roślin PAN. Prosta metoda ilościowego oznaczania aminokwasów. **(Eine einfache Methode zur quantitativen Bestimmung von Aminosäuren.)** Roczniki wyższej Szkoły rolniczej Poznaniu **1960** Nr. 9. S. 247–254. — 2 Abb., 2 Tab., 8 Lit. Zus. in Russ., Eng.
Die Methode zur quantitativen Bestimmung von Aminosäuren nach Schwerdtfeger (1958) wurde modifiziert, indem man die Erhitzung der mit Wasserkühlern versehenen Reagenzgläser im Aluminiumblock bei 250° einführte. Es gelang, eine Verringerung des Fehlers unter geringer Erhöhung des Mol-Extinktionskoeffizienten zu erreichen. Die modifizierte Methode wurde mit den Methoden von Barrolier und Zajcewa verglichen.
St. Buraczewski. 7505.

Marco, C. de, Coletta, M. und Cavallini, D.; Rome, Italy, Univ., Inst. of Biol. Chem.; Modena, Italy, Univ. Cystine cleavage in alkaline medium. **(Cystinspaltung in alkalischem Medium.)** Arch. Biochem. Biophysics **100** (1963) Nr. 1. S. 51–55. 7505.

Zahn, Helmut und Golsch, Erwin; Aachen, TH, Dtsch. Wollforsch.-Inst. **Über Reaktionen von schwefelhaltigen Aminosäuren I. Zersetzung von Cystin, Cystein, Cystin-dihydantoin, Lanthionin und Lanthionin-dihydantoin in wäßrigen Lösungen.** Hoppe-Seyler's Z. physiol. Chem. **330** (1963) Nr. 1/3. S. 38 bis 45. — 4 Abb., 23 Lit. Zus. in Engl. 7505.

Schrauwen, J. A. M.; Nijmegen, Niederlande, Univ., Bot. Lab. **Anfärbung von Sulfhydryl-Verbindungen nach papierelektrophoretischer Trennung.** J. Chromatogr. [Amsterdam] **10** (1963) Nr. 1. S. 113–114. — 1 Tab., 2 Lit. 7505.

Staub, M. und Romann, E.; Zürich, Kantonales Lab. **Eine einfache, halbquantitative Glutaminsäurebestimmung.** Mitt. Gebiete Lebensmittelunters. Hyg. [Bern] **53** (1962) Nr. 4. S. 272–274. — 1 Tab. Zus. in Engl., Franz.
Das beschriebene papierchromatographische Verfahren beruht darauf, daß von verschiedenen gestaffelten Glutaminsäure-Standardmischungen im Vergleich mit der zu untersuchenden Probe Chromatogramme hergestellt werden, nachdem durch ein Vorchromatogramm durch verschiedene Verdünnungen der Probelösung diejenige Konzentration ermittelt wurde, die innerhalb der Extremwerte der Standardlösung liegt. Die Auswertung erfolgt durch visuellen Vergleich der durch Ninhydrin und Cd-Lösung angefärbten Glutaminsäureflecke bei Auf- und Durchsicht des Papiers bzw. durch Verwendung eines Leukometers. Chromatographiert wird auf Schleicher und Schüll 2043b mit n-Butanol-Eisessig-Wasser (4:1:5). Es wird ein Vergleich mit der Warburg-Methode vorgenommen. Genauigkeit der Methode: $\pm$ 10%.
I. Schröder. 7505.

Zacharius, Robert M. und Talley, Eugene A.; Philadelphia, U. S. Dep. of Agric., Eastern Regional Res. Lab. Elution behavior of naturally occurring ninhydrin-positive compounds during ion exchange chromatography. **(Elutionsverhalten natürlich vorkommender ninhydrin-positiver Verbindungen bei der Ionenaustausch-Chromatographie.)** Analyt. Chem. **34** (1962) Nr. 12. S. 1551–1556. — 2 Abb., 1 Tab., 17 Lit.
Etwa 90 natürlich vorkommende ninhydrin-positive Verbindungen wurden am automatischen Aminosäurenanalysator unter den Bedingungen von Spackman, Stein und Moore (vgl. LZ. Abt. III 4 (1959] Nr. 3. S. 599.) untersucht. Eine große Zahl Verbindungen hat dicht beieinanderliegende oder gleiche Elutionsvolumina. Überlappende Gipfel lassen sich dabei häufig durch Tem-

peraturänderung trennen. Als Charakteristikum für eine Identifizierung kann bei signifikantem Unterschied auch das Verhältnis der Absorption 440 mμ:570 mμ dienen, welches für die größte Zahl Verbindungen jedoch im Bereich von 0,22–0,29 liegt. Die Lage von S-haltigen Verbindungen läßt sich durch ihren Oxydationszustand verändern. Auf die Gefahr einer übereilten Identifizierung von Gipfeln, die bei der Analyse von Nicht-Proteinfraktionen gefunden werden, wird hingewiesen. H. Kreienbring. 7505.

Johnston, I. R.; London, Univ. Coll., Dep. of Biochem. The determination of galactosamine in the presence of glucosamine. Application to Aspergillus niger cell walls. **(Die Bestimmung von Galaktosamin in Gegenwart von Glucosamin. Anwendung auf Aspergillus niger-Zellwände.)** Biochem. J. **86** (1963) Nr. 2. S. 254–258. 7510.

Pechan, Z.; Brno, Czechoslovakia, Cancer Res. Inst., Dep. of Biochem. Paper chromatographic behaviour of low molecular weight hexosamine-containing compounds from human urine. **(Papierchromatographisches Verhalten von Hexosamin enthaltenden Verbindungen niederen Molekulargewichts aus Menschenharn.)** J. Chromatogr. [Amsterdam] **10** (1963) Nr. 1. S. 104–105. — 1 Tab., 10 Lit. 7510.

Brown, Jerry L. und Johnston, John M.; Dallas, Univ. of Texas, Southwestern Med. School, Dep. of Biochem. Radioassay of lipid components separated by thin-layer chromatography. **(Radioaktivitätsmessung von Lipidkomponenten nach Auftrennung durch Dünnschichtchromatographie.)** J. Lipid Res. **3** (1962) Nr. 4. S. 480–481. — 1 Tab., 6 Lit.
Zur Dünnschichtchromatographie von Mono-, Di- und Triglyceriden werden Glasplatten (20×20 cm) mit einer 0,25 mm starken Schicht von 30 g Kieselgel G in 60 ml 0,02%iger wäßriger 2′,7′-Dichlorfluoresceinlösung bestrichen. Die Einlagerung von Dichlorfluorescein in die Schicht ist besser als das Besprühen des Chromatogramms, da die Empfindlichkeit für die Auffindung bei UV-Belichtung und die Reproduzierbarkeit der Aktivitätsmessung erhöht werden. 75 γ jeder Komponente werden aufgetragen und das Chromatogramm in n-Hexan/Diäthyläther/Essigsäure/Methanol (90:20:2:3, v:v) entwickelt. Die Rf-Werte einer Zahl von Verbindungen werden angegeben. Für die Untersuchung ^{14}C-markierten Materials werden die bei UV-Belichtung umrandeten Flecken abgeschabt und die Aktivität der ganzen Masse in 10 ml eines Naphthalin-Dioxan-Flüssigkeitsszintillators im Szintillationszähler gemessen. Beim Vergleich mit direkt gemessenen Proben werden nach Chromatographie über 90% der einzelnen Substanzen wiedergefunden. Die Kombination von Dünnschichtchromatographie mit Flüssigkeitsszintillationszählung liefert eine einfache, schnelle Methode, bei der die radioaktive Lipidmischung chromatographisch getrennt, visuell ausgewertet und die Radioaktivität bestimmt werden kann. F. Kreienbring. 7515.

Jatzkewitz, Horst; München, Dtsch Forsch.-Anst. für Psychatrie, Biochem. Abt. **Eine neue Methode zur quantitativen Ultramikrobestimmung der Sphingolipoide aus Gehirn.** Hoppe-Seyler's Z. physiol. Chem. **326** (1961) Nr. 1. S. 61–64. — 2 Abb., 1 Tab., 10 Lit.
300 γ Gesamtlipoidextrakt aus Gehirn oder 600 γ Gehirntrockenpulver werden auf 3 cm lange Streifen der Startlinie vonKieselgel-G-Dünnschichtplatten aufgetragen. Die Auftrennung erfolgt bei 20° durch die Lösungsmittelsysteme Chloroform/Methanol/Wasser (14:6:1) und n-Propanol/12,5%iges Ammoniak (4:1), die hintereinander in gleicher Richtung verschieden hoch laufen. Die Rf-Werte von 8 verschiedenen Verbindungen werden angegeben. Die angefärbten Flecken (10 mg Bromthymolblau in 100 ml Ammoniaklösung) werden ausgekratzt und die quantitative Bestimmung erfolgt mit einem „Ultramicro Analytical System" (Beckman-Instrument), die beiden Sphingomyeline

werden dabei mit einer Phosphormolybdänblau-Methode und die übrigen 6 Glykolipoide mittels einer Anthron-Methode bestimmt.
F. Kreienbring. 7515.

Glaser, A., Grimmer, G., Jantzen, E. und Oertel, H. **Eine Methode zur Bestimmung der Fettsäuren des Human-Blutes unter besonderer Berücksichtigung der in geringen Mengen vorkommenden Fettsäuren.** Biochem. Z. **336** (1962) Nr. 3. S. 274–280.
Es wird eine Methodik beschrieben, nach der es gelingt, die einzelnen Komponenten des Blutfettes bei Anwendung von 10 ml Citratblut zu erfassen. Neben der homologen Reihe gesättigter und ungesättigter Fettsäuren lassen sich auch ungeradzahlige und methylverzweigte Fettsäuren nachweisen. Nach Methylierung der Gesamtfettsäuren werden diese mit Hg-II-acetat in gesättigte und ungesättigte Fraktionen zerlegt und diese einzeln gaschromatographisch aufgetrennt. Verwendet wurde ein Gerät eigener Konstruktion mit Argon-Detektor (Pye), Trennsäulenlänge 1.1–2,0 m, ⌀ 4 mm, Füllung: Apiezon M auf Embacel, Trägergas: Argon, Strömungsgeschwindigkeit 30 ml/Min., Temperatur 200 oder 235°. Durch eine synchrone Doppelregistrierung ließen sich Haupt- und Nebenbestandteile des Fettsäuregemisches genau erfassen. Ein unempfindlicher Schreiber gibt auf dem Diagramm die vollständige Abbildung aller Komponenten, ein anderer aber, 10fach empfindlicher, zeichnet die geringen Anteile in genügender Größe auf. H. Steger. 7520.

Michalec, Č., Kolman, Z., Šulc, M. und Meštan, J.; Prague, Charles Univ., Lab. of Protein Metabolism and Proteosynthesis. Two-dimensional paper chromatography of cholesteryl esters. A new method for the separation of critical pairs. **(Zweidimensionale Papierchromatographie von Cholesterinestern. Eine neue Methode zur Trennung kritischer Paare.)** J. Chromatogr. [Amsterdam] **9** (1962) Nr. 2. S. 237–241. — 4 Abb., 1 Tab., 7 Lit.
Für die Trennung von über 20 Cholesterinestern wird ein Verfahren beschrieben, das die Adsorptionschromatographie (1. Richtg.) und Chromatographie mit umgekehrten Phasen (2. Richtg.) kombiniert. Das Chromatographiepapier (Whatman Nr. 3, 18 × 46 cm) wird nach Vorschrift mit Kieselsäure imprägniert, die Substanz aufgetragen (2–5 γ pro Komponente) und mit Petroleumkohlenwasserstoffen vom Siedepunkt 60–90 ° entwickelt. Nach dem Trocknen wird das Papier mit Paraffinöl (0,5% in Äther) imprägniert und mit Essigsäure-Chloroform-Paraffinöl (80:15:5, v:v) als mobile Phase in der 2. Richtung chromatographiert. Die Verbindungen auf dem Chromatogramm ergeben nach Besprühen mit 10% Phosphormolybdänsäure in Äthanol und 5 Min. Erhitzen auf 80–90° blau-grüne Flecke. Die Rf-Werte des Cholesterins und seiner Fettsäureester werden angegeben. F. Kreienbring. 7530.

Goudie, Alexander J. und Rieman, Wm.; New Brunswick, N. J., State Univ., Ralph G. Wright Lab. Chromatographic separation and determination of fruit acids. **(Chromatographische Trennung und Bestimmung von Fruchtsäuren.)** Analyt. chim. Acta [Amsterdam] **26** (1962) Nr. 5. S. 419–423.
7540.

Géczy, György. Új eljárás A-vitamin mennyiségi meghatározására. **(Ein Verfahren zur quantitativen Bestimmung des Vitamin A.)** Állattenyésztés [Tierzucht] **11** (1962) Nr. 2. S. 187–191. — 1 Abb., 2 Tab. Zus. in Russ., Dtsch. Aus: Ung. Agrar-Rdsch. **1963** Nr. 1.
Vf. entwickelte zur Bestimmung des Vit. A in Futtermitteln ein neues Routineverfahren. Das Verfahren eignet sich wegen seiner Einfachheit, Schnelligkeit und Genauigkeit zur ausgedehnten Untersuchung von Stoffen verschiedenster Herkunft: von Futtermitteln, Vorgemischen, von öligen und in Wachs gelösten Konzentraten, von Leber, Öl usw. Zur Gewinnung des Vit. A wird 1 Gewichtsteil der Futterprobe mit 5 Gewichtsteilen einer Lösung in einem Kolben kalt

digeriert, die im Verhältnis von 2:8 aus Aceton und Petroläther besteht; danach läßt man den Kolben an einem dunklen Ort bei einer Temperatur von 20° ungefähr 12 Std. lang stehen. Der filtrierte, gelblichbraune Extrakt – der das gesamte Vit. A enthält – wird mit Knochenasche entfärbt, danach im Vakuum bei 40° unter N_2 eingeengt und mit trocknem Chloroform aufgenommen (10 ml). Der Vit.-A-Gehalt der Chloroformlösung wird mit einem 1,3-Glycerin-Chlorhydrin-Reagens bestimmt, das 1% Acetylchlorid enthält; die Extinktion wird bei 578 mμ in einer Glasküvette von 5 ml und einer Schichtdicke von 1 cm bestimmt. 7562.

Moffitt, R. A., Meckler, W. G., Sautier, P. M. und Sanderson, D. W.; Van Nuys, Calif., Carnation Res. Lab. A recording device for use in the colorimetric determination of vitamin A. **(Eine Registrierapparatur für die colorimetrische Vitamin-A-Bestimmung.)** J. Assoc. off. agric. Chemists **45** (1962) Nr. 3. S. 787-788. – 3 Abb., 3 Lit.
Zur Umgehung der Ableseschwierigkeiten bei der colorimetrischen Vit.-A Bestimmung n. Carr-Price wurde ein Gerät zur automatischen Registrierung der Absorption entwickelt. Mit Hilfe dieses Gerätes kann die Absorption zu einer genau festgelegten Zeit entnommen und für die Berechnung des Vit.-A-Wertes herangezogen werden. Die Konstruktionseinzelheiten sind angegeben.
H. Ackermann. 7562.

Gaßmann, B., Janicki, J. und Kaminski, E.; Potsdam-Rehbrücke, Inst. für Ernähr. der Dtsch. Akad. der Wiss. zu Berlin; Poznan, Polen, Landwirtsch. Hochschule, Inst. für Lebensmitteltechn. **Zur Standardisierung der Vitamin-B_1-Bestimmung in Getreide und Getreideprodukten.** Int. Z. Vitaminforsch. [Bern] **33** (1963) Nr. 1. S. 1–17. – 9 Tab., 9 Lit. Zus. in Engl., Franz.
Zur Standardisierung der chemischen Vit.-B_1-Bestimmung für Getreideprodukte wurde eine internationale Gemeinschaftsuntersuchung (17 Labor.) an Weizen- und Weizenmehlproben nach der Thiochrommethode durchgeführt. Zur Anwendung gelangten folgende Verfahren: 1) mit externem Standard und fermentativer Nachbehandlung (Clarase) des Extraktes, 2) mit externem Standard ohne Clarase und 3) mit internem Standard. Die Abtrennung des Thiamins erfolgte mittels eines Zeolithen (Decalso); die Genauigkeit des Verfahrens wird dadurch verbessert. Signifikante Abweichungen des Analysenergebnisses von der Art des zur Meßkorrektur verwendeten Blindwertes wurden nicht festgestellt. Als am günstigsten hat sich jedoch das Verfahren 1) erwiesen. H. Ackermann. 7568.

Ferreira-Marques, J. und Gomez, S. C.; Mendoza, Argentina, Fac. de Ci. Med., Dep. of Dermatol., Res. Lab. Identification and determination of ascorbic acid (vitamin C) with Janus Green and its localisation in Mitochondria. **(Identifizierung und Bestimmung der Ascorbinsäure [Vitamin C] mit Janus Grün und ihre Lokalisierung in den Mitochondrien.)** Int. Z. Vitaminforsch. [Bern] **33** (1963) Nr. 1. S. 40–48. – 43 Lit. Zus. in Franz., Dtsch.
Janus Grün (**I**) wird durch Ascorbinsäure (**II**) zu Diäthylsafranin reduziert. Die Nachweisgrenze liegt bei pH 6 bei 1:50000, nach Ansäuern mit Eisessig (pH 3) bei 1:100000. Die Geschwindigkeit der **I**-Reduktion ist stark temperaturabhängig. Im Harn erhält man gleiche Resultate wie mit den üblichen Methoden. Die Reduktion des **I** erfolgt auch in pflanzlichen und tierischen Geweben. Es wurde mit **I** der Beweis erbracht, daß die **II** in den Mitochondrien enthalten ist. Durch Behandlung der Gewebe mit Methylalkohol wird die **II** extrahiert, die Gewebe verlieren dadurch die Fähigkeit **I** zu reduzieren.
H. Ackermann. 7570.

Martin, Charles J.; Pittsburgh, Pa., Univ. of Pittsburgh, School of Med., Biochem. Dep. Inhibition of trypsin, chymotrypsin, and plasmin by an inhibitor isolated from sheep serum. **(Die Hemmung von Trypsin, Chymo-**

trypsin und Plasmin durch einen aus Schafserum isolierten Inhibitor.) J. biol. Chemistry **237** (1962) Nr. 7. S. 2099–2104. — 6 Abb., 4 Tab., 28 Lit.
Es wurde die Wirkung des bereits früher isolierten und charakterisierten Inhibitors (J. biol. Chemistry **236** [1961] Nr. 10. S. 2672.) auf die angegebenen Fermente untersucht. Während die 3 Fermente gehemmt werden, werden Thrombin und Elastase nicht inhibiert. Die Enzymhemmung verläuft stöchiometrisch. 1,0 mg Trypsin wird vollständig durch 1,3 mg Inhibitor (Casein als Testsubstrat) gehemmt. Das Kombinationsverhältnis wird bei den 3 Fermenten mit verschiedenen Substraten untersucht. Das Molekulargewicht des Inhibitors wurde zu 40600 ermittelt. Es ist wahrscheinlich, daß mehr als 1 Inhibitor im Schafseruminhibitorpräparat enthalten ist.
I. Schröder. 7580.

Siegelman, Arthur M., Carlson, Arthur S. und Robertson, Theodore; Glen Cove, N.Y., Community Hospital; Dep. of Pathol. Investigation of serum trypsin and related substances. I. The quantitative demonstration of trypsin-like activity in human blood serum by a micromethod. **(Die Untersuchung von Serumtrypsin und verwandten Substanzen. 1. Mitt. Der quantitative Beweis einer trypsinähnlichen Aktivität im Humanblutserum durch eine Mikromethode.)** Arch. Biochem. Biophysics **97** (1962) Nr. 1. S. 159–163. — 3 Abb., 27 Lit.
Trypsin hydrolysiert im Gegensatz zu Chymotrypsin p-Toluensulfonyl-L-argininmethylester. Das hierbei freigesetzte Methanol wird mit $KMnO_4$ zu Formaldehyd oxydiert, das colorimetrisch nach der Reaktion mit Chromotropsäure bestimmt werden kann. Mit diesem Test, der in 1 Std. durchführbar ist, wurde Trypsin oder zumindest eine trypsinähnliche Aktivität in Humanblutseren nachgewiesen. Signifikante Werte wurden in Seren von Patienten mit pankreatischen Störungen erhalten. Die beschriebene Methode ist insbesondere für Routineuntersuchungen geeignet, da eine große Anzahl von Proben einfach und schnell untersucht werden kann. I. Schröder. 7580.

Proctor, Michael H.; Cambridge, Great Britain, Univ., Dep. of Biochem. Histidine and β-galactosidase activity. **(Histidin und β-Galaktosidaseaktivität.)** Biochim. biophysica Acta [Amsterdam] **59** (1962) Nr. 3. S. 713–715. — 1 Abb., 2 Tab., 11 Lit.
Die Isolierung der β-Galaktosidase aus einer Coli-Form, die in einem belüfteten Mineralsalzmedium mit 2% Lactose als C- und Energiequelle gewachsen war. wird beschrieben. Das Ferment wurde getestet mit einer Reihe von Inhibitoren für β-Galaktosidase, wobei nur Substanzen die Aktivität inhibierten, die mit den Sulfhydryl- und den Histidylgruppen reagieren, während die für Sulfhydrylgruppen spezifischeren Substanzen (z. B. Äthylmaleimid) das Enzym nicht inhibierten. Die Enzymaktivität wurde auch in Abhängigkeit der Belichtungsdauer mit UV-Licht untersucht. Bei Gegenwart von Histidin in der Enzymlösung (0,1 m Phosphatpuffer pH 7,1) ergab sich Übereinstimmung der Inaktivierungskurven, jedoch nicht bei Tryptophan, Tyrosin oder Phenylalanin. Aus der chromatographischen Untersuchung auf Histidin nach Hydrolyse folgt, daß das Histidin bei UV-Belichtung unter Ringspaltung abgebaut wird. Photo-Oxydation von Histidylresten in Anwesenheit von Methylenblau führte auch zur Aktivitätsverminderung. Die Versuche beweisen die Erfordernis eines Histidylrestes am aktiven Zentrum dieses Enzyms in Übereinstimmung mit anderen hydrolytischen Enzymen.
F. Kreienbring. '7580.

Kroman, Henry S. und Bender, Sheldon R.; Philadelphia, Pa., Hahnemann Med. Coll. and Hospital, Cardiovascular Res. Inst. An improved method for the gas chromatographic separation of estrogens. **(Eine verbesserte Methode für die chromatographische Trennung von Oestrogenen.)** J. Chromatogr. [Amsterdam] **10** (1963) Nr. 1. S. 111–112. — 2 Abb., 6 Lit. 7595.

Winek, Charles L., Beal, Jack L. und Cava, Michael P.; Columbus, Ohio State Univ., Dep. of Pharmacognosy; Coll. of Pharmac.; Dep. of Chem. Gel electrophoresis of alkaloids. **(Gelelektrophorese von Alkaloiden.)** J. Chromatogr. [Amsterdam] **10** (1963) Nr. 2. S. 246–247. – 2 Abb., 8 Lit. 7610.

Wagner, Hildebert und Dengler, Bernd; München, Univ., Inst. für Pharmaz. Arzneimittellehre. **Quantitative Bestimmung von Ubichinonen mit Hilfe der Dünnschichtchromatographie.** Biochem. Z. **336** (1962) Nr. 5. S. 380–387. 7610.

Gross, D.; Keston, Kent, Great Britain, Tate & Lyle Res. Lab. An unusual ninhydrin reaction with inorganic cations. **(Eine ungewöhnliche Ninhydrinreaktion mit anorganischen Kationen.)** J. Chromatogr. [Amsterdam] **10** (1963) Nr. 2. S. 233–234. – 1 Abb., 2 Lit. 7620.

Alberti, G. und Grassini, G. Chromatography on paper impregnated with zirconium phosphate. I. **(Chromatographie auf mit Zirkoniumphosphat imprägniertem Papier. 1. Mitt.)** J. Chromatogr. [Amsterdam] 4 (1960) Nr. 1. S. 83–85. 7620.

Alberti, G. und Grassini, G. Chromatographic separation of alkali metal ions on paper impregnated with ammonium molybdophosphate. II. **(Chromatographische Trennung von Alkalimetallionen auf mit Ammoniummolybdophosphat imprägniertem Papier. 2. Mitt.)** J. Chromatogr. [Amsterdam] 4 (1960) Nr. 5. S. 423–425. – 1. Mitt. vgl. vorst. Titel. 7620.

Alberti, Giulio, Dobici, Franco und Grassini, Giuliana; Roma, Univ., Ist. di Chim. Gen. ed Inorg. Chromatography on paper impregnated with inorganic ion exchangers. III. Chromatography of inorganic ions on zirconium phosphate paper with HCl, H_2SO_4, HNO_3, $HClO_4$, and CH_3COOH at various concentrations. **(Chromatographie auf mit anorganischen Ionenaustauschern präparierten Papieren. 3. Mitt. Chromatographie anorganischer Ionen auf Zirkoniumphosphatpapier mit HCl, H_2SO_4, HNO_3, $HClO_4$ und Essigsäure verschiedener Konzentrationen.)** J. Chromatogr. [Amsterdam] 8 (1962) Nr. 1. S. 103–107. – 3 Abb., 2 Tab., 6 Lit. 2. Mitt. vgl. vorst. Titel.
Vff. beschreiben das chromatographische Verhalten einer Reihe anorg. Ionen auf Zirkonphosphatpapier. Die genannten Säuren wurden in Konzentrationen von 1–6 n als Lösungsmittel benutzt. Die Anwendung der Gleichung $X_{pH} = R_M +$ Konst. für imprägnierte Papiere mit schwachen Ionenaustauschern oder zirkonphosphatimprägnierten Papieren wird diskutiert. M. Anke. 7620.

Smith, Bengt und Persmark, Ulf; Göteborg, Sweden, Chalmers Tekn. Högskola, Inst. för Org. Kem. A rapid method for the detection of H, Cl, Br, I, S and N in organic compounds. **(Eine schnelle Methode zur Bestimmung von H, Cl, Br, J, S und N in organischen Verbindungen.)** Acta chem. scand. **16** (1962) Nr. 8. S. 2053–2054. – 1 Abb., 3 Lit. 7620.

Vries, G. de und Brinkman, A. A. A. M.; Amsterdam, Netherlands, Vrije Univ., Scheikundig Lab. A sensitive test for nitrate. **(Ein empfindlicher Test für Nitrat.)** Analyt. chim. Acta [Amsterdam] **26** (1962) Nr. 5. S. 498–500. 7650.

Lübbers, D. W. (unter Mitarb. von Busch, A.); Marburg/L., Univ., Lehrstuhl für Angew. Physiol. und Arbeitsphysiol. **Neuartige Meßketten zur Messung von Ionenkonzentrationen, insbesondere pH, in biologischen Flüssigkeiten und auf dem Gewebe.** Pflügers Arch. ges. Physiol. Menschen Tiere **276** (1963) Nr. 4. S. 407–414. – 3 Abb. 7710.

Morávek, J., Nejedlý, Z. und Filip, J.; Prague, Czechoslovakia, Inst. for Res., Product. and Uses of Radioisotopes. Evaluation of isotope exchange by chromatography. **(Auswertung der Isotopenaustauschreaktion durch Chroma-**

tographie.) Science [Washington] **138** (1962) Nr. 3537. S. 146–147. — 7 Lit.

Am Beispiel des Isotopenaustausches zwischen ^{35}S und schwefelenthaltenden org. Verbindungen wird die Untersuchung des Verlaufes von Austauschreaktionen durch Radiochromatographie erläutert. In bestimmten Zeitintervallen werden kleine Proben mit einer Kapillare aus der homogenen Reaktionsmischung entnommen und auf Chromatographiepapier übertragen. Das Papier wird unter Anwendung eines Lösungsmittelsystems, das die Ausgangssubstanz der Radioisotopen von der zu markierenden Substanz und von Zersetzungsprodukten trennt, entwickelt. Aus der Messung der Aktivitätsverteilung auf dem Papier läßt sich so die Austauschreaktion laufend verfolgen. Vorteile sind; Anwendung sehr geringer Mengen radioaktiven Materials; Verminderung der Zahl der Experimente, da die Reaktion weiterläuft; keine Isolierung einzelner Komponenten der Reaktionsmischung.
H. Kreienbring. 7830.

Kudrjavcev, A. A. und Vertunov, A. I. (Kudrjawzew, A. A. und Wertunow, A. I.) Primenenie radioaktivnych izotopov v životnovodstve. **(Die Anwendung radioaktiver Isotope in der Viehwirtschaft.)** Životnovodstvo, Moskva **24** (1962) Nr. 9. S. 71–74.

Mit Hilfe markierter Atome wurde u. a. festgestellt: DDT wird noch 4,5 Monate nach seiner Anwendung von Kühen mit der Milch ausgeschieden und sollte deshalb in der Tierzucht möglichst wenig benutzt werden. Die 7malige Bestrahlung von Bruteiern (vor dem Unterlegen, dann alle 3 Tage) mit Uran und Thorium in Höhe von 0,0002 r/Min. im Brutschrank und 0,0003 r/Min. bei 17–19° außerhalb des Brutschrankes (5 Min. lang) führt zu einer Erhöhung des Schlupfergebnisses. Bei Schafböcken und Bullen mit überwiegender Kraftfutterfütterung liegen die Konzentration der Radioisotope, die Aktivität und Resistenz der Spermien höher als bei Tieren mit überwiegender Grünfütterung. Mit radioaktiven Düngemitteln gedüngte Futterpflanzen üben eine bestimmte stimulierende und keinerlei schädliche Wirkung auf die Tiere aus.
F. Schenk. 7830.

D. ERNÄHRUNGSPHYSIOLOGIE

Verdauung und Resorption

Anonym. Absorption of amino acid mixtures by rat intestine. **(Resorption von Aminosäuremischungen durch den Rattendarm.)** Nutrit. Rev. **20** (1962) Nr. 10. S. 306–308. — 12 Lit.

Übersicht über neuere Literatur zur Bestimmung der Resorptionsgeschwindigkeit der einzelnen Aminosäuren aus Aminosäuremischungen durch den Rattendarm in Abhängigkeit von den gegenseitigen Konzentrationsverhältnissen. Die Resorption der einzelnen Aminosäuren ist selektiv und absolut durch die Mischungsverhältnisse beeinflußt. Die relative Resorptionsgröße der einzelnen Aminosäuren ergibt sich jedoch als übereinstimmend und unabhängig vom molaren Verhältnis der aus 18 L-Aminosäuren bestehenden Mischung. Die Ergebnisse sind bezüglich des Aminosäureangebotes für die Proteinsynthese in den verschiedenen Geweben von Bedeutung. R. Schiemann. 7852.

Akedo, Hitoshi und Christensen, Halvor N.; Ann Arbor, Univ. of Michigan, Dep. of Biol. Chem. Transfer of amino acids across the intestine: a new model amino acid. **(Die Übertragung von Aminosäuren durch den Darm: Eine neue Modellaminosäure.)** J. biol. Chemistry **237** (1962) Nr. 2. S. 113–117. — 6 Abb., 1 Tab., 14 Lit.

Zur Untersuchung des Aminosäuretransportes wurden α-Aminoisobuttersäure (I) sowie die neue Modellaminosäure 1-Aminocyclopentan-1-carbonsäure (II) geprüft. Beide Modellsubstanzen verhielten sich recht unterschiedlich.

Während (I) dem Verhalten des Glycins gleicht, entspricht (II) dem Valin und Methionin. Die Übertragung von (I) wird durch L-Methionin und L-Valin (5:1 Überschuß) inhibiert, nicht leicht durch Glycin. (I) ist nicht befähigt, die Übertragung der 3 Aminosäuren zu inhibieren. Mit Krebs-Ringer-Phosphatpuffer als Außenmedium wird (I) stark in den Mucosalschichten akkumuliert und auch gegen Konzentrationsgradienten durch die Darmwand übertragen. Auch (II) wird unter diesen Bedingungen in starkem Maße akkumuliert.
I. Schröder. 7852.

Spencer, Richard P., Bow, Ted M. und Markulis, Mary Anne; Buffalo, N.Y., Veterans Adm. Hospital, Radioisotope Serv.; Univ. of Buffalo, School of Med., Dep. of Biophysics. Amino group requirement for in vitro intestinal transport of amino acids. **(Der Aminogruppenbedarf für in vitro-Darmtransport von Aminosäuren.)** Amer. J. Physiol. **202** (1962) Nr. 1. S. 171–173. — 1 Abb., 19 Lit.

Vff. untersuchten am Dünndarm des Goldhamsters den Aminosäurentransport von der Mucosal- zur Serosalseite gegen einen Konzentrationsgradienten sowie die Aminosäurenakkumulation. Ergebnis: Glycin, L-Phenylalanin und L-Tryptophan werden gegen einen Konzentrationsgradienten transportiert, Essigsäure, Phenylbrenztraubensäure, Phenylpropionsäure, Phenylmilchsäure, Zimtsäure und Indolylmilchsäure dagegen nicht. Die Aminogruppe erweist sich so als essentiell für den Transport in diesem System. n-Methylglycin und L-Prolin werden von der Mucosa zur Serosa gegen einen Konzentrationsgradienten akkumuliert. Ein H-Atom der NH_2-Gruppe kann daher ersetzt werden; n-Phenylglycin wird dagegen wegen sterischer Hinderung nicht akkumuliert. α-L-Alanin wird transportiert, β-Alanin im Gegensatz zu anderen Systemen nicht. Anthranilsäure mit der NH_2-Gruppe in β-Stellung wird ebenfalls nicht akkumuliert. I. Schröder. 7852.

Swell, Leon, Stutzman, Ernest, Law, M. D. und Treadwell, C. R.; Washington, George Washington Univ., School of Med., Dep. of Biochem.; Martinsburg, W.Va., Veterans Adm. Center. Intestinal absorption of cholesterol-4-C^{14}-D-glucoside. **(Darmresorption von Cholesterol-4-^{14}C-D-glucosid.)** Arch. Biochem. Biophysics **97** (1962) Nr. 2. S. 383-386. — 3 Tab., 17 Lit.

Für die Bestimmung sowie Untersuchung der Eigenschaften von Cholesterol-4-^{14}-C-D-glucosid (I) wurde eine Technik zur Trennung des Glucosids von freiem und verestertem Cholesterol entwickelt. Die beschriebene Methode beruht auf der unterschiedlichen Löslichkeit der Substanzen in Petroläther und Chloroform-Methanol (2:1). Es wurden 225–275 g schwere ♂ Ratten mit Brustkorbfisteln (vgl. J. biol. Chemistry **230** [1958] Nr. 2. S. 631.) für die Versuche verwendet. 24 Std. nach der Operation erhielten die Tiere 30 mg (I), 1 μc, 50 mg Blutalbumin, 292 mg Oleinsäure, 279 mg Taurocholat und 150 mg Glucose. Ergebnis: Die Resorption von (I) ist gering. Ein Teil von (I) wird im Darmlumen hydrolysiert. Das freigesetzte Cholesterol wird resorbiert. Sowohl freies als auch verestertes ^{14}C-Sterol wurde in der Lymphe bestimmt, jedoch konnte nach der Fütterung kein intaktes (I) in Dünndarm-Lymphe oder Serum nachgewiesen werden. I. Schröder. 7852.

Baillie, P. und Morrison, S. D.; Glasgow, Univ., Inst. of Physiol. The nature of the suppression of food intake by lateral hypothalamic lesions in rats. **(Das Wesen der Herabsetzung der Futteraufnahme bei Ratten durch laterale Verletzungen am Hypothalamus.)** J. Physiol. [London] **165** (1963) Nr. 2. S. 227–245. — 9 Abb., 2 Tab., 12 Lit. 7852.

Heath, T. J. und Morris, Bede. The absorption of fat in sheep and lambs. **(Die Resorption von Fett beim Schaf und Lamm.)** Quart. J. exp. Physiol. cognate med. Sci. **47** (1962) Nr. 2. S. 157–169. — 7 Abb., 2 Tab., 26 Lit.

Nach der Verabreichung von Maisöl oder Olivenöl in den Darmkanal von Merinoschafen, denen Dauerkatheter in die Darm- und Leberlymphgefäße oder den Milchbrustgang sowie die Jugularvene angelegt worden waren, wurde beobachtet, daß der Lymphfluß bis zu 2 Std. nach der Applikation abnimmt. Im Zeitraum von 3–5 und 5–8 Std. nach der Zufuhr erreichte die Lymphmenge und die Fettkonzentration in der Lymphe jeweils ein Maximum. Bei Lämmern lag dieses Maximum nach der Verabreichung von 200–250 g Milch mit 6–10 g Fett für die Lymphmenge 2-3 Std. und das Maximum des Fettgehaltes 5–8 Std. nach dem Zeitpunkt der Zufuhr. Mit der Erhöhung des Gehaltes an Neutralfetten ging bei den erwachsenen Schafen eine Zunahme der Konzentration der Phospholipoide in der Lymphe einher; bei Lämmern bestand eine signifikante Korrelation mit der Konzentration der Phospholipoide und der freien Fettsäuren. Nach der Applikation von ^{14}C-Tripalmitin in den Labmagen oder das Duodenum von erwachsenen Schafen war eine Radioaktivität 1 Std. später in der Darmlymphe nachweisbar. Die Fettresorption hielt bis zu 53 Std. an, wobei der größte Teil jedoch innerhalb der ersten 6 Std. aufgenommen wurde. Bei der Verabreichung in den Pansen verlief die Resorption sehr langsam und nahm mehrere Tage in Anspruch. Wurde das markierte Palmitin in den Labmagen oder das Duodenum von Lämmern gegeben, konnte im Vergleich zu den erwachsenen Schafen ein größerer Anteil in der Darmlymphe wiedergefunden werden. Mehr als 90% der resorbierten Radioaktivität wurde in den Neutralfetten nachgewiesen, 0–5,9% in den Phospholipoiden und 0,6–4,5% in den freien Fettsäuren. Die Untersuchungsergebnisse unterstreichen die Bedeutung des Lymphweges für die Resorption der Fette beim Schaf und Lamm. H. Gürtler. 7862.

Gilliland, R. L., Bush, L. J. und Friend, J. D.; Stillwater, Oklahoma State Univ., Dep. of Dairying and Veterin. Anatomy. Relation of ration composition to rumen development in early-weaned dairy calves with observations on ruminal parakeratosis. **(Beziehungen zwischen der Zusammensetzung der Ration und der Pansenentwicklung frühentwöhnter Milchkälber mit Beobachtungen von Pansenparakeratose.)** J. Dairy Sci. **45** (1962) Nr. 10. S. 1211–1217. – 3 Abb., 4 Tab., 20 Lit.

Eine erfolgreiche Frühentwöhnung der Kälber ist abhängig von früh in Gang gekommener Pansenentwicklung, damit pflanzliches trockenes Futter verwertet werden kann. Diese Entwicklung wird nicht nur durch die physikalische Natur, sondern auch durch die FFS gefördert. Vff. setzten daher FFS-Salze der Ration hinzu (1,05% Na-, 14,2% K- und 2,23% Ca-Propionat bzw. 1,20% Na-, 1,57% K- und 2,53% Ca-Butyrat.) Der Zuwachs betrug in 32 Lebenstagen bei FFS-Zusatz 21,4 lb., in der Kontrolle 27,2 lb. Nach 11 Lebenstagen käuten alle Kälber wieder, ein signifikanter Unterschied zwischen den Gruppen bestand nicht, auch nicht in der Zeitdauer des Wiederkauens innerhalb von 24 Std. Bei FFS-Zusatz hatten 5 von 8 Kälbern Pansenparakeratose (weniger gut entwickelte Papillen, die durch Keratineinlagerung verhärtet sind). Die diesbezgl. Zusammenhänge konnten nicht geklärt werden. B. Piatkowski. 7862.

Bensadoun, A., Paladines, O. L. und Reid, J. T.; Ithaca, N.Y., Cornell Univ., Dep. of Animal Husbandry. Effect of level of intake and physical form of the diet on plasma glucose concentration and volatile fatty acid absorption in ruminants. **(Einfluß von Verzehrshöhe und physikalischer Form der Ration auf Blutzuckergehalt und Resorption der flüchtigen Fettsäuren bei Wiederkäuern.)** J. Dairy Sci. **45** (1962) Nr. 10. S. 1203–1210. – 2 Abb., 8 Tab., 28 Lit.

Vff. prüfen den Einfluß verschiedener Rationen (gehäckseltes **I** bzw. gemahlenes und pelletiertes Heu **II** bzw. einer pelletierten Mischung von 45% Maisschrot + 55% gemahlenem Heu **III**) auf den Blutzuckergehalt an Lämmern (15 Mon.) bzw. Schafen (27 Mon.), und zwar bei niedrigem (N), mittlerem (M) und hohem (H) Futterangebot. **II** bewirkte gegenüber **I** bei M- und H-Fütterung einen stat. höheren Blutzuckerspiegel. Während die N-Lämmer (62 mg) einen niedrigeren Zuckerspiegel als die der M- und H-Fütterung (71 bzw. 74 mg) hatten, waren die Unterschiede bei Schafen nicht vorhanden (ca. 64 mg/100 ml Plasma). Um die Resorption der flüchtigen Fettsäuren (FFS) zu bestimmen, wurde Blut aus der Vena porta, Art. carotis entnommen und die Durchflußrate des portalen Blutes bestimmt (nach Bensadoun u. a. J. Dairy Sci. **45** [1962] S. 540.). Bei Pelletfütterung verengte sich das Essigsäure/Propionsäure-Verhältnis im Rumen (z. B. 2,2 gegenüber 3,3). Die Verhältnisse waren im portalen Blut andere (z. B. 7 gegenüber 8,4). Während im Pansen weniger als 1% des FFS Ameisensäure war, waren es im portalen Blut 35%. Die tägl. Resorption an Ameisensäure beträgt 47-13,4 g, die an FFS 73-89 g. Den Versuchen ist nicht eindeutig zu entnehmen, ob der höhere Blutzuckerspiegel bei Pelletfütterung auf eine verstärkte Propionsäureresorption zurückzuführen ist. Außerdem reflektiert der Blutzuckerspiegel nicht immer den Glukose-Pool (vgl. LZ. Abt. III **6** [1961] Nr. 9. S. 1620.)

B. Piatkowski. 7862.

Eadie, J. Margaret. The development of rumen microbial populations in lambs and calves unter various conditions of management. **(Die Herausbildung der mikrobiellen Pansenpopulation bei Lämmern und Kälbern unter verschiedenen Haltungsbedingungen.)** J. gen. Microbiol. **29** (1962) Nr. 4. S. 563–578. – 3 Abb., 4 Tab., 26 Lit.

Bei 58 Lämmern und Kälbern, die unter verschiedenen Bedingungen gehalten wurden, wurde die Entwicklung der Pansenflora und -fauna durch die mikroskopische Untersuchung von Pansensaft verfolgt. Die Tiere wurden dabei teilweise bei der Mutter belassen, frühzeitig abgesetzt, oder es wurden Pansensaftübertragungen vorgenommen. Sowohl bei Kälbern als auch bei Lämmern kann sich frühzeitig bei einem hohen pH im Pansen eine gemischte Ciliatenbesiedlung ausbilden. Der Aciditätsgrad hat dabei sowohl für die Herausbildung der Flora als auch der Fauna die größte Bedeutung, Art der Aufnahme der Keime und das Alter der Tiere treten als beeinflussende Faktoren zurück. Die Tiere konnten bei Unterbindung des Kontaktes mit anderen Wiederkäuern von einem frühen Alter an Infusorien-frei gehalten werden. Der Abstand zwischen den Tieren muß bei Rindern größer als bei Schafen sein. Die verschiedenen verabreichten Kostformen und vorgenommenen Behandlungen bedingten bei Lämmern und Kälbern ähnliche Resultate mit Ausnahme von 2 Selenomaden-Arten, die bei Kälbern nie zu beobachten waren, bei Lämmern jedoch auch bei fehlendem Kontakt mit anderen Tieren angetroffen wurden. Für die Ausbildung der Ciliatenbesiedlung war die Ration der bestimmende Faktor. Durch eine Pansensaftübertragung konnten die gleichen Ergebnisse wie durch Kontakt mit dem Muttertier erzielt werden. Die Abwesenheit der Pansenciliaten hatte keine Auswirkungen auf die Gewichtszunahme, die Futteraufnahme und die allgemeine Entwicklung. Bei einer Erhöhung des pH über 6,5 verschwanden die Ciliaten, und es traten Flagellaten auf. Die Untersuchungen ergaben beträchtliche Unterschiede zwischen den einzelnen Tieren. H. Gürtler. 7862.

Eadie, J. Margaret. Inter-relationships between certain rumen ciliate protozoa. **(Wechselwirkungen zwischen bestimmten Pansenciliaten.)** J. gen. Microbiol. **29** (1962) Nr. 4. S. 579–588. – 2 Tab., 19 Lit.

Bei Kälbern und Schafen wurden die Vertreter der Ciliatenpopulation im Pansen und deren Veränderungen nach der intraruminalen Verabreichung von Panseninhalt untersucht und den Verhältnissen bei erwachsenen Wiederkäuern gegenübergestellt. Dabei stellte sich heraus, daß die Ciliaten *Polyplastron multivesiculatum*, *Eudiplodinium maggii* und *Epidinium spp.* zusammen keine gemischte Population bilden. Als Ursache für den Antagonismus werden Kannibalismus, Konkurrenz um Nährstoffe oder Veränderungen der Bakterienflora nicht für wahrscheinlich gehalten. Die Zusammensetzung der Ciliatenfauna bei erwachsenen Tieren ist zwar durch eine Übertragung zu beeinflussen, die Beziehungen zwischen den Ciliaten werden jedoch zum Teil durch den Wirt bestimmt. H. Gürtler. 7862.

Moore, John E., Johnson, Ronald R. und Dehority, Burk A.; Wooster, Ohio Agric. Exp. Stat., Dep. of Animal Sci. Adaption of an in vitro system to the study of starch fermentation by rumen bacteria. **(Angleichung eines in vitro-Systems zum Studium der Stärkefermentation durch Pansenbakterien.)** J. Nutrit. [Philadelphia] **76** (1962) Nr. 4. S. 414–422. – 5 Abb., 1 Tab., 26 Lit.
Es ist ein in vitro-System beschrieben worden, daß zur Untersuchung der Stärkefermentation durch Pansenbakterien des Schafpansens entwickelt wurde. Die Schafe erhielten Futter mit hohem Körneranteil. 18 Kulturmischungen aus den Pansen von 3 Schafen, welche die gleichen Rationen bekamen, wurden verglichen. Es zeigte sich eine Ähnlichkeit in den Beziehungen zwischen der Produktion der flüchtigen Fettsäuren oder der Synthese von im Trichloressigsäure unlöslichem N und dem Ausmaß der Stärkefermentation. K.-J. Rojahn. 7862.

Oltjen, R. R., Sirny, R. J. und Tillman, A. D.; Stillwater, Oklahoma State Univ., Dep. of Animal Husbandry and Biochem. Effects of B vitamins and mineral mixtures upon growth and rumen function of ruminants fed purified diets. **(Wirkungen der B-Vitamine und Mineralstoff-Mischungen auf das Wachstum und die Pansenfunktion der Wiederkäuer, welche mit reinen Rationen gefüttert wurden.)** J. Nutrit. [Philadelphia] **77** (1962) Nr. 3. S. 269–277. – 3 Abb., 2 Tab., 25 Lit.
Ein Wachstumsversuch mit 20 Schafen zeigte, daß die Zugabe von B-Vitaminen zu einer Harnstoff enthaltenden reinen Ration keine stimulierenden Wirkungen bei Schafen hervorrief. Schafe, welche eine isolierte Sojabohnen-Protein-Ration fraßen, erzeugten größeren Gewinn und brauchten weniger Futter pro Einheit Zuwachs als die Schafe, welche eine Harnstoff enthaltende Ration erhielten. Zwillingsbullen, die mit Fisteln versehen wurden, sind zum Vergleich der Wirkungen von sauren und basischen Mineralstoffmischungen verwendet worden. Es wurde eine Harnstoff enthaltende reine Ration gefüttert. Man fand, daß die Bullen, die eine basische Mineralstoff-Ration bekommen hatten, einen höheren Pansen-pH, ein größeres Pansenvolumen, mehr Essig-, Propion- und Buttersäure, eine höhere Konzentration von Riboflavin und Thiamin im Panseninhalt zeigten als die Bullen, welche eine saure Mineralstoffration aufnahmen. K.-J. Rojahn. 7862.

Kuseń, S. J. und Masljanko, N. F. (Kussen, S. J. und Masljanko, N. F.); Ukrain. Forsch.-Inst. für Physiol. und Biochem. Landwirtsch. Nutztiere. Do fiziologiï peredšlunkiv velykoï rogatoï chudoby. **(Zur Physiologie der Vormägen der Rinder.)** Visnyk sil'śkogospodarśkoï nauky, Kyïv **5** (1962) Nr. 4. S. 111–113. – 1 Tab., 5 Lit. Orig.: ukrain., Ausz.: russ.
Die Vff. untersuchten die Wege des Wechsels von N-, P- und Kohlenhydrat-Verbindungen in den Geweben der Vormägenwände erwachsener und Jungrinder. Es wurde das absolute Gewicht der Gewebe von Pansen, Netz- und Blättermagen und das prozentuale Verhältnis der Epithel- und der serösen Muskelgefäßhaut bei Tieren der beiden Altersgruppen festgestellt. Der Unterschied ist unbedeutend. Die Hauptrolle bei der Resorption und der Verwandlung der Abbauprodukte spielt der Netzmagen und eine etwas geringere Rolle der Pansen. Der letztere erfüllt im wesentlichen die mechanische Funktion der Vormägen. K. Neumann. 7862.

Fedij, Je. M. (Fedi, Je. M.); Ukrain. Akad. der Landwirtsch.-Wiss. Rol' peredšlunkiv u travlenni molodnjaka velykoï rogatoï chudoby. **(Rolle der Vormägen der Jungrinder bei der Verdauung.)** Visnyk sil'škogospodarškoï nauky, Kyïv **5** (1962) Nr. 1. S. 103–104. – 1 Tab. Orig.: ukrain., Ausz.: russ.
Der Vf. berichtet über Resultate aus Verdauungsversuchen an 6–8 und 18 Mon. alten Kälbern, denen äußerliche Darmanastomosen nach der Methode Sineschokow angelegt wurden. Verdauung und Resorption im Magen 6–8 Mon. alter Kälber betragen für Kohlenhydrate 45–66%, insbes. 38% Spaltungsprodukte der Cellulose aus dem Futter. Die Verdauung org. Stoffe im Magen ist ebenfalls hoch. Die Vk für org. Subst. betrugen 39. Färsen von 18 Mon. verdauen Cellulose zu 46–50%. K. Neumann. 7862.

Moir, R. J. und Harris, Lorin, E.; Logan, Utah State Univ., Agric. Exp. Stat., Animal Husbandry Dep. Ruminal flora studies in the sheep. X. Influence of nitrogen intake upon ruminal function. **(Untersuchungen der Pansenflora im Schaf. 10. Mitt. Einfluß der N-Aufnahme auf die Pansenfunktion.)** J. Nutrit. [Philadelphia] **77** (1962) Nr. 3. S. 285-298. 7862.

Anonym. Butyric acid metabolism in ruminants. **(Buttersäure-Stoffwechsel im Wiederkäuer.)** Nutrit. Rev. **20** (1962) Nr. 5. S. 141–143. 7862.

Asplund, J. M., Grummer, R. H. und Phillips, P. H.; Madison, Univ. of Wisconsin. Absorption of colostral gamma-globulins and insulin by the newborn pig. **(Die Resorption von Gamma-Globulinen des Colostrums und von Insulin durch das neugeborene Ferkel.)** J. Animal Sci. **21** (1962) Nr. 3. S. 412–413. – 2 Tab., 6 Lit.
Mit einer Sonde wurde Ferkeln in verschiedenen Altersstufen Colostrum verabreicht und nach 3 Std. eine Blutprobe entnommen. Das Serum wurde papierelektrophoretisch untersucht. Dabei konnten Gammaglobuline nur nachgewiesen werden, wenn den Ferkeln 9–24 Std. nach der Geburt Colostrum verabreicht wurde. Bei Ferkeln, welche kein Colostrum bekommen hatten, waren keine Gamma-Globuline nachzuweisen, wohl aber bei saugenden. Verabreichung von 400 E. Insulin mittels Sonde in der 18.-24. Std. nach der Geburt ergab eine Senkung des Glucosegehaltes im Blut. Auch 400 E. Protamin-Zn-Insulin hatten eine hypoglykaemische Wirkung. Daraus kann geschlossen werden, daß die Resorption intakter Proteine in den ersten Lebensstunden nicht auf die des Colostrums beschränkt ist. B. Busch. 7870.

Wood, T., Adams, E. P. und Bender, A. E.; London. Gastric-stimulating factor in meat extract. **(Magenstimulierender Faktor im Fleischextrakt.)** Nature [London] **195** (1962) Nr. 4847. S. 1207–1208. – 1 Tab., 9 Lit.
Es wurde die magenstimulierende Wirkung eines handelsüblichen Fleischextraktes und eines frischen Muskelextraktes untersucht. Die Magensekretion wurde nach der Davies-Technik gemessen (vgl. Biochem. J. **42** [1948] S. 609.). Während die untersuchten Fleischextrakte aktiv waren, wurde keine Aktivität der aus den Extrakten identifizierten Verbindungen festgestellt. Papierchromatographisch wurde die Gegenwart von Kreatin, Kreatinin, Hypoxanthin, Carnosin, Carnitin und Spuren von Aminosäuren nachgewiesen. Durch physikalische und chemische Untersuchungen sowie durch Biotests wurden wesentliche Eigenschaften des stimulierenden Faktors bestimmt. Es wurden gewisse Analogien zum Histamin festgestellt. Eine Identität besteht nicht. Die Konzentration des unbekannten Faktors wird ausführlich beschrieben. I. Schröder. 7888.

Johnson, Ronald R., Klosterman, E. W. und Bentley, O. G.; Wooster, Ohio Agric. Exp. Stat. Energy value of lactic acid and corn steepwater and their effects on digestibility of ruminant rations. **(Energiewert von Milchsäure und Mais-Tränkwasser und ihre Einflüsse auf die Verdaulichkeit von**

Wiederkäuer-Rationen.) J. Animal Sci. **21** (1962) Nr. 4. S. 887–891. — 9 Tab., 17 Lit.
An Bullen und Schafen wurde die Wirkung einer Beifütterung von Milchsäure in Gaben von 4 bzw. 8% der Rationen und von Maistränkwasser (25% Milchsäure i. d. Tr.-Subst.) auf Gewichtsentwicklung und Verdaulichkeit geprüft. Signifikante Unterschiede in der Gewichtsentwicklung der Tiere mit und ohne Milchsäure- bzw. Maistränkwasser-Beifütterung wurden nicht festgestellt. Milchsäure erhöhte signifikant die Verdaulichkeit der Energie einer aus reinen Nährstoffen aufgebauten Ration. Durch Zugabe von Maistränkwasser zu einer 50%-Rauhfutterration stieg die Verdaulichkeit der Rohfaser, der Cellulose und der Tr.-Subst. an, die Proteinverdaulichkeit ging zurück. L. Hoffmann. 7888.

Intermediärer Stoffwechsel

Kalant, H. und Miyata, Ruriko; Downsview, Ontario, Canada, Defence Res. Med. Lab.; Cambridge, Univ., Dep. of Biochem. Metabolic alterations in tissues perfused with decalcifying agents. **(Stoffwechseländerungen in mit decalcifizierenden Substanzen durchströmten Geweben.)** Biochem. J. **86** (1963) Nr. 2. S. 336–344. — 6 Abb., 1 Tab., 26 Lit.
Suspensionen isolierter Parenchymzellen von Leber und Niere ausgewachsener Ratten und Kaninchen zeigten nach Behandlung mit Citrat oder EDTA gegenüber der nichtbehandelten Suspension niedrigere endogene Respiration, niedrigere anaerobe Glykolyse und einen höheren Anstieg der Respiration bei Bernsteinsäurezugabe. Mitochondrien der Rattenleberzellen ergaben nach α-Ketoglutarat keine Veränderung der Respiration, Suspensionen von Leberzellen zeigten bei gleicher Behandlung zunächst gleiche Respiration, die bald rapide zurückging. Mit Krebs-Ringer-Lösung durchströmte Gewebeschnitte wiesen keine Unterschiede im Stoffwechsel (der gemessenen Stoffwechselkomponenten) zu undurchströmten Geweben auf. Bei Citrat oder EDTA in der Lösung ist die Respiration gleich, durch Zugabe von Bernsteinsäure sind die O_2-Aufnahme und die Diffusion von Protein ins Medium erhöht. Nierenschnitte zeigten diese Effekte nicht. Die Wirkung von Citrat oder EDTA wird mit der Veränderung der Permeabilität der Zellmembran erklärt. Die Nierenschnitte verhindern auf Grund der histologischen Organisation der Niere den freien Zutritt dieser Substanzen. W. Jentsch. 7900.

Schimassek, H.; Marburg/L., Univ., Physiol.-Chem. Inst. **Metabolite des Kohlenhydratstoffwechsels der isoliert perfundierten Rattenleber.** Biochem. Z. **336** (1963) Nr. 6. S. 460–467. — 1 Abb., 2 Tab., 18 Lit. 7910.

Stein, Yechezkiel und Stein, Olga; New York, Rockefeller Inst. The incorporation and disappearance of fatty acids in the rat epididymal fat pad studied by the in vivo incubation technique. **(Inkorporation und Verschwinden von Fettsäuren in Rattenepididymalfettpolster, erforscht durch in vivo — Inkubationstechnik.)** Biochim. biophysica Acta [Amsterdam] **60** (1962) Nr. 1. S. 58–71. — 2 Abb., 11 Tab., 21 Lit.
Bei Inkubation von Rattenepididymalfettpolster in äquimolekulare Lösung von 9, 10^3H_2-Palmitinsäure und 1-^{14}C-Linolsäure bzw. Ölsäure zeigte sich, daß Palmitinsäure nur unbedeutend schneller als Öl- oder Linolsäure, aber ganz beachtlich rascher als Stearinsäure inkorporiert wird. Bei fastenden Tieren werden in der gleichen Reihenfolge zuerst Palmitinsäure, Öl- und Linolsäure und zuletzt Stearinsäure mobilisiert, wobei die Zusammensetzung der Gewebefettsäuren weitgehend unverändert bleibt. Die Halbwertzeiten von 9, 10 ^{3}H-Palmitinsäure und 1^{14}C-Linolsäure in Epididymalfettpolster wurden mit 163 bzw. 187 Tagen bestimmt. H. Steger. 7910.

Smith, R. L., Paoletti, R. und Brodie, B. B.; Bethesda, Md., Nat. Inst. of Health. The essential role of noradrenaline in corticotrophininduced fatty acid mobilization. **(Die essentielle Rolle von Noradrenalin bei corticotrophin-induzierter Fettsäure-Mobilisation.)** Biochem. J. **84** (1962) Nr. 2. S. 51p–52p.

ACTH, Adrenalin und Noradrenalin vergrößern in vitro und in vivo die Mobilisation freier Fettsäuren aus Fettgewebe. Die Fettmobilisationswirkungen von ACTH und Adrenalin sind einander jedoch entgegengesetzt, wenn das Fettpolster mit einem adrenergischen blockierenden Agens vorbehandelt wird (Reserpin). Das läßt darauf schließen, daß Catecholamine eine Zwischenrolle bei der durch ACTH induzierten Mobilisation freier Fettsäuren spielt. Diese Feststellung ist deshalb von Interesse, da erst kürzlich Noradrenalin im Fettgewebe verschiedener Species nachgewiesen wurde (vgl. Smith, R. L. u. a., Biochem. J. **82** [1962] S. 19.). H. Steger. 7910.

Leng, R. A. und Annison, E. F., Armidale, Australia, Univ. of New England, School of Rural Sci. Metabolism of acetate, propionate and butyrate by sheep-liver slices. **(Der Stoffwechsel von Essig-, Propion- und Buttersäure in Leberschnitten von Schafen.)** Biochem. J. **86** (1963) Nr. 2. S. 319–327. – 2 Abb., 10 Tab., 39 Lit.

Mittels ^{14}C markierter Substanzen wurden die Stoffwechselwege von Essig- (**I**), Propion- (**II**) und Buttersäure (**III**) in Leberschnitten von Schafen untersucht. **II** und **III** wurden schneller oxydiert als **I**. **II** wurde in stärkerem Maße in Glucose inkorporiert als **I** und **III**. Durch Markierung an verschiedenen C-Atomen wurde festgestellt, daß **II** direkt in Glucose eingebaut wird, **I** und **III** als Acetyl-CoA über den Tricarbonsäurecyclus. **I** und **III** stimulierten in Geweben von hungernden Schafen den Stoffwechsel von **II**, **II** und **III** inhibierten die Oxydation von **I**. **I** und **II** waren ohne Einfluß auf die Oxydation von **III**, aber die Inkorporation von **III** in Glucose wurde durch **II** erhöht. Durch **I** und **III** wurde die Ketonkörperbildung in Leberschnitten erhöht. Versuche, die Glykogensynthese in Leberschnitten durch Veränderung der Na+- und K+-Ionenkonz. voranzubringen, waren erfolglos. W. Jentsch. 7910.

Draper, P. und Kent, P. W.; Oxford, Univ., Dep. of Biochem. Biosynthesis of intestinal mucins. 4. Utilization of [1-^{14}C] glucose by sheep colonic mucosa in vitro. **(Biosynthese intestinaler Mucine. 4. Mitt. Die Verwertung von 1-^{14}C-Glucose durch die Colonmucosa des Schafes in vitro.)** Biochem. J. **86** (1963) Nr. 2. S. 248–254. – 2 Tab., 41 Lit.

Vff. untersuchten die Aufnahme von 1-^{14}C-Glukose durch die Zellen der Colonmucosa des Schafes und die möglichen Umsetzungen in andere Monosaccharidverbindungen der Mucosa sowie die Inkorporation von ^{35}S-Sulfat. Die Inkorporation von Glukose wird durch L-Fucose nicht inhibiert. Die elektrophoretische Analyse der mit Papain verdauten mucosen Substanz ergab 2 Mucopolysaccharide, bestehend aus Sialinsäure, Galaktose, Glukosamin, Galaktosamin, Fucose und wahrscheinlich Mannose mit entsprechenden Radioaktivitäten von 6, 11, 8, 4, 7 und $< 1\%$. Bei Verdauung mit Papain wurde ^{35}S nur in Mucin nachgewiesen, mit ^{14}C markiertes Protein ergab kein aktives Mucin. Durch Alkaliverdauung erhielt man ein Gemisch radioaktiver Substanzen. W. Jentsch. 7910.

Froesch, E. R. und Ginsberg, J. L.; Zurich, Univ., Metabolic Unit, Dep. of Med. Fructose metabolism of adipose tissue. I. Comparison of fructose and glucose metabolism in epididymal adipose tissue of normal rats. **(Fructosestoffwechsel des Fettgewebes. 1. Mitt. Vergleich des Stoffwechsels der Fructose und Glukose im epididymalen Fettgewebe normaler Ratten.)** J. biol. Chemistry **237** (1962) Nr. 11. S. 3317–3324. – 4 Abb., 7 Tab., 35 Lit.

Der Stoffwechsel von Fructose und Glukose im Fettgewebe wird mittels ^{14}C markierter Substanzen verglichen. Glukose und Fructose werden annähernd gleich umgesetzt. Die Stoffwechselaktivität von Fructose ist bei niedrigeren Konz. niedriger, bei höheren Konz. höher als die von Glukose. Der Einbau beider Hexosen in Glykogen, Glycerin und Fettsäuren, die CO_2-Bildung und die Zuckeraufnahme werden einzeln und im Gemisch gemessen. Der Einbau in Fettsäuren war im Gemisch höher als die Summe des Einbaues der einzelnen Komponenten ergab. Die Fructoseaufnahme wird durch Insulin nur bei Abwesenheit von Glukose stimuliert und bei hohem Glukosegehalt gedrückt. 3,5-Dinitrobenzoylglukosamin inhibiert den Stoffwechsel der Fructose etwas stärker als den der Glukose. Sorbit wird im Fettgewebe nur wenig umgesetzt. Die Resultate werden im Hinblick auf den Stoffwechselmechanismus der Fructose im Fettgewebe diskutiert. W. Jentsch. 7910.

Bartlett, Donald, Morita, Yoshiko und Munck, Allan; Hanover, N. H., Dartmouth Med. School, Dep. of Physiol. Rapid inhibition by cortisol of incorporation of glucose in vivo into the thymus in the rat. **(Schnelle Inhibition der Inkorporation von Glukose in den Thymus der Ratte durch Cortisol in vivo.)** Nature [London] **196** (1962) Nr. 4857. S. 897–898. — 1 Tab., 9 Lit.
An 200–360 g schweren ♂ Ratten mit Nebennierenektomie wurde der ^{14}C-Glukoseeinbau in Protein und Fett des Thymus gemessen. Durch s. c. Injektion von Cortisol wurde die Inkorporation von Glukose um ungefähr 30% vermindert. Gewicht und Protein-N-Gehalt des Thymus wurden nicht beeinflußt. Radioaktivität des Blutes und der Blutglukosegehalt waren erhöht. Cortisol greift in eine frühe Stufe des Glukosestoffwechsels ein, die Oxydation von Glukose in der Thymusdrüse ist vermindert, die Glukoseausnutzung wird durch Glukocorticoide inhibiert. W. Jentsch. 7910.

Bezman, Alyce, Felts, James M. und Havel, Richard J.; San Francisco, Calif., Univ., School of Med., Cardiovascular Res. Inst., Dep. of Med. Relation between incorporation of triglyceride fatty acids and heparin-released lipoprotein lipase from adipose tissue slices. **(Beziehung zwischen Inkorporation von Triglyceridfettsäuren und von Fettgewebeschnitten durch Heparin entbundener Lipoproteid-Lipase.)** J. Lipid Res. **3** (1962) Nr. 4. S. 427 bis 431. — 3 Abb., 2 Tab., 18 Lit.
Mittels 1-^{14}C-Palmitinsäure markierter Substanzen wurde der Inkorporationsmechanismus von Plasmatriglyceridfettsäuren in Fettgewebeschnitte von Kaninchen verschiedener Ernährungszustände untersucht und die Aktivität der Lipoproteid-Lipase geprüft. Die Inkorporation der Triglyceridfettsäuren in das Fettgewebe ist vom Ernährungszustand des Tieres abhängig und korreliert mit der Aktivität der Lipoproteid-Lipase, die durch Heparin vom Gewebe freigesetzt wurde, die wiederum wahrscheinlich mit der Gesamtaktivität der Lipoproteid-Lipase des Gewebes korreliert. W. Jentsch. 7910.

Morin, Robert J., Bernick, Sol, Mead, James F. und Alfin-Slater, Roslyn B.; Los Angeles, Calif., Univ., School of Public Health, Div. of Nutrit. Sci.; School of Med., Dep. of Physiol. Chem. The influence of exogenous cholesterol on hepatic lipid composition of the rat. **(Der Einfluß des exogenen Cholesterins auf die Fettzusammensetzung der Rattenleber.)** J. Lipid Res. **3** (1962) Nr. 4. S. 432–438. — 5 Abb., 5 Tab., 27 Lit.
An Ratten wurden Rationen mit Baumwollsaatöl, Cholesterin, Cholinsäure, Methylester langkettiger Fettsäuren und Tocopherol gefüttert. Leber, Herz und Aorta wurden histologisch untersucht, die Fettzusammensetzung der Leber mittels Säulenchromatographie und die Zusammensetzung der Stearinester, Triglyceride und Phospholipoide durch Gaschromatographie bestimmt. Cholesterinverabreichung führte zu einer Erhöhung der einfach ungesättigten Fettsäuren und einer Erniedrigung der Linol- und Arachidonsäure. 5, 8, 11-(**I**) und 8, 11, 14-Eicosatriensäure (**II**) wurden identifiziert. **I** schien Beziehungen zum Mangel an essentiellen Fettsäuren zu haben, **II** ist wahrscheinlich ein Zwischenprodukt bei der Umbildung von Linol- zu Arachidonsäure. W. Jentsch. 7910.

Akedo, Hitoshi und Christensen, Halvor N.; Ann Arbor, Univ. of Michigan, Dep. of Biol. Chem. Nature of insulin action on amino acid uptake by the isolated diaphragm. **(Der Charakter der Insulinwirkung auf die Aminosäureaufnahme durch das isolierte Zwerchfell.)** J. biol. Chemistry **237** (1962) Nr. 1. S. 118-122. — 7 Abb., 1 Tab., 19 Lit.

Es wurde die Aufnahme von Modellaminosäuren durch isoliertes Rattenzwerchfell und der Einfluß von Insulin untersucht. An Aminosäuren wurden getestet: α-Aminoisobuttersäure (I), Glycin, Sarcosin, L- und D-Isovalin, L-Methionin, L-Prolin und eine neue Modellaminosäure 1-Aminocyclopentan-1-carbonsäure. Ergebnis: Während das Insulin die Aufnahme der genannten 8 Aminosäuren wesentlich erhöht, ist der Einfluß bei 7 anderen Aminosäuren nicht vorhanden (L- und D-Alanin, L-Serin, L-Valin, L-Leucin, DL-Norleucin und L-Histidin). Oxydiertes Insulin hat keinen Einfluß auf die Aufnahme von (I), L-Valin und L-Serin konkurrieren mit (I). Es wird gezeigt, daß die Wirkung des Insulins nicht auf der Erhöhung der Diffusionsrate beruht, sondern auf der Erhöhung der Affinität der für die Vermittlungsfunktion verantwortlichen Seite von (I) bzw. der genannten natürlichen Aminosäuren. Die Ursache für die größere Empfindlichkeit gewisser Aminosäuren gegenüber der Insulinstimulierung wird diskutiert und die Rolle des α-H beim Aminosäuretransport in Betracht gezogen. I. Schröder. 7930.

Degroot, Nathan und Cohen, Philip P.; Madison, Univ. of Wisconsin, Dep. of Physiol. Chem. Amino acid activating enzymes and pyrophosphatase in frog and tadpole liver. **(Aminosäure aktivierende Enzyme und Pyrophosphatase in Frosch- und Kaulquappenleber.)** Biochim. biophysica Acta [Amsterdam] **59** (1962) Nr. 3. S. 595–604. — 5 Tab., 31 Lit.

Vff. untersuchten die Aminosäure aktivierenden Enzyme in verschiedenen Fraktionen der Frosch- und Kaulquappenleber. Ergebnis: In der löslichen Fraktion wurde die höchste spez. Aktivität gefunden. Lysin, Leucin und Valin aktivierende Enzyme sind in der überstehenden Fraktion am aktivsten. Ein Glutaminsäure aktivierendes Enzym wurde in der löslichen Fraktion mit einem pH-Optimum von 5,2 gefunden. Die Hitzestabilität von gewissen Aminosäure aktivierenden Enzymen scheint durch Mg-Ionen bzw. Mg-Ionen zusammen mit ATP gesteigert zu werden. Während der Thyroxin-induzierten Metamorphose wurde kein Wechsel der Aktivät der Aminosäure aktivierenden Enzyme beobachtet, die Pyrophosphatase-Aktivität nahm jedoch zu. Nach 20 Tagen der Behandlung wurde eine Steigerung von 50% beobachtet. Insgesamt ist in der überstehenden Fraktion der Froschleber 2–2,5 mal mehr Pyrophosphatase enthalten als in der entsprechenden Fraktion der Kaulquappe. I. Schröder. 7930.

Dakshinamurti, K. und Mistry, S. P.; Urbana, Univ. of Illinois, Div. of Animal Nutrit. Amino acid incorporation and biotin deficiency. **(Aminosäureinkorporation und Biotinmangel.)** J. biol. Chemistry **238** (1963) Nr. 1. S. 297–301. — 1 Abb., 11 Tab., 24 Lit. 7930.

Doerfler, W., Zillig, W., Fuchs, E. und Albers, M.; München, Max-Planck-Inst. für Biochem. **Untersuchungen zur Biosynthese der Proteine. V. Die Funktion von Nucleinsäuren beim Einbau von Aminosäuren in Proteine in einem zellfreien System aus Escherichia coli.** Hoppe-Seyler's Z. physiol. Chem. **330** (1963) Nr. 1/3. S. 96–123. — 11 Abb., 5 Tab., 40 Lit. Zus. in Engl. 7930.

Rosenberg, Leon E., Downing, Sylvia J. und Segal, Stanton; Bethesda, Md., Nat. Inst. of Health; Nat. Inst. of Arthritis and Metabolic Diseases; Nat. Cancer Inst. Competitive inhibition of dibasic amino acid transport in rat kidney. **(Kompetitive Hemmung des Transports zweibasischer Aminosäuren in der Rattenniere.)** J. biol. Chemistry **237** (1962) Nr. 7. S. 2265–2270. — 5 Abb., 5 Tab., 22 Lit.

Auf radiochemischem Wege untersuchten Vff. Diffusion und aktiven Transport einer Reihe markierter Aminosäuren in Nierenrindenschnitten von Ratten. Die zweibasischen Aminosäuren L-Arginin, L-Lysin und L-Cystin reichern sich gegenüber der Suspensionsflüssigkeit in der intracellularen Flüssigkeit an, wobei die Kinetik des Transports gut durch die Gesetzmäßigkeit von Michaelis und Menten beschrieben werden kann. L-Arginin, L-Ornithin und L-Lysin hemmen sich wechselseitig kompetitiv und scheinen damit dem gleichen renalen Transportmechanismus zu unterliegen. L-Cystin beeinflußt nicht die 3 genannten Aminosäuren. Auch zwischen L-Alanin, L-Phenylalanin, L-Histidin und den Aminosäuren L-Arginin bzw. L-Lysin bestehen keine gegenseitigen Wechselwirkungen hinsichtlich des Transportes in die Nierenschnitte. Die Bedeutung dieser Befunde für die renale Exkretion der zweibasischen Aminosäuren durch die höheren Tierarten und die Beziehung der in vitro-Messungen zu Beobachtungen in vivo werden diskutiert. R. Schiemann. 7930.

Deimel, M. und Maurer, W. **Konzentration und Austauschrate des freien Methionins in Muskel und Leber der Ratte.** Biochem. Z. **334** (1961) Nr. 5. S. 462–472.

Die Frage nach der Größe des Eiweißumsatzes in den einzelnen Organen steht in enger Beziehung zur Frage nach der Größe der Konzentrationen der freien Aminosäuren in den Organen und im Serum sowie der Größe der Austauschrate zwischen den Organen und dem Serum. Die Konzentration des freien Methionins im Serum, im Muskelgewebswasser und im Lebergewebswasser wurde nach einem Isotopenverdünnungsverfahren gemessen. Für die Methioninkonzentration pro ml Wasser fanden sich in den untersuchten Organen und im Serum gleiche Werte. Weiterhin wurden nach Injektion von ^{35}S-Methionin die zeitlichen Verlaufskurven der ^{35}S-Aktivität des freien Methionins/ml für Muskel, Leber und Serum gemessen. Die Diskussion der Kurven führte zu einer Abschätzung der Austauschraten des freien Methionin zwischen den Organen und dem Serum. J. Wagner. 7930.

Gal, E. M. und Drewes, P. A.; Sepulveda, Calif., Neurochem. Res. Lab.; Los Angeles, Univ. of California, Med. School, Dep. of Pharmacol. Studies on the metabolism of 5-hydroxytryptamine (serotonin). II. Effect of tryptophan deficiency in rats. **(Untersuchungen über den Stoffwechsel von 5-Hydroxytryptamin [Serotonin]. 2. Mitt. Einfluß von Tryptophanmangel bei Ratten.)** Proc. Soc. exp. Biol. Med. **110** (1962) Nr. 2. S. 368–371. — 2 Tab., 9 Lit. 1. Mitt. vgl. LZ. Abt. III **8** (1963) Nr. 9. S. 1939.

Sprague-Dawley-Ratten (130 g) weisen nach 6 wöchiger Fütterung mit einer Tryptophan-Mangelkost im Vergleich zu Kontrolltieren, deren Futter mit 10 g D, L-Tryptophan/kg supplementiert wird, in Gehirn, Blut, Dünndarmwand und Milz signifikant weniger Serotonin auf. Zulagen von 10 g Sulfasuxidin/kg Futter haben nur in der Dünndarmwand einen bemerkenswerten Serotoninanstieg zur Folge (geringerer Abbau durch Darmbakterien). Eine einmalige Injektion von 1,86 mg β-Phenylisopropylhydrazin-Hydrochlorid („Catrone", Lakeside Lab. Inc.), einem wirkungsvollen Monoaminooxydaseblocker, führt im Blut, nicht aber in den Geweben der Tryptophan-Mangeltiere zu einer Erhöhung der Serotoninkonzentration. B. Gaßmann. 7930.

Judah, J. D., Ahmed, K. und McLean, A. E. M.; Philadelphia, Pa., Wistar Inst.; Jamaica, Univ. Coll. of West Indies. Phosphoproteins and sodium transport. **(Phosphoproteine und Natriumtransport.)** Nature [London] **196** (1962) Nr. 4853. S. 484–486. — 3 Tab., 9 Lit.

Vff. zeigen in ihren Versuchen, daß in Leberschnitten der Umsatz von Protein-P von der äußeren K-Ionenkonzentration abhängig ist (in Zusammenhang mit früheren Arbeiten über den P-Umsatz und die Na-Konzentration). Wenn

^{32}P im K-freien Medium anwesend ist, bauen die K-freien Schnitte es in ATP und P-Protein ein. Wird nun K hinzugefügt, so erfolgt ein rascher (30 Sek.) Abfall der ^{32}P-Aktivität des Phosphoproteins. Dieser Abfall kann verhindert werden durch Zugabe von „Quabain“ oder „Promethazin“. Ähnliche Ergebnisse werden mit roten Blutkörperchen (Mensch) erhalten (Abfall aber erst nach 30 Min.) Vff. nehmen folgenden Mechanismus an: ATP + Protein $\xleftrightarrow{Na_i}$ P ~Protein-Na + ADP; P ~Protein-Na $\xleftrightarrow{K_o}$ P ~Protein-K + Na_o; P ~ Protein-K ⟶ K_i + Protein + anorg. Phosphat (Na_i, K_i = inneres; Na_o, K_o = äußeres). H. Bergner. 7930.

Mandeles, Stanley und Ducay, Eufemio D.; Albany, Calif., Western Regional Res. Lab. Site of egg white protein formation. **(Die Lokalisation der Proteinbildung des Weißeies.)** J. biol. Chemistry **237** (1962) Nr. 10. S. 3196 bis 3199. – 4 Abb., 3 Tab., 16 Lit.

Um festzustellen, ob der Eileiter der Ort der Proteinbildung ist oder ob einige Proteine im Körper gebildet und im Ovidukt nur angereichert werden, injizierten Vff. einer Legehenne Lysin -1-^{14}C (I) und Glutaminsäure -1-^{14}C (II) intravenös und prüften die Radioaktivität der Proteine. Die spez. Aktivität der beiden Substanzen fanden sie im Ovalbumin und Conalbumin wieder, während die des Lysozyms geringer war; die Bildung des letzteren geht demnach in abweichender Weise vor sich. Anschließend injizierten Vff. einer anderen Legehenne Conalbumin, das sie ebenfalls mit I und II kennzeichneten und untersuchten die Radioaktivität der Weißei-Proteine. Das Reaktionsmuster war das gleiche. Die vermutete Anreicherung von Conalbumin im Eileiter wird dadurch unwahrscheinlich. Schließlich schnitten Vff. in verschiedenen Phasen des Legezyklus Teile des Eileiters heraus, zerstückelten sie und brachten sie zusammen mit Glykokoll -2-^{14}C in den Brutschrank. Das radioaktive Glykokoll ging in das Ovalbumin -1 und -2 über, ebenso in das Conalbumin, Ovomucoid, Lysozym, die Flavoproteine und NP-Fraktionen. Nach der spez. Aktivität des Glykokolls beurteilt, erfolgt nur die Bildung von Ovalbumin und Conalbumin in der gleichen Weise; vielleicht ist zur Bildung einiger Weißeiproteine eine hormonale Beihilfe erforderlich.

C. Engelmann. 7930.

Fishman, William H., Green, Sidney und Inglis, Norma I.; Boston, Mass., Tufts Univ., School of Med.; New England Center Hospital. Organ-specific behavior exhibited by rat intestine and liver alkaline phosphatase. **(Organspezifisches Verhalten der alkalischen Phosphatase des Darmes und der Leber der Ratte.)** Biochim. biophysica Acta [Amsterdam] **62** (1962) Nr. 2. S. 363–375. – 4 Tab., 32 Lit.

Es wurde der Einfluß von etwa 130 Verbindungen auf die alkalische Phosphatase von Leber, Darm, Knochen, Lunge, Niere und Blutserum der Ratte mit und ohne Mg^{++} ermittelt. U. a. wurde die intestinale alkalische Phosphatase durch DL-Phenylalanin, DL-Leucin und Glutathion inhibiert, aber nicht durch Zn^{++}, Taurocholat und Hyocholat, die aber das Enzym anderer Gewebe inhibierten. Durch CN^-, Thioglykolat, S-Carbamylcystein und L-Cysteinäthylester wurde die alkalische Phosphatase der Leber verschont. Die Hydrolyse von Phosphoäthanolamin und Mentholphosphat erfolgte bevorzugt durch die alkalische Phosphatase der Leber, die Hydrolyse von o-Carboxyphenylphosphat durch die des Darmes. Die hydrolytischen Wirkungen von Mischungen verschiedener organspez. Phosphatasen wurde untersucht. Die alkalischen Phosphatasen von Darm und Serum waren in ihrer Wirkung nicht zu unterscheiden. W. Jentsch. 7930.

Barondes, S. H., Dingman, C. W. und Sporn, M. B.; Bethesda, Md., Nat. Inst. of Arthritis and Metabolic Diseases; Nat. Inst. of Neurol. Diseases and Blindness. In vitro stimulation of amino-acid incorporation into protein by liver nuclear RNA. **(Stimulation des Aminosäureneinbaus in Eiweiß durch Kern-RNS der Leber in vitro.)** Nature [London] **196** (1962) Nr. 4850. S. 145 bis 147. — 2 Abb., 1 Tab., 10 Lit.

Vff. isolieren Kern-RNS (K) und mikrosomale RNS (M) aus Rattenleber. Es wird der ^{14}C-Valin-Einbau in Gegenwart von K bzw. M untersucht. K stimulierte den Einbau 10mal stärker als M. Der Einbau stieg in den ersten 30 Min. steil an und blieb dann konstant. 4 verschiedene Fraktionen von K wurden hinsichtlich des Valin-Einbaus untersucht. Die Fraktionen mit einer Sedimentationskonstanten $>$ 10 S zeigten höhere jedoch heterogene Aktivität. Es wird abschließend diskutiert, daß die Einbauaktivität (Messenger-Aktivität) von M nicht unbedingt eine Messenger-Funktion von M anzeigen muß, sondern daß M auch mit Messenger-RNS verunreinigt gewesen sein kann. H. Bergner. 7930.

Prockop, Darwin J., Peterkofsky, Beverly und Udenfriend, Sidney; Bethesda, Md., Nat. Heart Inst., Lab. of Clin. Biochem. Studies on the intracellular localization of collagen synthesis in the intact chick embryo. **(Untersuchungen über die intracelluläre Lokalisation der Kollagensynthese im intakten Hühnerembryo.)** J. biol. Chemistry **237** (1962) Nr. 5. S. 1581–1584. — 3 Abb., 1 Tab., 17 Lit.

Es wurden pro Versuch 2,5 μc L-Prolin-^{14}C in 25 μl 0,9%iger NaCl-Lösung in ein 9 Tage lang bebrütetes Ei injiziert und nach entsprechender Inkubation bei 37° die spez. Aktivitäten von freiem und proteingebundenem Prolin und Hydroxyprolin in verschiedenen subcellularen Fraktionen bestimmt. Die Versuche zeigen, daß das proteingebundene Hydroxyprolin mit der höchsten spez. Aktivität in der mikrosomalen Fraktion erscheint und somit das Kollagen durch Mechanismen synthetisiert wird, die auch bei der Synthese der anderen Proteine mitwirken. Die spez. Aktivität von freiem Hydroxyprolin ist niedriger als die des proteingebundenen Hydroxyprolins, woraus ersichtlich ist, daß das freie Hydroxyprolin nicht eine signifikante Quelle des Kollagenhydroxyprolins in diesem System darstellt. I. Schröder. 7930.

Herranen Ailene, und Brunkhorst, Willa; Shrewsbury, Mass. Worcester Foundation for Exp. Biol. The effect of pH and ions on the incorporation of leucine into Thymus nuclei. **(Der Einfluß von pH und Ionen auf die Inkorporation von Leucin in Thymus nuclei.)** Biochim. biophysica Acta [Amsterdam] **65** (1962) Nr. 3. S. 523–526. — 2 Tab., 6 Lit. 7930.

Sano, Seiyo und Rimington, C.; London, Univ. Coll., Hospital Med. School, Dep. of Chem. Pathol. Excretion of various porphyrins and their corresponding porphyrinogens by rabbits after intravenous injection. **(Exkretion von verschiedenen Porphyrinen und ihren entsprechenden Porphyrinogenen durch Kaninchen nach intravenöser Injektion.)** Biochem. J. **86** (1963) Nr. 2. S. 203–212. 7950.

Energiewechsel

Younathan, Ezzat S.; Little Rock, Univ. of Arkansas, Dep. of Biochem. Inhibition of the citric acid cycle by alloxan. **(Inhibierung des Citronensäurecyclus durch Alloxan.)** J. biol. Chemistry **237** (1962) Nr. 2. S. 608–611. — 4 Abb., 1 Tab., 27 Lit.

Mit Hilfe der Warburgtechnik untersuchte Vf. den Einfluß von Alloxan auf Oxydation und oxydative Phosphorylierung verschiedener Substrate des Citronensäurecyclus durch Homogenate, Mitochondrien bzw. Microsomen von Rattenlebern bzw. -nieren. Alloxan inhibiert in bestimmten Konzentrationen (3×10^{-5}M) bei Nierenhomogenaten stark die Oxydation von Pyruvat + Fumarat, α-Ketoglutarat oder Malat, während die Succinatoxydation kaum beeinflußt wird. Der Inhibitoreffekt kann durch DPN oder Glutathion weitgehend aufgehoben werden. Alloxansäure hat unter vergleichbaren Bedingungen keine inhibierende Wirkung. In höheren Konzentrationen (3×10^{-4}M) entkoppelt Alloxan bei Nierenmitochondrien die oxydative Phosphorylierung bei Succinat als Substrat. Demgegenüber wird die Succinatoxydation bei Lebermitochondrien nicht beeinflußt. Bei Zusatz von Mikrosomen tritt der gleiche Inhibitoreffekt auf wie beim Leberhomogenat. Aus den Befunden versucht Vf. mögliche Wirkungsmechanismen des Alloxans in seiner Eigenschaft als diabetogene Substanz abzuleiten. R. Schiemann. 8008.

Kunz, Wolfgang und Kaiser, Günter; Leipzig, Univ., Physiol.-Chem. Inst. **Über die Wechselwirkung von Ölsäure, Serumalbumin und Ca^{20} mit Lebermitochondrien.** Hoppe-Seyler's Z. physiol. Chem. **326** (1961) Nr. 1. S. 17–24. 8008.

Eiweißstoffwechsel

Prosky, L. und Wannemacher jun., R. W.; New Brunswick, N. J., Rutgers Univ., Bureau of Biol. Res. Effect of methionine and other nitrogen sources on biochemical processes in the liver. **(Der Einfluß von Methionin und anderen Stickstoff-Quellen auf die biochemischen Prozesse in der Leber.)** J. Nutrit. [Philadelphia] **78** (1962) Nr. 4. S. 419–423. — 5 Abb., 29 Lit.

Versuche mit 100 entwöhnten ♂ Sprague-Dawley-Ratten, die eine Grundration mit 12% Casein erhielten, zeigten, daß bei Ergänzung des Caseins mit 0,7% Glykocyamin (**I**) oder mit 1,28% Glycin (**II**) das Wachstum der Tiere vermindert war. Sobald 0,7% DL-Methionin (**III**) hinzugefügt wurden, war diese Wachstumsdepression überwunden. Zusatz von **III** erhöhte den Proteingehalt der Leber und senkte ihren Fettgehalt, während eine **I**-Ergänzung das Gegenteil bewirkte. Die ^{35}S-Incorporierung aus markiertem **III** in die Leber wurde reduziert, wenn die Ratten die durch **III** ergänzte Casein-Diät erhielten. Diese Reduktion war noch stärker, sobald die Grundration mit **III** + **I** oder **III** + **II** supplementiert worden war. Die Doppelrolle von **III** im Protein-Anabolismus wird diskutiert. H.-D. Bock. 8042.

Shapiro, R. und Fisher, Hans; New Brunswick, N. Y., Rutgers State Univ., Dep. of Poultry Sci. Protein reserves: relationship of dietray essential and nonessential amino acids to formation and maintenance in the fowl. **(Protein-Reserven: Beziehungen der essentiellen und nichtessentiellen Aminosäuren der Nahrung zu ihrer Bildung und Erhaltung beim Geflügel.)** J. Nutrit. [Philadelphia] **76** (1962) Nr. 2. S. 106–112. — 4 Abb., 2 Tab., 18 Lit.

In einer Reihe von N-Bilanzversuchen an ausgewachsenen Hähnen wurden die Beziehungen der essentiellen und nichtessentiellen Aminosäuren (AS) der Ration in Abhängigkeit vom N-Bedarf zur Bildung von Proteinreserven nach Proteinverarmung und -wiederauffüllung untersucht. Es zeigte sich, daß die nichtessentiellen den essentiellen AS der Ration für die Bildung und Erhaltung von Proteinreserven gleichwertig sind, sofern der Erhaltungsbedarf an den essentiellen AS gedeckt ist. H.-D. Bock. 8042.

Allison, J. B., Wannemacher jun., R. W., Banks, W. L., Wunner, W. H. und Gomez-Brenes, R. A.; New Brunswick, N. J., Rutgers State Univ., Bureau of Biol. Res. Dietary proteins correlated with ribonuclease, ribonucleic acid, and tissue proteins. **(Nahrungsproteine in ihrer Beziehung zu Ribonuclease, Ribonucleinsäuren und Gewebeproteinen.)** J. Nutrit. [Philadelphia] **78** (1962) Nr. 3. S. 333–337. — 3 Abb., 19 Lit.

Abgesetzte Ratten wurden mit folgenden Proteinen gefüttert: Eialbumin (**I**), Casein (**II**), Weizenkleber (**III**) und Baumwollsaatmehl (**IV**). Jede Diät enthielt 9, 12, 18, oder 25% Eiweiß. Mit steigender N-Aufnahme verbesserte sich das Wachstum bei **III** nur wenig, bei **IV** mittelmäßig und bei **I** und **II** gut. Das RNS/DNS-Verhältnis stieg ebenfalls mit zunehmender N-Aufnahme. Dieser Anstieg war bei **III** und **IV** gleich, bei **II** etwas höher und bei **I** am höchsten. Die Aktivität der Ribonuclease in der Leber nahm mit steigender N-Aufnahme bei **I**, **II** und **IV** gleich stark ab, dagegen lag sie bei **III** immer deutlich höher. Die Aktivität der Ribonuclease des Serums (bezogen auf Serumprotein) war bei **III** am höchsten, etwas niedriger bei **II** und **IV** und am niedrigsten bei **I**. Der Proteingehalt verschiedener Gewebe (bezogen auf DNS-Phosphor) nahm in der Leber und im Muskel mit zunehmender N-Aufnahme am stärksten bei **I** und **II** zu. H. Bergner. 8042.

Jansen, G. R.; Wilmington, Del., Electrochem. Dep., Res. Div. Lysine in human nutrition. **(Lysin in der menschlichen Ernährung.)** J. Nutrit. [Philadelphia], Suppl. **76** (1962) Nr. 2. S. 1–35. – 6 Tab., 196 Lit.

Vf. gibt eine Literatur-Übersicht über die Rolle des Lysins in der menschlichen Ernährung, in der die Lebensnotwendigkeit des Lysins, der Lysin-Bedarf von Mensch und Ratte, die Grundsätze der Protein-Ernährung, Untersuchungsergebnisse über Lysin-Mangel, über die Ergänzungswirkung dieser Aminosäure, über Lysin-Toxicitäten bei Mensch und Tier durch Aminosäure-Imbalanzen, über die zusätzlichen physiologischen Einflüsse des Lysins, die Probleme optimaler und minimaler Ernährung, die Grenzen von N-Bilanz-Versuchen, die Möglichkeiten von Protein-Reserven sowie die allgemeine Protein-Ernährungssituation der Bevölkerung ausführlich behandelt werden. Vf. kommt zu dem Schluß, daß Nahrungsmittel, Diäten und Mahlzeiten, die lysinarm sind, leicht durch Lysin-Ergänzung verbessert werden können. Menschen, die einen großen Teil ihres Eiweißbedarfes durch Produkte tierischer Herkunft decken, bedürfen keiner Lysin-Ergänzung. Allgemein müßten die Möglichkeiten einer Lysin-Ergänzung von Nahrungsmitteln zur Verbesserung der Welt-Ernährungssituation stärker genutzt werden. H.-D. Bock. 8042.

Langer jun., B. W. und Kratzer, F. H.; Davis, Univ. of California, Dep. of Poultry Husbandry. The relationship of vitamin B_{12} content to methionine biosynthesis in turkey poult liver homogenates. **(Die Wechselbeziehungen von Vitamin-B_{12}-Gehalt und Methionin-Biosynthese in Leberhomogenaten von Puten.)** Poultry Sci. **41** (1962) Nr. 6. S. 1989–1991. – 1 Tab. 8042.

Anonym. Protein saving action of lysine and methionine. **(Protein-sparende Wirkung von Lysin und Methionin.)** Nutrit. Rev. **20** (1962) Nr. 5. S. 139 bis 140. 8042.

Manchester, K. L. und Young, F. G. Insulin and protein metabolism. **(Insulin und Proteinstoffwechsel.)** Vitamins and Hormones **19** (1961) S. 95 bis 132. 8042.

Kugenev, P. V. und Medvedeva, M. N. (Kugenew, P. W. und Medwedewa, M. N.) Aminokislotnyj sostav total'nych belkov moloka pri dobavlenii v racion korov karbamida. **(Die Aminosäurezusammensetzung des Milcheiweißes bei Harnstoffzugabe zur Futterration.)** Izvestija Timirjazevskoj sel'skochozjajstvennoj akademii, Moskva **1962** Nr. 3. S. 96–103. – 1 Abb., 5 Tab., 15 Lit. Zus. in Engl.

Zur Verfügung standen 3 Gruppen zu je drei Milchkühen. Die 1. Gruppe erhielt neben der gewöhnlichen Futterration noch Harnstoff und Ammoniumsulfat. Die 2. nur Harnstoff. Die 3. Gruppe diente zur Kontrolle. Die Aminosäuren des Eiweißes wurden mit Hilfe der Papierchromatographie analysiert. Die chemische Zusammensetzung, wie auch die Aminosäurezusammensetzung des Eiweißes ändert sich nicht durch Zufütterung synthetischer Stickstoffverbindungen. H. Beyer. 8050.

Chervenka, Charles H. The differentiation of two forms of chymotrypsin by their rates of urea denaturation. **(Die Differenzierung zweier Formen Chymotrypsin durch ihre Raten der Harnstoffdenaturierung.)** J. biol. Chemistry **237** (1962) Nr. 7. S. 2105–2108. – 3 Abb., 3 Tab., 17 Lit. 8050.

Stoffwechsel stickstofffreier Nährstoffe

Coles, Betty L. und MacDonald, I.; London, Roy. Free Hospital School of Med., Dep. of Physiol.; Guy's Hospital Med. School. The influence of dietary carbohydrate intake on serum protein levels. **(Der Einfluß des Verzehrs von Kohlenhydraten auf den Proteinspiegel des Serums.)** J. Physiol. [London] **165** (1963) Nr. 2. S. 327–335. – 6 Abb., 2 Tab., 12 Lit. 8062.

Blakely, R. M. und MacGregor, H. I. The effect of oral hypoglycemics on blood sugar level of turkeys. **(Der Einfluß einer oralen Hypoglykämie auf den Blutzuckergehalt bei Truthähnen.)** Canad. J. Animal Sci. **42** (1962) Nr. 1. S. 102–106. – 2 Tab., 8 Lit.

Bei 8 bis 13 Wochen alten Truthähnen wurden vor und nach der Behandlung mit den blutzuckersenkenden Mitteln Tolbutamide (Orinase) und Phenformin Blutzuckerbestimmungen durchgeführt. Der normale Blutzuckergehalt der Vögel betrug im Anschluß an eine 10stündige Fastenzeit 2½ Std. nach Beginn der Fütterung 208 bis 277 mg%. Der Durchschnitt lag bei 227 mg% bei einer Standardabweichung von 14,71. 0,25 g Orinase je Tier (fast 60 mg je kg Lgw.) führten bei oraler Applikation in Tablettenform innerhalb von 2 Std. zu einer Senkung des Blutzuckergehaltes um 27 bis 44%. 7 Stunden nach der Behandlung war der Normalwert noch nicht wieder erreicht. Auf Grund vorläufiger Befunde blieb das Phenformin bei oraler Applikation in Wasser aufgelöst bei einer Dosierung von 0,25 bis 0,5 g je Tier ohne hypoglykämische Wirkung. H. Busse. 8062.

Anonym. Effect of glucose on gastric secretion. **(Die Wirkung der Glukose auf die Magensaftsekretion.)** Nutrit. Rev. **20** (1962) Nr. 3. S. 84–85. 8062.

Nicolaysen, R.; Oslo, Univ., Inst. for Nutrit. Res. Lipids and diet. **(Fette und Diät.)** Proc. Roy. Soc. [London], Ser. B **156** (1962) Nr. 964. S. 365–375. – 4 Abb., 6 Tab., 14 Lit.

Die Ernährung junger Ratten mit 10% hydriertem Fett und 1% Cholesterin in der Diät verursachte an der Haut Symptome, die für Mangel an essentiellen Fettsäuren charakteristisch waren. Durch Zugabe von 40–80 mg Fischölen wurde die Mangelerscheinung nach 6–8 Wochen behoben. Beim Weglassen von Cholesterin zeigten sich die gleichen Symptome, die Fischöle ebenfalls beseitigten, was im Gegensatz zu früheren Untersuchungen steht. Die Testes der Ratten, die 2% Lebertran erhielten, wogen 0,68% des Körpergewichtes, bei Verabreichung von Sojabohnenöl 0,98%. Die Tiere mit Lebertran waren steril. Weiterhin wurde festgestellt, daß Myokardinfarkt bei Menschen mit der Höhe der Fettaufnahme positiv und mit der Aufnahme an ungesättigten Fettsäuren negativ korreliert. Bei Erkrankungen an Herzinfarkt werden höhere Cholesteringehalte im Blut gemessen. Die Verabreichung von 1,5 g Cholesterin tägl. an Rhesusaffen führte zu Arteriosklerose. W. Jentsch. 8066.

Bernhard, K., Petignat, Y. und Schwed, P.; Basel, Univ., Physiol. Chem. Inst. **Die Abhängigkeit der Fettsäurezusammensetzung des Leber- und Depotfettes von der Nahrung.** Int. Z. Vitaminforsch. [Bern] **32** (1962) Nr. 4. S. 487.

Wachsende Ratten erhalten 136 Tage lang zum Futter 5 bzw. 10% Butterfett oder ein aus teilgehärtetem Rapsöl, Sonnenblumenöl und Erdnußöl hergestellltes Speisefett zugelegt. Aus der gaschromatographischen Ana-

lyse der Fettsäuren des Leber- und Depotfettes ergibt sich, daß der Verzehr von Pflanzenöle enthaltenden Speisefetten zu einem höheren Gehalt des Körperfettes an essentiellen Fettsäuren führt als der von Butter.
B. Gaßmann. 8066.

Anonym. The effect of corn oil on cholesterol distribution in the rat. **(Die Wirkung von Maisöl auf die Cholesterinverteilung in der Ratte.)** Nutrit. Rev. **20** (1962) Nr. 5. S. 144–146. 8066.

Camerino, Pat W. und Wright, Lemuel D.; Ithaca, N.Y., Cornell Univ., Dep. of Biochem. The biosynthesis of cholesterol in the developing chick embryo. **(Die Biosynthese des Cholesterins im Hühnerembryo während der Entwicklung)** J. Lipid Res. **3** (1962) Nr. 4. S. 416–420. – 3 Abb., 3 Tab., 12 Lit.

Es galt zu prüfen, ob 2 ^{14}C-Mevalonsäure (**I**), eine Vorstufe der Sterine, im sich entwickelnden Embryo am Aufbau nicht verseifbarer Fraktionen (NFS) beteiligt ist, z. B. von Cholesterin und Squalen. Die Biosynthese von Cholesterin und Squalen geht vornehmlich im Dottersack vor sich – ob im Gewebe oder in den Blutinseln bleibt fraglich. Obwohl das Enzymsystem, das **I** in Cholesterin umwandelt, im Dottersack wie im Embryo wirksam wird, dürfte der Embryo sein Cholesterin in erster Linie den Vorräten des Dottersackes entnehmen. C. Engelmann. 8066.

Merrill, Joseph M. und Lemley-Stone, Janet.; Nashville, Tenn., Vanderbilt Univ., Veterin. Adm., Hospital; Dep. of Med. and Biol. Effects of 3,5,3-D-triiodothyronine on lipid metabolism in hypothyroidism. **(Einflüsse von 3,5,3-D-Trijodthyronin auf den Lipoidstoffwechsel bei Hypothyreoidismus.)** Amer. J. Physiol. **203** (1962) Nr. 3. S. 513–516. – 1 Abb., 5 Tab., 8 Lit.

An wachsenden ♂ Sprague-Dawley-Ratten war Hypothyreoidismus (H.) durch intraperitoneale ^{131}J-Gaben (900 μc) erzeugt worden, um die Einflüsse von 3,5,3-D-Trijodthyronin (D-T_3) auf den O_2-Verbrauch und den Lipoidstoffwechsel zu untersuchen. H. machte sich durch Rückgang im Wachstum und im O_2-Verbrauch bemerkbar. D-T_3-Verabreichung bewirkte eine vorübergehende Abnahme des Cholesterin-Gehaltes und einen stärkeren Rückgang des Fettsäure-Gehaltes im Blutserum, der Fettsäure-Gehalt der Leber nahm ab, während ihr Cholesterin-Gehalt anstieg. Gleichzeitig wurde die ^{14}C-Incorporierung in die Fettsäuren und in das Cholesterin der Leber verstärkt. Bei den D-T_3-behandelten Ratten nahmen ferner der O_2-Verbrauch des Körpers und von Myocard-Homogenaten zu. H.-D. Bock. 8066.

Kowalewski, K.; Edmonton, Canada, Univ. of Alberta, Surgical Med. Res. Inst. Serum hexosamine and hydroxyproline in pullets fed atherogenic diet. **(Serum-Hexamide und Hydroxyprolin bei Junghennen, die arteriogenes Futter erhielten.)** Arch. int. Physiol. Biochim. **70** (1962) Nr. 5. S. 631–635. – 1 Tab., 25 Lit.

In einer früheren Arbeit beschrieb Vf. die Bindegewebs-Veränderungen, die bei Hähnen nach Fütterung mit arteriogenen Mischungen auftraten. Jetzt wurden die Veränderungen im Serum nach reichlicher Cholesterinfütterung (2% + 5% Olivenöl) untersucht: Der Hexosamingehalt (**I**) des Serums stieg zwischen dem 20. bis 100. Tag nach Versuchsbeginn an (von 11,4 auf 14,9%), der Hydroxyprolingehalt (**II**) war bis zum 50. Tag geringer als bei der Kontrollgruppe (8,8:12,2%). Das Verhältnis **I**:**II** nahm ebenfalls vom 20. bis 100. Tag zu (1,52:0,97). Der Anstieg der Mucopolysaccharide, der auch bei Säugern unter entsprechenden Bedingungen beobachtet wurde, spiegelt die zunehmende Depolymerisation der vaskulären Grundsubstanz des Bindegewebes wider. C. Engelmann. 8066.

Lofland jun., Hugh G. und Clarkson, Thomas B.; Winston-Salem, N.C., Wake Forest Coll., Bowman Gray School of Med., Vivarium; Dep. of Biochem.

Effects of long-term feeding of vegetable fats on atherosclerosis. **(Wirkungen einer langfristigen Fütterung von pflanzlichen Fetten auf die Atherosklerose.)** Proc. Soc. exp. Biol. Med. **112** (1963) Nr. 1. S. 108–111. — 1 Tab., 9 Lit. 8066.

Anonym. Cholesterol problems. **(Probleme des Cholesterins.)** Calif. agric. Exp. Stat., Bull. **1962** Nr. 785. S. 3–10. 8066.

Nichols, E. L. und Balloun, S. L.; Ames, Iowa State Univ. of Sci. and Technol., Dep. of Poultry Sci. Effects of the hypocholesteremic agent SC-11952 on the laying hen. **(Wirkungen des Agens SC-11952, das den Cholesterinspiegel senkt, auf Legehühner.)** Poultry Sci. **41** (1962) Nr. 6. S. 1982–1984. — 1 Tab. 8066.

Mineralstoffwechsel

Anonym. The mineral metabolism of dairy cows. Review of New Zealand studies. **(Der Mineralstoffwechsel von Milchkühen. Überblick über neuseeländische Untersuchungen.)** New Zealand Agriculturist **15** (1962) Nr. 2. S. 1–2. — 5 Lit. 8105.

Forman, S. A. und Sauer, F. Some changes in the urine of sheep fed a hay high in silica. **(Einige Veränderungen im Harn bei Schafen nach Verfütterung kieselsäurereichen Heues.)** Canad. J. Animal Sci. **42** (1962) Nr. 1. S. 9-17. — 7 Tab., 14 Lit.
Es wurde ein vorwiegend aus *Festuca scabrella* bestehendes Heu in einer Farm in Westkanada an Schafe verfüttert, nachdem bei Rindern in einem äußerst schädlichen Umfange Harnsteine aufgetreten waren. Dieses Heu enthielt wesentlich mehr Kieselsäure als Rotklee in Ostkanada, jedoch weniger Na, K, Ca und Mg. Bei den Schafen war nach der Heufütterung die Harnsekretion signifikant vermindert und der pH-Wert des Harnes mit etwa 5,5 äußerst niedrig. Hieraus und aus dem veränderten spez. Gewicht des Harnes sowie aus dem Wasserverbrauch der Tiere war zu ersehen, daß das Heu geringe Alkaliwerte bei hohem Kieselsäuregehalt und damit die Voraussetzungen zu einer verstärkten Kieselsäureharnsteinbildung aufwies. Bei Verabreichung einer Salzmischung von Mg-Carbonat und K-Carbonat stiegen der pH-Wert des Harnes und die Harnausscheidung wieder an. H. Busse. 8110.

Zarembski, P. M. und Hodgkinson, A.; Leeds, Gen. Infirmary, Med. Res. Council Unit for Metabolic Disturbances in Surgery. The oxalic acid content in English diets. **(Der Oxalsäuregehalt in englischen Diäten.)** Brit. J. Nutrit. **16** (1962) Nr. 4. S. 627–634. 8110.

Charton, A., Faye, P., Hervy, A., Bernard, C. und Gueslin, M. Fluctuations des taux du sodium, du potassium et de leur rapport dans le sérum de brebis en lactation. Étude comparative entre brebis et agneaux, en bergerie et à l'herbage. **(Die Schwankungen des Na- und K-Wertes und ihre Wechselbeziehungen im Serum laktierender Mutterschafe.)** Recueil Méd. vétérein. **138** (1962) Nr. 8. S. 625–639. — 6 Abb., 5 Tab., 10 Lit. Zus. in Engl., Span.
Es handelt sich um eine vergleichende Studie zwischen Mutterschafen und Lämmern bei Stallhaltung und Weidegang. Der Serum-Elektrolytgehalt bei Mutterschafen wurde unter verschiedenen Haltungsbedingungen untersucht. Bei Stallhaltung betrug der Na-Gehalt des Serum 3,35 g je 1000 ml $\pm$ 0,15, die extremen Werte lagen hierbei zwischen 2,64 und 3,68. Der K-Gehalt des Serums schwankte zwischen 145 mg und 229 mg, der Durchschnittswert lag bei 187 mg $\pm$ 21, der K:Na-Quotient betrug 0,057 $\pm$ 0,007. Im Hinblick auf den Vergleich zwischen Muttertieren und Lämmern beim Weidegang und bei Stallhaltung waren die Schwankungen des Na-Gehaltes unabhängig vom Alter, dem Wachstum, dem Geschlecht, der Laktation, aber eng mit Futterveränderungen verbunden. Der K-Gehalt ist konstant und unabhängig vom

Futter. Der K/Na-Quotient bleibt konstant mit dem Alter, der Rasse, dem Geschlecht, dem Wachstum, der Haltung, dem Sexualcyclus und der Ernährung. H. Busse. 8122.

Chandler, P. T. und Cragle, R. G. Investigation of calcium, phosphorus und vitamin D_3 relationships in rats by multiple regression techniques. **(Untersuchungen über die Beziehungen vom Calcium, Phosphor und Vitamin D_3 bei Ratten mit dem Verfahren der multiplen Regression.)** J. Nutrit. [Philadelphia] 78 (1962) Nr. 1. S. 28–36.
Um den Einfluß von Ca, P, und Vit. D_3 auf das Wachstum von Ratten zu untersuchen, wurden 90 ♂ Ratten auf 15 Gruppen aufgeteilt. Die einzelnen Gruppen wurden mit unterschiedlichen Mengen von Ca, P und Vit. D_3 im Futter behandelt. Zwischen 18 Leistungen (darunter die wöchentliche Zunahme) und den verschiedenen Dosen der 3 unabhängigen Variablen, wurde eine nichtlineare multiple Regressionsgleichung angesetzt, deren Koeffizienten tabelliert sind. Das geschätzte Wachstumsmaximum liegt bei 0,27% Ca und 0,21% P, d. h. bei einem Ca/P-Verhältnis von 1,3. D. Rasch. 8123.

Edwards jun., H. M., Nugara, Denis und Driggers, J. C.; Athens, Univ. of Georgia, Poultry Dep. Fate of endogenous Mg^{28} in laying hens. **(Das Schicksal von endogenem ^{28}Mg bei Legehennen.)** Poultry Sci. **41** (1962) Nr. 6. S. 1975–1976. 8123.

Sullivan, T. W. und Al-Ubaidi, Y. Y.; Lincoln, Univ. of Nebraska, Dep. of Poultry Husbandry. Linear growth and mineralization of bones in Broad Breasted Bronze turkeys. **(Lineares Wachstum und Mineralisation der Knochen von breitbrüstigen Bronzeputen.)** Poultry Sci. **42** (1963) Nr. 1. S. 46–49. — 1 Abb., 2 Tab. 8123.

Hemingway, R. G. und Ritchie, N. S.; Bearsden, Glasgow, Univ. of Glasgow, Veterin. Hospital. Hypomagnesaemia in sheep. Some inconsistencies. **(Hypomagnesaemie bei Schafen. Einige Unstimmigkeiten.)** J. Sci. Food Agric. **14** (1963) Nr. 3. S. 162–171. — 8 Abb., 4 Tab., 9 Lit. 8123.

Menczel, J., Schraer, R., Pakis, G., Posner, A. S. und Likins, R. C.; Bethesda, Md., U.S. Dep. of HEW, Public Health Serv., Nat. Inst. of Health; Nat. Inst. of Dental Res. Effect of a low calcium diet on bone crystallinity and skeletal uptake of Ca ^{45} in rats. **(Die Wirkung von niedrigen Calciumgaben auf den Einbau von ^{45}Ca in Knochenkristalle und Skelett von Ratten.)** Proc. Soc. exp. Biol. Med. **112** (1963) Nr. 1. S. 128–132. — 2 Tab., 28 Lit. 8123.

Feaster, J. P. und Davis, G. K.; Gainesville, Univ. of Florida, Dep. of Animal Sci., Nutrit. Lab. Effect of low protein intake on the deposition and placental transfer of sulfur-35. **(Die Wirkung einer niedrigen Eiweißaufnahme auf den Einbau und die plazentare Übertragung von ^{35}S.)** J. Nutrit. [Philadelphia] **77** (1962) Nr. 3. S. 369–372. — 2 Tab., 12 Lit.
Vff. füttern an 6 Wochen alte ♀ Ratten 10% Casein (I) und an die Kontrolltiere 20% Casein (II) in der Ration. Diät I enthielt 177 mg S und II = 257 mg S pro 100 g Futter. Mit 100-120 Tagen wurden die Tiere zur Zucht verwendet. Während des 12.–20. Trächtigkeitstages erhielten die Muttertiere jeweils 15μc ^{35}S i.m. injiziert. 48 Std. nach der Injektion wurden sie getötet und die ^{35}S-Aktivität in Leber, Muskel und Blutserum bestimmt. Der prozentuale ^{35}S-Einbau der verabfolgten Dosis war bei I ca. dreifach höher als bei II. Im Urin wurden bei I = 53,1% und bei II = 72,3% der Dosis ausgeschieden, im Kot dagegen bei I = 23,2% und bei II = 8,6%. Die ^{35}S-Aufnahme der Foeten nahm vom 19. bis zum 22. Trächtigkeitstag zu und war bei I stets größer als bei II. Der S-Gehalt in Leber, Muskel und Foetus betrug in mg pro g I = 3,3; 3,9 und 2,19, bei II = 3,8; 4,2 und 3,23. H. Bergner. 8124.

Kisel'ov, G. I. (Kisseljow, G. I.); Charkow, Zootechn. und Veterinärmed. Inst. Neorganičnyj fosfor i kal'cij jak pokaznyky fosforno-kal'cijevogo obminu. **(Anorganischer Phosphor und Calcium als Gradmesser des Phosphor-Calcium-wechsels.)** Visnyk sil'škogospodarskoï nauky, Kyïv **5** (1962) Nr. 4. S. 121–123. — 2 Abb., 2 Tab. Orig.: ukrain., Ausz.: russ.

Die Versuche bestätigen eine hohe Labilität des anorg. P im Blutplasma der Kaninchen. Sein Gehalt wird geringer mit dem Alter der Tiere, besonders am Ende der Laktation, er wird größer bei Einführung von Fleisch- oder Knochenmehl in die Ration. Tabellen zeigen eine direkte Korrelation zwischen dem Gehalt an anorg. P im Blutplasma und den Geweben, (Leber und Fleisch). Eine gleiche Korrelation besteht zwischen dem Gehalt an Ca im Blutplasma und den Knochen. Der P-Spiegel änderte sich nicht nur in Abhängigkeit vom Zutritt von P und Ca in den Organismus, sondern auch vom Charakter der Beifütterung. K. Neumann. 8124.

Jones, M. L., Deyoe, C. W., Davies, R. E. und Couch, J. R.; College Station, Texas A & M Coll., Dep. of Poultry Sci. Effect of phosphorus on growth and hock disorder of turkeys 8-23 weeks of age. **(Die Wirkung von Phosphor auf Wachstum und Störung des Sprunggelenks 8–23 Wochen alter Puten.)** Poultry Sci. **41** (1962) Nr. 6. S. 1925–1928. 8124.

Supplee, W. C.; College Park, Univ. of Maryland, Dep. of Poultry Sci. Anhydrous dicalcium phosphate as a source of phosphorus in poult diets. **(Wasserfreies Dicalcium-Phosphat als Phosphorquelle in Geflügelrationen.)** Poultry Sci. **41** (1962) Nr. 6. S. 1984–1985. — 1 Tab. 8124.

Anonym. **Kobalt im Rindviehfutter.** Tier-Ernähr. **13** (1962) Nr. 11. S. 136. Allgemeine Ausführungen über die Bedeutung des Kobalts für den Wiederkäuerorganismus. Bei Untersuchungen von Weidegräsern und Wiesenheu im Schwarzwald und in Schleswig-Holstein wurden nur geringe Co-Gehalte gefunden. Versuchsergebnisse aus England besagen, daß Co-Zufütterung in Form von Mineralstoffmischungen zu einer besseren Entwicklung von Schafen führte als das Beweiden auf Co-reichen Böden. H.-D. Bock. 8127.

Stoffwechsel der Vitamine und anderer Wirkstoffe

Braekkan, Olaf R.; Bergen, Norway, Norw. Fisheries Res. Inst., Governmental Vitamin Lab. Liver storage in chicks of oral vitamin A administered in single or divided dosage. **(Speicherung des oral verabreichten Vitamins A in der Hühnerleber nach einmaliger und geteilter Dosierung.)** Int. Z. Vitaminforsch. [Bern] **32** (1962) Nr. 4. S. 369–380. — 3 Abb., 4 Tab., 22 Lit. Zus. in Franz., Dtsch.

Aus Leberspeicherungsversuchen an Vit. A(I)-Mangelküken geht hervor, daß die I-Ausnutzung der ersten verabreichten Dosen herabgesetzt ist. Durch Verabreichung von tägl. 5000 IE **I** bis zu einer Gesamtdosis von 45000 IE weist die Leberspeicherung ein lineares Verhältnis auf. Vf. schließt daraus, daß für Leberspeicherungsversuche eine Verteilung der Gesamtdosis auf 8 Tage vorgenommen werden sollte. H. Ackermann. 8152.

Fäßler, Ch., Vuilleumier, J. P. und Brubacher, G. B.; Basel, Schweiz, Hoffmann-LaRoche & Co. AG, Abt. für Vitamin- und Ernährungsforsch. **Über die Stabilität von natürlichen Carotinoiden in Futtermitteln unter normalen Lagerbedingungen.** Int. Z. Vitaminforsch. [Bern] **32** (1962) Nr. 4. S. 454 bis 459. — 2 Abb., 2 Tab.,

Für die Pigmentierung (**III**) des Eidotters sind überwiegend Zeaxanthin (**I**) und Lutein (**II**) verantwortlich, während β-Carotin und Violaxanthin keinen Einfluß darauf haben. Wichtig für die **III** sind deshalb **I**- und **II**-reiche Futtermittel. Die Bestimmung des **I**- und **II**-Gehaltes ist zeitraubend; eine schematische Wiedergabe des Analysenganges ist angeführt. Vff. fanden eine direkte Beziehung zwischen **I**- und **II**-Gehalt im Futter und dem Carotinoidgehalt im Eidotter. Der Verlust an Carotinoiden während der Lagerung ist bei den verschiedenen Futtermitteln unterschiedlich; er liegt nach 3 Mon. zwischen 17,5 und 75%. H. Ackermann. 8152.

Golikov, K. K. (Golikow, K. K.); Moskau, Inst. für Ernähr. der Akad. der Med. Wiss. der UdSSR. Vlijanie vitamina D na aktivnost' ščeločnoj fosfatazy krovi i kostej belych krys, nachodjaščichsja na dietach s različnym soderžaniem žira. **(Der Einfluß des Vitamin D auf die Aktivität der Alkali-Phosphatase des Blutes und der Knochen von Albinoratten, die Diäten mit unterschiedlichem Fettgehalt erhielten.)** Ukraïnśkyj biochimičnyj žurnal, Kyïv **34** (1962) Nr. 5. S. 750–757. – 3 Abb., 1 Tab., 7 Lit. Orig.: russ., Ausz.: engl.
In Versuchen an wachsenden ♂ Albinoratten wurden rachitogene Diäten mit unterschiedlichem Fettgehalt (4,5 bzw. 41,22% Rohfett/Brutto-Calorien) verglichen. Ratten mit 4,5% Fett in einer Vit.-D-Mangel-Diät wiesen die höchste Alkali-Phosphatase-Aktivität (**I**) im Blut auf, in den Knochen ging **I** mit zunehmendem Alter zurück. Die Ergebnisse zeigten, daß sich der Vit.-D-Bedarf der Ratten bei Verabreichung fettarmer Diäten in den ersten Lebensmonaten bedeutend erhöht. H.-D. Bock. 8154.

Friesecke, H.; Weihenstephan, Inst. für Tierernähr. der TH München. **Die Versorgung des Schweines mit B-Vitaminen.** Int. Z. Vitaminforsch. [Bern] **32** (1962) Nr. 4. S. 441–447. – 4 Abb., 34 Lit.
In Schaubildern wird der Gehalt an den für die Schweineernährung wichtigsten B-Vitaminen von 12 in Schweinemastrationen üblichen Futtermitteln angegeben und den Minimal- und Optimalbedarfsnormen gegenübergestellt. Als Optimalbedarf wird jeweils die Menge zugrunde gelegt, die bei optimaler Verwertung der Nährstoffe bestmögliche Leistung gestattet. Es ergibt sich, daß bei den Vit. B_1, Folsäure, Biotin, Inosit und Cholin fast immer eine optimale Versorgung gesichert ist, während beim Vit. B_2 in der Regel mit einer Bedarfslücke gerechnet werden muß. Die Versorgung mit Pantothensäure, Vit. B_6 und Niacin kann im Falle einseitiger Rationen leicht suboptimal werden. Je vielseitiger die Rationen zusammengesetzt sind, desto ausgeglichener und zufriedenstellender wird auch die Vitaminversorgung sein. B. Gaßmann. 8158.

Anonym. The role of biotin in lipid metabolism. **(Die Rolle des Biotins im Fettstoffwechsel.)** Nutrit. Rev. **20** (1962) Nr. 5. S. 143–144. 8158.

Kirchgeßner, M.; Weihenstephan, Inst. für Tierernähr. der TH München. **Das Vitamin B_6 im Eiweiß- und Mineralstoffwechsel.** Int. Z. Vitaminforsch. [Bern] **32** (1962) Nr. 4. S. 415–428. – 9 Abb., 63 Lit.
Übersicht eigener und anderer Arbeiten über die Bedeutung des Vit. B_6 für die Tierernährung. Ausgehend von der Frage, wann der Vit.-B_6-Gehalt einer Ration suboptimal ist, wird die biochemische Funktion des Vit. B_6 im Eiweiß- und Mineralstoffwechsel besprochen. Im Tryptophan-Belastungstest und im Transaminasespiegel des Serums bei Schweinen läßt sich eine suboptimale B_6-Versorgung feststellen. Es wird gezeigt, daß dadurch eine Verminderung im Eiweißansatz verursacht wird. Vit.-B_6-Zulagen haben außer einer Erhöhung im N-Ansatz auch eine Verbesserung der Ca-, P-, Na- und K-Retention sowie eine Erhöhung des Zn-Ansatzes zur Folge. Die Retention von Fe, Mn, Cu, Co und Mo wird durch Vit. B_6 offenbar nicht beeinflußt. B. Gaßmann. 8158.

Daghir, N. J. und Balloun, S. L.; Ames, Iowa State Univ., Dep. of Poultry Sci. Vitamin B_6 and cholesterol metabolism in the chick. **(Vitamin-B_6- und Cholesterin-Stoffwechsel beim Küken.)** Poultry Sci. **41** (1962) Nr. 6. S. 1868 bis 1879. 8158.

Chemnitius, K. H.; Jena, Univ., Inst. für Pharmakol.; VEB Jenapharm, Wiss. Lab. **Zur Wechselwirkung zwischen Cortison und Vitamin B_{12}.** Int. Z. Vitaminforsch. [Bern] **32** (1962) Nr. 4. S. 386–391. — 1 Abb., 2 Tab., 29 Lit. Zus. in Engl., Franz.

Die LD_{50} von Cortisonacetat (I) wird an ausgewachsenen ♂ Mäusen zu 1610 ± 125 mg/kg i.p. bestimmt. Erhalten die Tiere 4mal im Abstand von 2 Tagen vorher s.c. 250 μg Vit. B_{12}/kg verabfolgt, dann liegt die LD_{50} bei 2400 ± 250 mg I/kg i.p. Zusätze von B_{12} zu 10 ml Rattenleberhomogenaten (11 g Leber + 300 ml Phosphatpuffer) von 100 μg steigern den Abbau von 100 μg I um das Doppelte. Der Effekt wird durch höhere B_{12}-Dosierung nicht gesteigert. Bei durch I provozierte Ulcera im Drüsenmagen von Ratten wird die Läsionsstärke durch mehrmalige prophylaktische B_{12}-Verabfolgung vermindert. Möglicherweise wird die lokale Wirkung auf den Rattenmagen durch den aktivierten Stoffwechsel und über eine Erhöhung der B_{12}-Resorption beeinflußt. B. Gaßmann. 8158.

Roston, Sidney; Louisville, Ky., Univ., Dep. of Med. Ascorbic acid, oxygen, and the disappearance of adrenochrome and noradrenochrome. **(Ascorbinsäure, Sauerstoff und das Verschwinden von Adrenochrom und Noradrenochrom.)** Nature [London] **194** (1962) Nr. 4833. S. 1079–1080. — 1 Abb., 1 Tab., 6 Lit.

Die Untersuchungen erfolgten in vitro mit menschlichem Serum. Der Gehalt an Adrenochrom und Noradrenochrom wurde spektrophotometrisch bei 480 mμ ermittelt. Die beiden Stoffe verschwinden aus dem Reaktionsgemisch, wenn mehr als $1{,}2 \cdot 10^{-3}$ mol Ascorbinsäure (Asc.) zugegen sind. Bei konstantem Asc.-Gehalt verschwindet Noradrenochrom mit steigender Konzentration schneller. Steigende Asc.-Konzentration beschleunigt ebenfalls diesen Prozeß. Wurde durch das Reaktionsgemisch vor Zugabe der Asc. Sauerstoff geleitet, ist die Reaktion verzögert; Stickstoff beschleunigt sie. Es wird vermutet, daß die Reduktion der Asc. in freiem Sauerstoff für den Reaktionsmechanismus von Bedeutung ist. W. Goldbach. 8160.

Procházka, Ž. und Feldheim, W.; Prague, CSSR, Acad. of Sci., Inst. of Org. Chem. and Biochem.; Gießen, Univ. Note on ascorbigen as a source of vitamin C. **(Bemerkungen über Ascorbigen als Vitamin-C-Quelle.)** Acta chem. scand. **16** (1962) Nr. 10. S. 2470–2472. — 10 Lit.

Die von Kiesvaara und Virtanen (vgl. Acta chem. scand. **16** [1962] Nr. 2. S. 510.) mitgeteilte Vit.-C-Wirkung des Ascorbigens konnte von Vff. nicht bestätigt werden. Die kurative Wirkung des Ascorbigens bei skorbutischen Meerschweinchen führen sie auf die Anwesenheit von Ascorbinsäure — frei und in Bindung mit Formaldehyd — zurück. Eine in vivo-Hydrolyse des Ascorbigens wurde nicht beobachtet. Ascorbigen wird rasch resorbiert und z. T. in Substanz C umgewandelt, die keine Ascorbinsäure abspaltet. Die Ausscheidung erfolgt im Urin als Ascorbigen bzw. Substanz C.
H. Ackermann. 8160.

Banay, M. und Dimant, E.; Jerusalem, Israel, Hebrew Univ., Dep. of Biol. Chem. On the metabolism of L-ascorbic acid in the scorbutic guinea-pig. **(Über den Stoffwechsel der L-Ascorbinsäure bei skorbutischen Meerschweinchen.)** Biochim. biophysica Acta [Amsterdam] **59** (1962) Nr. 2. S. 313–319. — 1 Tab., 20 Lit.

Zur Aufklärung des Abbaues der L-Ascorbinsäure (A.) erhielten Meerschweinchen 14 Tage ein A.-freies Futter, anschließend an 3 Tagen je 5 mg 1-^{13}C,2,3,4,5,6-^{14}C-A. (I) i.p. injiziert. Die Darstellung von I aus ^{14}C-Xylose und $K^{13}CN$, ausgehend von 2,5 g normalem und 4,2 mg vollständig signiertem D-Sorbit bzw. $Ba^{13}CO_3$, sowie die Analytik sind eingehend beschrieben. Durch Oxydation von I mit KOJ erhält man ^{13}C, ^{14}C-signierte Oxalsäure (II). Die

Untersuchung des ausgeschiedenen Harns nach der **I**-Injektion ergab ebenfalls nur $^{13}C,^{14}C$-signierte **II**. Daraus schließen Vff., daß die **II**-Bildung nur aus den C-Atomen 1 und 2 der A. erfolgt. Die Ergebnisse werden mit denen anderer Autoren über den A.-Stoffwechsel diskutiert.

H. Ackermann. 8160.

Whittam, R.; Oxford, Univ., Dep. of Biochem. The asymmetrical stimulation of a membrane adenosine triphosphatase in relation to active cation transport. **(Die asymmetrische Stimulierung einer Membranadenosinphosphatase in Beziehung zum aktiven Kationentransport.)** Biochem. J. **84** (1962) Nr. 1. S. 110–118. — 3 Abb., 4 Tab., 30 Lit.

Vf. untersuchte den Einfluß von Na^+ und K^+ auf die Aktivität der Membranadenosintriphosphatase (ATPase) von menschlichen Erythrocyten durch Analyse der Phosphatfreisetzung aus Adenosintriphosphat (ATP). Er bediente sich eines Kunstgriffes, indem er die Erythrocyten zunächst einer Hämolyse unterwarf, die durch Zusatz bestimmter Salzkonzentrationen unterbunden wurde, wobei Produkte erhalten wurden, die bei intakter Membran je nach Vorbehandlung differierende Konzentrationen an ATP, K^+ und Na^+ enthielten. Diese Produkte werden vom Vf. als „erythrocyte ghosts“ bezeichnet. Die ATPaseaktivität in den ghosts wird durch K^+ des Inkubationsmediums stimuliert, nicht dagegen durch Na^+. Innerhalb der ghosts ergibt sich der umgekehrte Effekt: Na^+ stimulieren die ATPaseaktivität und K^+ sind ohne Einfluß. Die synergistische Stimulierung der ATPase durch die im Inneren der ghosts vorhandenen Na^+ und der in der Suspensionsflüssigkeit vorhandenen K^+ wird durch Versuche mit Zusatz des Glykosids Ouabain, das der Stimulierung entgegenwirkt und den aktiven Ionentransport in intakten Zellen inhibiert, erhärtet. Vf. vermutet, daß die asymmetrische Stimulierung der ATPase durch Na^+ und K^+ direkt mit dem aktiven Transport dieser Ionen durch die Zellmembran, also mit der Membranionenpumpe für Na^+ und K^+, gekoppelt ist, die bekanntlich ein Konzentrationsgefälle für K^+ in Richtung der Zellflüssigkeit und für Na^+ in umgekehrter Richtung aufrechterhält.

R. Schiemann. 8170.

Järnefelt, Johan; Stockholm, Univ., Wenner-Gren-Inst. Properties and possible mechanism of the Na^+ and K^+-stimulated microsomal adenosinetriphosphatase. **(Eigenschaften und möglicher Mechanismus der Na^+- und K^+-stimulierten microsomalen Adenosintriphosphatase.)** Biochim. biophysica Acta [Amsterdam] **59** (1962) Nr. 3. S. 643–654. — 4 Abb., 6 Tab., 43 Lit.

Vf. untersuchte die Eigenschaften der Adenosintriphosphatase (ATPase) von Rattenhirnmicrosomen und verglich diese mit anderen Fraktionen der Gehirnzellen sowie mit den Microsomen anderer Gewebe wie Leber, Niere, Muskel und Hoden. Die ATPase ist hauptsächlich in der Fraktion der schweren Microsomen des Gehirns lokalisiert. Sie zeigt keine Spezifität für die einzelnen Nucleosidtriphosphatasen, reagiert jedoch nur schwach mit den Nucleosiddiphosphaten. Sie wird wie die ATPase des Muskels durch Na^+ stimuliert, während die ATPasen der anderen Gewebe nicht durch Na^+ aktiviert werden. K^+ verstärken den stimulierenden Effekt der Na^+. Eine Inhibierung der ATPase erfolgt durch niedrige Konzentrationen von Ca^{2+}, Pyridinaldoximdodecyljodid und Desoxycholat. Einen gewissen Inhibitoreffekt ergeben auch Amytal, Atebrin, Chlorpromazin und Oligomycin. Aus den Ergebnissen wird ein genereller Reaktionsmechanismus für die Na^+-stimulierte, microsomale ATPase abgeleitet und die physiol. Bedeutung beim aktiven Ionentransport in den Zellen besprochen. R. Schiemann. 8170.

Buck, F. F., Vithayathil, A. J., Bier, M. und Nord, F. F.; New York, Fordham Univ., Lab. of Org., Chem. and Enzymol. On the mechanism of enzyme action. LXXIII. Studies on trypsins from beef, sheep and pig pancreas. **(Über den Mechanismus der Enzymwirkung. 73. Mitt. Untersuchun-**

gen über Trypsine von Rind-, Schaf- und Schweinepankreas.) Arch. Biochem. Biophysics **97** (1962) Nr. 2. S. 417–424. – 7 Abb., 5 Tab., 18 Lit.

Die 3 Trypsine sind hinsichtlich der Eigenschaften ähnlich, die durch das aktive Zentrum des Enzyms bedingt sind (pH- und Temperaturoptimum, Michaelis-Menten-Konstante und Kinetik der esterolytischen Aktivität); ferner besteht Ähnlichkeit hinsichtlich der Hemmung durch verdünntes Rinderserum. Unterschiede treten bei den Eigenschaften auf, die durch das Protein bedingt sind (Stabilität, elektrophoretisches Verhalten). Die Ergebnisse zeigen, daß das Schweinetrypsin strukturmäßig von dem Rinder- und Schaftrypsin deutlich abweicht und die letzteren sich sehr ähneln.

I. Schröder. 8170.

Williams, Walter F.; College Park, Univ. of Maryland, Dep. of Dairy Sci. Excretion of progesterone and its metabolites in milk, urine, and feces. **(Die Ausscheidung von Progesteron und seinen Metaboliten in der Milch, im Harn und in den Faeces.)** J. Dairy Sci. **45** (1962) Nr. 12. S. 1541–1542. – 1 Tab., 5 Lit.

Mittels eines Jugular-Katheters wurden einer laktierenden (5. Mon.), 3 Mon. tragenden Holstein-Kuh ca. 65 μc Progesteron-4-^{14}C in 6,6 ml Propylenglykol injiziert. Harn, Faeces und die einzelnen Gemelke wurden getrennt vollständig gesammelt und bestimmte Mengen davon nach beschriebenen Methoden behandelt. Die Proben wurden dann in einem fließenden Scintillationssystem ausgezählt. Im Harn wurden 3,16, in den Faeces 49,84 und in der Milch weniger als 0,06% des verabreichten Progesteron-4-^{14}C wiedergefunden.

F. Döcke. 8175.

Plaschke, I. und Plaschke, W. **Erfahrungen bei der praktischen Anwendung biogener Stimulatoren.** Mh. Veterinärmed. **17** (1962) Nr. 16. S. 649 bis 652. – 4 Tab., 13 Lit.

Vff. berichten über die Anwendung biogener Stimulatoren bei Kaninchen und Schweinen. Bei beiden Tierarten konnten die nach der Methode von German und Kalaschnik hergestellten Gewebepräparate die Gewichtszunahmen erhöhen, ohne daß eine Schadwirkung nachzuweisen war. Der günstige Einfluß der Präparate trat nicht sofort nach der 1. Injektion, sondern erst im Verlaufe der Versuch zutage. Bei Ferkeln im Alter von 10 Wochen war eine Verbesserung der Gewichtszunahmen bereits im 1. Monat festzustellen. In einem Versuch mit veredelten Landschweinen von 6monatiger Dauer war bei den Versuchstieren im letzten Versuchsmonat ein relativer Leistungsabfall zu verzeichnen, der mit einer gewissen Erschöpfung nach forciertem Wachstum erklärt wird. Die noch offenstehenden Probleme sind von den Vff. in systematischer Weise dargestellt. H. Busse. 8175.

Ostrovsky, D. und Kitts, W. D.; Toronto, Ontario, Univ., Dep. of Pathol. Chem. The estrogen-like substances in legumes and grasses. The effect of estrogenic plant extracts on thyroid uptake of ^{131}J in the laboratory rat. **(Oestrogenähnliche Substanzen in Leguminosen und Gräsern. Die Wirkung von oestrogenen Pflanzenextrakten auf die ^{131}J-Aufnahme der Schilddrüse der Laboratoriumsratte.)** Canad. J. Animal Sci. **42** (1962) Nr. 2. S. 129–138. – 4 Tab., 4 Lit.

Bei normalen und ovariektomierten ♀ Ratten wurde nach tägl. oraler Verabreichung von kleinen Dosen Rotkleeextrakt eine höhere ^{131}J-Aufnahme in die Schilddrüse beobachtet. Bei Wiesenlieschgrasextrakten wurde nicht so eine gleichmäßige Wirkung beobachtet. Erhielten die ovariektomierten Ratten 0,168 μg Diaethylstilboestrol (I) pro Tier und Tag in 2 oralen Gaben, so war die ^{131}J-Aufnahme im Vergleich zu niederen oder höheren I-Dosierungen am größten. Ein Vergleich der Schilddrüsenaktivität und des Uterusgewichtes zeigte, daß die oestrogenen Substanzen der Futterstoffe eine mildere physiologische Wirkung als I haben. Bei hypophysektomierten Ratten war keine signifikante Schilddrüsenaktivierung zu beobachten, obwohl eine Uterusvergrößerung vorhanden war. H. Bergner. 8175.

Leach jun., R. M., Norris, L. C. und Scott, M. L.; Ithaca, N.Y., Cornell Univ., Dep. of Poultry Husbandry; U.S. Dep. of Agric., A.R.S., Soil and Water Conserv. Res. Div., U.S. Plant, Soil and Nutrit. Lab. The effect of diethylstilbestrol on choline deficiency in the chick. **(Die Wirkung von Diaethylstilboestrol auf Cholinmangel beim Küken.)** Poultry Sci. **41** (1962) Nr. 6. S. 1828–1832. 8175.

Washburn, K. W. und Siegel, P. B.; Blacksburg, Virginia Polytechn. Inst., Poultry Dep. Influence of thiouracil on chickens selected for high and low body weights. **(Einfluß von Thiouracil auf Küken mit hohem und niedrigem Körpergewicht.)** Poultry Sci. **42** (1963) Nr. 1. S. 161–169. — 1 Abb., 6 Tab. 8175.

Davis, B. Hall und Brunson, Clayton C.; Baton Rouge, Louisiana State Univ. Carcass composition of young turkeys as affected by diethylstilbestrol and thiouracil. **(Schlachtkörperzusammensetzung von jungen Puten nach Verabreichung von Diaethylstilboestrol und Thiouracil.)** Poultry Sci. **42** (1963) Nr. 1. S. 102–107. — 2 Abb., 3 Tab. 8175.

Boller, R., Liebscher, W. und Partilla, H. **Antibioticamast in der Humanmedizin.** Antibiotica et Chemotherapia [Basel] **10** S. 130–192. — 260 Lit.
Die Antibiotica können voraussichtlich im Kampf gegen Hunger und Unterernährung der Menschheit eingesetzt werden. 8185.

Ritzel, G.; Basel, Univ., Physiol.-Chem. Inst. **Elektrophoretische Untersuchungen an Serumeiweißen wachsender Ratten unter Antibioticumfütterung.** Int. Z. Vitaminforsch. [Bern] **32** (1962) Nr. 4. S. 488–492. — 6 Abb., 1 Tab., 14 Lit.
Erwachsene ♀ Ratten erhalten im Gegensatz zu Kontrolltieren zum üblichen Zuchtfutter nutritive (25 mg/kg) und therapeutische Dosen (2 g pro kg) Oxytetracyclin zugelegt. Nach 4 Wochen werden die Tiere belegt. An insgesamt 270 Rattenseren werden am 20. Embryonaltag sowie in 5–15 tägigen Intervallen bis zum 70. Lebenstag sowohl papier- als auch immunelektrophoretische Untersuchungen der Eiweißfraktionen durchgeführt. Dabei ergibt sich, daß bei Fütterung hoher Antibioticadosen neben den γ-Globulinen auch antikörperhaltige β_2-Fraktionen verzögert gebildet werden. Bei Fütterung nutritiver Dosen sind die Reifungsverzögerungen weniger ausgeprägt.
B. Gaßmann. 8185.

Charitonova, A. M. (Charitonowa, A. M.); Moskau, Gamaleja-Inst. für Epidemiol. und Mikrobiol. der Akad. der Med. Wiss. der UdSSR. O dejstvii aurantina na ėndokrinnuju sistemu. **(Zur Wirkung des Aurantins auf das endokrine System.)** Antibiotiki, Moskva 8 (1963) Nr. 2. S. 119–126. — 5 Abb., 10 Lit. Zus. in Engl. 8185.

Tschiderer, K.; Schwechat, Niederösterreich. **Wurmkontrolle durch Fertigfutter mit Hygromycin-B in einem Einzel-Fütterungsversuch bei Schweinen.** Bodenkultur [Wien], Ausg. A **13** (1962) Nr. 2. S. 173-179. — 3 Abb., 10 Lit. Zus. in Engl.
Mit 2,5‰ Hygromycin erzielte die Versuchsgruppe eine um 2,5% bessere Futterumwandlung und um 5,63% bessere Zunahme. Beide Mehrwerte waren aber nicht signifikant. 7 Wochen nach Versuchbeginn konnten im Kot der Versuchstiere keine Spul- und Knötchenwürmer mehr nachgewiesen werden.
E. Höpler. 8185.

Leucht, K. **Wachstumsbeeinflussung durch Verfütterung von Natriumsalicylat an Jungtiere.** Mh. Veterinärmed. 17 (1962) Nr. 16. S. 646–648. – 2 Tab., 5 Lit.
Verschiedene Derivate der Benzoesäure, insbesondere die Salicylsäure beeinflussen die Nebenniere, die Schilddrüse und die Hypophyse, den Glukosestoffwechsel, die Respirations- und die Gewebeatmung, so daß mit ihrer Hilfe eine Auswirkung auf das Wachstum erzielt werden kann. In Versuchen tschechischer Institute wurde durch Verabreichung von 200 bis 500 mg Na-Salicylat je kg Tr.-Subst. bei Geflügel, Ferkeln und Läufern beträchtliche Wachstumszunahmen erreicht. In eigenen Versuchen wurden mit 350 mg Na-Salicylat je kg Tr.-Subst. bei Küken 19% höhere Durchschnittsgewichte bei einem um 8% höheren Futterverbrauch erzielt. Bei Läuferschweinen lagen bei einer Dosis von 200 bis 400 mg Na-Salicylat je kg Tr.-Subst. Futter die Gewichtszunahmen um 13,3% höher. Mit der gleichen Na-Salicylatdosis konnten bei Ferkeln 12,5 bzw. 21,5% höhere Gewichtszunahmen erreicht werden.
H. Busse. 8195.

E. VERWERTUNG DER NÄHRSTOFFE UND FUTTERMITTEL

Meyer, J. H., Weir, W. C. und Torell, D. T.; Davis, Univ. of California. Response of immature sheep to partial starvation. **(Reaktion wachsender Schafe auf Unterernährung.)** J. Animal Sci. **21** (1962) Nr. 4. S. 916–923. – 6 Tab., 24 Lit.
Gegenüber der Erhaltungsforderung wurde in Versuchen mit wachsenden Schafen mit ca. 70 lb. Gewicht wechselseitig Energie, Protein und Futtereinnahme reduziert und die Wirkung dieser Maßnahme auf Gewicht, Widerristhöhe, Wollwachstum, Schlachtkörpergewicht und -zusammensetzung, Verdaulichkeit und N-Bilanz gemessen. Lebend- und Schlachtkörpergewicht sowie Wollwachstum wurden negativ bei Verringerung der Energie-, Protein- und Futterzufuhr beeinflußt. Die Widerristhöhe war nur abhängig von der Energiezufuhr. 42 Tage Unterernährung veränderten das Fett-Protein-Verhältnis im Schlachtkörper nicht. Größte N-Verluste traten bei geringer Proteineinnahme auf. Wirkungen einer 148tägigen Proteinunterernährung auf Körpergewicht und Schlachtkörperfett wurden durch eine nachfolgende 150tägige adäquate Fütterung ausgeglichen. L. Hoffmann. 8220.

Agarwala, O. P.; Allahabad, Agric. Inst. Efficiency of feed utilization of Desi pigs from weaning to six months of age on high protein (vegetable) ration with or without animal protein. **(Die Futterverwertung bei Desi-Schweinen vom Absetzen bis 6 Monate bei einer hohen Gabe von pflanzlichem Protein, mit oder ohne tierisches Eiweiß.)** Indian veterin. J. **39** (1962) Nr. 11. S. 616 bis 618. – 3 Tab., 3 Lit.
Das Futter der 2 geprüften Gruppen unterschied sich durch die Art des enthaltenen Eiweißes. Gruppe I erhielt 47% Erdnußkuchen, Gruppe II 42% Erdnußkuchen plus 5% Fischmehl. Bei I und II betrug die durchschnittliche Tageszunahme 0,13 lb. Der Verbrauch an Trockenfutter je lb. Zunahme war bei I 5,07 und bei II 4,23. – Der Austausch von pflanzlichem Eiweiß durch tierisches bewirkte in diesem Experiment keine gesicherten Differenzen hinsichtlich Zuwachsrate und Futterverwertung. H. Jung. 8265.

Schoch, H.; Zürich, Eidg. TH, Inst. für Tierernähr.; Ems, Emser Werke AG, Forsch.-Abt. **Über die Aufwertung des Nahrungs-Eiweißes durch Methionin- und Lysinzulagen beim Küken und beim Schwein.** Int. Z. Vitaminforsch. [Bern] **32** (1962) Nr. 4. S. 432–440. – 4 Abb., 3 Lit.
In 2 Versuchen an Mastküken und einem an Mastschweinen werden in einem Teil handelsüblicher Alleinfutter die normalen tierischen Eiweißträger in protein- und energieäquivalenten Mengen durch solche pflanzlicher Herkunft ersetzt. Das im Normalkükenfutter bestehende Methionindefizit wird dadurch

noch größer, während beim Schweinemastalleinfutter zum Methionindefizit noch ein Unterangebot an Lysin hinzutritt. Ausgleich der Defizite durch entsprechende Zulagen von Methionin bzw. Methionin und Lysin führen sowohl bei den pflanzlichen als auch den Normaldiäten zu einer wesentlichen Verbesserung der Zuwachsraten. Es wird betont, daß schon auf Grund der ermittelten oder nach Literaturangaben geschätzten Aminosäurenzusammensetzung des Futters gesagt werden kann, ob die Zulage von Aminosäuren das Wachstum verbessein kann. B. Gaßmann. 8265.

F. ERNÄHRUNGSSTÖRUNGEN UND MANGELKRANKHEITEN

Young, Stuart und Keeler, Richard F.; Bozeman, Montana State Coll., Agric. Exp. Stat., Montana Veterin. Res. Lab. Nutritional muscular dystrophy in lambs - morphologic and electrophoretic studies on preparations of fetal and juvenile muscle. **(Zur ernährungsbedingten Muskeldystrophie bei Lämmern — morphologische und elektrophoretische Untersuchungen an Präparaten von fetalen und juvenilen Geweben.)** Amer. J. veterin. Res. **23** (1962) Nr. 96. S. 955–961. – 10 Abb., 3 Tab., 9 Lit. Zus. in Interlingua. 8320.

Young, Stuart und Keeler, Richard, F.; Bozeman, Montana State Coll., Agric. Exp. Stat., Montana Veterin. Res. Lab. Nutritional muscular dystrophy in lambs - the effect of muscular activity on the symmetrical distribution of lesions. **(Zur ernährungsbedingten Muskeldystrophie bei Lämmern — die Auswirkungen der Muskeltätigkeit auf die symmetrische Verteilung der Veränderungen.)** Amer. J. veterin. Res. **23** (1962) Nr. 96. S. 966–971. – 6 Abb., 2 Tab., 10 Lit. Zus. in Interlingua. 8320.

Burton, Vivian, Keeler, Richard F., Swingle, Karl F. und Young, Stuart; Bozeman, Montana State Coll., Agric. Exp. Stat., Montana Veterin. Res. Lab. Nutritional muscular dystrophy in lambs - selenium analysis of maternal, fetal and juvenile tissues. **(Zur ernährungsbedingten Muskeldystrophie bei Lämmern — Selenanalysen von mütterlichen und fetalen Geweben sowie solchen junger Tiere.)** Amer. J. veterin. Res. **23** (1962) Nr. 96. S. 962–965. – 3 Tab., 6 Lit. Zus. in Interlingua. 8320.

Lindt, S. **Fütterungsbedingte Schäden beim Schwein.** Schweiz. Arch. Tierheilkunde **104** (1962) Nr. 12. S. 681–693. – 1 Tab., 28 Lit.
Die Arbeit bringt eine zusammenfassende Darstellung der fütterungsbedingten Schäden beim Schwein, wobei auf die Schwierigkeiten der Diagnose hingewiesen wird, die erst nach Ausschluß aller spez. Erkrankungen möglich ist. Nach der Statistik des Sektionsmaterials der Schweiz (gleiche Zahlen in Deutschland und England) zeigen etwa die Hälfte aller sezierten Schweine die auf Fütterungsschäden deutenden Erscheinungen. Im einzelnen werden die folgenden Krankheiten beschrieben: Eiweißmangel- und Fe-Mangel-Anämie bei Ferkeln, Eiweißmangel bei größeren Schweinen, Mineralstoff- und Vitaminmangelerscheinungen, Kohlenhydratüberschuß und mangelnde Wasserversorgung, ferner Zusammenhänge zwischen Fütterungsfehlern und Stress, sowie zwischen Futterschäden und Ödemkrankheit. Die therapeutischen Hinweise bringen Zahlenangaben über den Mindestbedarf an tierischem Eiweiß, Vitaminen und Mineralstoffen. Abschließend werden die in der Praxis am häufigsten vorkommenden Fütterungsfehler tabellarisch aufgeführt. E. Krause. 8320.

Lepore , Paul D., Miller, R. F. und Siegel, H. S. Molybdenum toxicity in the developing chick embryo. **(Die Toxicität des Mo bei sich entwickelnden Kükenembryonen.)** Poultry Sci. **41** (1962) Nr. 4. S. 1047–1049. – 1 Abb., 3 Tab., 6 Lit.
Die letalen Folgen einer Mo-Injektion in den Dottersack von Hühnerembryonen wurden nach dem 8. Tage der Entwicklung zunehmend verringert.

Die durch das Mo bedingte Letalität bei 4 Tage alten Embryonen kann bei gleichzeitiger Injektion verschiedener Salze teilweise aufgehoben werden. So übten Na_2SO_4-Injektionen einen deutlichen Schutz aus, was auch teilweise bei Injektionen von KCl, NaCl und K_2SO_4 beobachtet werden konnte. Auch zwischen der Reaktion von White Rocks- und weißen Leghornembryonen bestanden gewisse Unterschiede. Diese Ergebnisse widersprechen den Befunden von Van Keen (1959), der bei wachsenden Ratten als spezifische Sulfatwirkung eine erhöhte Toxicität des Mo beobachtete.
H. Busse. 8350.

Anonym. Molybdenum toxicity. **(Die Toxicität von Molybdän.)** Nutrit. Rev. **20** (1962) Nr. 5. S. 152–154. 8350.

Cowan, Robert L. Cobalt shortages easily remedied. **(Cobaltknappheit ist leicht abstellbar.)** Sci. for Farmer **10** (1962) Nr. 2. S. 7. — 1 Abb. 8350.

Winter, Alexander J. Nitrate toxicity endangers cattle. **(Nitratvergiftung gefährdet Rinder.)** Sci. for Farmer **10** (1962) Nr. 2. S. 6. — 1 Abb. 8360.

Mercier, J.; Bellevue, Seine-et-Oise, C. N. R. S., Lab. de Lipochim. Effet de l'irradiation sur les matières grasses alimentaires. **(Die Wirkung der Bestrahlung auf die Nahrungsfette.)** Ann. Nutrit. Alimentat. [Paris] **16** (1962) Nr. 3. Rev. S. 59–89. 8360.

G. BEWERTUNG DER FUTTERSTOFFE

Forschungen zur Bewertung der Futterstoffe mit Hilfe der Respirationsapparatur und Weiterentwicklung der Stärkewerttheorie. Rostock, Oskar-Kellner-Inst. Tierernähr. Dtsch. Akad. Landwirtsch.-Wiss. Berlin Plan-Nr.: 1701 17 h-2-01/ 6 Z. 25 S. Abschlußber. (11/3. 1963). — 17 Sonderdruckbeil.
In umfangreichen Gesamtstoffwechselversuchen an Rindern, Schafen, Schweinen, Kaninchen und Ratten wurden die energetischen Kennziffern unter der Meßbedingung der Fettmast ausgewachsener Tiere für Futtermittel der Gruppe der Kraftfutterstoffe gesichert bestimmt. Es konnten für alle Tierarten Gleichungen abgeleitet werden, die die Nettoenergiewerte der untersuchten Futterstoffe mit einer Streuung von $\pm$ 3–6%, bezogen auf die mittlere Nettoenergie, aus dem Gehalt an den einzelnen verdaulichen Nährstoffen zu berechnen gestatten. Wegen der niedrigen Streuung und der guten Reproduzierbarkeit, die sich aus einer vergleichenden Auswertung der entsprechenden Versuche Kellner's und Fingerling's ergibt, wird den abgeleiteten Gleichungen eine verallgemeinerungsfähige Bedeutung für alle Kraftfutterstoffe beigemessen. 8410.

H. FÜTTERUNG DER LANDWIRTSCHAFTLICHEN NUTZTIERE

Anonym. Rekomendacii po vyraščivaniju i otkormu krupnogo rogatogo skota, svinej, ovec i pticy po zonam SSSR. **(Ratschläge zur Aufzucht und Mast der Rinder, Schweine, Schafe und des Geflügels in verschiedenen Gebieten der UdSSR.)** Životnovodstvo, Moskva **24** (1962) Nr. 11. S. 6–14. — 13 Tab. 8451.

Paliev, Ch. und Dardžonov, T. (Paliew, Ch. und Dardshonow, T.) Izpitvane na kombinirani smeski za chranene na teleta do 6-mesečna vŭzrast. I. Sŭobštenie. **(Prüfung kombinierter Futtergemische für die Kälberernährung bis zum 6. Lebensmonat. 1. Mitt.)** Izvestija na Centralnija naučnoizsledovatelski institut po životnovŭdstvo „Georgi Dimitrov" — Kostinbrod, Sofija **14** (1962) S. 61-78. — 11 Tab., 18 Lit. Zus. in Russ., Engl. 8454.

Kaplan, V. A., Semak, I. L., Mosolov, M. I., Mirošnyčenko, M. O. und Bojko, O. A. (Kaplan, W. A., Semak, I. L., Mossolow, M. I., Miroschnytschenko, M. O. und Bojko, O. A.); Charkow, Forsch.-Inst. für Tierzucht des Waldsteppen- und Polessje-Gebietes der Ukrain. SSR. Efektyvnist' zgodovuvannja sečovyny ta bikarbonatu amoniju u vygljadi ridkych kormovych sumišok. **(Zweckmäßigkeit von flüssigen Futtergemischen, die Harnstoff und Ammoniumbicarbonat enthalten.)** Visnyk sil'śkogospodarśkoï nauky, Kyïv **5** (1962) Nr. 6. S. 77-83. — 8 Tab. Orig.: ukrain., Ausz.: russ.

Die Vff. schlagen ein Rezept für flüssige Futtermischungen aus Melasse, Harnstoff oder Ammoniumbicarbonat, Phosphor, Glaubersalz, Eisensalze, Zink, Mangan, Kupfer, Kobalt und Jodkali vor, das sie an fistulierten Tieren und jungen Mastrindern probierten. Der N der Carbamide wurde gut verdaut. Die besten Resultate wurden im Sommer bei Grünfuttermast erzielt. Geringer war der Gewichtszuwachs in der Gruppe mit Eiweißfütterung mittels Kraftfutter und der Gruppe, die Harnstoff und Ammoniumbicarbonat in Pulverform erhielten. Der Kraftfutterverbrauch der Rezeptgruppe war ca. 2mal geringer bei einem tägl. Zuwachs von 854-878 g, bei besserer Futterverwertung und höherer Schlachtausbeute. Gute Resultate zeigten Jungrinder bei Verwendung flüssiger Futtermischungen mit Harnstoff, die mit Zuckerrübenschnitzeln bei Zuckerfabriken gemästet wurden.
K. Neumann. 8458.

Popov, N. F. (Popow, N. F.) Novye dannye ob osobennostjach piščevarenija i obmena veščestv u žvačnych. **(Neue Angaben über die Besonderheiten der Verdauung und des Stoffwechsels bei Wiederkäuern.)** Životnovodstvo, Moskva **24** (1962) Nr. 12. S. 65-69. — 1 Tab.

Die Hackfrüchte spielen bei der Normalisierung des Ablaufs der Pansenprozesse, deren Störung eine Störung des Stoffwechsels nach sich zieht, eine außerordentlich wichtige Rolle. Wenn z. B. bei zu reichlicher Fütterung mit Kraftfutter eine Anhäufung von Säuren im Blut, eine Erhöhung des Harnstoffgehalts im Blut und ein Antsteigen des N-Abgangs im Harn eintritt, kann durch Verabreichung von 5-7 kg Rüben/Tier/Tag eine Normalisierung erreicht werden. Auch die technologische Bearbeitung des Futters kann den Ablauf der Pansenprozesse wesentlich beeinflussen; so verbessern z. B. bearbeitete Futtermittel (gemahlenes Heu, gedämpfter Hafer) die Ausnutzung des Harnstoffs. F. Schenk. 8460.

Abgarowicz, Franciszek; Warszawa, SGGW, Katedra Żywienia Zwierząt. Wyniki żywienia krów mlecznych różnymi zestawami pasz. **(Ergebnisse der Fütterung von Milchkühen mit unterschiedlichen Futtermittel-Zusammenstellungen.)** Zeszyty problemowe postepów Nauk rolniczych **22** (1960) S. 5-21. — 21 Tab., 8 Lit.

Eine Reihe von Untersuchungen wurde durchgeführt, um festzustellen, inwieweit Futterrationen mit unterschiedlichem Rohproteinniveau sowie unterschiedlichem Anteil von Rauh-, Grün- und Kraftfutter sich auf die Verdaulichkeit der Futterrationen, auf die Milchleistung und Energieauswertung bei der Milchproduktion sowie den Futteraufwand pro 1 Liter erzeugte Milch auswirken. Es ergab sich, daß die Versuchsgruppe, deren Futterration einen größeren Rohproteingehalt enthielt, eine höhere Verdaulichkeit des Rohproteins aufwies und somit ihr Futteraufwand bezogen auf 1 Liter Milch niedriger war. Des weiteren wurde festgestellt, daß die Verdaulichkeit von Rohprotein und Rohfaser in der Gruppe, die überwiegend Rauhfutter erhielt, höher war als die in der Gruppe, deren Futterration einen größeren Kraftfutteranteil ohne Silagezugabe enthielt. Aus dem Vergleich der mittels der klassischen und Kieselsäure-Methode ermittelten VK ergab sich eine weitgehende Divergenz, die die Möglichkeit der Anwendung von Kieselsäure als Indikator zur Bestimmung der Verdaulichkeit von Futterrationen mit Hackfruchtzugaben ausschließt. P. Pastuszewska. 8460.

Lízal, František und Opletalová, Ludmila; Rapotín u Sumperka, Výzkumný Ústav pro Chov Skotu. Uplatňování močoviny v krmné dávce dojnic. I. část. Močovina v jadrné směsi. **(Harnstoffausnützung in der Futterration der Milchkühe. 1. Mitt. Harnstoff in der Kraftfuttermischung.)** Živočišná Výroba **7(35)** (1962) Nr. 11. S. 781–794. — 13 Tab., 13 Lit. Zus. in Russ., Dtsch.

Kraftfuttergemische mit 2% Harnstoff nahmen die Versuchskühe gut und restlos auf, Gemische mit 4% Harnstoff ebenfalls restlos, aber langsamer. Auch bei max. Dosen von 224 g Harnstoff je Kuh und Tag bei 2maliger tägl. Fütterung wurden keine Vergiftungserscheinungen festgestellt. Bei Beifütterung von tägl. 91 g Harnstoff je Kuh verringerte sich die Milchleistung unwesentlich, während sie bei Gaben von 172 g sogar anstieg. Nach Fütterung des Harnstoffes erhöhte sich das Lgw. der Kühe. Aus den Versuchsergebnissen läßt sich auf eine vorteilhafte Anwendbarkeit des Harnstoffes als teilweisen Eiweißersatz im Futter von Milchkühen schließen, sofern sein Anteil 50% des Gesamt-N-Gehaltes nicht überschreitet. F. Svoboda. 8460.

Brown, L. D., Thomas, J. W., Emery, R. S., McGilliard, L. D., Armstrong, D. V. und Lassiter, C. A.; East Lansing, Michigan State Univ., Dairy Dep. Effect of high-level grain feeding on milk production response of lactating dairy cows. **(Die Wirkung hoher Kraftfuttergaben auf die Milchleistung der Milchkühe.)** J. Dairy Sci. **45** (1962) Nr. 10. S. 1184–1187. — 1 Abb., 3 Tab., 8 Lit.

Durch die beachtliche Ertragssteigerung bei Körnermais während der letzten Jahre wird dessen verstärkter Einsatz besonders von der ökonomischen Seite her interessant. In den beschriebenen Versuchen erhielten jeweils 6 Kühe in der I. Gruppe für 3,5 lb. Milch 1 lb. Kraftfutter (3 Teile Schrot aus Maiskorn und -kolben + 1 Teil Sojaextraktionsschrot mit einem Zusatz von Mineralstoffgemisch und Melasse), in der II. für 2,5 lb. Milch 1 lb. und in der III. ad libitum Kraftfutter. Der Futterverzehr während der ersten 260 Laktationstage betrug in lb. Kraftfutter: 11,9; 17,0; 36,0; Heu: 24,4; 13,9, 4,9 (Maissilage: 38,2; 37,7; 34,2). Die durchschnittliche tägl. Milchleistung betrug: 36,6; 39,9; 46,0 lb. FCM. Der prozentische Gehalt an Fett, Protein und SNF blieb unbeeinflußt. Unter Zugrundelegung der dort geltenden Preise berechneten Vff. ökonomische Vorteile des verstärkten Einsatzes von Körnermais. B. Piatkowski. 8460.

Stüber, Otto; Rotholz, Landwirtsch.-Chem. Versuchs- und Untersuchungsstelle. **Handelsfuttermittel in Hartkäsereigebieten.** Förderungsdienst [Wien] **11** (1963) Nr. 1. S. 13–20.

Geeignet für Hartkäsereigebiete sind Trockengrünfutter aus bestem Ausgangsmaterial, Kuchen und Extraktionsschrote von Kokos, Babussa, Lein, Maiskeimen, Sesam und Sonnenblumen, ungeeignet die Rückstände von Raps, Kürbis, Erdnuß, Baumwollsaat, Hanf, Palmkernen, Kakao- und Sojabohnen, ferner Malzkeime. E. Höpler. 8460.

Dinu, M., Vermeşanu, N. und Păduraru, I. Influenţa naturii proteinelor din raţiile cu conţinut ridicat de porumb asupra caracteristicilor fizicochimice ale carcasei la suine. **(Der Einfluß der Eiweißnatur in den Rationen mit einem erhöhten Maisgehalt auf die chemisch-physikalischen Eigenschaften des Fettes und Fleisches der Schweine.)** Studii Cercetări Biol. [Bucureşti], Ser. Biol. animală **14** (1962) Nr. 3. S. 421–434. — 15 Tab., 14 Lit. Zus. in Russ., Franz.

Es wurde festgestellt, daß die Eiweißfutterstoffe, die kombiniert mit Mais den Schweinen verabreicht wurden, zu bedeutenden Modifizierungen der

chem.-phys. Eigenschaften des Fleisches und Fettes führen. Das gestattet folglich die Anwendung des Maises in größerer Menge im Laufe der Mast.
V. Bontea. 8536.

Navrátil, Boleslav, Šimeček, Karel und Vlček, Arnošt; Pohořelice, VÚ Krmivářský. Použití čerstvé syrovátky při výkrmu prasat. **(Anwendung frischer Molke bei der Schweinemast.)** Živočišná Výroba 7(35) (1962) Nr. 11. S. 759–768. — 7 Tab., 16 Lit. Zus. in Russ., Dtsch.
In Vergleichsmastversuchen bekam die 1. Gruppe ein komplettes Kraftfuttergemisch ohne Molke, die 2. Gruppe bekam als teilweisen Ersatz des Kraftfuttergemisches Molke, während die 3. Gruppe zu einer auf 1,20 kg beschränkten Kraftfuttergabe Molke zur Sättigung erhielt. Der Lebendgewichtszuwachs betrug in gleicher Reihenfolge 0,666 kg, 0,634 kg und 0,615 kg je Schwein und Tag. Je 1 kg Zunahme wurden 0,301 kg verdaul. Eiweiß und 3,93 Hafereinheiten bzw. 0,332 kg verdaul. Eiweiß und 4,96 Hafereinheiten bzw. 0,366 kg verdaul. Eiweiß und 4,29 Hafereinheiten verbraucht. Im Vergleich mit der 1. Gruppe hatte die 2. Gruppe um 0,89% und die 3. Gruppe um 1,43% höhere Gewichtsverluste beim Transport zum Schlachthof. Den höchsten Fleischanteil und niedrigsten Fettanteil, aber auch den niedrigsten Tr.-Subst.-Gehalt wiesen die Schweine der 3. Gruppe auf.
F. Svoboda. 8536.

Yoshida, Minoru; Chibashi, Japan, Nat. Inst. of Agric. Sci. Sources of energy in Pacific area for poultry. **(Energiequellen für Geflügel im pazifischen Raum.)** Wld. Poultry Sci. J. **18** (1962) Nr. 4. S. 399–406. — 3 Abb., 2 Tab.
Vf. untersuchte an Küken den Einfluß wechselnder Energie-Eiweißverhältnisse und stellte die Ergebnisse in Anlehnung an Box und Wilson graphisch dar. Es wird betont, daß die optimale Kombination von Energie und Eiweiß von einer Reihe von Faktoren abhängig ist (Herkunft der Tiere, physiol. und Umweltfaktoren). Ausreichender Vitamingehalt energiereicher Rationen ist bes. vonnöten. — An Ratten wurde gefunden, daß die Verdaulichkeit der Stärke (Kohlenhydrate) eines bestimmten Futtermittels der einer gewissen Mischung von Mais- und Kartoffelstärke entspricht. Der Nährwert japanischer Gerste ist sortenunterschiedlich. Als dem Mais gleichwertige Energiequellen wurden Reis und Hirse gefunden. Tapioka, Taro und Zuckerrübe sind gute Energiequellen. Der Süßkartoffel (Batate) kommt keine Bedeutung zu. W. Rudolph. 8544.

Anderson, D. L., Smyth jun., J. R. und Gleason, R. E.; Amherst, Univ. of Massachusetts, Dep. of Poultry Sci. Effect of restricted feeding during the growing period on reproductive performance of large type white turkeys. **(Wirkung einer begrenzten Fütterung während des Wachstums auf die Fruchtbarkeit weißer großer Puten.)** Poultry Sci. **42** (1963) Nr. 1. S. 8–15. — 5 Tab.
8544.

Romanov, M. P. (Romanow, M. P.) Potrebnost' kur-nesušek v proteine. **(Der Proteinbedarf von Legehennen.)** Izvestija Timirjazevskoj sel'skochozjajstvennoj akademii, Moskva **46** (1962) Nr. 3. S. 104–111. — 4 Abb., 2 Tab., 20 Lit. Zus. in Engl.
Die Versuche wurden in einer Hühnerfarm des Moskauer Gebietes mit Hühnern der russischen weißen Rasse durchgeführt. Die Fütterung mit verschiedenen Eiweißmengen in der Ration ergab, daß die höchste Legetätigkeit (61,8%) bei einem Anteil von 12,5% Protein, davon 2,5% tierisches Eiweiß, erreicht wird. Bei nur pflanzlichem Eiweiß sind 17% Protein erforderlich, bei einer Legetätigkeit von 58,0%. Eine Futterration mit gut ausbalancierter Aminosäurezusammensetzung bei genügendem Anteil an Vitaminen und Mineralsalzen ermöglicht den Verbrauch an tierischem Protein auf 1–2,5% festzulegen. H. Beyer. 8548.

Batjuževškyj, Ju. N. und Pjerkova, R. I. (Batjushewsky, Ju. N. und Pjerkowa, R. I.); Ukrain. Forsch.-Inst. für Geflügelzucht; Odessa, Landwirtsch. Versuchsstat. Vplyv bilkovoï godivli na vikovi zminy peretravnosti i vykorystannja požyvnych rečovyn racionu. **(Einfluß der Eiweißfütterung auf die altersmäßigen Änderungen der Verwertung der verdaulichen Stoffe in der Ration.)** Visnyk sil'škogospodarškoï nauky, Kyïv **5** (1962) Nr. 3. S. 108–109. – 1 Tab. Orig.: ukrain., Ausz.: russ.

Die Vff. berichten über Versuche an 1600 Hühnern in 2 Abteilungen und 3 Gruppen im Alter von 2 bis 11 Mon. bei verschiedenen Normen, Rationen und Fütterungszeiten. Rationsgröße und Proteinverhältnis waren für beide Gruppen gleich. Festgestellt wurde, in welchem Maße bei genormter Hühnerfütterung mit pflanzlichem Futter ohne Zugabe von Komponenten tierischer Herkunft die Verdaulichkeit und die Verwertung der Nährstoffe sinken.

K. Neumann. 8548.

Harms, R. H. und Waldroup, P. W.; Gainesville, Florida Agric. Exp. Stat. Strain differences in the protein requirement of laying hens. **(Abstammungsunterschiede im Proteinbedarf bei Legehennen.)** Poultry Sci. **41** (1962) Nr. 6. S. 1985–1987. – 2 Tab. 8548.

Guillaume, J.; Jouy-en-Josas, Centre Nat. de Rech. Zootechn., Stat. de Rech. Avicoles. Les facteurs de variation du rapport calories/matières azotées totales dans les régimes du poussin. **(Die Variationsfaktoren des Calorien: Eiweiß-Verhältnisses bei der Ernährung des Kükens.)** Ann. Zootechnie **10** (1961) Nr. 4. S. 279-311. – 11 Abb., 4 Tab., 71 Lit. Zus. in Engl.

Vf. gibt eine Literaturübersicht über das Calorien/Eiweißverhältnis bei Küken, wobei folgende hauptsächlichen Punkte behandelt werden: I. Die Bedeutung des Calorien/Eiweiß-Verhältnisses (Einfluß auf Gewichtsentwicklung und Futterverwertung); II. Veränderungen des optimalen Calorien/Eiweiß-Verhältnisses. A) Mit dem Tier zusammenhängende Faktoren (Alter, Geschlecht, Abstammung); B) Mit der Ernährung zusammenhängende Faktoren (quantitative und qualitative Gesichtspunkte). H. Gießler. 8552.

Mauron, J. und Mottu, F.; Vevey, Schweiz, Forschungslab. der Nestle-Produkte. **Die Unverträglichkeit von gekochtem Weizenmehl und Pflanzenöl in der Ernährung der Ratte.** Int. Z. Vitaminforsch. [Bern] **32** (1962) Nr. 4. S. 474–487. – 4 Abb., 7 Tab., 9 Lit.

Bei Verfütterung einer Diät mit gekochtem Mehl (**I**) (72,5% des Trockenfutters) und 20% Pflanzen-Öl (**II**) (Mais- oder Olivenöl) wiesen die Versuchstiere (Albinoratten) ein struppiges und fettiges Fell auf. Bei rohem Mehl und Butterfett (**III**) war das Aussehen während der gesamten Versuchsperiode normal. Geringe Fellveränderungen traten bei Verfütterung von rohem **I** mit **II** bzw. von gekochtem **I** mit **III** auf. Durch Lysinzusatz wurden die Fellveränderungen nicht beeinflußt, obwohl das Wachstum wesentlich verbessert wurde. Der relative Nährwert der verschiedenen Fette scheint danach von der Zusammensetzung der Grunddiät abzuhängen. Das Ausschwitzen des Fettes, verantwortlich für das struppige und fettige Fell, scheint auf eine Unverträglichkeit zwischen dem gekochten **I** und dem **II** zurückzuführen sein. H. Ackermann. 8570.

Berg, Benjamin N., Wolf, Abner und Simms, Henry S.; New York, Columbia Univ., Coll. of Physicians and Surgeons, Dep. of Pathol.; Div. of Neuropathology. Nutrition and longevity in the rat. IV. Food restriction and the radiculoneuropathy of aging rats. **(Ernährung und Langlebigkeit. 4. Mitt. Nahrungsbeschränkung und die radikuläre Neuropathie älterer Ratten.)** J. Nutrit. [Philadelphia] **77** (1962) Nr. 4. S. 439–442. – 3 Tab., 8 Lit. 3. Mitt. vgl. LZ. Abt. III **7** (1962) Nr. 10. S. 2171.

In Fortführung früherer Versuche wurden Sprague-Dawley-Ratten nach der gleichen Methode (1. und 2. Mitt. vgl. LZ. Abt. III **6** [1961] Nr. 6. S.1086.; 3. Mitt. vgl. l. c.) diesmal 1000 Tage lang ad lib. (Gr. I) bzw. mit 46% Restriktion der Tiere von Gr. I gefüttert (Gr. II). Es wurden die Beziehungen des jeweiligen Nahrungsregimes zum Auftreten einer spontanen Myelindegeneration der Cauda equina- und andere Spinal-Wurzeln verglichen. Die Häufigkeit einer radikulären Neuropathie war bei den Tieren der Gr. I und II gleich. Das steht im Gegensatz zu den beobachteten Erscheinungen spontaner Schädigungen anderer Gewebe durch Nahrungsrestriktion. Das Auftreten von Muskeldystrophie als Folge einer Nahrungsrestriktion steht in keinem Zusammenhang mit der radikulären Neuropathie. H.-D. Bock. 8570.

FUTTERMITTELKUNDE

A. FUTTERSTOFFE, IHRE BEEINFLUSSUNG, KONSERVIERUNG UND ZUBEREITUNG

Gruhn, K., Graupe, B. und Anke, M. **Die Wirkung einer Molybdändüngung auf Futterertrag und Futterwert der Luzerne in Mangelgebieten.** Dtsch. Landwirtsch. **13** (1962) Nr. 9. S. 453–456. — 7 Tab., 9 Lit.

Eine Versuchsreihe, die auf einem Mo-Mangelstandort mit Luzerne als Testpflanze durchgeführt wurde, bestätigte die Annahme, daß durch eine Düngung mit 2 kg Na-Molybdat/ha der Grünmasseertrag und in noch stärkerem Maße der Rohproteingehalt der Luzerne erhöht werden können. — Der Grünmasseertrag wurde beim 1. Schnitt um 83%, beim 2. Schnitt um 122% gesteigert. Das Blatt/Stengel-Verhältnis der Luzerne änderte sich durch die Düngung nicht. Der Reinproteingehalt erhöhte sich um 46%. Von 16 untersuchten Aminosäuren wurde der Gehalt an Arginin, Thereonin, Valin, Gesamtleucinen, Serin, Lysin und Methionin gesteigert, der Gehalt an Glutamin- und Asparaginsäure erniedrigt. Der P-, Cu-, Mn- und Zn-Gehalt wurde durch die Mo-Düngung nicht beeinflußt. Der Mo-Gehalt der Luzerne erhöhte sich nur bis zu den Normalwerten, gleichzeitig verringerte sich der Fe-Anteil.
H. Masche. 8630.

Kemp, A. und Geurink, J. H.; Wageningen. Enkele voorlopige gegevens over de magnesiumbemesting van grasland op zandgrond in verband met de preventie van hypomagnesemie bij melkkoeien. **(Einige vorläufige Angaben über die Magnesiumdüngung von Grasland auf Sandboden in Zusammenhang mit der Verhütung von Hypomagnesämie.)** Inst. biol. scheikund. Onderzoek Landbouwgewassen Wageningen, Meded. **1962** Nr. 194. S. 167 bis 171. — 3 Tab.

Der Mg-Gehalt im Weidegras kann durch eine Mg-Düngung beträchtlich erhöht werden. Die Mg-Aufnahme der Gräser ist jedoch vom K-Gehalt des Bodens abhängig. Bei hohem K-Gehalt des Bodens wird die Mg-Aufnahme der Gräser verringert. Die Mg-Conc. im Serum der Weidetiere kann besonders im Frühjahr und Herbst durch Mg-Düngung zur Weide erhöht werden. Die Nachwirkung der Mg-Düngung (als $MgSO_4$) auf den Mg-Gehalt im Weidegras ist nur gering. Um einer Hypomagnesämie vorzubeugen, ist es daher notwendig, die Mg-Mengen in mehreren Gaben zu verabfolgen. O. Knabe. 8630.

Levitt, M. S., Taylor, V. J. und Hegarty, A. Studies on grass silage from predominantly Paspalum dilatatum pastures in South-Eastern Queensland. I. A comparison and evaluation of the additives metabisulphite and molasses. **(Untersuchungen an Grassilagen von Weiden mit einem überwiegenden Bestand von Paspalum dilatatum in SO-Queensland. 1. Mitt. Vergleich und Wirksamkeit der Sicherungszusätze Metabisulfit und Melasse.)** Queensland J. agric. Sci. **19** (1962) Nr. 2. S. 153–175. — 4 Abb., 16 Tab., 14 Lit.

In 2 Versuchen wurden neben einer Kontrollsilage ohne Sicherungszusatz solche mit 8 lb./t bzw. 12 lb./t Grünmasse Metabisulfit und andere mit 40 lb./t bzw. 80 lb./t Melasse angefertigt. Alle Silagen waren gut gelungen und zeigten Gärverluste von 10%. Ein stärkerer Saftabfluß trat lediglich bei den Metabisulfit-Silagen auf. — Die Zusätze verbesserten in jedem Fall die Silagequalität. Die besten Silagen waren die mit Melassezusatz, wobei die verschiedenen Melassemengen nur einen unbedeutenden Einfluß hatten. — Im Vergleich zur Kontrollsilage zeigten alle Silagen mit Zusatz eine signifikant höhere Verdaulichkeit der N-freie E., der org. Subst. und der Tr.-Subst. Die Melassesilagen führten zu den höchsten Werten bei den N-freie E. — Die Schmackhaftigkeit der Silagen fiel in nachstehender Reihenfolge: Melasse mit 80 lb./t, Metabisulfit mit 8 lb./t, Melasse mit 40 lb./t und Metabisulfit mit 12 lb./t. W. Klippel. 8730.

Marx, H.-J., Dölling, Werner und Felkl, Herbert; Meißen, Inst. für Tierzucht und Tierernähr. **Ein Beitrag zum Einsatz von Roggenschrot in der Schweinemast.** Wiss. Z. Hochschule LPG Meissen **5** (1962) Nr. 4. S. 465–469. — 5 Tab., 7 Lit. Zus. in Russ., Engl.

Roggen wurde in Mälztrommeln mit Wasserdampf und Wärme behandelt und nach einer Trocknung durch Walzentrockner geschroten. Die Kosten für das Fermentieren des Roggens betrugen je dt 9 DM. In einem Fütterungsversuch mit je 7 Schweinen (DvL) erzielten die Kontrolltiere, die unbehandelten Roggen bekamen, ⌀ tägl. Zunahmen von 589 g, die Versuchstiere 425 g. G. Koch. 8830.

Brooks, O. L., Miller, W. J., Beaty, E. R. und Clifton, C. M.; Athens, Univ. of Georgia, Dairy Dep. Performance of dairy cows fed pelleted and baled Coastal bermudagrass and alfalfa hay. **(Die Leistung von Milchkühen, die mit pelletiertem und geballtem Küsten-Bermudagras und Luzerneheu gefüttert wurden.)** J. Dairy Sci. **45** (1962) Nr. 10. S. 1188–1191. — 2 Abb., 1 Tab., 13 Lit.

Küsten-Bermudagras (B.) ist infolge seiner Leistungsfähigkeit und ackerbaulichen Vorteile eine der wichtigsten Futterpflanzen im Süden der USA geworden. Unbefriedigend ist die Verzehrsleistung der Milchkühe von B. Vff. zeigen, daß durch das Pelletieren (6 mm-Würfel) von B. (1. Gruppe) bei gleichzeitiger Verabreichung von 2 lb. Langheu die Aufnahme von Luzerneheu (2. Gruppe) übertroffen wurde (37,6 gegenüber 32,2 lb. je Kuh und Tag). Im Versuch standen 3 Gruppen. In der 3. Gruppe, die B. als Langheu erhielt, wurden 23,6 lb. aufgenommen. Die Kraftfuttergabe lag mit 1 lb. für 5 lb. FCM niedrig. Unter diesen Bedingungen betrug die Milchleistung von der 8.–27. Laktationswoche 28,3; 25,9 bzw. 21,9 lb. FCM, der Fettgehalt der Milch lag bei 4,27%, 3,98 bzw. 3,78%. B. Piatkowski. 8860.

B. DIE EINZELNEN FUTTERSTOFFE

Mirošnyčenko, M. Je., Solovjova, Z. K. und Šynkarenko, S. V. (Miroschnytschenko, M. Je., Solowjowa, Z. K. und Schynkarenko, S. W.); Askanija-Nowa, Gebiet Cherson, Ukrain. Forsch.-Inst. für Tierzucht der Steppengebiete. Kormovi jakosti filofory. **(Futterwert der Wasserpflanze Philophora.)** Socialistyčne tvarynnyctvo, Kyïv **34** (1962) Nr. 6. S. 19–20. — 2 Tab. Orig.: ukrain.

Der Vf. macht Angaben über die chemische Zusammensetzung der Pflanze. Sie enthält u. a. 20,7% Rohprotein (auf Tr.-Subst. bezogen). Aus dem Artikel geht hervor, daß das Verfüttern von gedämpfter Phylophora besser ist als von roher. Die Pflanze ist reich an Ca und P. Allerdings ergaben Fleischkontrollen, daß Phylophora 25–40 Tage vor der Schlachtung nicht mehr verfüttert werden darf, da sonst der Geschmack des Fleisches sich verschlechtert. Ein Futter aus 10% Mischfutter + Wasserpflanzen erhöht die Leistungen der Schweine und des Geflügels signifikant. I. Reich. 8910.

Davies, E. G., Ashton, W. M. und Borrill, M.; Aberystwyth, Univ. Coll. of Wales, Welsh Plant Breeding Stat.; Dep. of Agric. Biochem. Distribution of coumarin and related compounds during leaf growth and development in Anthoxanthum species. **(Verteilung von Kumarin und verwandter Substanzen während des Wachstums und der Entwicklung der Blätter von Anthoxanthum-Species.)** J. Brit. Grassland Soc. **17** (1962) Nr. 10. S. 294–299. 8910.

Zadorožnyj, V. F. und Pinčuk, R. I. (Sadoroshny, W. F. und Pintschuk, R. I.); Shitomir, Ukrain. SSR, Landwirtsch. Gebiets-Versuchsstat. Silosujte kukurudzu z solomoju. **(Silomasse aus Mais und Stroh.)** Socialistyčne tvarynnyctvo, Kyïv **34** (1962) Nr. 9. S. 21–24. — 2 Tab. Orig.: ukrain.

Zusatz von 10 kg Stroh auf 100 kg Mais erhöhte den Nährwert der Silage um 21%, 20 kg Stroh um 42%. Zerkleinertes sauberes Stroh soll im Silohügel in Schichten von 20–30 cm, unten mehr als oben, beigemischt werden. Alle Strohsorten finden Verwendung. Die Kühe fressen das Futter gut. Die Verluste an Silomasse betragen mit 3,3% an Tr.-Subst. um 7,8% weniger als im Kontrollhügel. K. Neumann. 8920.

Richards, C. R., Haenlein, G. F. W., Calhoun, M. C., Connolly, J. D. und Weaver, H. G.; Newark, Univ. of Delaware. Date of cut vs. the combination of crude fiber and crude protein as estimators of forage quality. **(Schnittzeitpunkt gegen die Kombination von Rohfaser und Rohprotein als Bestimmungsstücke für die Futterqualität.)** J. Animal Sci. **21** (1962) Nr. 4. S. 844–847. — 1 Tab., 8 Lit.

An Schafen wurden 22 Luzerne- und Grasheuproben auf ihre Verdaulichkeit geprüft. Die Tr.-Subst.-Verdaulichkeit (y) der Proben konnte in Abhängigkeit vom Schnittzeitpunkt (x = Zahl der Tage nach dem 15. April) durch folgende Regressionsgleichung dargestellt werden: $y = 73{,}24 - 0{,}24x \pm 4{,}18$, $r = -0{,}68$. Die Versuchsergebnisse wurden mit gleicher Genauigkeit durch eine von Axelson mitgeteilte Formel $\left(y = \frac{3240 + 14x_1 - 39{,}1x_2}{36{,}63}\right)$ mit verdaul. Rohprotein (x_1) und Rohfasergehalt (x_2) als unabhängige Variablen wiedergegeben. L. Hoffmann. 8930.

Fairchild, T. P., Corley, E. L. und Werner, G. M.; Madison, Univ. of Wisconsin, Dairy Sci. Dep. Reliability of score-card judging of hay. **(Die Zuverlässigkeit eines Bewertungsschlüssels für Heu.)** J. Dairy Sci. **45** (1962) Nr. 10. S. 1218–1225. — 6 Tab., 14 Lit.

129 Proben von Luzerne und Luzernegrasgemisch wurden 2mal von 7 Bewertern nach einem Schlüssel beurteilt. Als Kriterien sind angegeben: Wachstumsstadium 1. Schnitt bis 35 Punkte, 2. und 3. Schnitt bis 33 Punkte; Blattanteil bis 35 Punkte; Farbe und Aussehen bis 30 Punkte. Die höchste Punktzahl ist 100. Als 4 Kriterien wurden die Gleichung nach Schneider, der Gehalt an Rohprotein, Rohfaser und Cellulose gewählt. Die multiple Regressionsanalyse zeigt, daß die Daten des Schnittzeitpunktes für Heu des 1. Schnittes und die Bewertung des Blattanteiles für die aus späteren Schnitten als zweckmäßigste Kriterien für die Vorhersage des Nährwertes gelten. Die Wiederholbarkeit innerhalb und zwischen den Beurteilern ist bei Anwendung des Bewertungsschlüssels gut, doch wird der Nährwert nur in begrenztem Maße wiedergegeben. B. Piatkowski. 8930.

Eusebio, J. A., Lopez, A. B., Cruz, E. C., Llorico, B. F. und Puyaoan, R. B. A preliminary study on the effects of white corn in the ration for gestating sows and their vitamin A requirement. **(Vorläufige Mitteilung über die Wirkungen von weißem Mais in der Ration für trächtige Sauen und ihr Vit-**

amin-A-Bedarf.) Philippine Agriculturist **44** (1961) Nr. 9. S. 439–452. – 6 Abb., 3 Tab., 12 Lit.
Durch Verabreichung eines Vit.-A(I)-armen weißen Maises an trächtige Sauen tritt ein starker I-Abfall im Serum auf. Durch Zusatz steigender Mengen Ipil-Ipil-Blattmehl (*Leucaena glauca*) (II) – 1,5, 3,0, 4,5 u. 6,0% – steigt der I-Serumspiegel ständig an und wird mit 3% II gegenüber dem Ausgangswert positiv, gleichzeitig wird die tägl. Gewichtszunahme der Ferkel bis 4,5% II stark erhöht, bei höherem II-Anteil geht die Zuwachsrate wieder stark zurück. Der I-Gehalt der Leber steigt dagegen zur höchsten II-Gabe linear an. Als günstigste I-Menge haben sich ca. 15000 IE je kg Futter erwiesen.
H. Ackermann. 8990.

Jucker, H.; Zürich, Eidg. TH, Inst. für Tierernähr. **Über den Einfluß des Körnermaises auf die Schlachtqualität beim Schwein.** Int. Z. Vitaminforsch. [Bern] **32** (1962) Nr. 4. S. 448–454. – 2 Tab.
Im ersten von 2 an insgesamt 128 Schweinen durchgeführten Mastversuchen (von 20 auf 100 kg Lgw.) werden 4 Gruppen zu 2 × 8 Tieren mit Rationen gefüttert, die 0, 15, 30 oder 45% Hybridmais (Orla 266) enthalten. Im 2., ähnlich angelegten Versuch enthält die Ration der Kontrollgruppe 0, die der übrigen Gruppen zunächst 45% und vom Beginn der letzten 6–10 Wochen an 45, 30 oder 15% Mais. Eiweiß-, Rohfaser- und Kaloriengehalt des Futters sind bei allen Gruppen nahezu gleich. Am Ende werden weder im Zuwachs und in der Futterverwertung noch in der Rückenspeckdicke, Fettfestigkeit, Fettfarbe und Gesamtklassierung Unterschiede festgestellt. Da jedoch der Gehalt an ungesätt. Fettsäuren (Jodzahlbestimmung) im Nierenfett und Rükkenspeck mit steigendem Maisanteil im Futter zunimmt, empfiehlt Vf., den Anteil des Maises im Schweinemastalleinfutter auf 25% und in Ergänzungsfutter zu Hackfrüchten auf 40% zu beschränken. B. Gaßmann. 8990.

Dinu, M., Vermeşanu, N. und |Păduraru,| I. Influenţa proporţiei de porumb din raţia asupra însuşirilor fizico-chimice ale cărnii şi grăsimii suinelor. **(Der Einfluß des Maisanteiles in der Ration auf die chemisch-physikalischen Eigenschaften des Schweinefleisches und Fettes.)** Studii Cercetări Biol. [Bucureşti), Ser. Biol. animală **14** (1962) Nr. 2. S. 279–290. – 11 Tab., 19 Lit. Zus. in Russ., Franz.
Es wurde festgestellt, daß die größten Veränderungen bei steigender Maisverabreichung das Muskelgewebe erleidet. Der Speck und das Fett werden vom qualitativen Standpunkte beeinflußt. Die erlittenen Veränderungen waren größer bei der Mangalica-Rasse (spez. für Fett) als beim Marele Alb. (spez. für Fleisch). V. Bontea. 8990.

Anderson, J. O., Dobson, D. C. und Wagstaff, R. K.; Logan, State Univ. of Utah, Poultry Dep. Studies on the value of hulless barley in chick diets and means of increasing this value. **(Studien über den Wert von Nacktgerste in Kükenmischungen und Maßnahmen zur Steigerung des Futterwertes.)** Poultry Sci. **40** (1961) Nr. 6. S. 1571–1584. – 7 Tab., 16 Lit.
Der Rohfasergehalt der Nacktgerste betrug 2,2%, der Proteingehalt 11,7%. Mais als Vergleich in die Ration eingesetzt brachte ein um 17% höheres Kükenwachstum und bessere Futterverwertung. Die Nacktgerste zeigte keinen höheren Futterwert gegenüber der anderen Gerste. Der Futterwert wurde verbessert durch Zugabe von Pilz- oder Malzenzymen, kristallinen Proteasen, Fetten oder durch Einweichen in Wasser. Die Verwertung konnte nicht verbessert werden durch Verabreichung von digestiven Enzymen. Eine Wachstumshemmung wurde erzielt durch Hinzusetzen von Ficin-Bromelin oder Papain-Konzentraten. Das Einweichen der Nacktgerste unter Zusatz von Amylase verbesserte den Futterwert stark. Die Temperatur beim Einweichen beträgt 85–90°, die Trocknung erfolgt bei 60°. Höhere Temperaturen beeinflussen den Futterwert negativ. E. Urban. 8990.

Gawęcki, Kazimierz, Ilecki, Jan und Ponikiewska, Teresa; Poznań, Katedra Żywienia Zwierząt. Dynia oleista w żywieniu krów dojnych. **(Ölkürbis als Futter für Milchkühe.)** Roczniki wyższej Szkoły rolniczej Poznaniu **1959** Nr. 5. S. 3–23. — 2 Abb., 14 Tab., 30 Lit. Zus. in Russ., Engl.
Die Verfütterung von entkerntem und nicht entkerntem Kürbis bis zu 25 kg pro Tier und Tag wirkte sich weder auf die Milchleistung noch auf den Geruch und Geschmack der Milch aus. Dagegen war beim Verfüttern von nicht entkerntem Kürbis ein Ansteigen des Fettgehaltes der Milch zu verzeichnen sowie der Jodzahl, die jedoch den für Butter zulässigen Höchstwert nicht überschritt. Die Verseifungszahl war in den Versuchsgruppen niedriger als in der Kontrollgruppe. Die Intensität der Butterfarbe war am stärksten in den Gruppen, die 25 kg erhielten. B. Pastuszewska. 9005.

Labadan, M. M., Castillo, L. S., Ovejera, A. A., Gerpacio, A. L. und Javier, T. R. The utilization of coconut oil in livestock and poultry feeding. I. In broiler rations. **(Die Verwertung von Kokosfett im Tierbestand und in der Geflügelfütterung. 1. Mitt. In Broilerrationen.)** Philippine Agriculturist **46** (1962) Nr. 2/3. S. 143–155. — 13 Tab., 9 Lit. 9005.

Lofgreen, G. P., Bath, D. L. und Young, V. R.; Davis, Univ. of California. Determination of the net energy of dried beet pulp using barley as a reference standard. **(Bestimmung der Nettoenergie von getrocknetem Rübenbrei mit Hilfe von Gerste als Bezugsstandard.)** J. Animal Sci. **21** (1962) Nr. 4. S. 766–771. — 5 Tab., 6 Lit.
In 189 Tage dauernden Fütterungsversuchen mit Bullen wurden durch Schlachtkörperanalysen der Nettoenergiewert der Gerste und verschiedener getrockneter Rübenbreiarten (natürlicher Rübenbrei **I**, Steffen-Filtrat **II** und Melassebrei **III**) bestimmt. Der Nettoenergiegehalt der Gerste berechnete sich zu 61,5 megcal je 100 lb. Tr.-Subst. Bezogen auf diesen Standard war die Nettoenergie **I** 83, **II** 79 und **III** 95%. L. Hoffmann. 9140.

Hanáček, S. und Tyleček, J.; Brno, Katedra pro Biotechnol. Výroby Živočišné VŠZ. Výsledky pokusu se zkrmováním zahuštěných žitnomelasových aceton-butanolových výpalků při výkrmu prasat. **(Versuchsergebnisse mit Verfütterung von eingedickter aceton-butanoler Roggenmelasseschlempe bei der Schweinemast.)** Sborník Vysoké Školy zemědělské Brně, Řada A **1961** Nr. 3/4. S. 275–282. — 5 Tab., 3 Lit. Zus. in Russ., Dtsch.
Durchschnittl. 30,62% der verdaul. Eiweißstoffe wurden durch Schlempe im Schweinefutter ersetzt. Die Aceton-Butanol-Roggenmelasseschlempe, die bis zu 20% Tr.-Subst. eingedickt ist, kann an Schlachtschweine gut verfüttert werden. Die Lebendgewichtszunahmen gehen in diesem Falle nicht zurück, und der Schlachtwert sowie die Fett- u. Fleischqualität werden dadurch nicht betroffen. Eingedickte Schlempe kann im Mastabschnitt von 30-120 kg Lgw. verwendet werden. Ihre Zuteilung bis zu 1 kg hat bei den Schweinen keine Verdauungsstörungen hervorgerufen. K. Beran. 9155.

Hanáček, S.; Brno, Katedra pro Biotechnol. Výroby Živočišné VŠZ. Zkrmování aceton-butanolových výpalků výsekovým prasatům. **(Verfütterung der aceton-butanolen Schlempe an Schlachtschweine.)** Sborník Vysoké Školy zemědělské Brně, Řada A **1961** Nr. 3/4. S. 253–273. — 15 Tab., 9 Lit. Zus. in Russ., Dtsch.
Die Schlempeverfütterung bedeutet Futterersparnisse und verschlechtert nicht die Fleischqualität. Die Kornschlempe kann verfüttert werden, wenn sie auf einen Tr.-Subst.-Gehalt von über 10% eingedickt wird. Bei einer Temperatur von 9–12 °C läßt sich die Schlempe auf lange Zeit einlagern. Der Einfluß stimulierender Stoffe zeigt sich bei der Schlempe nicht, und auch ein zu hoher Schlempeanteil hat sich nicht bewährt. Zweckmäßig ist es, bei Getreidemast Schlempe bis zu 11% (auf Tr.-Subst. bezogen) einzusetzen.
K. Beran. 9155.

FISCHEREI

A. ALLGEMEINES

Petelin, P. V. (Petelin, P. W.) Baltijskij naučno-issledovatel'skij institut morskogo rybnogo chozjajstva i okeanografii (BaltNIRO). **(Das Baltische Forschungsinstitut für Meeresfischerei und Ozeanographie [BaltNIRO].)** Rybnoe chozjajstvo, Moskva **36** (1960) Nr. 7. S. 26–30. – 4 Abb. 6010.

Berdičevskij, L. S. (Berditschewski, L. S.) Biologičeskaja rybochozjajstvennaja nauka na novom ètape. **(Die Fischereibiologie in der neuen Etappe.)** Zoologičeskij žurnal, Moskva **42** (1963) Nr. 1. S. 3–10. – Zus. in Engl.
In der Zeit von 1950–1960 konnte die Gesamtproduktion an Fischen und Meerestieren von 20,2 auf 36,7 Mill. dt gesteigert werden. An den im Weltmaßstab 1960 insgesamt angelandeten 373,3 Mill. dt hatte die UdSSR somit einen Anteil von ca. 10%. Auf Grund der Fortschritte der Fischereiwissenschaft und -praxis ist jedoch für die nächste Zeit ein ganz erheblicher Anstieg der Produktion der sowjet. Fischerei zu erwarten. Bis 1965 soll eine Produktion von 50 Mill.dt erreicht werden. Vf. gibt eine Übersicht über die Aufgaben, die im Zusammenhang damit vor der sowjet. Fischereibiologie stehen. H.-W. Hattop. 6010.

Ambühl, H. **2. Symposium über Fragen der Cyanophyceen-Systematik in Kastanienbaum, 1961.** Schweiz. Z. Hydrol. **24** (1962) Nr. 2. S. 200–206. – 21 Lit. 6020.

Ambühl, H. **Symposium über den Einfluß der Strömungsgeschwindigkeit auf die Organismen des Wassers.** Schweiz. Z. Hydrol. **24** (1962) Nr. 2. S. 353–366. 6020.

Egerton, Frank N. The scientific contributions of François Alphonse Forel, the founder of limnology. **(Die wissenschaftlichen Arbeiten von François Alphonse Forel, Begründer der Limnologie.)** Schweiz. Z. Hydrol. **24** (1962) Nr. 2. S. 181–199. – 82 Lit. 6030.

Candeias, Alberto. Alfredo de M. Ramalho 1894–1959. **(Alfredo de M. Ramalho 1894–1959.)** Cons. permanent int. Explorat. Mer [Copenhague], J. Cons. **26** (1961) Nr. 3. S. 235–237. – 1 Abb.
Dr. Ramalho, am 26. 4. 1894 in Lamego geboren, starb am 6.11. 1959 in Lissabon. Nach der Beendigung des Studiums an der Med. Fak. in Lissabon und nach ozeanographischen, meeres- und fischereibiol. Studienreisen nach Frankreich, England und Norwegen begündete er 1919 das spätere Inst. de Biologia Maritima in Dafunda, dessen Direktor er bis zu seinem Rücktritt 1955 war. Er führte grundlegende Untersuchungen zur Biologie und Bestandskunde der wirtschaftl. wichtigen Fische der portugiesischen Küste (Sardine, Thun) sowie zur Wasserzirkulation in der Straße von Gibraltar durch. Seit 1922 gehörte er dem ICES als Experte, seit 1926 als Delegierter an und war zeitweilig Vizepräsident und Chairman. Seine Pionierarbeit auf dem Gebiet der marinen Biologie wurde durch hohe Auszeichnungen anerkannt. M. Berner. 6030.

Halme, Erkki. Toivo Henrik Järvi 1877–1960. **(Toivo Henrik Järvi 1877 bis 1960.)** Cons. permanent int. Explorat. Mer [Copenhague], J. Cons. **26** (1961) Nr. 3. S. 238–240. – 1 Abb.
Am 9. 7. 1960 starb Prof. Dr. Järvi, der bekannteste Fischereibiologe Finnlands, im Alter von 83 Jahren. Prof. Järvi begann sein Studium 1896, erwarb 1914 mit einem zool. Thema den Doktorgrad, war 1918–23 Hauptdirektor der Fischereiabt. und anschließend bis zu seinem Rücktritt 1947 Direktor des Bureaus für Fischereiforschungen. Er war als Direktor der zool. Kurse und Lektor für Zoologie lange Jahre an verschiedenen Fakultäten der Univ. Helsinki tätig. Zusätzlich wurden ihm viele verantwortungsvolle Aufgaben übertragen, und er wurde durch Ehrenmedaillen ausgezeichnet, zum

Ehrenmitglied verschiedener Gesellschaften sowie 1919 zum Mitglied der der Finnischen Akad. der Wiss. ernannt. Von 1920–54 war Prof. Järvi finnischer Delegierter beim ICES. Sein wiss. Werk umfaßt Arbeiten über die Coregonen, die Seefischerei Finnlands (im Handbuch der Seefischerei Nordeuropas), die Altersbestimmung bei den Salmoniden sowie den Lachsbestand der Ostsee und seine Fluktuationen. M. Berner. 6030.

Ruud, Johan T. Alf Nicolai Dannevig 1886–1960. **(Alf Nicolai Dannevig 1886–1960.)** Cons. permanent int. Explorat. Mer [Copenhague], J. Cons. **26** (1961) Nr. 3. S. 241–242. — 1 Abb.
Am 12. 9. 1960 verstarb Dr. Alf Dannevig. Er studierte ab 1904 in Oslo Zoologie und promovierte 1934 zum Dr. phil., nachdem er 1911 die von seinem Vater, Kapitän G. M. Dannevig, 1882 gegründete Seefisch-Brutanstalt in Flødevigen bei Arendal übernommen hatte, der er bis zu seinem Tode die Treue hielt. Unter seiner Leitung wandelte sich die Brutanstalt zu einer meeresbiol. Station mit gut ausgerüsteten Laboratorien und seegehendem Forschungsfahrzeug. In über 40jähriger Tätigkeit bearbeitete A. Dannevig Probleme wie die Verteilung der Fischeier und -larven, den Einfluß von Licht, Temperatur und Salzgehalt auf die numerischen Merkmale der Fischlarven, Wachstum und Alter verschiedener Fischbestände und die Ausbildung von Sommer- und Winterringen in Schuppen und Otolithen. Daneben verfaßte er eine große Anzahl viel gelesener populärwissenschaftlicher Schriften. Von 1946–53 gehörte er dem Transition Area Committee des ICES als Experte an. M. Berner. 6030.

B. BIOLOGIE DER FISCHEREILICHEN NUTZTIERE

Biologie der Fische

Overke, S. M. (Owerke, S. M.); Forsch.-Inst. für Hochseefischerei und Ozeanogr. der Ostsee. Južnoatlantičeskaja sardina. **(Südatlantische Sardinen.)** Rybnoe chozjajstvo, Moskva **38** (1962) Nr. 6. S. 21–23. — 1 Abb., 1 Tab.
Die südatlantische Sardine (*Sardinops sagax ocellata*) kommt in den Gewässern der südwestafrikanischen Küste im Bereich des planktonreichen Benguela-Stromes vor. Das Hauptverbreitungsgebiet liegt zwischen 33° und 22° S. Nördlich dieser Zone trifft man diese Sardine nur noch selten. Die Hauptfanggebiete liegen in der Walfisch-Bucht und bei St. Helena. Die Hauptlaichzeit fällt in die Zeit vom Frühjahr bis Anfang des Sommers. Laichende Fische findet man in Entfernungen von 500 Meilen von der Mündung des Oranje-Flusses. In den Jahren von 1952–1958 herrschten 3–6jährige Fische in den Fängen vor. Die Südafrikanische Union, Südwestafrika und Angola fingen 1947 31000 t und im Jahre 1959 579300 t. G. Predel. 6080.

Mednikov, B. M. (Mednikow, B. M.); Moskau, Unions-Forsch.-Inst. für Hochseefischerei und Ozeanogr. Terpugi. **(Terpuge.)** Rybnoe chozjajstvo, Moskva **38** (1962) Nr. 5. S. 14–18. — 2 Abb.
Die Familie der Terpuge (*Hexagrammidae*) zählt zu den barschartigen Fischen. Sie bewohnt den nördlichen Pazifik. Es kommen 13 Arten vor, von denen *Pleurogrammus azonus* die größte wirtschaftl. Bedeutung hat. Einige biol. Daten dieses Fisches werden beschrieben. Die erhebliche Steigerung des Fanges dieser Fische in den fernöstlichen Gewässern wird als reale und leicht zu verwirklichende Aufgabe bezeichnet. Versuche, den Fisch in der Barents-See zu akklimatisieren, haben bisher noch keine Erfolge gebracht. Es wird jedoch mit einer solchen Möglichkeit gerechnet. G. Predel. 6080.

Morawa, F.; Oldenburg. **Verbreitung, Wachstum und Lebensgewohnheiten verschiedener Hechtarten.** Fischwirt **13** (1963) Nr. 2. S. 46–48. — 1 Tab.
In Nordamerika leben 5 Hechtarten, *Esox masquinongy E. lucius, E. niger, E. vermiculatus* und *E. americanus*. Die erstgenannte Art ist bes. großwüchsig

und kann bis zu 50 kg schwer werden. Die 3 letztgenannten Arten wachsen nicht so gut und sind außerdem kurzlebiger. Im asiatischen Teil der SU kommt *E. reicherti* vor. Die Kreuzung von *E. masquinongy* und *E. lucius* ergibt sterile Bastarde. Es wird erwogen, *E. masquinongy* in Europa einzubürgern.

W. Steffens. 6080.

Danecker, Elisabeth; Scharfling, Österreich, Bundesinst. für Gewässerforsch. und Fischereiwirtsch. **Der atlantische und die pazifischen Lachse in biologisch-fischereiwirtschaftlicher Beleuchtung.** Österreichs Fischerei **16** (1963) Nr. 1. S. 10–19. — 2 Abb., 1 Tab., 13 Lit.

Vf. gibt zunächst einen kurzen Überblick über die Biologie von *Salmo salar* sowie der 5 pazifischen Lachsarten *Oncorhynchus tshawytscha*, *O. nerka*, *O. kisutch*, *O. keta* und *O. gorbuscha*. Während der atlantische Lachs in Mitteleuropa praktisch keine Bedeutung mehr hat, spielen die *Oncorhynchus*-Arten auf der asiatischen und amerikanischen Seite des Pazifiks noch eine große wirtschaftliche Rolle. Der Jahresfang beträgt ca. 300–600000 t. Da die Erträge aber auch zurückgehen, werden große Anstrengungen unternommen, um die Bestände zu erhalten. 6 amerikanische Arbeiten über Lachsfragen werden referiert.

W. Steffens. 6080.

Westoll, T. S.; Newcastle, King's Coll., Dep. of Geol. Ptyctodontid fishes and the ancestry of holocephali. **(Ptyctodontide Fische und die Abstammung der Holocephali.)** Nature [London] **194** (1962) Nr. 4832. S. 949–952. — 4 Abb., 1 Tab., 14 Lit.

6082.

Kaiser, Peter; Hamburg, Zool. Staatsinst. und Museum. **Hornzähnchen als Lippenbewaffnung bei Jungfischen von Cypriniden.** Zool. Anz. **169** (1962) Nr. 3/4. S. 158–161. — 2 Abb., 4 Lit.

Bei mikroskopischer Untersuchung junger Karauschen (*Carassius carassius*) wurden Hornzähnchen gefunden, deren Auftreten einen Zusammenhang mit dem Entwicklungszustand erkennen läßt. Der Beginn der Verhornung der obersten Zellschicht des Lippen-Epithels tritt bei einer Standardlänge von 6 mm ein. Bei 13 mm Länge wird der Höhepunkt der Hornzähnchenentwicklung erreicht, die Zähnchen messen dann 0,01 mm im Querschnitt und sind fast ebenso hoch. Die Schlundzähne werden erst später ausgebildet, die Lippenzähne gehen in der Entwicklung voran. Bei älteren Karauschen bilden die vorhandenen Zellen auf den Lippen keine Fortsätze mehr aus. Verhornungen der Lippen bei adulten Cypriniden sind nichts Außergewöhnliches. Es ist aber fraglich, wie weit solche Bildungen bei Jungfischen und Larven verbreitet sind. Es ist nicht ausgeschlossen, daß den Hornzähnchen bei Cyprinidenlarven eine systematische Bedeutung zukommt. G. Merla 6085.

Nicol, J. A. C.; Plymouth, Lab. The tapetum in Scyliorhinus canicula. **(Das Tapetum bei Scyliorhinus canicula.)** J. Marine biol. Assoc. United Kingdom **41** (1961) Nr. 2. S. 271–277. — 3 Abb., 2 Tab., 8 Lit.

Das Tapetum wurde bei Hell- und Dunkeladaption untersucht. Das Tapetum im Auge von *S. canicula* ist unbeweglich und die Pigmentfortsätze im Tapetum verändern sich bei Helligkeitswechsel nicht. Damit widersprechen die Ergebnisse den von Franz für die Elasmobranchier gemachten Angaben.

M. Berner. 6085.

Sano, Y., Hamana, K. und Kawamoto, M.; Kawaramachi-Hirokoji, Kyoto, Japan, Med. Akad., Anatom. Inst. **Über die segmentale Ausbildung der Neurophysis spinalis caudalis bei einigen Fischarten.** Z. Zellforsch. mikroskop. Anatom. **57** (1962) Nr. 6. S. 881–887. — 6 Abb., 6 Lit.

Das Kaudalrückenmark von Thunfischen (*Thunnus, Neothunnus, Parathunnus*), Igelfisch (*Canthigaster rivulatus*) und *Zenopsis nebulosa* wurde makroskopisch und histol. im Hinblick auf die Ausbildung einer Neurophysis spinalis caudalis untersucht. In allen Fällen wurden außer der Neur.sp. c. im Bereich des letzten Wirbels noch neurophysäre Anschwellungen im kaudalen Rückenmarkanteil beobachtet. Die Neurophysen vom Thunfisch treten in einigen kaudalen Rückenmarksegmenten regelmäßig auf. Die Neurophyse der Teleostier ist nicht immer ein einziges Organ. Bei einigen Fischarten ist sie multipel ausgebildet. G. Merla. 6085.

Joseph, Edwin B.; Gloucester Point, Va., Fisheries Lab. An albino cownose ray, Rhinoptera bonasus (Mitchill) from Chesapeake Bay. **(Ein albinotischer Kuhnasenrochen, Rhinoptera bonasus [Mitchill], aus der Chesapeake Bay.)** Copeia [Philadelphia] **1961** Nr. 4. S. 482–483. — 2 Abb.

Im Mai 1960 wurde in der Chesapeake Bay ein adultes Weibchen von *Rhinoptera bonasus* gefangen. Seine Breite betrug 35 Zoll. Der dorsalen Oberfläche, die normalerweise ein dunkles Schokoladenbraun zeigt, fehlte das Pigment völlig. Hellbraunes Pigment zeigte nur die Iris der Augen. Die Leibeshöhle enthielt einen 13 Zoll breiten Embryo, der normal pigmentiert war. Im gleichen Gebiet war im Mai 1959 ein reifes albinotisches Männchen gefangen worden. Im Frühjahr und Sommer 1960 waren Kuhnasenrochen in der Chesapeake Bay viel häufiger als in den Jahren zuvor. J. Waldmann. 6085.

Noseda, V., Chiesa, F. und Marchetti, R.; Milano, Univ., Ist. di Fisiol. Gen. Spec. degli Animali i Domestici e Chim. Biol.; Ist. di Zool. Vectorcardiogram of Anguilla anguilla L. and Pleurodeles waltlii Mich. **(Vectorcardiogramm von Anguilla anguilla und Pleurodeles waltlii.)** Nature [London] **197** (1963) Nr. 4869. S. 816–818. — 4 Abb., 5 Lit.

Frühere Untersuchungen über die epicardialen Elektrocardiogramme von Fischen und Urodelen hatten gezeigt, daß bei den Fischen die Aktivierungsfront in den epicardialen Schichten sich von der Herzbasis zum Apex bewegte und bei den Urodelen vom Apex zur Basis. Weiterhin war beobachtet worden, daß im Gegensatz zum Säugerherzen, in dem der Reiz von den sub-endocardialen Schichten nach außen fortschreitet, dieser sich gleichzeitig in allen Schichten des Herzmuskels ausbreitet. Diese Ergebnisse sollten an Untersuchungen über die Richtung der cardialen Vektoren in verschiedenen Ebenen überprüft werden. Die Versuchsanordnung wird beschrieben. Als Versuchsobjekte dienten *Anguilla anguilla* und *Pleurodeles waltlii*. Die Ergebnisse bestätigten die früheren Untersuchungen. Das Fischherz unterscheidet sich in seiner Tätigkeit klar von dem der Art *Pleurodeles*, das in seinem Verhalten dem einiger Säuger gleicht. J. Waldmann. 6085.

Bishai, H. M.; Khartoum, Sudan, Univ., Fac. of Sci., Zool. Dep.; Cairo, Univ., Fac. of Sci., Zool. Dep. The effect of pressure on the survival and distribution of larval and young fish. **(Die Auswirkung des Luftdruckes auf die Lebensfähigkeit und die Verteilung der Larven und Jungfische.)** Cons. permanent int. Explorat. Mer [Copenhague], J. Cons. **26** (1961) Nr. 3. S. 292 bis 311. — 2 Abb., 2 Tab., 84 Lit.

Soeben geschlüpfte Heringslarven (*Clupea harengus*) konnten bei einem Druck von 4 Atmosphären leben und vertrugen sowohl Über- wie auch Unterdruck. Junge Schollen (*Pleuronectes platessa*) wurden bei einem Über- oder Unterdruck von wenigstens 2 Atmosphären nicht geschädigt. Bei den Salmoniden (*Salmo salar*, *S. trutta*, *S. trutta f. fario*) hingen die Ergebnisse vom Alter ab. Bis zur Aufzehrung des Dottersackes waren die Larven gegen Druckänderungen recht unempfindlich (4 atü), mit 56 Tagen gegen Unterdruck empfindlich, mit 98–178 Tagen starben sie bei einem Ansteigen des Druckes über 15 cm Hg. Der Tod der jungen Salmoniden bei Unterdruck hängt mit der Gasübersättigung des Wassers zusammen. M. Berner. 6085.

Satchell, G. H.; Otago, New Zealand, Univ. of Otago. Med. School, Physiol. Dep. The response of the dogfish to anoxia. **(Die Reaktion des Dornhais**

[Squalus acanthias] auf Sauerstoffmangel.) J. exp. Biol. **38** (1961) Nr. 3. S. 531–543. – 5 Abb., 21 Lit.

Herz- und Atmungstätigkeit wurden in Abhängigkeit vom Wasserdurchfluß durch den Schlund und vom Sauerstoffgehalt des Wassers untersucht. Man vermutet, daß die Verlangsamung der Herztätigkeit bei Sauerstoffmangel den Ausstoß des Herzens dem Wasserdurchfluß durch die Kiemen anpassen soll, um eine angemessene Aufladung des Bluthämoglobins mit Sauerstoff zu gewährleisten. M. Berner. 6085.

Jonas, R. E. E., Sehdev, Harcharan S. und Tomlinson, N.; Vancouver, Brit. Columbia, Fisheries Res. Board of Canada, Technol. Stat. Blood pH and mortality in rainbow trout (Salmo gairdnerii) and sockeye salmon (Oncorhynchus nerka). **(Blut-pH und Sterblichkeit bei Salmo gairdneri und Oncorhynchus nerka.)** J. Fisheries Res. Board Canada **19** (1962) Nr. 4. S. 619–624. – 3 Tab., 13 Lit.

Regenbogenforellen (*Salmo gairdneri*) in leichter Narkose durch M.S. 222 (Tricain-Methansulfonat) sterben, wenn ihr Blut-pH durch Injektion von Milchsäure oder HCl in den Bereich von 6,8–6,9 herabgesetzt wird. Wenn die Injektion der gleichen Säuremenge den Blut-pH nicht in diesen Bereich herabsetzt, treten keine Folgen ein. Die Injektion viel größerer Mengen Laktat- oder Chlorid-Ionen in Form ihrer Natriumsalze verursacht keinerlei Wirkung. Sehr vereinzelte Versuchsdaten über *Oncorhynchus nerka* lassen vermuten, daß für diese Art eine ähnliche Verbindung zwischen Blut-pH und Sterblichkeit besteht. J. Waldmann. 6085.

Smith, Albert C. Variant hemoglobin and electrophoretic whole blood studies in two tunas and three other fish species. **(Hämoglobinvarianten und elektrophoretische Ganzblutstudien bei zwei Thunfischen und drei anderen Fischarten.)** Calif. Fish and Game **49** (1963) Nr. 1. S. 44–49. – 3 Abb., 18 Lit.

Die Erythrozyten von *Engraulis mordax*, *Paralabrax maculatofasciatus* und *Rhacochilus toxotes* reagierten nach der Reduktion mit Natriumbisulfit nicht. Bei *P. maculatofasciatus* waren nach elektrophoretischer Trennung des Blutes 4 Typen der Banden zu unterscheiden, die vom Vf. 4 genetischen Typen zugeordnet werden. Von den untersuchten Thunfischen *Thunnus alalunga* und *Th. thynnus* wiesen erstere nur geringe Unterschiede im Elektrophoresebild auf, so daß auf nur eine einheitliche Gruppe geschlossen werden muß. *Th. thynnus* dagegen ließ 4 Typen erkennen, von denen 2 weitgehend ähnlich waren. M. Hegemann. 6085.

Kusakina, A. A. (Kussaskina, A. A.); Inst. für Cytol. der Akad. der Wiss. der UdSSR. Teploustojčivost' myšc i cholinėsterazy myšečnych gomogenatov u karasej iz gorjačego istočnika i obyčnych vodoemov. **(Wärmebeständigkeit der Muskeln und der Cholinesterase in Muskelhomogenaten von Karauschen aus heißen Quellen und gewöhnlichen Wasserbecken.)** Doklady Akademii nauk SSSR, Moskva **144(30)** (1962) Nr. 5. S. 1160–1162. – 2 Abb., 12 Lit.

Bestimmungen der Wärmebeständigkeit der Muskeln und der Aktivität der Cholinesterase in Muskelhomogenaten wurden bei *Carassius auratus gibelio* und *Cobitis taenia sibirica* durchgeführt. Die Fische stammten einmal aus Gewässern, in denen die jährlichen Wassertemperaturen um 30–34 °C schwanken und zum anderen aus normalen Gewässern. Unterschiede in den genannten Erscheinungen konnten beiden Fischarten aus verschiedenen Gewässern nicht beobachtet werden. Die Tatsache der gleichen Wärmebeständigkeit der Muskeln der Fische aus Gewässern mit unterschiedlicher Temperatur wird als Beleg dafür gewertet, daß die Wärmebeständigkeit der Zellen ein konservatives Artmerkmal ist. G. Predel. 6085.

Dingle, J. R., Hines, J. A. und Neelin, J. M.; Halifax, Nova Scotia, Fisheries Res. Board of Canada, Technol. Stat. Proteins in fish muscle. 17. Fractionation of aqueous extracts with zinc acetate. **(Proteine im Fischmuskel. 17. Mitt. Fraktionierung wäßriger Extrakte mit Zinkazetat.)** J. Fisheries Res. Board Canada **19** (1962) Nr. 4. S. 591–604. — 11 Abb., 1 Tab., 15 Lit.
Zinkazetat in geringer Konzentration wurde verwendet, um wäßrige Extrakte aus Kabeljau- und Schellfischmuskeln (*Gadus morhua* und *G. aeglefinus*) zu fraktionieren. Etwa 18% der extrahierten Kabeljauproteine blieben nach Zugabe von 0,1 M Zinkazetat und anschließender Behandlung mit KH_2PO_4 löslich. Diese Fraktion bestand hauptsächlich aus 2 Komponenten des Original-Kabeljauextraktes, die entsprechende Fraktion vom Schellfisch war sehr ähnlich. Das Protein der Kabeljau-Fraktion enthielt außergewöhnlich hohe Anteile von Phenylalanin. J. Waldmann. 6085.

Hanna, Moread Yanni; Cairo, Ain-Shams Univ., Coll. for Girls, Dep. of Zool. Effect of starvation on carbohydrate content of tissues and on relative weights of organs of Clarius lazera. **(Der Einfluß des Hungerns auf den Kohlehydratgehalt von Geweben und auf das relative Organgewicht bei Clarius lazera.)** Z. vergleich. Physiol. **45** (1962) Nr. 3. S. 315–321. — 2 Tab., 21 Lit.
Der Glukose-Gehalt des Blutes blieb bis zum 4. Hungermon. gleich, dann nahm er ab. Nach 2 Mon. war der Kohlehydrat-Gehalt aller untersuchten Gewebe um 6–64 mg% gesunken, nach 4–7 Mon. war der Glykogen-Gehalt der Leber weiter gesunken, der von Milz, Ovarien, Nieren u. a. wieder etwas angestiegen bzw. gleichgeblieben. Der Gewichtsverlust der verschiedenen Organe hing von der Dauer der Hungerperiode ab. Größte Gewichtsverluste traten ein bei Depotfett, Leber, Niere, Muskeln u. a. Das Gehirn, Respirationsorgane und das Herz waren demgegenüber durch die Hungerperiode nur leicht beeinflußt. G. Merla. 6085.

Mann, Hans; Hamburg, Bundesforsch.-Anst. für Fischerei, Inst. für Küsten- und Binnenfischerei. **M.S.222 als Betäubungsmittel.** Allg. Fischerei-Ztg. **87** (1962) Nr. 23. S. 689–690. — 1 Abb., 3 Tab., 7 Lit.
Anstelle des krebserzeugenden Urethans wird neuerdings Tricain-Methansulfonat (M.S. 222) gebraucht, das sich nach durchgeführten Versuchen gut als Betäubungsmittel für Fische eignet. 25–50 mg/l genügen schon, um Forellen und Aale zu betäuben, bei kalkarmen Wasser setzt die Narkose früher ein als bei kalkreichem. Verminderter O_2-Gehalt beschleunigt ebenfalls den Eintritt der Narkose, doch können dann leicht Verluste eintreten. Beim Abstreichen betäubter Laich-Forellen (*Salmo gairdneri*) gefährden geringe Mengen abtropfenden Wassers, die in die Befruchtungsschale gelangen, noch nicht die Bewegungsfähigkeit der Spermien. Von 12,5 mg M.S./l an ist jedoch eine Bewegungshemmung der Spermien festzustellen. G. Merla. 6085.

Švob, T.; Sarajevo, Univ., Med. Fac. Ovariografija štuke (Esox lucius L.) i grgeča (Perca fluviatilis L.) **(Ovariographie des Hechts [Esox lucius] und des Flußbarsches [Perca fluviatilis].)** Veterinaria [Sarajevo] **11** (1962) Nr. 1. S. 69–73. — 6 Abb., 5 Lit. Zus. in Engl. 6090.

Mohsen, Tahsin; Dakar, Fac. des Sci., Lab. de Biol. Animale. Sur le système génital mâle chez Jenynsia lineata (Cyprinodontiformes, Jenynsiidae) et les affinités phylogénétiques de cette espèce avec les familles voisines. **(Über das männliche Genitalsystem von Jenynsia lineata [Cyprinodontiformes, Jenynsiidae] und die phylogenetische Verwandtschaft dieser Art mit benachbarten Familien.)** C.R. hebd. Séances Acad. Sci. **256** (1963) Nr. 6. S. 1385–1387. — 1 Abb., 5 Lit.
4 Familien der Ordnung Cyprinodontiformes sind vivipar: die *Goodeidae*, die *Poeciliidae*, die *Jenynsiidae* und die *Anablepidae*. Vf. untersucht das Urogenitalsystem der Art *Jenynsia lineata* und kommt zu dem Schluß, daß sein

Bau weitgehend dem von *Anableps tetrophthalmus* gleicht. Aus dem Grunde müssen beide Familien trotz anderer Anschauungen früherer Autoren eng-miteinander verwandt sein. J. Waldmann. 6090.

Bajmov, U. A. (Baimow, U. A.); Nukus, Karakalpak. Zweigstelle der Akad. der Wiss. der Usbek. SSR. Semenniki byčka-bubyrja v period neresta. **(Die Hoden von Bubyr caucasicus in der Laichperiode.)** Uzbekskij biologičeskij žurnal, Taškent **6** (1962) Nr. 2. S. 42–46. — 1 Abb., 18 Lit. Orig.: russ., Ausz.: usbek.
Bubyr caucasicus ist im Asow-Schwarzmeer- und Kaspischen Gebiet ein weit verbreiteter Fisch. Die Geschlechtsreife tritt bereits im Alter von einem Jahr ein. Nach dem Laichen sterben die Fische ab. Vf. untersuchte die Entwicklung der Spermien bei diesen Fischen und stellte fest, daß während der gesamten Dauer der Laichzeit der Fische Spermien gebildet werden. Da die Laichzeit ziemlich ausgedehnt ist und die Spermien portionsweise abgegeben werden, kann die Erzeugung einer ausreichenden Nachkommenschaft gesichert werden. G. Predel. 6090.

Evennett, P. J. und Dodd, J. M.; Leeds, Univ., Dep. of Zool. Endocrinology of reproduction in the river lamprey. **(Endokrinologie der Fortpflanzung beim Flußneunauge.)** Nature [London] **197** (1963) Nr. 4868. S. 715–716. — 2 Lit.
An *Lampetra fluviatilis* sind Hypophys- und Gonadektomien ausgeführt worden. In allen Fälllen totaler Hypophysektomien entwickelten sich die sekundären Geschlechtsmerkmale nicht. Die Spermatozoenbildung wird lediglich um 2 Mon. verzögert, wenn die Hypophysektomie zu einer Zeit erfolgt, da die Keimzellen schon das Spermatogonienstadium erreicht haben. Bei den weibl. Tieren bleiben die Ovarien klein und kompakt. Nach Verabfolgung von Hypophysenextrakten normalisierte sich die Entwicklung der Gonaden beider Geschlechter. Im Nov. und Febr. gonadektomierte Tiere überlebten bis Apr. Keins dieser Neunaugen zeigte sek. Geschlechtsmerkmale.
M. Hegemann. 6090.

Janulov, K. P. (Janulow, K. P.); Murmansk, Forsch.- und Projektier.-Inst. für Fischwirtsch. und Ozeanogr. des Polargebietes. O razmnoženii severnogo makrurusa (Macrurus berglax Lacépède). **(Über die Vermehrung von Macrurus berglax.)** Zoologičeskiij žurnal, Moskva **41** (1962) Nr. 8. S. 1259–1262. — 3 Abb., 9 Lit. Zus. in Engl.
Macrurus berglax kann möglicherweise zukünftig wirtschaftliche Bedeutung erlangen. Das sowjet. Expeditionsschiff „Sewastopol" machte auf seiner 16. und 17. Reise an der Ostkante der Großen Neufundland-Bank Fänge von 1–2 t/Schleppstunde. Es werden nähere Angaben über die Eigrößen bei *M. berglax* während der Laichperiode gemacht. Es konnten an einem weiblichen Exemplar 3 verschiedene Eigrößen nachgewiesen werden. Das Laichen erfolgt in der Winter-Frühjahrs-Periode, wobei die Eiablage in Portionen vor sich gehen dürfte. G. Predel. 6090.

Bainbridge, V.; Edinburgh, Oceanographic Lab. The early life history of the bonga, Ethmalosa dorsalis (Cuvier and Valenciennes). **(Die Entwicklung von Ethmalosa dorsalis.)** Cons. permanent int. Explorat. Mer [Copenhague], J. Cons. **26** (1961) Nr. 3. S. 347–353. — 2 Abb., 14 Lit.
Der Clupeide *E. dorsalis* ist einer der wichtigsten Konsumfische Westafrikas. Allein im Sierra Leone River wurden 1959 etwa 14000 t gefangen, das sind $^2/_3$ der Gesamtanlandungen. Die künstliche Befruchtung und Erbrütung der Eier führte zu der Feststellung, daß diese im Plankton des Sierra Leone River fehlen. Demnach erfaßt die dortige Fischerei nur Weidekonzentrationen, während die Laichgebiete in der Nähe küstenferner Bänke zu suchen sein dürften.
M. Berner. 6090.

Walters, Vladimir; Los Angeles, Calif., Univ., Dep. of Zool. Is flatfish asymmetry transmitted cytoplasmically? **(Wird die Plattfisch-Asymmetrie zytoplasmatisch vererbt?)** Copeia [Philadelphia] **1961** Nr. 4. S. 485–486.
Sehr wahrscheinlich wird die Augenseite der Plattfische genetisch determiniert. Vf. vertritt die Ansicht, daß die spätere Augenseite matroklin plasmatisch vererbt wird und unterstützt seine Anschauung durch das Beispiel der Hybriden aus linksseitigen Weibchen von *Platichthys stellata* × rechtsseitigen Männchen von *Kareius bicoloratus* und rechtsseitigen Weibchen von *K. bicoloratus* × linksseitigen Männchen von *P. stellatus*. Rechts- und linksseitige Hybriden kommen im Vermischungsgebiet beider Arten in gleicher Häufigkeit vor und unterstützen die Hypothese des Vf. Es wird vorgeschlagen, durch Kreuzungsexperimente die Vererbungsfrage endgültig zu klären.
J. Waldmann. 6090.

Anwand, K.; Saßnitz, Zweigstelle für Ostseefischerei des Inst. für Fischerei der Dtsch. Akad. der Landwirtsch.-Wiss. zu Berlin. **Die Untersuchungen an Heringslarven des Greifswalder Boddens 1960 und 1961.** Dtsch. Fischerei-Ztg. **9** (1962) Nr. 11. S. 349–351. – 2 Abb., 1 Tab., 2 Lit.
Im Mai 1960 sowie März, Apr. und Juni 1961 wurden im Greifswalder Bodden, dem Hauptlaichgebiet des Rügenschen Frühjahrsherings (*Clupea harengus*), quantitative Heringslarvenuntersuchungen durchgeführt und die Ergebnisse mit denen der Jahre 1958 und 1959 verglichen. Die Larvendichte der einzelnen Jahre wird durch folgende Verhältniszahlen charakterisiert: 1958 = 100, 1959 = 217, 1960 = 637, 1961 = 5. Wenn auch diese abs. Werte aus untersuchungstechn. Gründen mit Ungenauigkeiten behaftet sind, läßt sich daraus ableiten, daß mit einem guten Frühjahrsheringsjahrgang 1960 und einem ausgesprochen schlechten Frühjahrsheringsjahrgang 1961 für die Fischerei zu rechnen ist. Die geringe Larvendichte im Jahre 1961 wird auf hohe Verluste durch das Massenvorkommen von Ohrenquallen (*Aurelia aurita*) zurückgeführt.
K. Anwand. 6095.

Paloheimo, J. E.; St. Andrews, New Brunswick, Fisheries Res. Board of Canada, Biol. Stat. Studies on estimation of mortalities. I. Comparison of a method described by Beverton and Holt and a new linear formula. **(Studien über Schätzung der Sterblichkeit. 1. Mitt. Vergleich einer Methode von Beverton und Holt und einer neuen Linearformel.)** J. Fisheries Res. Board Canada **18** (1961) Nr. 5. S. 645–662. – 12 Tab., 29 Lit.
Vf. entwickelt eine neue und einfache Methode zur Schätzung des Fangbarkeitskoeffizienten „q“ (catchability coefficient) und der natürlichen Sterblichkeitsrate „M“ (natural mortality rate) von Fischbeständen. Diese Methode beruht z.T. auf Anregungen durch Gulland, Beverton und Holt. Die Berechnungsmethode für q und M nach Beverton und Holt, welche vom Fang, Fischereiaufwand und Alter der Fische ausgeht, wird mit der neuen verglichen.
K. Anwand. 6095.

Ricker, W. E.; Nanaimo, Brit. Columbia, Fisheries Res. Board of Canada. Comparison of ocean growth and mortality of sockeye salmon during their last two years. **(Vergleich von ozeanischem Wachstum und Sterblichkeit von Oncorhynchus nerka während ihrer letzten zwei Jahre.)** J. Fisheries Res. Board Canada **19** (1962) Nr. 4. S. 531–560. – 24 Abb., 19 Tab., 23 Lit.
Durchschnittswerte der Gewichtszunahme von 2 Beständen von *Oncorhynchus nerka* in ihren letzten 2 Wachstumsjahren werden aus Schuppenmessungen anderer Autoren diskutiert. Diese Zuwachsraten übertreffen die Maximalschätzung der natürlichen Sterblichkeit bei weitem. Deshalb ist der Fang auf küstenfernen Plätzen vor Eintritt der ersten Geschlechtsreife unwirtschaftlich und bringt weniger als 35–50% des Fanges der Küstenfischerei des folgenden Jahres. Die Hochseefischerei auf unreifen Lachs vermindert den möglichen Gesamtertrag der betroffenen Bestände beträchtlich. J. Waldmann. 6095.

Parker, Robert R.; Nanaimo, Brit. Columbia, Fisheries Res. Board of Canada, Biol. Stat. Estimations of ocean mortality rates for Pacific salmon (Oncorhynchus). **(Abschätzung der Sterblichkeitsraten für den Pazifischen Lachs [Oncorhynchus] auf hoher See.)** J. Fisheries Res. Board Canada **19** (1962) Nr. 4. S. 561–589. – 10 Abb., 24 Tab., 30 Lit.

Es wird die natürliche Sterblichkeit der Arten *Oncorhynchus nerka, O. gorbuscha, O. keta, O. tshawytscha* und *O. kisutch* mathematisch untersucht. Die Ergebnisse scheinen für alle Arten gültig zu sein. Die marine Sterblichkeit ist rel. konstant und beträgt etwa 73% pro Jahr. Ein Küsten-Sterblichkeitsfaktor, der auf kleine Jugendstadien anwendbar ist, scheint nach Arten und Rassen unterschiedlich zu sein, bedingt durch Größe, geographische Verbreitung und Aufenthaltsdauer im Küstengebiet. Der Küstenfaktor für große Lachse kann, falls er überhaupt existiert, vernachlässigt werden.
J. Waldmann. 6095.

Hitz, C. R.; Seattle, Wash., U.S. Bureau of Commercial Fisheries, Exploratory Fishing and Gear Res. Base. Occurrence of two species of juvenile rockfish in Queen Charlotte Sound. **(Vorkommen von 2 juvenilen Klippenfischarten im Queen-Charlotte-Sund.)** J. Fisheries Res. Board Canada **18** (1961) Nr. 2. S. 279–281. – 2 Abb., 1 Tab., 3 Lit.

Im Aug. 1960 wurde auf der Position 50° 59,4′ n.B. und 129° 2,8′ w.L. ein stark mit *Lepas anatifera* bewachsener, aus der japanischen Fischerei stammender Glaskugelschwimmer von 30 cm Durchmesser gefischt. Zwischen den Entenmuscheln befanden sich 8 juvenile Klippenfische der Arten *Sebastodes nigrocinctus* und *S. caurinus*. Die Fische waren 40–52 mm lang. Bisher ist nicht viel über die Biologie und Verbreitung der Gattung *Sebastodes* von der nordamerikanischen Küste bekannt. K. Anwand. 6100.

Sherman, Kenneth; Honolulu, Hawaii, U.S. Dep. of the Interior, Bureau of Commercial Fisheries. Occurrence of early developmental stages of the oblong ocean sunfish Ranzania laevis (Pennant) in the Central North Pacific. **(Vorkommen von frühen Entwicklungsstadien von Ranzania laevis im zentralen Nordpazifik.)** Copeia [Philadelphia] **1961** Nr. 4. S. 467–470. – 1 Abb., 3 Tab.

Bisher ist wenig über die Verbreitung der frühen Entwicklungsstadien von *Ranzania laevis* bekannt. 1959 wurden 1531 junge Stadien von *R. laevis* gefangen. Fangposition, -datum und -zahlen werden in Tab. mitgeteilt. Die meristischen und morphometrischen Merkmale der Larven werden mit den Angaben früherer Autoren verglichen. J. Waldmannn. 6100.

Postolakij, A. I. (Postolaki, A. I.); Murmansk, Forsch.- und Projektier.-Inst. für Hochseefischerei und Ozeanogr. des Polargebietes. O nachoždenii srednego lumpenusa (Pisces, Lumpenidae, Lumpenus medius Reinhardt) v rajone ostrova Kejp-Breton. **(Über das Vorkommen von Lumpenus medius [Pisces, Lumpenidae] im Gebiet der Insel Kap Breton.)** Zoologičeskij žurnal, Moskva **41** (1962) Nr. 8. S. 1262–1263. – 2 Lit. Zus. in Engl.

Lumpenus medius ist eine arktisch zirkumpolare Fischart. Das sowjet. Forschungsschiff „Sewastopol" fing 1960 auf 46°16′N und 59°29′W ein Exemplar dieser Fischart, das sich im Magen eines Kabeljaus befand. Der Fisch war 150 mm lang. Der Fund wird als der südlichste an der amer. Küste bezeichnet.
G. Predel. 6100.

Ketchen, K. S. und Wilson, R. M.; Nanaimo, Brit. Columbia, Fisheries Res. Board of Canada, Biol. Stat. A new record of the long-finned cod, Antimora rostrata Gunther, from British Columbia waters. **(Ein neuer Bericht über Antimora rostrata aus Gewässern Britisch-Kolumbiens.)** J. Fisheries Res. Board Canada **18** (1961) Nr. 2. S. 291. – 3 Lit.

Im Aug. 1960 wurde ein 38,5 cm langes Exemplar von *Antimora rostrata* (Syn. *A. microlepis*) an der Westküste der Vancouver-Insel (49° 49′ n. B.; 127° 41′ w.L.) in 250 Faden Tiefe gefangen. Bisher wurden nur während der Albatross-Expedition von 1888–1890 3 Fische dieser Art in wesentlich größeren Tiefen erbeutet. Der gefangene Fisch wird im Museum des Fischerei-Inst. der Univ. von Britisch-Kolumbien aufbewahrt. K. Anwand. 6100.

Dryfoos, R. L.; Washington, Univ., Coll. of Fisheries. Four range extensions of fishes from the Northeastern Pacific. **(Vier Gebietserweiterungen von Fischen aus dem nordöstlichen Pazifik.)** Copeia [Philadelphia] **1961** Nr. 4. S. 476–477.
Die Arten *Spirinchus starksi* und *S. thaleichthys* wurden vor Alaska gefangen. Ihr bisheriges Verbreitungsgebiet endete 800 Meilen südlicher. Der Fund von *Occa verrucosa* bei Alaska ist ebenfalls um 700 Meilen nördlicher als das bekannte Areal der Art. Ein *Triglops forficata* wurde auf der Albatros-Bank gefangen, 450 Meilen östlich des Verbreitungsareals. J. Waldmann. 6100.

Gilbert, Carter R.; Gainesville, Fla., Univ., Dep. of Zool. First record for the hammerhead shark, Sphyrna tudes, in United States waters. **(Erstes Vorkommen des Hammerhaies, Sphyrna tudes, in Gewässern vor den Vereinigten Staaten.)** Copeia [Philadelphia] **1961** Nr. 4. S. 480.
Am 16. Febr. 1958 wurden 8 Exemplare von *Sphyrna tudes* im nördl. Golf von Mexiko gefangen. Es handelte sich um juvenile Tiere, deren Länge ca. 400 mm betrug. *S. tudes* war bisher nur aus der südl. Karibischen See, von der Küste von Südamerika und aus dem westlichen Mittelmeer bekannt.
J. Waldmann. 6100.

Stephens, John. Range extension of the temperate blennioid fish, Neoclinus bryope, into the tropical Western Pacific. **(Ausbreitung des temperierten Blennioiden Neoclinus bryope in den tropischen westlichen Pazifik.)** Copeia [Philadelphia) **1961** Nr. 4. S. 484–485. — 1 Abb.
Die Art *Neoclinus bryope* war bisher streng auf die nördliche gemäßigte Zone des Pazifiks beschränkt. Vf. entdeckte im U.S. Nationalmuseum in einem 1945 bei Okinawa gesammelten Material 2 Exemplare dieser Art. Die systematischen Merkmale der Exemplare werden genannt und mit denen der Art bei Japan verglichen. Vf. gibt eine hypothetische Erklärung der Verbreitung des Genus. J. Waldmann. 6100.

Strasburg, Donald W.; Honolulu, Hawaii, U.S. Dep. of the Interior, Bureau of Commercial Fisheries. Larval carapid fishes from Hawaii, with remarks on the ecology of adults. **(Fischlarven der Carapiden von Hawaii mit Bemerkungen über die Ökologie der Adulten.)** Copeia [Philadelphia] **1961** Nr. 4. S. 478–480. — 3 Abb.
Zur Bestimmung von Fischlarven aus der Familie der Carapidae war es notwendig, Untersuchungen über die Biologie dieser Familie in Hawaii anzustellen. In den dortigen Gewässern kommen die Arten *Snyderia canina*, *Encheliophis gracilis*, *Carapus margaritiferae* und *Carapus homei* vor. Nur die Arten *E. gracilis* und *C. homei* kamen auf Grund von Flossenstrahlzählungen als Eltern der Larven in Frage. Die adulten *E. gracilis* leben in *Holothuria atra*, es konnte festgestellt werden, daß sie die Gonaden ihrer Wirte fressen. *C. homei* wurde in der Körperhöhle des Seesterns *Culcita novaeguineae* gefunden, der in 40–70 Fuß Tiefe lebt. Die Larven von *C. homei* lebten epipelagisch 450 Fuß unter der Wasseroberfläche bei 8000 Fuß Gesamttiefe.
J. Waldmann. 6100.

Springer, Victor G.; St. Petersburg, Florida State Board of Conserv., Marine Lab. Notes on and additions to the fish fauna of the Tampa Bay area in Florida. **(Bemerkungen zur Fischfauna des Tampa-Bucht-Gebietes in Florida.)** Copeia [Philadelphia] **1961** Nr. 4. S. 480–482.

1960 wurde eine Artenliste veröffentlicht, die 253 Fischarten aus dem Gebiet der Tampa-Bucht enthielt. Vf. vervollständigt die Liste um weitere 18 Fischarten, die seit Erscheinen der Artenliste festgestellt wurden. Die Fundorte der Arten werden genannt, und die Exemplare werden kurz beschrieben. J. Waldmann. 6100.

Akazaki, Masato; Maizuru, Japan, Kyoto Univ. Results of the Amami Islands expedition no. 4 on a new sparoid fish, Gymnocranius japonicus with special reference to its taxonomic status. **(Ergebnisse der 4. Expedition in das Gebiet der Amami-Inseln über einen neuen Sparoiden, Gymnocranius japonicus, besonders hinsichtlich seiner Taxionomie.)** Copeia [Philadelphia] **1961** Nr. 4. S. 437–441. — 10 Abb., 1 Tab., 9 Lit.

Die Sparoiden umfassen die Sparidae, Denticidae, Lethrinidae und andere Familien der Litoralzone in gemäßigten und tropischen Gebieten. Die bisherige Familie der Pentapodidae enthielt die Gattungen *Pentapodus*, *Monotaxis*, *Gymnocranius* und *Gnathodentex*. Die vorliegenden Untersuchungen beweisen, daß die Gattung *Pentapodus* große Unterschiede gegenüber den übrigen Gattungen aufweist. Deshalb werden die anderen 3 Gattungen in einer neuen Subfamilie Monotaxinae der Familie Lethrinidae zusammengefaßt. Im Gebiet der Amami-Inseln wurde eine neue *Gymnocranius*-Art gefunden, die die Bezeichnung *G. japonicus* erhielt. Die Art wird ausführlich beschrieben, und ihre Merkmale werden abgebildet. J. Waldmann. 6100.

Mednikov, B. M. (Mednikow, B. M.); Moskau, Unions-Forsch.-Inst. für Fischwirtsch. und Ozeanogr. Ėkologičeskie formy ryb i problema simpatričeskogo vidoobrazovanija. **(Die ökologischen Formen der Fische und das Problem der sympatrischen Artbildung.)** Zoologičeskij žurnal, Moskva **42** (1963) Nr. 1. S. 70–77. — 44 Lit. Zus. in Engl.

Bei zahlreichen Fischarten gibt es innerhalb ein und desselben Gewässers in nahezu den gleichen Lebensräumen unterschiedliche Formen, die sich vor allem durch ihr Wachstum, ihre Fortpflanzungsgewohnheiten, den Eintritt der Geschlechtsreife und andere Merkmale unterscheiden. Von diesen Arten wird angenommen, daß sie das Ausgangsmaterial für die sympatrische Artbildung darstellen, wie sie z.B. bei den Comephoriden des Baikal-Sees und bei den *Leuciscus*-Arten des Issyk-Kul-Sees stattgefunden hat. H.-W. Hattop. 6100.

Fender, K.; Rostock. **Beiträge zum Rassenproblem des Ostsee-Dorsches.** Fischereiforschung **4** (1961) Nr. 6/7. S. 13–57. — 21 Abb., 33 Tab., 30 Lit.

Vf. weist auf Grund der Mittelwerte bestimmter Merkmale für die Ostsee 2 verschiedene Rassen (Populationen) für den Dorsch nach, die sich biol. unterscheiden. Im westlichen Teil der Ostsee (etwa bis zum 14. Längengrad) lebt noch die atlantische Rasse *Gadus morhua morhua*, östlich davon eine eigene baltische Rasse *Gadus morhua calarias*. Einen einheitlichen „Ostseedorsch" gibt es also nicht. Grenzgebiet ist die Arkonasee, normalerweise findet kein Austausch von Individuen beider Rassen statt. F.-K. Löwe. 6100.

Keenleyside, Miles H. A. und Yamamoto, Fred T.; St Andrews, New Brunswick, Fisheries Res. Board of Canada, Biol. Stat. Territorial behaviour of juvenile Atlantic salmon (Salmo salar L.). **(Territorialverhalten junger atlantischer Lachse [S. salar].)** Behaviour [Leiden] **19** (1962) Nr. 1/2. S. 139–169. — 12 Abb., 5 Tab., 34 Lit.

Die Lachse verteidigen ihre Reviere durch Anrennen, kurzes Zubeißen, Jagen, frontales und Breitseitimponieren oder sie fliehen. Die Ursachen dieser 6 Verhaltensweisen werden erörtert. Im Aquarium wurden Reviere erst nach Eingewöhnung verteidigt. Es scheint sich im wesentlichen um Futterreviere zu handeln. Das entsprechende Verhalten hat Überlebenswert, da es bestmögliches Wachstum gewährleistet und den Fisch für lange Zeit in schnell fließenden Bächen ortsfest macht. Das Aufkommen künstlich erbrüteter und ausgesetzter Fische dürfte stark von ihrer Fähigkeit abhängen, im Wettbewerb mit wilden Fischen Futterterritorien zu erkämpfen und aufrechtzuerhalten. G. Merla. 6105.

Keenleyside, Miles H. A.; St. Andrews, New Brunswick, Fisheries Res. Board of Canada, Biol. Stat. Skin-diving observations of Atlantic salmon and brook trout in the Miramichi River, New Brunswick. **(Taucherbeobachtungen an atlantischem Lachs und Bachsaibling im Miramichi-Fluß.)** J. Fisheries Res. Board Canada **19** (1962) Nr. 4. S. 625–634. — 5 Abb., 15 Lit.
An 12 Punkten im Miramichi-Fluß (New Brunswick) sammelten Taucher Beobachtungen über *Salmo salar* und *Salvelinus fontinalis*. Juvenile Lachse wurden an allen Punkten gefunden, sie waren in Stromschnellen am zahlreichsten. Jugendliche und adulte Saiblinge waren in Schnellen und Stillwasserbezirken gemein. Eine geringe Zahl adulter Lachse wurde im Fluß festgestellt. Beobachtungen über soziales Verhalten, Fressen, Flucht und Verhalten bei der Untersuchung werden mitgeteilt. Das Freitauchen ist sehr wertvoll bei Fischereiuntersuchungen. J. Waldmann. 6105.

Fraser, J. H.; Aberdeen, Marine Lab. The survival of larval fish in the Northern North Sea according to the quality of the sea water. **(Das Fischlarvenaufkommen in der nördlichen Nordsee im Zusammenhang mit der Qualität des Seewassers.)** J. Marine biol. Assoc. United Kingdom **41** (1961) Nr. 2. S. 305–312. — 1 Abb., 4 Tab., 7 Lit.
Das Auftreten der beiden Pfeilwürmer *Sagitta elegans* und *S. setosa* wird zur Charakterisierung des Wassers benutzt, da ersterer ein an Zooplankton reiches Mischwasser aus ozeanischem und Küstenwasser anzeigt. Vf. weist nach, daß beim Auftreten von *S. elegans* die Zahl der Fischeier nicht größer ist als beim Vorkommen von *S. setosa*, wohl aber die Zahl der Fischlarven. Als Ursache ist das größere Nahrungsangebot des Mischwassers in Betracht zu ziehen. M .Berner. 6110.

Boddeke, R.; Ijmuiden, Rijksinst. voor Visserijonderzoek. Size and feeding of different types of fishes. **(Größe und Ernährung verschiedener Fischtypen.)** Nature [London] **197** (1963) Nr. 4868. S. 714–715.
Die pelagischen Raubfische des Meeres unterteilt Vf. in Gruppen. Die als „stayers“ bezeichneten Fische, wie z. B. Makrelen, werden durch Muskulatur mit einem rel. hohen Anteil der dünnen roten Fibrillen charakterisiert. Diese vorwiegend die oligotrophen Seegebiete bewohnenden Fische erreichen nur geringe Größen und Gewichte. Dagegen haben die bes. aus der Familie der Carangidae stammenden Tiere weit mehr als 50 cm Körperlänge. Auf Grund ihrer Größe ist ihr Aktionsradius weiter und die Möglichkeit zum Nahrungserwerb bei geringem Angebot besser. Eine andere Gruppe sind die „sprinters“, die ihre Nahrung durch kurzzeitiges schnelles Schwimmen erreichen, wie die Barracudas und die Fische aus der Familie der Serranidae. M. Hegemann. 6110.

Saila, Saul B.; Kingston, Rhode Island, Univ., Narragansett Marine Lab. A study of winter flounder movements. **(Untersuchung der Wanderungen von Pseudopleuronectes americanus.)** Limnol. and Oceanogr. **6** (1961) Nr. 3. S. 292–298. — 3 Abb., 4 Tab., 14 Lit.
An Markierungen konnte gezeigt werden, daß eine Selektion des Fanggerätes nach Geschlecht nicht bestand und ein Zusammenhang zwischen Fischgröße und Wanderstrecke nicht nachzuweisen ist. Die Abwanderungen vom Laichplatz deuten auf eine Verschiebung nach Osten hin. M. Berner. 6110.

McKenzie, R. A. und Tibbo, S. N.; St. Andrews, New Brunswick, Fisheries Res. Board of Canada, Biol. Stat. Herring movements in the Bay of Fundy and Gulf of Maine, 1957 and 1958. **(Heringswanderungen in der Fundy-Bucht**

und im Maine-Golf 1957 und 1958.) J. Fisheries Res. Board Canada **18** (1961) Nr. 2. S. 221–252. – 11 Abb., 9 Tab., 11 Lit.
Während der Jahre 1957 und 1958 wurden im südlichen Teil der Fundy-Bucht und im westlichen Gebiet des Maine-Golfs 137469 juvenile Heringe zwischen 9,9 und 20,0 cm Länge und einem Alter von 1–3 Jahren mit roten, braunen und gelben Marken versehen und ausgesetzt. Durch die 3582 (= 2,6%) Rückfänge konnten die Wanderungen und Beziehungen der Heringe des Passamaquoddy-Gebietes, der Küstengewässer von Maine und Nova Scotia ermittelt werden. Der überwiegende Teil der Rückfänge erfolgte in 0–2 Meilen Entfernung vom Aussetzungsort innerhalb der ersten beiden Wochen nach dem Aussetzen. Die größte Entfernung vom Aussetzungsort betrug 55 Meilen und die längste Zeit zwischen Aussetzung und Wiederfang 165 Tage. Gleichzeitig mit den markierten Fischen wurden Driftflaschen ausgesetzt, deren Wiederfunde alllerdings keinen Zusammenhang zwischen den Heringswanderungen und der Oberflächenströmung erkennen ließen. K. Anwand. 6110.

Altuchov, K. A. und Erastova, V. M. (Altuchow, K. A. und Jerastowa, W. M.); Belomorsk, Biol. Stat. der Karel. Zweigstelle der Akad. der Wiss. der UdSSR. Rezul'taty mečenija sel'di v karel'skich vodach Belogo morja. **(Resultate der Markierung von Heringen in den Karelischen Gewässern des Weißen Meeres.)** Rybnoe chozjajstvo, Moskva **38** (1962) Nr. 5. S. 19–22. – 1 Lit.
Zur Klärung einiger biol. Fragen bei den Heringen (*Clupea harengus*) des Weißen Meeres wurden auch 1960 wieder Markierungen durchgeführt. Als Marken dienten runde Zelluloidblättchen mit einem Durchmesser von 1,3 cm. Die Befestigung erfolgte mit Polyamidseidefäden am Fisch. Von den 2642 markierten Heringen wurden etwa 8% wiedergefangen. 76% der wiedergefangenen Fische waren 35–70 Tage im Gewässer gewesen. Die Kenntnisse über die Heringswanderungen im Gebiet konnten erweitert werden.
G. Predel. 6115.

Wundsch, Hans H. **Barsch und Zander.** Wittenberg-Lutherstadt: A. Ziemsen Verlag. 1963. (80 S. m. 46 Abb., 4 Tab. u. 34 Lit.) 14,5 × 20,5 cm. DM 5,20. = Die Neue Brehm-Bücherei, Heft 305. Das vorliegende Werk ist den beiden wirtschaftlich wichtigsten Perciden Mitteleuropas gewidmet. Nach einleitenden Betrachtungen über Barsch und Zander als Bestandteile der mitteleuropäischen Fischwelt und als Gegenstand der Fischerei geht der Autor zunächst auf den Barsch (*Perca fluviatilis*) ein. In 8 Abschnitten werden behandelt: Herkunft und Verbreitung, äußere Merkmale, Färbung und Standortsformen, Körperbau, Fortpflanzung, Ernährung, Empfindlichkeit gegen Wasserbeschaffenheit, Alter und Wachstum, fischereiliche Bewirtschaftung von Barschbeständen. Anschließend daran finden sich Ausführungen über den Zander (*Lucioperca lucioperca*): Herkunft und Verbreitung, äußere Merkmale, Fortpflanzung, Ernährung, Alters- und Wachstumsverhältnisse, Bewirtschaftung von Zanderbeständen und Zandergewässern, Aufzucht von Zandersetzlingen in Karpfenteichen, Verwertung durch den Verbraucher. Im letzten Kapitel wird kurz auf Feinde, Schmarotzer und Krankheitserreger der beiden Fischarten eingegangen. Das Buch enthält neben 46 Abb. ein Literaturverzeichnis, das 34 Nummern umfaßt. W. Steffens.

Stroganov, N. S. **Physiological adaptability of fish to the temperature of the surrounding medium.** Jerusalem: National Science Foundation. 1962. (108 S.) 8°. (1963 A 168)

Biologie der Meeressäuger

Lilly, John C.; Miami, Fla., Communication Res. Inst. Distress call of the bottlenose dolphin: stimuli and evoked behavioral responses. **(Notrufe der Delphinart Tursiops truncatus: Stimuli und hervorgerufene Verhaltensantworten.)** Science [Washington] **139** (1963) Nr. 3550. S. 116–118. – 1 Abb., 15 Lit.
In Not geratene Delphine der Art *Tursiops truncatus* stoßen charakteristische Notrufe aus. In der Nähe befindliche Artgenossen eilen dem rufenden Tier zu Hilfe und versuchen sofort, dessen Kopf zum Atmen über die Wasseroberfläche zu bringen. Hilfsaktionen für nicht mehr schwimmfähige Delphine

erstreckten sich in einem Falle über 2 Wochen bis zur Gesundung des Hilfebedürftigen. Die Notrufe werden auch von einem einsamen Tier ausgestoßen, um in Hörweite befindliche Artgenossen herbeizulocken. Der Mechanismus der Lautproduktion muß noch untersucht werden. J. Waldmann. 6120.

Biologie der sonstigen fischereilichen Nutztiere

Naylor, Ernest; Napoli, Staz. Zool.; Singleton Park, Swansea, Univ. Coll., Dep. of Zool. Spontaneous locomotor rhythm in mediterranean Carcinus. **(Spontaner Bewegungsrhythmus bei Carcinus mediterraneus.)** Pubbl. Staz. zool. Napoli **32** (1961) Nr. 1. S. 58–63. — 2 Abb., 9 Lit.
Die lokomotorische Aktivität der Mittelmeerkrabbe wurde bei gedämpftem Licht und konstanter Temperatur laufend durch einen Aktographen aufgezeichnet. Es wurde ein spontaner und persistierender 24-Stunden-Rhythmus beobachtet, dessen größte Aktivität auf die Nacht fiel. Die Ergebnisse werden mit der britischen Art *C. maenas* verglichen, die normalerweise den Gezeiten stärker ausgesetzt ist. M. Berner. 6125.

Boltt, R. E.; Grahamstown, South Africa, Rhodes Univ., Dep. of Zool. Antennary feeding of the hermit crab Diogenes brevirostris Stimpson. **(Die Nahrungsaufnahme des Einsiedlerkrebses Diogenes brevirostris mit Hilfe der Antennen.)** Nature [London] **192** (1961) Nr. 4807. S. 1099–1100. — 4 Lit.
Die Antennen und die Schreitfüße spielen bei der Nahrungsaufnahme von *Eupagurus longicarpus* und *E. bernhardus* keine Rolle. *Diogenes brevirostris* nimmt gewöhnlich unter Zuhilfenahme des 2. und 3. Schreitbeinpaares seine Nahrung auf, es ist jedoch eine weitere Art der Nahrungsaufnahme möglich, die als „Antennen-Wurfnetz-Fressen" bezeichnet wird. Das Flagellum jeder Antenne trägt 2 Reihen gefiederter Borsten, die etwa 3 mm lang sind und 0,2 mm auseinander stehen. Die Borsten fangen die Nahrungspartikel durch entsprechende Bewegungen der Antennen, und durch Putzbewegungen werden sie von den Maxillipeden abgenommen. „Wurfnetz"-Nahrungsaufnahme ist bei Krebsen häufiger festzustellen, es werden verschiedene Beispiele genannt. J. Waldmann. 6125.

Butler, T. H.; Nanaimo, Brit. Columbia, Fisheries Res. Board of Canada, Biol. Stat. Growth and age determination of the Pacific edible crab Cancer magister Dana. **(Wachstum und Altersbestimmung der pazifischen Speisekrabbe Cancer magister.)** J. Fisheries Res. Board Canada **18** (1961) Nr. 5. S. 873–891. — 10 Abb., 9 Tab., 8 Lit.
Von 1953–1956 führte Vf. an 2820 *Cancer magister* aus der McIntrye-Bucht, dem Virago-Sund und Naden Habor im Bereich der Queen-Charlotte-Inseln morphometrische Untersuchungen durch. Sie dienten der Feststellung des Wachstums und der Bestimmung des Alters dieser Krabbenart. K. Anwand. 6125.

Renzoni, Aristeo; Napoli, Staz. Zool.; Siena, Univ., Ist. di Biol. Osservazioni sulle gonadi di mitilo (Mytilus galloprovincialis Lam.). I. Variazioni stagionali del glicogeno. **(Beobachtungen an den Gonaden von Mytilus galloprovincialis. 1. Mitt. Jahreszeitliche Veränderungen des Glykogens.)** Pubbl. Staz. zool. Napoli **32** (1961) Nr. 1. S. 9–16. — 8 Abb., 18 Lit.
Kurz vor der Gametogenese ist die Glykogenmenge in den Gonaden der Muschel am größten. Sie ist der Zahl der Vesicularzellen im interstitiellen Gewebe proportional. M. Berner. 6125.

Gerzeli, Giuseppe; Napoli, Staz. Zool.; Pavia, Univ., Ist. di Anatomia Comparata. Ricerche istomorfologiche e istochimische sulla formazione del bisso in Mytilus galloprovincialis. **(Histomorphologische und histochemische Untersuchungen zur Byssusbildung bei Mytilus galloprovincialis.)** Pubbl. Staz. zool. Napoli **32** (1961) Nr. 1. S. 88–103. — 7 Abb., 33 Lit.

In der Fußdrüse von *M. galloprovincialis* werden 3 Teile unterschieden und für jeden histol. Aufbau und histochem. Zusammensetzung angegeben. Die meisten Ergebnisse sind neu und bestätigen die früherer Autoren nur teilweise. Vf. gibt eine Erklärung zur Sekretionstätigkeit der ganzen Drüse und zur Byssusbildung, die den Mechanismus einer Chinongerbung umfaßt.
M. Berner. 6125.

Hare, P. Edgar; Pasadena, California Inst. of Technol., Div. of Geol. Sci. Amino acids in the proteins from aragonite and calcite in the shells of Mytilus californianus. **(Aminosäuren in den Proteinen aus Aragonit und Calcit in den Schalen von Mytilus californianus.)** Science [Washington] **139** (1963) Nr. 3551. S. 216–217. — 1 Tab., 11 Lit.
Die Schalen von *Mytilus californianus*, einer an der Westküste Kaliforniens gemeinen Muschelart, bestehen im wesentlichen aus 3 kalkigen Schichten: einer äußeren Prismenschicht von Calcit, einer Aragonitschicht und einer inneren prismatischen Calcitschicht. Hydroxylysin und Hydroxyprolin fehlen in den Proteinen der kalkigen Muschelschalen. Die org. Anteile der Calcitschichten setzen sich aus wesentlich höheren Prozentsätzen von sauren als von alkalischen Aminosäuren zusammen und stehen damit im Gegensatz zu den Aragonitschichten. Die unverkalkten Schalenteile Periostracum und äußeres Ligament enthalten sehr geringe Säurereste; dieser Umstand wird als Ausdruck der fehlenden Mineralisation angesehen. J. Waldmann. 6125.

C. LEBENSRAUM DER FISCHE
(Hydrographie und Hydrobiologie)

Szesztay, K.; Budapest, Forsch.-Anst. für Wasserwirtsch. **Beiträge zu den hydrologischen Grundlagen der Seewasserstandsregulierung.** Österr. Wasserwirtsch. **15** (1963) Nr. 1/2. S. 16–22. — 6 Abb., 1 Tab., 8 Lit.
Die Nutzbarmachung stehender Gewässer wird häufig bestimmt durch die Beständigkeit der Wasserspiegelhöhe. Das einfachste und wirksamste Mittel der Regulierung ist die Ablaßschleuse. Bei Gewässern ohne Wasserüberschuß läßt sich gelegentlich der Wasserstand durch einen Eingriff in die zeitliche Verteilung des Zuflusses mittels Speicherbecken regulieren. Im Falle kleiner Seeflächen kann der Gebrauch verdunstungsmildernder Chemikalien (Cetylalkohol) in Erwägung gezogen werden. Wertvolle Stützen der Regulierungsarbeit sind die langfristigen Vorhersagen über die Seewasserstände. Abweichungen vom langjährigen Mittel der Wasserstände deuten auf tiefgreifende Verschiebungen infolge Regulierung hin. Ist die Verdunstung größer als die Niederschlagsmenge, so läßt sich der Abfluß durch Absenkung des mittleren Wasserstandes (Oberflächenverkleinerung) konstant halten. Im umgekehrten Fall kann eine Vergrößerung der durchschnittl. Spiegelfläche angestrebt werden. Hierbei können sich biol. und chem. Änderungen in dem betreffenden Seeraum vollziehen. Die einzelnen Gesichtspunkte für Seewasserstandsregulierungen werden am Beispiel des Balaton- und Neusiedler-Sees behandelt.
D. Nehring. 6135.

Klots, Cornelius E. und Benson, Bruce B.; Amherst, Mass., Dep. of Physiol. Solubilities of nitrogen, oxygen, and argon in distilled water. **(Löslichkeit von Stickstoff, Sauerstoff und Argon in destilliertem Wassser.)** J. Marine Res. **21** (1963) Nr. 1. S. 48–57. — 1 Abb., 4 Tab., 21 Lit.
Vff. ermittelten die Löslichkeit von Stickstoff, Sauerstoff und Argon in destilliertem Wasser bei Temperaturen zwischen 2 und 27 °C. Die gelöste Gasmenge wurde auf volumetrischem und massenspektrographischem Wege bestimmt, die exakte Durchführung der Messung wird am Beispiel des Stickstoffs beschrieben. Die Genauigkeit lag bei 0,1%. Es wurden jeweils die Absorptionskoeffizienten nach Bunsen und die Konstanten des Henry'schen Gesetzes er-

mittelt. Ein Vergleich mit älteren Arbeiten zeigt beim Stickstoff eine gute Übereinstimmung der Resultate mit Ergebnissen Hambergs. Die Untersuchungen von Fox stimmen nur bei Raumtemperatur mit den beschriebenen Ergebnissen überein, während die Resultate von Winkler über den gesamten Temperaturbereich hiervon abweichen. Auch bei den anderen Gasen treten Abweichungen gegenüber älteren Versuchsergebnissen auf.
D. Nehring. 6135.

Kučkarova, M. (Kutschkarowa, M.); Bot. Inst. der Akad. der Wiss. der Usbek.SSR. O flore vodoroslej orositel'nych sistem Taškentskoj oblasti. **(Die Wasserpflanzen der Bewässerungssysteme im Gebiet Taschkent.)** Uzbekskij biologičeskij žurnal, Taškent **6** (1962) Nr. 1. S. 35–39. — 2 Tab., 9 Lit. Orig.: russ., Ausz.: usbek.
Vf. untersuchte die Algenflora auf Reisfeldern. Es wurden die für fließende und stehende Binnengewässer üblichen Algen gefunden. Die Algenflora auf den Reisfeldern ist im wesentlichen die gleiche wie in den jeweiligen Bewässerungssystemen, aus denen die Reisfelder unter Wasser gesetzt werden. Die wichtigsten Algenarten sind angeführt. G. Predel. 6135.

Mejer, K. I. (Meier, K. I.) Ob ėvoljucii chromatofora u vodoroslej. **(Über die Evolution der Chromatophoren in Wasserpflanzen.)** Bjulleteń Moskovskogo obščestva ispytatelej prirody [N. S.] **133** (1962) Otdel biologičeskij **67** Nr. 2. S. 53–68. — 49 Abb., 30 Lit.
Auf Grund umfangreicher Untersuchungen kommt Vf. zu der Schlußfolgerung, daß die Vorstufen aller Algenabteilungen zunächst axiale Chromatophoren besaßen. Im Laufe der Entwicklung haben sich dann die Chromatophoren vom parietalen Typ herausgebildet. Diese Erscheinung dürfte für alle Algen gelten. Zu der gleichen Feststellung kamen auch Schüssnig und Telling.
G. Predel. 6135.

Agre, A. L. Nekotorye dannye po migracii radiocezija i radiostroncija iz slaboprotočnych vodoemov. **(Einige Angaben über die Wanderung von Radiocaesium und Radiostrontium aus schwachfließenden Wasserbecken.)** Bjulleteń Moskovskogo obščestva ispytatelej prirody [N.S.] **133** (1962) Otdel biologičeskij **67** Nr. 2. S. 45–52. — 6 Tab., 7 Lit.
In ein System schwach durchströmter Aquarien, deren Wasser radioaktives Caesium und Strontium enthielt, wurden Wasserpflanzen (*Elodea, Hydrocharis* und *Utricolaria*) gebracht. Die Pflanzen akkumulierten die radioaktiven Stoffe um 2–3mal mehr, als die Konzentration im umgebenden Wasser betrug. Durch den Zusatz von reinem Wasser wird in gewissem Maße ein Teil der in den Pflanzen akkumulierten Stoffe herausgelöst, jedoch geschieht dies bedeutend langsamer und in geringerem Maße als umgekehrt.
G. Predel. 6135.

Ivanov, S. N. und Vorob'eva, N. B. (Iwanow, S. N. und Worobjowa, N.B.); Nukus, Karakalpak. Zweigstelle der Akad. der Wiss. der Usbek. SSR; Balchasch, Abt. des Inst. für Ichthyol. und Fischwirtsch. der Akad. der Wiss. der Kasach. SSR. O sezonnych kolebanijach ostatočnoj čislennosti i biomassy mizid v ozere Balchaš. **(Über die jahreszeitlichen Schwankungen der Restpopulation und der Biomasse der Mysiden im Balchasch-See.)** Zoologičeskij žurnal, Moskva **42** (1963) Nr. 1. S. 131–133. — 1 Abb., 1 Tab., 3 Lit. Zus. in Engl.
Die Einbürgerung der Mysiden (*Mesomysis kovalewski* und *M. intermedia*) erfolgte im Balchasch-See im Frühjahr 1958. Daß die Einbürgerung erfolgreich verlief, konnte jedoch erst nach 1½ Jahren festgestellt werden, als sich genügende Mengen entwickelt hatten. Die Bestände weisen starke Schwankungen auf, da die Fortpflanzung der Mysiden an eine bestimmte Jahreszeit gebunden ist und weil die großen Mengen von kleinen Litoralbarschen zeitweise fast ausschließlich von Mysiden leben. H.-W. Hattop. 6135.

Ermolaeva, L. M. (Jermolajewa, L. M.); Omsk, Med. Inst., Lehrstuhl für Biol. O pitanii račka bokoplava (Gammarus lacustris Sars.). **(Über die Nahrung von Gammarus lacustris.)** Zoologičeskij žurnal, Moskva **41** (1962) Nr. 8. S. 1257–1259. — 1 Tab., 3 Lit. Zus. in Engl.

Ende Juli 1956 wurden aus 2 Seen des Omsker Gebietes 34 Exemplare von *Gammarus lacustris* entnommen und ihr Mageninhalt untersucht. Gleichzeitig entnommene Planktonproben dienten der Kontrolle der von den Gammariden bevorzugten Nahrung. Trotz der Tatsache, daß zur Zeit der Untersuchung Cyanophyceen im Plankton vorherrschten, stellten Protococcales und Diatomeen den Hauptteil der Nahrung von *G. lacustris*. G. Predel. 6135.

Josephson, Robert K.; Los Angeles, Univ. of California. Repetitive potentials following brief electric stimuli in a hydroid. **(Wiederholte Potentiale nach kurzen elektrischen Stimuli bei einem Hydroidpolypen.)** J. exp. Biol. **38** (1961) Nr. 3. S. 579–593. — 6 Abb., 30 Lit.

Bei *Cordylophora lacustris* rief die elektrische wie auch die mechanische Stimulation Stromstöße von 0,05 bis 15 mV Spannung und einer Dauer von 20 bis 120 msec. hervor, die sich mit einer Geschwindigkeit von 2,7 cm/s in den Stolonen ausbreiteten. Oberhalb der Schwellengröße beeinflußte die Stärke des elektrischen Schocks die Zahl der Einzelimpulse der Reaktion, aber nicht ihre Form und Größe. Die Stromstöße und die Leitung in den Stolonen werden auf eine Nerventätigkeit und ein Leitungssystem mit Querverbindungen zurückgeführt. M. Berner. 6135.

Smirnov, N. N.; Borok, Acad. of Sci. of USSR, Inst. of Biol. of Water Reservoirs. Eurycercus lamellatus (O. F. Müller) (Chydoridae, Cladocera): field observations and nutrition. **(Eurycercus lamellatus [Chydoridae, Cladocera]: Feldbeobachtungen und Ernährung.)** Hydrobiologia [Den Haag] **20** (1962) Nr. 3. S. 280–294. — 4 Abb., 4 Tab., 30 Lit.

E. lamellatus spielt als Fischnahrung im Rybinsker Stausee eine bes. Rolle, stellt er doch bei 5 Fischarten zwischen 20–54% des Darminhaltes dar. Deshalb untersuchte Vf. die räumliche und zeitliche Verteilung der Art sowie ihr Wachstum und ihre Ernährung. *E. lamellatus* ist in den dichten Pflanzenbeständen der Ufer aller Wolgastauseen von Juni–Nov. häufig. Ihre größte Biomasse erreicht die Art Mitte Juli mit 3 g/m³ Wasser und m² Bodenfläche. Die kleinsten Individuen sind 0,7 mm, die größten 3,2 mm groß. Die Eizahl ist im Vergleich zu den übrigen Chydoriden mit max. 24 sehr hoch. Die Art ernährt sich hauptsächlich von Detritus und abgestorbenen Grünalgen. Nach experimentellen Untersuchungen dauert die Embryonalentwicklung bei 18 °C 3 Tage, die ersten 5 Häutungen folgen in Tagesabständen aufeinander, das 6. Stadium dauert 2 Tage. Die ersten Eier wurden am 10. Lebenstag beobachtet. Die tägl. Nahrungsmenge liegt zwischen 500 und 5 620% des Körpergewichtes. Während Bakterien ebenfalls eine günstige Nahrungsquelle darstellen, sind Grünalgen ungeeignet. Durch Bestimmung des Sauerstoffverbrauches wird eine Energiebilanz aufgestellt. W. v. Tümpling. 6138.

Žuravel', P. A. (Shurawel, P. A.); Dnepropetrowsk, Univ., Inst. für Hydrobiol. Zaselenie Nikolaevskogo i Južnogo vodochranilišč Ukrainy faunoj limannogo kompleksa čerez kanaly. **(Die Besiedlung der Nikolajewer und der Juschnoje-Talsperre in der Ukraine durch die Fauna des Haffkomplexes über die Kanäle.)** Zoologičeskij žurnal, Moskva **42** (1963) Nr. 1. S. 29–31. — 5 Lit. Zus. in Engl.

Die zum Bewässerungssystem des oberen Ingulez gehörende Nikolajewer Talsperre ist ebenso wie die am Dnepr-Kriwoi-Rog-Kanal liegende Juschnoje-Talsperre durch ein Netz von Kanälen mit den Mündungsgebieten der Flüsse bzw. mit den Haffen verbunden. Über diese Kanäle erfolgt eine verhältnismäßig schnelle Besiedlung der Talsperren mit Fischen und Wirbellosen aus der Fauna der Flußmündungsgebiete. Es handelt sich dabei hauptsächlich um Vertreter der Kaspischen Reliktfauna. H.-W. Hattop. 6138.

Kühlmann, D. H. H.; Leipzig. **Thermodynamische Untersuchungen in Kleingewässern verschiedener landschaftlicher Exposition.** Verh. int. Verein. theoret. angew. Limnol. **14** (1959, hrsg. 1961) S. 87–94. — 5 Abb., 13 Lit.
Es wurden ein perennierender Wiesengrabentümpel und ein periodischer, flach tellerförmiger Waldtümpel untersucht. Die geringen Wassermengen sind stark von der Außentemperatur abhängig, wobei Umweltfaktoren wie Pflanzen, Ufergestaltung, Grund, Regen u.a. modifizierend wirken. Der Charakter der Temperaturschichtung ist im Kleingewässer ein anderer als im See. Die Seenschichtung wird vornehmlich durch Wind gebildet, die Schichtung im Kleingewässer durch Insolation, wobei Wind letztere zerstört. Ein Wechsel zwischen Homothermie und Schichtung kann sich innerhalb 24 Std. mehrmals wiederholen. Abschließend bespricht Vf. die Durchmischungsvorgänge, die beim Waldtümpel erschwert waren. G. Merla. 6140.

Zinn, Donald J. und Dexter, Ralph W.; Kingston, R. I., Univ., Dep. of Zool.; Kent, O., Univ., Dep. of Biol. Sci. Reappearance of Eulimnadia agassizii with notes on its biology and life history. **(Erneutes Auftreten von Eulimnadia agassizii und Bemerkungen zu ihrer Biologie und Lebensgeschichte.)** Science [Washington] **137** (1962) Nr. 3531. S. 676–677. — 6 Lit.
Seit seiner Entdeckung in Massachusetts vor über 80 Jahren wurde der Krebs in den Sammelnetzen bis 1956 nicht mehr gefunden. Wahrscheinlich handelt es sich bei dieser Art nicht um eine Frühjahrsform, sondern um eine Form, die im frühen Herbst nach starken Regenfällen auftritt. Der Krebs wird in 5 Tagen geschlechtsreif und kann mehrere Male hintereinander am selben Ort im Jahre auftreten. Möglicherweise hängt das auch damit zusammen, daß die Tiere nicht alle zur selben Zeit schlüpfen. G. Merla. 6140.

Straškraba, Milan; Praha. **Der Anteil des Litorals an der Produktivität eines Teiches.** Verh. int. Verein. theoret. angew. Limnol. **14** (1959, hrsg. 1961) S. 208–212. — 2 Abb., 1 Tab., 7 Lit.
Unter Litoral versteht Vf. die mit emerser Flora bewachsenen Teichränder. Die Primärproduktion des Litorals vom 1. Apr. bis zur Teichabfischung (Makrophyten, Aufwuchs, Phytoplankton) betrug 8–15 g N/m^2. Sie ist demnach niedriger als die eines mäßig produktiven Sees (16–24 g). Da die Teiche stark produktiv sind, muß die Primärproduktion im Pelagial viel höher sein. Dafür sprechen auch die beobachteten Werte der Tagesproduktion im Pelagial, die bis 6,1 mg O_2/l erreichten. Die Produktion des Zooplanktons im Litoral entsprach in einem Falle der des Pelagials (1,5–1,65 g N/m^2), im 2. Teich war sie um die Hälfte niedriger. Nach Berechnungen genügt die Primärproduktion des Litorals nicht zur Ernährung des dortigen Zooplanktons, das folglich noch das Phytoplankton des Pelagials nutzen muß. G. Merla. 6140.

Lellák, Jan; Praha. **Zur Benthosproduktion und ihrer Dynamik in drei böhmischen Teichen.** Verh. int. Verein. theoret. angew. Limnol. **14** (1959, hrsg. 1961) S. 213–219. — 3 Abb., 1 Tab., 5 Lit.
An den mittleren jährlichen Stückzahlen der Bodenfauna sind die Chironomiden mit ca. 60–80% beteiligt, an der Biomasse mit 63–68%. Der Rest entfällt fast nur auf Oligochaeten. Das Maximum der Zahl wird im Herbst oder am Winteranfang erreicht (Siebweite 0,5 mm), das der Biomasse im Frühling. Geringe Stückzahlen und Biomassen wurden von Juli–Sept. gefunden. Während des Winters wächst die Biomasse um das 2–3fache an, sie schwankt im Jahresverlauf von 120–480 kg Rohgewicht/ha (= 1,4–5,6 kg N). Die mittlere jährliche Biomasse beträgt 222–272 kg/ha (= 2,4–3,2 kg N). Letztere

Werte entsprechen am besten den Herbstergebnissen. Es wird berechnet, daß ca. $^1/_3$–$1/2$ des Fischertrages durch Ausnutzung der Bodenfauna gedeckt wurde, wobei der Naturzuwachs der Fische 175–250 kg/ha betrug (= 4,6–6,5 kg N). G. Merla. 6140.

Komlev, A. M. (Komlew, A. M.); Nowosibirsk, Transport-Energet. Inst. der Sibir. Abt. der Akad. der Wiss. der UdSSR. Srednegodovoj stok rek bassejna Katuni. **(Abfluß der Flüsse des Katunbeckens im Jahresdurchschnitt.)** Izvestija Sibirskogo otdelenija Akademii nauk SSSR, Novosibirsk **1961** Nr. 12. S. 101–104. – 2 Abb., 1 Tab., 9 Lit.
Die Katun ist einer der wasserreichsten Flüsse des oberen Altai. Ihr ausgedehntes Einzugsgebiet (60900 km^2) zeichnet sich durch unterschiedliche phys. und geographische Verhältnisse nicht nur in den einzelnen Regionen, sondern auch in verschiedenen Höhen aus. Nach den Untersuchungen des Vf. verlaufen die Abflußschwankungen der Flüsse oberer Gebiete des Altai-Gebirges asynchron mit denen der mittleren und unteren Gebiete. Die Differenzen entstehen dadurch, daß der Abfluß aus den oberen Gebieten von der Lufttemperatur und aus den mittleren und unteren von der jährlichen Niederschlagsmenge abhängt. Die durchschnittl. Abflußmenge des Einzugsgebietes der Katun ist auf einer Karte vermittels Isolinien eingetragen. A. Kozianowski. 6145.

Pleskot, Gertrud; Wien. **Strömung, Bodenstruktur und Besiedlungsdichte.** Schweiz. Z. Hydrol. **24** (1962) Nr. 2. S. 383–385. – 7 Lit. 6145.

Zimmermann, P.; Aarau, Schweiz. **Der Einfluß der Strömung auf die Zusammensetzung der Lebensgemeinschaften im Experiment.** Schweiz. Z. Hydrol. **24** (1962) Nr. 2. S. 408–411. – Vgl. LZ. Abt. III 7 (1962) Nr. 9. S. 1972. 6145.

Illies, Joachim; Plön. **Die Bedeutung der Strömung für die Biozönose in Rhithron und Potamon.** Schweiz. Z. Hydrol. **24** (1962) Nr. 2. S. 433–435. – 1 Lit. 6145.

Ruttner-Kolisko, A.; Lunz. **Porenraum und kapillare Wasserströmung im Limnopsammal, ein Beispiel für die Bedeutung verlangsamter Strömung.** Schweiz. Z. Hydrol. **24** (1962) Nr. 2. S. 444–458. – 4 Abb., 3 Tab., 11 Lit. 6145.

Uspenskaja, V. I., Levšina, N. A. und Rjabčenko, V. A. (Uspenskaja, W. I., Lewschina, N. A. und Rjabtschenko, W. A.) Plankton r. Moskvy v rajone Zvenigorodskoj biostancii. **(Plankton der Moskwa im Gebiet der Biostation Swenigorod.)** Bjulleteń Moskovskogo obščestva ispytatelej prirody [N. S.] **133** (1962) Otdel biologičeskij **67** Nr. 2. S. 34–44. – 4 Abb., 24 Lit.
Dreijährige Planktonuntersuchungen in der Moskwa im Gebiet von Swenigorod ergaben, daß die Mehrzahl der Planktonorganismen zu den mesosaproben Formen gehört. Während der Hochwasserperioden vermindert sich die Menge des Phyto- und Zooplanktons und die Bakterienzahlen steigen. Bei mittlerem Wasserstand verläuft die Entwicklung umgekehrt. Auf starke Temperaturverminderungen reagieren die saprophytischen Organismen am stärksten. Die Untersuchungen zeigen, daß zur Charakterisierung des Gewässers die saprophytische Mikroflora nicht ausreicht, sondern die Bestimmung des Bakteriengehaltes mittels direkter Zählung hinzugezogen werden muß. G. Predel. 6145.

Walter, Günther; Cottbus. **Die aktive und passive Einwanderung tierischer und pflanzlicher Organismen in einen neuangelegten Durchflußgraben.** Verh. int. Verein. theoret. angew. Limnol. **14** (1959, hrsg. 1961) S. 508–512. – 5 Abb., 2 Tab., 5 Lit.
Nach 1jähriger Nutzung des 1,5 km langen Grabens wurden Untersuchungen während eines weiteren Jahres zur Erfassung des Besiedlungs-Standes durchgeführt. Die mittlere Besiedlungsdichte stieg im Laufe des Jahres von 10 auf 450 Stck./m^2, die Zahl der Arten von 5 auf 23. Gastropoden waren arten-

und mengenmäßig am stärksten vertreten. Bei 12 Bodentierarten wurde im Grabenverlauf eine sinkende Besiedlungsdichte festgestellt. Der hauptsächlichste begrenzende Faktor für die Bodentier-Besiedlung war die Nährstoffarmut des Sandbodens. Mittels Planktonnetz wurden 46 Phytoplanktonarten erfaßt, wobei Diatomeen dominierten, und 42 Zooplanktonarten, bei denen Rotatorien mit 15 Arten den vorherrschenden Anteil stellten.
G. Merla. 6145.

Kosler, A. **Die Bodenfauna der Gewässer um Hiddensee.** Wiss. Z. Ernst Moritz Arndt-Univ. Greifswald, math.-naturwiss. R. **11** (1962) Nr. 1/2. S. 57 bis 64. – 1 Tab.
Eine Artenliste der bei Hiddensee bisher festgestellten Tiere der Bodenfauna im weitesten Sinne wird gegeben und dabei auf die Verbreitung der einzelnen Arten eingegangen. Folgende Gruppen werden berücksichtigt: *Porifera, Coelenterata, Turbellaria, Nemertini, Polychaeta, Oligochaeta, Hirudinea, Cirripedia, Ostracoda, Amphipoda, Isopoda, Mysidacea, Decapoda, Bryozoa, Mollusca, Insecta* (z. T.) und *Pisces* (z. T.). An Hand einer Arbeit von Seifert 1939 aus dem gleichen Gebiet werden die nachweisbaren Veränderungen in der Zusammensetzung der Bodenfauna kurz diskutiert. Insgesamt sind (ohne Fische) 80 Arten angeführt, davon 45 mariner, 15 limnischer Herkunft und 20 Brackwasserarten. Seit 1939 hat sich der Anteil der Brackwasserformen an der Gesamtfauna erhöht. A. Kosler. 6148.

Robinson, Allan R. und Welander, Pierre; Harvard Univ., Int. Meteorol. Inst. Thermal circulation on a rotating sphere; with application to the oceanic thermocline. **(Thermische Zirkulation in einem rotierenden Bereich und ihre Bedeutung für die ozeanische Thermocline.)** J. Marine Res. **21** (1963) Nr. 1. S. 25-38. – 2 Abb., 4 Lit.
Vff. berücksichtigen die thermische Grenzschicht unterhalb der Oberfläche einer unterschiedlich warmen Flüssigkeit eines rotierenden Systems. Hierunter fällt der Bereich, in dem nur die thermische Leitfähigkeit wichtig ist, während die Viskosität vernachlässigt werden kann. Zur Berechnung der herrschenden Verhältnisse wurde ein mathematisches Modell entwickelt. Es wurde gefunden, daß stets ein Aufsteigen von kaltem Tiefenwasser in die Grenzschicht erforderlich ist, daß die horizontale Wärmeabstrahlung verhältnismäßig niedrig ist und daß eine strenge Abhängigkeit zwischen der Tiefe der Grenzschicht und der Oberflächenspannungsgleichung besteht. Die Lösungen der Gleichung wurden an Zahlen geprüft, die charakteristisch sind für die wichtigste Ozean-Thermocline. D. Nehring. 6150.

Ranke, W.; Rostock-Marienehe, Inst. für Hochseefischerei und Fischverarb., Abt. Fischereibiol. **Hydrographische Untersuchungen im Seegebiet Westliche Barentssee — Bäreninsel — Spitzbergen 1960/61.** Fischereiforschung **4** (1961) Nr. 5. S. 13–17. – 12 Abb., 3 Lit.
Vf. gibt eine eingehende Analyse der hydrographischen Verhältnisse (bes. der Temperatur) für die Fanggebiete Seegebiet Bäreninsel und Seegebiet Westspitzbergen. Auf Grund der Untersuchungen kommt Vf. zu dem Schluß, daß – für den Frühsommer geltend – 1960 wohl die thermischen Bedingungen des Bodenwassers für den Kabeljau (*Gadus morhua*) günstig waren, aber trotzdem keine nennenswerten Fischvorkommen festgestellt wurden. Thermische Ursachen sind also ausgeschlossen. F.-K. Löwe. 6150.

Knauss, John A. The international Indian Ocean expedition. Oceanographers will make full-scale „laboratory“ studies of ocean-atmosphere relationships. **(Die internationale Expedition in den Indischen Ozean. Ozeanographen wollen vollständige „Laboratoriums“-Studien der atmosphärischen Bedingungen des Ozeans durchführen.)** Science [Washington] **134** (1961) Nr. 3491. S. 1674–1676.

Im Indischen Ozean wechselt die Zirkulation nördlich des Äquators auf Grund des Monsuneinflusses stark mit den Jahreszeiten. In der Arabischen See ist dieser Wechsel bes. auffallend und führt zu einer völligen Umkehr der Oberflächenwinde zwischen Jan. und Juli. Diese Umkehr der Winde hat Einfluß auf die biol. Produktion des Gebietes, da auch die Aufquellregionen mit der Jahreszeit wechseln. Da die Arabische See reiche unausgenutzte Fischvorkommen besitzt und ausgedehnte Fischsterben vorkommen, wurde das Gebiet durch die Mitglieder des Special Committee for Oceanographic Research (SCOR) auf der Tagung 1958 zur Untersuchung vorgesehen. 20 Schiffe von 12 Ländern sollen in den nächsten Jahren dort arbeiten, um biol., phys., chem. und geol. Forschungen durchzuführen.

J. Waldmann. 6150.

Collin, A. E.; Ottawa, Ontario, Polar Continental Shelf Project, Dep. of Mines and Techn. Surveys. Oceanographic activities of the Polar Continental Shelf Project. **(Ozeanographische Arbeiten des Polar-Kontinentalschelf-Projektes.)** J. Fisheries Res. Board Canada **18** (1961) Nr. 2. S. 253 bis 258. – 2 Abb., 1 Tab., 7 Lit.

Im Rahmen des Polar-Kontinentalschelf-Untersuchungsprojektes wurden nach Vorversuchen in den Jahren 1958 und 1959 1960 auf 17 ozeanographischen Stationen im Sverdrup- und Peary-Kanal, im Prinz-Gustav-Adolf-See zwischen den Inseln Axel Heidberg und Prinz Patrick sowie nordwestlich von der Ellef-Ringnes-Insel Beobachtungen über Temperatur, Salz- und Sauerstoffgehalt des Wassers, Plankton und Bodenbedeckung durchgeführt. Das Ziel der Untersuchungen bestand darin, den Wasseraustausch zwischen dem Polarbecken und dem kanadisch-arktischen Archipel zu klären.

K. Anwand. 6150.

Cox, Roland A.; Wormley, Godalming, Surrey, Nat. Inst. of Oceanography. Definition of the „salinity" of sea-water. **(Definition des „Salzgehalts" des Seewassers.)** Nature [London] **197** (1963) Nr. 4869. S. 785-786. – 3 Lit.

Die seit 60 Jahren von den Ozeanographen verwendete Knudsensche Gleichung, die den Salzgehalt des Seewassers von seinem Chlorgehalt ableitet, ist in jüngster Zeit betreffs ihrer Gültigkeit in Frage gestellt worden. Durch den Internationalen Rat für Meeresforschung, die Kommission für ozeanographische Untersuchung, die Internationale Gesellschaft für physikalische Ozeanographie und die Unesco wurde eine Fachkommission ernannt, um die Probleme zu untersuchen. Die Gruppe trat im Mai 1962 in Paris zusammen, wo zunächst einige Empfehlungen erarbeitet wurden. Diese können folgendermaßen zusammengefaßt werden: Der Salzgehalt sollte in die Dichte bei 0 °C (Sigma 0) umgerechnet werden. Neue Tab. sollten errechnet werden, die den Salzgehalt zur Leitfähigkeit und zum Refraktionsindex in Beziehung setzen. Das Kopenhagener Standard-Seewasser sollte sowohl auf Leitfähigkeit als auch auf Chlorgehalt geeicht werden. Vf. hofft, daß die Empfehlungen auf der Tagung der Internationalen Gesellschaft für physikalische Ozeanographie im August 1963 in San Francisco debattiert werden.

J. Waldmann. 6150.

Stepanov, V. N. und Šagin, V. A. (Stepanow, W. N. und Schagin, W. A.); Moskau, Inst. für Ozeanol. der Akad. der Wiss. der UdSSR. Tipy izmenenija solenosti vody po vertikali v Mirovom okeane. **(Die Typen der vertikalen Veränderung des Salzgehaltes des Wassers im Weltmeer.)** Doklady Akademii nauk SSSR, Moskva **136(29)** (1961) Nr. 4. S. 927-930. – 2 Abb., 1 Tab.

Nach Ermittlung der vertikalen Veränderungen des Salzgehaltes in verschienen Gebieten des Weltmeeres und der Überarbeitung dieser Unterlagewurden 7 Typen mit 15 Untertypen aufgestellt. Die 7 Typen sind: polarer Typ, subpolarer Typ, gemäßigt-tropischer Typ, äquatorial-tropischer Typ, nordatlantischer Typ, Mittelmeertyp und indo-malaiischer Typ. Die mittleren Salzgehaltswerte sind für die Tiefenstufen 0, 100, 200, 500, 1000, 1500, 2000, 2500, 3000, 4000 und 5000 m angeführt. G. Predel. 6150.

Sugiura, Yoshio, Ibert, Edward R. und Hood, Donald W. Mass transfer of carbon dioxide across sea surfaces. **(Der Massentransport von Kohlendioxyd durch die Meeresoberfläche.)** J. Marine Res. **21** (1963) Nr. 1. S. 11–24. – 6 Abb., 2 Tab., 12 Lit.
Die Versuche wurden im Loboratorium und unter natürlichen Bedingungen durchgeführt. Im ersten Fall wurde $^{14}CO_2$ als „tracer"-Verbindung verwendet. Die Gleichgewichtsverteilung des CO_2 wird nicht stark beeinflußt, und der Massentransport lag nahe dem Austauschkoeffizienten. Im Meerwasser wird der Austausch bestimmt durch die Turbulenz der flüssigen Phase. Die Turbulenz in der Gasphase spielte keine Rolle beim Austausch, da hier die Diffusionsvorgänge viel schneller ablaufen als im Wasser. Die Ergebnisse zeigen, daß der Transport von CO_2 aus der Atmosphäre in das Meer nicht der begrenzende Faktor für die Verweilzeit des CO_2 in der Atmosphäre sein kann. Eine genaue Beschreibung der Versuchsanordnung wird mitgeteilt. D. Nehring. 6150.

Klenova, M. V., Lavrov, V. M. und Nikolaeva, V. K. (Klenowa, M. W., Lawrow, W. M. und Nikolajewa, W. K.); Moskau, Inst. für Ozeanol. der Akad. der Wiss. der UdSSR. Raspredelenie vzvesi v Atlantičeskom okeane v svjazi s rel'efom dna. **(Verteilung der Schwebestoffe im Atlantischen Ozean in Abhängigkeit vom Bodenrelief.)** Doklady Akademii nauk SSSR, Moskva **144(30)** (1962) Nr. 5. S. 1153–1155. — 4 Abb., 7 Lit.
Bei Untersuchungen des sowjet. Forschungsschiffes „Michail Lomonossow" im Atlantik entlang des 30. Meridians wurde ein enger Zusammenhang zwischen dem Bodenrelief und der Menge der Schwebestoffe festgestellt. Der unterschiedliche Charakter der vertikalen Verteilung der Menge der Schwebestoffe hängt nicht nur mit solchen Faktoren wie Strömung, biol. Produktivität und tägl. Planktonwanderungen zusammen, sondern ist auch über Bodenerhebungen größer als über tieferen Stellen. G. Predel. 6150.

Wawrik, Friederike; Napoli, Staz. Zool.; Lunz, Österr. Akad. der Wiss., Biol. Stat. **Die horizontale Verteilung der Planktondiatomeen im Golf von Neapel.** Int. Rev. ges. Hydrobiol. **46** (1961) Nr. 3. S. 460–479. – 6 Abb., 4 Tab., 16 Lit.
Vom Jan.–Juni 1957 wurden auf 6 Stationen monatl. Phytoplanktonproben entnommen, die von 3 „inneren" und 3 „äußeren" Stationen des Golfes von Neapel entstammten. Der Artenbestand der pelagischen Diatomeen wird geschildert und nach monatl. Aspekten besprochen. Von der Küste zur Bocca hin nimmt die pelagische Diatomeenbesiedlung wegen des Nährstoffgefälles auf dieser Strecke wesentlich ab. Auf den 6 Stationen wurden zeitlich und örtlich wechselnde Planktondiatomeenkonzentrationen festgestellt, die sich durch Strömungs- und Windwirkung erklären lassen. J. Waldmann. 6150.

Kuźmina, A. I. (Kusmina, A. I.); Leningrad, Zool. Inst. der Akad. der Wiss. der UdSSR. Nekotorye dannye o vesennem fitoplanktone severnoj Atlantiki. Po materialam II rejsa naučno-issledovatel'skogo sudna „Lomonosov" 1958 g. **(Einige Angaben über das Frühjahrs-Phytoplankton des Nordatlantiks. Nach Materialien der 2. Fahrt des Forschungsschiffes „Lomonossow" 1958.)** Doklady Akademii nauk SSSR, Moskva **144(30)** (1962) Nr. 5. S. 1156–1159. – 1 Abb., 1 Tab., 11 Lit.
Im Frühjahr 1958 wurden im Nordatlantik zwischen 35–60° N und 10–50° W Untersuchungen des Phytoplanktons durchgeführt. Danach lassen sich 4 Komplexe des Phytoplanktons im Hinblick auf ihre Anforderungen an die

Temperatur unterscheiden. 92 Arten wurden gefunden, die sich wie folgt verteilen: Kaltwasserformen: 5; Arten der gemäßigt-kalten Zone: 3; Arten der gemäßigten Zone: 20; Arten der gemäßigt-warmen Zone: 38; Warmwasserformen: 11; eurytherme Arten: 15. Die wichtigsten Arten sind angeführt. Auf Grund der Untersuchungen muß zumindest für die Frühjahrsperiode die Grenze des arktischen Gebietes um 5–6° nördlicher liegen als im Meeresatlas angegeben. G. Predel. 6150.

Denton, E. J.; **Schwimmvorrichtungen bei Meerestieren.** Endeavour 22 (1963) Nr. 85. S. 3–8. – 10 Abb., 19 Lit.

Zur Erzielung einer günstigen Schwimmlage müssen marine Lebewesen imstande sein, ihre Dichte zu verändern. Vf. diskutiert die verschiedenen Möglichkeiten an Beispielen von kleinen und großen Meeresbewohnern. Die Körperflüssigkeit kann von geringerer Dichte als das Meerwasser sein. Als Beispiel wird *Noctiluca miliaris* genannt. Bei anderen ist die Körperflüssigkeit zwar mit Meerwasser isotonisch, die „schweren" Ionen des Meerwassers sind jedoch weitgehend durch NH_4-Ionen ersetzt worden. Bei den Cranchidae wurde diese Methode der Gewichtserleichterung nachgewiesen. Der Fettgehalt der bis zu 25% des Volumens erreichenden Leber einiger Haie dürfte ebenfalls zur Herabsetzung der Gesamtdichte beitragen. Gasgefüllte Räume spielen bei Protozoen, Fischen und Cephalopoden eine große Rolle zur Gewichtserleichterung. J. Waldmann. 6150.

Yamada, Mayumi; Naples, Zool. Stat.; Sapporo, Japan, Hokkaido Univ., Zool. Inst. Polyp and medusa of Podocoryne hartlaubi Neppi & Stiasny (Hydrozoa) from the Gulf of Naples. **(Polyp und Meduse von Podocoryne hartlaubi [Hydrozoa] aus dem Golf von Neapel.)** Pubbl. Staz. zool. Napoli **32** (1961) Nr. 1. S. 134–143. – 5 Abb., 2 Tab., 9 Lit.

Die Hydractinide *P. hartlaubi* wird erstmalig für den Golf von Neapel gemeldet und der Polyp dieser Art erstmalig beschrieben. Im Gegensatz zu den Angaben anderer Autoren verliefen die Gonaden der Medusen nicht entlang den Radiärkanälen. M. Berner. 6150.

Ross, D. M. und Sutton, L.; London, Univ. Coll., Dep. of Zool.; Edmonton, Canada, Univ., Dep. of Zool. The response of the sea anemone Calliactis parasitica to shells of the hermit crab Pagurus bernhardus. **(Die Reaktion der Seeanemone Calliactis parasitica auf Schalen des Einsiedlerkrebses Pagurus bernhardus.)** Proc. Roy. Soc. [London], Ser. B **155** (1961) Nr. 959. S. 266 bis 281. – 3 Abb., 4 Tab., 12 Lit.

Es sind 5 aufeinanderfolgende Stadien festzustellen, wenn eine *Calliactis parasitica* auf eine von *Pagurus* bewohnte Schale übersiedelt. Zuerst werden Tentakeln auf der Schale festgeheftet. Dieses Anklammern ist jedoch nicht nur an *Buccinum*-Schalen zu verzeichnen, die von *Pagurus* bewohnt werden, sondern der Reiz ist ein allg. Molluskenschalenfaktor, wie aus Versuchen mit verschieden behandelten Schalen mehrerer Molluskenarten hervorging. Das Festsetzen des *Calliactis*-Fußes auf der Schale wird ebenfalls durch einen spez. Schalenfaktor induziert. Einschnitte in den Seeanemonenkörper bzw. seine Halbierung heben das Übersiedlungsschema nicht auf, sondern verlangsamen einige Reaktionen. Vollständige Querteilung zerstört das Verhaltensschema. Versuche mit elektrischer oder mechanischer Reizung zeigten, daß jede der 5 Stufen des Übersiedlungsprogramms auslösend für die nachfolgende wirkt. J. Waldmann. 6150.

Ross, D. M. und Sutton, L.; London, Univ. Coll., Dep. of Zool.; Edmonton, Canada, Univ. of Alberta, Dep. of Zool. The association between the hermit crab Dardanus arrosor (Herbst) and the sea anemone Calliactis parasitica (Couch). **(Die Gemeinschaft zwischen dem Einsiedlerkrebs Dardanus arrosor**

und der Seeanemone Calliactis parasitica.) Proc. Roy. Soc. [London], Ser. B **155** (1961) Nr. 959. S. 282–291. — 4 Tab., 9 Lit.
Die Gemeinschaft zwischen dem Mittelmeereinsiedlerkrebs *Dardanus arrosor* und der Seeanemone *Calliactis parasitica* wurde erneut untersucht. Es wurde bestätigt, daß *D. arrosor* die Übersiedlung von *C. parasitica* auf die von ihm bewohnte Schale aktiv unterstützt. Es können 2 Gruppen unterschieden werden: Eine, die die Hilfe fast regelmäßig leistete, bestand meist aus Weibchen, und eine andere, die die Hilfe fast nie gab, bestand meist aus Männchen. Aktiv hilfeleistende Krebse vermochten zuweilen keine Seeanemonen auf ihre Schale zu übertragen. In diesen Fällen ging von den Molluskenschalen ein negativer Reiz aus, und es zeigt sich, daß die erfolgreiche Hilfeleistung des Krebses eine Zusammenarbeit mit der Anemone voraussetzt.
J. Waldmann. 6150.

Wyatt, H. V.; Leeds, Univ., Dep. of Bacteriol. The reproduction, growth and distribution of Calyptraea chinensis (L.). **(Vermehrung, Wachstum und Verbreitung von Calyptraea chinensis.)** J. Animal Ecol. **30** (1961) Nr. 2. S. 283–302. — 14 Abb., 6 Tab., 26 Lit.
Calyptraea chinensis ist ein Prosobranchier, dessen stumpf-konische Schale einem Chinesenhut ähnelt. Die Untersuchungen wurden in den Jahren 1953 und 1954 bei Plymouth durchgeführt. Die Zeit der größten Ansammlungen ist von Okt.–März. Der mittlere Durchmesser der Männchen betrug 5 mm, der Weibchen 11,6–16 mm. Der mittlere Durchmesser von Tieren, die das Geschlecht wechselten, lag bei 9,5 mm. Die Laichzeit erstreckt sich von Mai bis Aug., sie beginnt, wenn das Wasser 10 °C erreicht hat. Funktionelle Weibchen laichen 2mal im Sommer. Zwischen Sept. und Apr. stagnierte das Wachstum, die jährlichen Wachstumsraten für alle Altersgruppen werden mitgeteilt. Im 1. Jahr waren alle Tiere Männchen, im 2. wurden sie zu Weibchen. Die Art kommt im Schwarzen Meer, Mittelmeer und längs der atlantischen Ostküste von Portugiesisch Angola bis Britannien vor.
J. Waldmann. 6150.

Barnes, H.; Millport, Scotland, Marine Stat. Variation of the seasonal growth rate of Balanus balanoides with special reference to the presence of endogeneous factors. **(Variation der jahreszeitlichen Wachstumsrate von Balanus balanoides unter besonderer Berücksichtigung der Anwesenheit endogener Faktoren.)** Int. Rev. ges. Hydrobiol. **46** (1961) Nr. 3. S. 427–428. — 1 Abb., 2 Lit.
Unter natürlichen Verhältnissen wächst *Balanus balanoides* im Frühjahr und Sommer schnell und erreicht im Herbst die Maximalgröße. Während des Spätherbstes ist das Wachstum langsam, und im Winter hört es ganz auf. Es wird die Frage untersucht, ob dieser Rückgang des Wachstums in einem endogenen Rhythmus begründet liegt oder durch äußere Faktoren verursacht wird. Vf. weist nach, daß der Mangel an Nahrung für die Reduktion der Wachstumsrate verantwortlich ist. J. Waldmann. 6150.

Nagabhushanam, R.; New Orleans, Tulane Univ., Zool. Dep. Biochemical studies on the marine wood-boring mollusc, Martesia striata. **(Biochemische Studien an der marinen Bohrmuschel Martesia striata.)** J. sci. ind. Res. [New Delhi], Sect. C **20 C** (1961) Nr. 6. S. 171-173. — 3 Tab., 18 Lit.
Die Trockensubstanz erwachsener Exemplare von *Martesia striata* enthält ca. 3% Glykogen. Glykogen ist hauptsächlich in den Gonaden und Muskeln konzentriert. Der Glykogengehalt unterliegt keinen jahreszeitlichen Schwankungen, er ging jedoch um 62% seines Ausgangswertes zurück, wenn die Versuchstiere 10 Tage lang in planktonfreiem Wasser gehalten wurden. Fett wird hauptsächlich in Gonaden und Epithelzellen des Darms gespeichert. Der Fettgehalt der Trockensubstanz der Tiere lag zwischen 4,56 und 6,25%, er

unterlag ebenfalls keinen jahreszeitlich bedingten Schwankungen. Der Ca-Gehalt des Gewebes ist gering. Anscheinend speichert *M. striata* kein Calcium. J. Waldmann. 6150.

Ansell, Alan D.; Glasgow, Univ., Dep. of Zool.; Millport, Marine Stat. The functional morphology of the British species of Veneracea (Eulamellibrachia). **(Die funktionelle Morphologie der britischen Arten der Veneracea [Eulamellibranchia].)** J. Marine biol. Assoc. United Kingdom **41** (1961) Nr. 2. S. 489 bis 515. — 14 Abb., 39 Lit.
Für 12 britische Arten der Veneridae (Venusmuscheln) wird die funktionelle Morphologie beschrieben und innerhalb der Superfamilie der Veneracea die Entwicklung diskutiert. Durch adaptive Evolution entstanden die im Gestein bohrenden Petricolidae und die sich tief eingrabenden Glaucomyidae, während die Veneridae durch strukturelle Gleichartigkeit und geringe Tendenzen zur Weiterentwicklung auffallen. M. Berner. 6150.

Comfort, A.; London, Univ. Coll., Dep. of Zool. On the pigment of Ianthina janthina L. **(Zum Pigment von Ianthina janthina.)** J. Marine biol. Assoc. United Kingdom **41** (1961) Nr. 2. S. 313-318. — 1 Abb., 1 Tab., 8 Lit.
Das Absorptionsspektrum des Purpursekretes von *I. janthina* wird mitgeteilt und mit den Spektren anderer Molluskenpigmente verglichen, ohne daß eine Identität aufgefunden werden kann. M. Berner. 6150.

Dorsett, D. A.; London, Queen Mary Coll., Dep. of Zool. The reproduction and maintenance of *Polydora ciliata* (Johnst.) at Whitstable. **(Fortpflanzung und Bestand von Polydora ciliata bei Whitstable.)** J. Marine biol. Assoc. United Kingdom **41** (1961) Nr. 2. S. 383-396. — 8 Abb., 16 Lit.
Die Fortpflanzungsbiologie wird eingehend beschrieben. In der genannten Population traten zwei Größengruppen von unterschiedlicher Fruchtbarkeit auf, die ihre Eier zu verschiedener Zeit ablegten. Bis zum folgenden Winter waren beim Nachwuchs ebenfalls zwei Größengruppen zu unterscheiden. Vf. nimmt an, daß sich zwei, an unterschiedliche Wassertemperaturen angepaßte Populationen im Gebiet von Whitstable überlappen. M. Berner. 6150.

Delavault, Robert; Napoli, Staz. Zool.; Paris, Centre d'ORSAY, Fac. des Sci., S.P.C.N., Lab. de Biol. Animale. La sexualité chez Echinaster sepositus Gray du Golfe de Naples. **(Das Geschlecht von Echinaster sepositus im Golf von Neapel.)** Pubbl. Staz. zool. Napoli **32** (1961) Nr. 1. S. 41–57. — 12 Abb., 2 Tab., 23 Lit.
Der Seestern ***E. sepositus*** ist im Golf von Neapel gonochor, zu 4% wurden jedoch hermaphroditische Weibchen oder Männchen festgestellt. Die Ovarien der Weibchen können während des ganzen Jahres Ovozyten enthalten, die entweder abgelegt oder durch ein stets vorhandenes phagozytierendes Gewebe zerstört werden. Bei den Männchen reift das Sperma insbesondere im Sommer und Herbst. Nach der Spermaabgabe werden die Reste ebenfalls durch Phagozytose zerstört. In beiden Geschlechtern erfolgt die Reaktion der Gonaden aller Arme synchron. M. Berner. 6150.

Levenštejn, R. Ja. (Lewenstein, R. Ja.); Moskau, Inst. für Ozeanol. der Akad. der Wiss. der UdSSR. Mnogoščetinkovye červi trech glubokovodnych vpadin Tichogo okeana. **(Die Polychaeten in drei Tiefseegräben des Stillen Ozeans.)** Zoologičeskij žurnal, Moskva **41** (1962) Nr. 8. S. 1142–1148. — 2 Abb., 1 Tab., 17 Lit. Zus. in Engl.
Von dem sowjet. Forschungsschiff „Witjas" wurden an den tiefsten Stellen des Marianen-, Tonga- und Kermadec-Grabens in teilweise mehr als 10000 m Tiefe Schleppzüge durchgeführt. Dabei wurden mehrere Exemplare und Fragmente von Polychaeten erbeutet. 7 verschiedene Formen konnten gefunden werden, von denen 3 für die Wissenschaft neu sind. Die Merkmale aller gefundenen Arten werden beschrieben. G. Predel. 6150.

Chlebevič, V. V. (Chlebewitsch, W. W.); Leningrad, Zool. Inst. der Akad. der Wiss. der UdSSR.; Univ., Biol. Forsch.-Inst. O sistematičeskom položenii nereidy Kaspijskogo morja. **(Über die systematische Stellung der Nereiden des Kaspischen Meeres.)** Zoologičeskij žurnal, Moskva **42** (1963) Nr. 1. S. 129 bis 131. — 20 Lit. Zus. in Engl.
In den Jahren 1939–1941 wurden aus dem Asowschen Meer etwa 65000 Polychaeten der Gattung *Nereis* in das Kaspische Meer gebracht. Die Polychaeten entwickelten sich gut und haben eine weite Verbreitung gefunden. Entgegen der früheren Ansicht, daß es sich um die Arten *Nereis succinea* und *Neanthes diversicolor* handelt, wurde nunmehr festgestellt, daß sich im Kaspischen Meer nur die zuletzt genannte Art eingebürgert hat. Wesentliche morphol. Unterschiede zu Individuen der gleichen Art aus anderen Teilen des Verbreitungsgebietes bestehen offenbar nicht, obwohl einige Unterschiede bei den Eizellen festzustellen sind. H.-W. Hattop. 6150.

Ramalingam, K.; Madras, Univ., Zool. Res. Lab. Marine cercariae and their gatropod hosts from the Pamban Mudflat. **(Marine Cercarien und ihre Gastropoden-Wirte aus dem Gebiet Pamban Mudflat.)** Current Sci. [Bangalore] **32** (1963) Nr. 1. S. 25–26. — 1 Abb., 1 Tab., 5 Lit.
Im Untersuchungsgebiet, dem Pamban Mudflat (9°15′ - 9°17′ N; 79°12′ bis 79°13′ E), wurden im Mai/Juni 1962 448 Gastropoden aus 8 Arten gesammelt. Der Befall der einzelnen Arten war sehr unterschiedlich. *Pyrene versicolor*, *Nassa thersites* und *N. jacksoniana* waren frei von Cercarien, den höchsten Befall zeigte die Art *Cerithidia fluviatilis* (12,99%). Die Wirtstiere kommen im Untersuchungsgebiet nicht gleichmäßig verbreitet vor. Es konnte nicht entschieden werden, ob spez. Beziehungen zwischen Wirt und Parasit vorliegen, die eine jahreszeitlich bedingte Häufung in einigen Arten verursachen oder ob andere Faktoren für die Unterschiede verantwortlich sind.
J. Waldmann. 6150.

Zakutśkyj, V. P. (Sakutsky, W. P.); Odessa, Biol. Stat. des Inst. für Hydrobiol. der Akad. der Wiss. der Ukrain. SSR. Do pytannja pro zapasy zoobentosu pivnično-zachidnoï častyny Čornogo morja. **(Die Menge des Zoobenthos im nordwestlichen Teil des Schwarzen Meeres.)** Dopovidi Akademiï nauk Ukraïnśkoï RSR, Kyïv **1962** Nr. 10. S. 1376–1378. — 1 Abb., 1 Tab., 5 Lit. Orig.: ukrain., Ausz.: russ., engl. 6150.

Gottlieb, E. The benthonic Amphipoda of the mediterranean coast of Israel. I. Notes on the geographical distribution. **(Die Benthos-Amphipoden der Mittelmeerküste Israels. 1. Mitt. Bemerkungen über die geographische Verteilung.)** Bull. Res. Council Israel, Sect. B **9B** (1960) Nr. 2/3. S. 157-166. 6150.

Alekseev, V. M. (Alexejew, W. M.); Wladiwostok, Fernöstl. Univ., Lehrstuhl für Zool. Rol' krevetok v rasprostranenii notokotileza. **(Die Rolle der Garnelen bei der Verbreitung von Notocotylus.)** Zoologičeskij žurnal, Moskva **41** (1962) Nr. 8. S. 1255-1257. — 1 Abb., 1 Tab. Zus. in Engl.
Es wurde festgestellt, daß in Garnelen die Cercarien von *Notocotylus attenuatus* vorkommen. Dieser Trematode ist bei Wassergeflügel weit verbreitet. Die Garnelen stellen als Invasionsquelle für Geflügelwirtschaften keine Gefahr dar, können jedoch zu mech. Verbreitern von *Notocotylus* werden. Aus diesem Grunde müssen die Geflügelwirtschaften auf Seen u. a. durch Zäune von dem übrigen See abgeteilt werden. G. Predel. 6150.

Grainger, E. H.; Montreal, Quebec, Fisheries Res. Board of Canada, Arctic Unit. The copepods Calanus glacialis Jaschnov and Calanus finmarchicus (Gunnerus) in Canadian arctic-subarctic waters. **(Die Copepoden Calanus glacialis und Calanus finmarchicus in kanadisch-arktisch-subarktischen Ge-**

wässern.) J. Fisheries Res. Board Canada **18** (1961) Nr. 5. S. 663–678. – 6 Abb., 1 Tab., 35 Lit.

Im Gebiet von Labrador, der Hudson- und James-Bucht, des Foxe-Beckens und Cumberland-Sundes, der Baffin-Inseln, des kanadisch-arktischen Archipels und der Beaufort-See wurde die Verbreitung von *Calanus glacialis* und *C. finmarchicus* überprüft. *C. glacialis* dominierte in Seeteilen, die von Polarwasser beeinflußt werden, während *C. finmarchicus* in atlantischen Einflußgebieten überwog. In den Mischwassergebieten waren beide Arten anzutreffen. Sie können anhand der Länge und der Form des fünften Extremitätenpaares. unterschieden werden. K. Anwand. 6150.

Nikolaev, I. I. (Nikolajew, I. I.); Riga, Forsch.-Inst. für Fischerei des Volkswirtsch.-Rates der Lett. SSR. Novye vselency v faune i flore Severnogo morja i Baltiki. **(Neueinwanderer in der Fauna und Flora der Nord- und Ostsee.)** Zoologičeskij žurnal, Moskva **42** (1963) Nr. 1. S. 20–27. – 36 Lit. Zus. in Engl.

In das Gebiet der Nord- und Ostsee wanderten bis zum 18. Jahrhundert nur 2 Arten ein (*Mya arenaria* und *Phithropanopeus harrisi*). Im 19. Jahrhundert waren es bereits 5 Arten, und während der 60 Jahre des 20. Jahrhunderts wanderten durch die starke Zunahme des Schiffsverkehrs nicht weniger als 12 Arten ein. Vf. gibt eine Übersicht über die Verbreitung der eingewanderten Arten und weist darauf hin, daß die Gesetzmäßigkeiten der Einwanderung und der Lebensweise der neuen Arten noch untersucht werden müssen, insbesondere um Bekämpfungsmaßnahmen gegen die teilweise schädlichen Einwanderer einzuleiten. H.-W. Hattop. 6150.

Šuntov, V. P. (Schuntow, W. P.): Wladiwostok, Forsch.-Inst. für Fischwirtsch. und Ozeanogr. des Pazifiks. Morskie zmei hydrophiidae Tonkinskogo (Severo-V'etnamskogo) zaliva. **(Die Meerschlangen, Hydrophiidae, der Tonking-Bucht [Nord-Vietnam].)** Zoologičeskij žurnal, Moskva **41** (1962) Nr. 8. S. 1203-1209. – 4 Abb., 10 Lit. Zus. in Engl.

Bei den Arbeiten der sowjetisch-vietnamesischen wiss. Expedition wurde von Apr.–Sept. Material über die Verteilung der Seeschlangen in den Tonking-Bucht gesammelt. Insgesamt fand man 7 Arten von Seeschlangen, von denen *Pelamis platurus*, *Lapemis hardwickii* und *Hydrophis fasciatus* die wichtigsten sind. Angaben über die Verteilung der Seeschlangen des Gebietes während der Frühjahr-, Sommer- und Herbstperiode werden gemacht. Wassertiefe und hydrographische Bedingungen beeinflussen direkt oder indirekt die Verbreitung. G. Predel. 6150.

Lenhard, G., Ross, W. R. und Plooy, A. du; Pretoria, Nat. Inst. for Water Res. A study of methods for the classification of bottom deposits of natural waters. **(Eine Studie der Methoden zur Klassifizierung der Bodenablagerungen natürlicher Gewässer.)** Hydrobiologia [Den Haag] **20** (1962) Nr. 3. S. 223 bis 240. – 9 Abb., 4 Tab., 17 Lit.

Vff. untersuchen die Verwendbarkeit agrikulturchem. Methoden der Bodenuntersuchung zur Charakterisierung der phys., chem. und biochem. Verhältnisse von Süßwasserschlämmen. Am Beispiel des Apies River werden untersucht: der Salzgehalt im wäßrigen, NH_4Cl- und Salzsäureauszug, die Adsorbtionskapazität und die Austauschkapazität, Wasserkapazität, Gehalt an Huminsäuren und die Dehydrogenase-Aktivität. Die Untersuchungsverfahren werden beschrieben und die erhaltenen Ergebnisse in ihrer gegenseitigen Abhängigkeit ausführlich diskutiert. Die Methoden erweisen sich als gut geeignet, und am Beispiel zeigt sich, daß die Kationenaustauschkapazität auch ein gutes Maß für die mögliche Adsorbtion org. Substanz aus dem Wasser darstellt, deren Abbau in der Dehydrogenase-Aktivität ihren Ausdruck findet.

Der Grad der Humifizierung gibt schließlich Einblick in die Stabilisierung der org. Substanz des Schlammes, die der Verschmutzung des Wassers umgekehrt proportional ist. W. v. Tümpling. 6200.

D. FISCHEREIWIRTSCHAFT

Binnenfischerei

Žuravel', P. A. (Shurawel, P. A.); Dnepropetrowsk, Univ., Forsch.-Inst. für Hydrobiol. O neobchodimosti intensivnogo otlova tjul'ki v Dneprovskom vodochranilišče. **(Über die Notwendigkeit eines intensiven Fangs der Kilka im Staubecken Dnepropetrowsk.)** Rybnoe chozjajstvo, Moskva **38** (1962) Nr. 5. S. 23–24.
Obwohl die Kilka (*Clupeonella delicatula delicatula*) in einigen Schwarzmeerhäfen ein begehrter Speisefisch und wichtiger Futterfisch ist, wird sie in anderen Gewässern, z. B. im Stausee Dnepropetrowsk, bei starker Entwicklung als lästiger Nahrungskonkurrent der Nutzfische angesehen. Die erwachsene Kilka nährt sich von Wasserpflanzen, Rotatorien, Krebstierchen und sogar Larven anderer Fischarten. Geleitet von ihrem Wandertrieb und begünstigt durch ihre hohe Anpassungsfähigkeit kann sich die Kilka sehr schnell in andere Gewässer ausbreiten, wo ihre Anwesenheit weniger erwünscht ist, z. B. in den Stauseen der Wolga und des Don. A. Kozianowski. 6255.

Schmid, J. **Einige Bemerkungen zur Aalfischerei in Oberbayern.** Allg. Fischerei-Ztg. **88** (1963) Nr. 7. S. 193.
In den Seen Oberbayerns wurde im Laufe des letzten Jahrzehnts der Anteil des Aales (*Anguilla anguilla*) an den Gesamtfangerträgen erheblich gesteigert. Der Rückfang beträgt in manchen Seen stückzahlmäßig 30–35% der eingesetzten Glasaale. Die Intensität des Fanges kann sowohl hinsichtlich der Fangtechnik als auch der günstigsten Fangtermine noch erhöht werden. I. allg. erreichen die Glasaale nach 5–7 Jahren Gewichte von 0,5–0,75 kg. Im Soyener See wurde die Barschübervölkerung durch Aaleinsatz erfolgreich bekämpft. H. Müller/Berlin. 6255.

Merla, Günter; Königswartha, Zweigstelle für Karpfenteichwirtsch. des Inst. für Fischerei der Dtsch. Akad. der Landwirtsch.-Wiss. zu Berlin. **Die Stückverluste bei Satzkarpfen im Wirtschaftsjahr 196/162 im VEB Binnenfischerei Königswartha.** Dtsch. Fischerei-Ztg. **9** (1962) Nr. 12. S. 375–379. — 2 Tab., 15 Lit. Vgl. LZ. Abt. III **7** (1962) Nr. 10. S. 2207.
Die Verluste wurden auf Grund von Abfischungsergebnissen ermittelt, Bestandsschätzungen blieben unberücksichtigt. So betrugen u. a. die Winterverluste bei K_1 und K_2 (*Cyprinus carpio*) 34 bzw. 12%. Die Verluste bei K_0-K_1 (ohne Herbstabfischung) lagen bei 70%. Die mittleren Verluste bei K_1-K_2 schwankten in 7 Wirtschaften des Betriebes von 32–67%, die mittleren Stückzahlen abgefischter K_2/ha von ca. 2500–3900. Das mittlere Stückgewicht in den K_1-Beständen lag nicht selten bei 13 g und darunter. Ein Schwerpunkt für eine sichere Satzfischerzeugung liegt bereits im 1. Aufzuchtjahr. Durch geeignete Düngung ist vorrangig die Bonität der Brutstreck- und Streckteiche zu verbessern. Die Fütterung bei K_1-K_2 darf nicht vernachlässigt werden. Es erscheint wenig sinnvoll, zum Ausgleich der Stückverluste lediglich noch stärker zu besetzen. G. Merla. 6315.

Bank, Otto; Starnberg, Außenstelle für Karpfenteichwirtsch. der Staatl. Lehr- und Versuchsanst. für Fischerei Höchstadt/Aisch. **Abfischungskosten.** Allg. Fischerei-Ztg. **87** (1962) Nr. 21. S. 630–632. — 5 Abb., 6 Tab.
Um Möglichkeiten zu finden, die teichwirtschaftl. Arbeit rationeller zu gestalten, werden Abfischungsvorgang und die dabei entstehenden Kosten bei 12 Teichen von 0,3–19,5 ha Größe untersucht. Die Arbeitskräftezahl stand weder zur Teichgröße noch zur Karpfenmenge in festem Verhältnis. Zum

Vergleich wurden für jeden Teich die Stunden berechnet, die nötig wären, um 1000 kg Karpfen von 1 ha Fläche zu fischen. Sie bewegten sich zwischen 3,1 und 35,6 Std. und standen ebenfalls nicht in Beziehung zu Teichgröße oder Fischmenge. Durch unterschiedlichen Abfischungsaufwand sind 100 kg Karpfen mit 1,56–6,20 DM zu belasten. Diese Kosten sind weniger durch Löhne bedingt, sondern vor allem durch die von der Arbeitsorganisation abhängige Abfischungsleistung, die von 41–278 kg/Mann und Std. schwankt. Neben der Arbeitsorganisation sind Abfischungsverhältnisse und -vorrichtungen für die Kosten wichtig. G. Merla. 6350.

Bevan, Donald E.; Seattle, Wash., Univ., Fisheries Res. Inst. Incubation of salmonid eggs in a refrigerator. **(Erbrütung von Salmonideneiern im Kühlschrank.)** U.S. Dep. Interior, Fish Wildlife Serv., progr. Fish-Culturist **25** (1963) Nr. 1. S. 22.
Vf. beschreibt nach sowjet. Erfahrungen die Erbrütung kleiner Mengen von Salmonideneiern (*Oncorhynchus, Salmo, Coregonus*) zu Versuchs- oder Demonstrationszwecken im Kühlschrank. In eine Petrischale von 10 cm Durchmesser kommen 25 Lachs- bzw. 150 Maräneneier. Über den Eiern soll sich 0,5–1 cm Wasser befinden. Die Schalen werden übereinander gestapelt, der Wasserinhalt alle 2–3 Tage erneuert. Alle 5 Tage ist eine gründliche Reinigung der Gefäße erforderlich. Die Überlebensrate ist rel. hoch.
W. Steffens. 6415.

Tack, Erich; Albaum, Landesanst. für Fischerei Nordrhein-Westfalen. **Magerfischrogen als Futter für Forellenbrut und Zuchtforellen.** Fischwirt **13** (1963) Nr. 2. S. 29–38. – 4 Abb., 3 Tab.
Tiefgefrorener Magerfischrogen (Rogen von *Gadus morhua* und *G. virens*) eignet sich sehr gut als Futter für Regenbogenforellen (*Salmo gairdneri*). Bei Verfütterung von 100% Magerfischrogen oder 50% Magerfischrogen + 50% Milz wuchs die Brut wesentlich besser als bei Verabreichung von 50% Milz + 50% Futterhefe. In einem weiteren Versuch erbrachte die Verfütterung von 40% Milz + 10% Futterhefe + 50% Magerfischrogen ein um 30% besseres Wachstum als die Verabreichung von 90% Milz + 10% Futterhefe. Die Verluste lagen dabei mit 3,6 bzw. 4,2% (im Verlauf von 26 Tagen) in gleicher Höhe. Auch als Futter für Laichforellen ist Magerfischrogen brauchbar. Zuchtfische, die von Juli bis Dez. ein Gemisch von getrockneten Garnelen + Magerfischrogen (Volumenverhältnis 3:1) erhalten hatten, lieferten gutes Eimaterial von normaler Größe.
W. Steffens. 6420.

Phillips jun., Arthur M., Livingston, Donald L., Poston, Hugh A. und Booke, Henry A.; Cortland, N.Y. The effect of diet mixture and calorie source on growth, mortality, conversion, and chemical composition of brook trout. **(Der Einfluß von Futtermischung und Kalorienquelle auf Wachstum, Sterblichkeit, Nahrungsverwertung und chemische Zusammensetzung des Bachsaiblings.)** U.S. Dep. Interior, Fish Wildlife Serv., progr. Fish-Culturist **25** (1963) Nr. 1. S. 8–14. – 3 Tab., 7 Lit.
Die Untersuchungen wurden an Bachsaiblingen (*Salvelinus fontinalis*) bei 8,3 und 10,6 °C in Trögen durchgeführt und erstreckten sich über 20 Wochen. Zur Verfütterung gelangten 6 unterschiedlich zusammengesetzte Futtermischungen, die in einer Versuchsreihe jeweils durch 3% Maisöl ergänzt wurden. Es zeigte sich dabei, daß Fischmehl ein wichtiger Bestandteil der Nahrung ist; sein Fehlen verringerte das Wachstum und konnte durch Ölzusatz nicht ausgeglichen werden. Dagegen kann Öl fehlende Kalorien ersetzen, wenn ein Fischmehlanteil in der Nahrung verbleibt. Bei Verwendung von Futtermischungen, in denen bei einem gewissen Fischmehlanteil der Prozentsatz der Kalorien in Form von Eiweiß durch Ölzusatz verringert wurde, ließ weder das Wachstum nach, noch nahm der Körpereiweißgehalt

der Fische signifikant ab. Den geringsten Fettgehalt wiesen Fische auf, in deren Nahrung Öl und Fischmehl fehlten. In kaltem Wasser wurde bei ölhaltiger Nahrung mehr Fett abgelagert als in warmem Wasser bei gleicher Fütterung. W. Steffens 6420.

Kincheloe, John W.; Portland, Oregon, Bureau of Sport Fisheries and Wildlife, Branch of Fish Hatcheries. The effect of the disinfectant additive (Anti-germ 77) in Pfizer poultry formula terramycin on three species of salmonids. **(Der Einfluß des desinfizierenden Zusatzes [Anti-germ 77] bei Terramycin Pfizer für Geflügel auf 3 Salmonidenarten.)** U.S. Dep. Interior, Fish Wildlife Serv., progr. Fish-Culturist **25** (1963) Nr. 1. S. 40–41. – 1 Tab., 2 Lit.
Setzlinge von *Salmo gairdneri, S. trutta* und *Salvelinus fontinalis* wurden 6 Wochen mit einer Futtermischung gefüttert, die soviel Anti-germ 77 enthielt, daß 3,5 g des Stoffes auf 45,3 kg Lebendfischgewicht pro Tag kamen. Gegenüber den Kontrollen konnten keine Unterschiede in Wachstum, Sterblichkeit und Allgemeinbefinden beobachtet werden. Th. Mattheis. 6420.

Waite, Dixon und Buss, Keen; Bellefonte, Pennsylvania Fish Commiss., Benner Spring Fish Res. Stat. An automatic feeder for trout. **(Ein Fütterungsautomat für Forellen.)** U.S. Dep. Interior, Fish Wildlife Serv., progr. Fish-Culturist **25** (1963) Nr. 1. S. 52. – 2 Abb.
Vff. beschreiben einen einfachen und billigen Fütterungsautomaten, der über den Teichen aufgehängt werden kann. Das Futter in Körnerform wird in einem Gefäß (umgekehrte Kanne ohne Boden) untergebracht und von einer darunter befindlichen, motorgetriebenen rotierenden Ausstreuvorrichtung im Teich verteilt. Der Motor ist mit einer Schaltuhr verbunden, durch die der Apparat stündl. 20 Sek. lang in Betrieb gesetzt wird. Im Sommer wird stündl. vom Tagesanbruch bis zur Dunkelheit, im Winter von 12 bis 16 Uhr gefüttert. W. Steffens. 6420.

Greenberg, David B. **Forellenzucht.** Hamburg; Berlin: Verlag Paul Parey. 1963. (135 S. m. 59 Abb., 33 Lit. und Sachreg.) 16,5 × 25 cm. DM 32,00. Das Buch von D. B. Greenberg erschien im Original 1960. Die jetzt vorliegende Übersetzung, die E. R. Wiesner bearbeitete, macht es den deutschen Forellenzüchtern leicht, sich über Stand und Entwicklungstendenzen der amerikanischen Forellenzucht zu unterrichten. Das Werk, das als Leitfaden für die Praxis geschrieben wurde, berücksichtigt vor allem die neueren Methoden, die sich in großen amerikanischen Betrieben durchgesetzt und als wirtschaftlich erfolgreich erwiesen haben, und informiert darüber hinaus aber auch über Erfahrungen in anderen Ländern. Nach Ausführungen über die Geschichte der künstlichen Fischzucht und die Zukunft der Forellenzucht kommen knappe Kapitel über die Forellen in der Natur und über einige biol. Fragen. Der 5. Abschnitt befaßt sich mit den Laichfischen und dem Abstreichen. Interessant sind die Schilderungen über Bruthaus und Erbrütung sowie die Teiche. In weiteren Kapiteln werden kurz behandelt: Fütterung, Sortierung und Transport und Bekämpfung von schädlichen Tieren. Der vorletzte Abschnitt hat die Forellenkrankheiten zum Inhalt. Das abschließende Kapitel berichtet über Forellenzuchtanstalten und ihre Absatzmethoden. Im Anhang wird auf die Möglichkeit der Verhütung des *Saprolegnia*-Befalls durch Formalinbehandlung aufmerksam gemacht. Das Literaturverzeichnis führt 33 Bücher auf, im Text wird auf zahlreiche Veröffentlichungen in Zeitschriften (vorwiegend Progressive Fish-Culturist) verwiesen. Ein Stichwortverzeichnis ist angefügt. Von den 158 Abbildungen des Originals wurden 59 in die deutsche Ausgabe übernommen.
W. Steffens.

Golubeva, Zianida Sergeevna, Korobanov, Evgenij Zacharovič und *Orlova, Zoja Pavlovna.* **Rybochozjajstvennaja gidrotechnika i melioracija.** (Hydrotechnik und Melioration in der Fischwirtschaft.) Moskva: Piščepromizdat. 1957. (299 S.) 8°. (1961 A 1336)

Küsten- und Hochseefischerei

Glöde, C.; Rostock, Rat des Bezirkes, Abt. Finanzen. **Finanzpolitische Förderungsmaßnahmen zur Entwicklung der See- und Küstenfischerei.** Fischereiforschung **4** (1961) Nr. 5. S. 4–6.
Um die sozialistischen Produktionsgenossenschaften werktätiger See- und Küstenfischer (FPG) zu fördern und den Fischfang zu steigern, beschloß der

Ministerrat der DDR folgende finanzpolitische Maßnahmen: Staatliche Produktionshilfe zur Festigung der FPG und für die Ersatzbeschaffung zerstörter Reusen, Neureglung der Kreditgewährung und der Zins- und Tilgungsbedingungen sowie Steuervergünstigungen. F.-K. Löwe. 6515.

Ganf, L. A.; Staatl. Entwurfsbüro für Fangschiff-Ausrüst. Avtomatičeskij reguljator dlja grebnoj ustanovki bol'šich morozil'nych traulerov s VRŠ. **(Automatischer Regulator für die Antriebseinrichtung großer Gefriertrawler mit Verstellpropeller.)** Rybnoe chozjajstvo, Moskva **38** (1962) Nr. 5. S. 25 bis 29. — 2 Abb.
In der sowjet. Fischereiflotte ist eine beträchtliche Anzahl von Trawlern mit Verstellpropellern ausgerüstet. Dadurch wird ein ökonomisches Arbeiten mit den Fahrzeugen ermöglicht. Für die richtige Einstellung der Umdrehungszahlen der Antriebsmaschine und der Schraubensteigung wurde eine automatische Programmsteuerung entwickelt, deren Grundprinzipien in der Konstruktion und der Arbeitsweise beschrieben werden. Vergleichende Berechnungen ergaben eine Brennstoffeinsparung von 4,5–5% gegenüber der bisher üblichen Steuermethode. Für 1962 ist eine allseitige Überprüfung der neuen Anlage vorgesehen. G. Predel. 6555.

Ivanov, V. M. (Iwanow, W. M.); Staatl. Plankommiss. beim Ministerrat der UdSSR. Konstruktivnoe soveršenstvovanie strojaščichsja traulerov tipa „Majakovskij". **(Konstruktive Vervollständigung im Bau befindlicher Trawler vom Typ „Majakowski".)** Rybnoe chozjajstvo, Moskva **38** (1962) Nr. 6. S. 31–34.
Auf einer Konferenz der Fischwirtschaft in Nikolajew im Okt. 1961 wurden etwa 500 Vorschläge für die Vervollkommnung der Hecktrawler vom Typ „Majakowski" beraten. 200 dieser Vorschläge wurden von der Konferenz zur Einführung empfohlen. Die Vorschläge stützen sich auf vierjährige Erfahrungen mit diesem Schiffstyp. Verbesserungen sind vorgesehen für den schiffbaulichen Teil einschließlich der mech. Anlagen, der fischereilichen Ausrüstung und den Verarbeitungsanlagen. Einige Gesichtspunkte, die der weiteren Erhöhung der Rentabilität des Einsatzes dieses Schiffstyps dienen, werden angeführt. G. Predel. 6555.

Traubenberg, G. A., Lukin, V. P., Savrasov, V. K., Uchvačev, B. U., Monastyrskij, M. G. und Sadovnikov, N. P. (Traubenberg, G. A., Lukin, W. P., Sawrassow, W. K., Uchwatschew, B. U., Monastyrski, M. G. und Sadownikow, N. P.); Murmansk, Trawlerflotte; Forsch.-Inst. für Hochseefischerei und Ozeanogr. des Polargebietes. O trebovanijach k promyslovomu ustrojstvu traulerov s kormovym traleniem. **(Anforderungen an die fischereilichen Einrichtungen bei Hecktrawlern.)** Rybnoe chozjajstvo, Moskva **38** (1962) Nr. 6. S. 34–36.
Die Hecktrawler besitzen gegenüber den Seitentrawlern wesentliche Vorteile. Die Zeit für das Aussetzen und Einholen des Netzes sank von 2 Std. auf 30–40 Min., es erhöhte sich der Fang pro Fangtag und günstigere Voraussetzungen für die Mechanisierung entstanden. Z. Zt ist auch auf den Hecktrawlern der Anteil der Handarbeit noch sehr hoch. Vff. betonen die Notwendigkeit der Mechanisierung der Arbeiten an Bord, insbesondere der Arbeitsgänge, die mit der Bearbeitung des Schleppgeschirrs zusammenhängen. Sie weisen auf den komplexen Charakter solcher Entwicklungsarbeiten hin und führen die wesentlichsten Faktoren in diesem Zusammenhang an.
G. Predel. 6555.

Stengel, H. und Hartung, F.; Rostock-Marienehe, Inst. für Hochseefischerei und Fischverarb., Abt. Fischereitechn. **Der gegenwärtige Stand und die Wege in der Entwicklung der Schleppnetzfischerei.** Fischereiforschung 4 (1961) Nr. 8/9. S. 1–8. — 9 Abb., 3 Tab., 11 Lit.

Vff. geben einen kurzen geschichtlichen Rückblick über die Schleppnetzfischerei und schildern den gegenwärtigen Stand. In der Perspektive muß nicht nur an eine Schleppnetzvergrößerung gedacht werden, sondern bes. an eine Vergrößerung der Scherbreite. Weiterhin ist eine Vergrößerung der Netzöffnungshöhe bei unverändertem Scherbrettabstand nötig. Umfangreiche Untersuchungen sind dringend erforderlich. F.-K. Löwe. 6560.

Karasev, B. E. (Karassew, B. Je.); Atlant. Wiss. Fangerkund. Iz opyta poiskovoj raboty v rajone N'jufaundlenda. **(Aus den Erfahrungen der Sucharbeit im Seegebiet von Neufundland.)** Rybnoe chozjajstvo, Moskva **38** (1962) Nr. 6. S. 48–50. — 1 Abb.
Bei Sucharbeiten im Seegebiet von Neufundland wurde festgestellt, daß sich die Vorlaichkonzentrationen des Rotbarsches (*Sebastes* sp.) bei Wassertemperaturen von 3,6–3,8 °C und einem Salzgehalt von mehr als 34,8‰ bilden. Die Dauer der Konzentrationen kann an den Entwicklungsstadien der weiblichen Gonaden beobachtet werden. Beständige Konzentrationen wurden dann beobachtet, wenn sich 60% der Weibchen im Reifestadium VI befanden. Das Abwandern der Fische erfolgt im Reifestadium VII. Nach diesen Gesichtspunkten aufgestellte Fangprognosen brachten in den Jahren 1960 und 1961 gute Erfolge und stimmten mit den tatsächlichen Verhältnissen weitgehend überein. Von großer Bedeutung für die Prognosen ist weiter die Beachtung der Umweltbedingungen und die laufende Kontrolle der Fischbestände. G. Predel. 6565.

Vjalov, Ju. A. und Fridljand, I. G. (Wjalow, Ju. A. und Fridljand, I. G.); Forsch.-Inst. für Hochseefischerei und Ozeanogr. der Ostsee. Sel'di novošotlandskogo šel'fa. **(Die Heringe des Neuschottland-Schelfes.)** Rybnoe chozjajstvo, Moskva **38** (1962) Nr. 4. S. 19–23. — 1 Abb.
Sowjet. Untersuchungen im NW-Atlantik ergaben fangwürdige Heringsbestände (*Clupea harengus*) im Gebiet des Neuschottland-Schelfes (Georges-Bank und Bankero-Bank). Fangmöglichkeiten sind von Mai–Aug. mit Treibnetzen, von Aug.-Okt. mit Schleppnetzen und in der Nachlaichperiode wieder mit Treibnetzen auf der Georges-Bank vorhanden. 1961 wurden im Seegebiet des Neuschottland-Schelfes 65500 t Heringe gefangen. Der mittlere Fang pro Netz betrug 300 kg. Nähere Angaben über die Heringsbestände des Gebietes sind vorhanden. G. Predel. 6565.

Falk, U.; Rostock-Marienehe, Inst. für Hochseefischerei und Fischverarb., Abt. Fischereibiol. **Einige Bemerkungen über die biologischen Grundlagen der „Ostkanten-Fischerei".** Fischereiforschung **4** (1961) Nr. 8/9. S. 13–15. — 1 Abb., 1 Tab., 7 Lit.
Der Winterfangplatz (ca. Ende Okt.–Mitte Apr.) „Ostkante" deckt sich mit der Norwegischen Rinne und ist für den Heringsfang (*Clupea harengus*) der DDR gegenwärtig am wichtigsten. In der letzten Saison (1960/61) bildeten 80% Nordseeherbstlaicher den Bestand; der Jahrgang 1956 machte über 50% des Bestandes aus. Vf. berichtet weiterhin über schottische Untersuchungen (Ursachen der Heringskonzentration) und über noch offene Probleme. F.-K. Löwe. 6565.

Falk, U.; Rostock-Marienehe, Inst. für Hochseefischerei und Fischverarb., Abt. Fischereibiol. **Die pelagische Fischerei in der südlichen Nordsee und am Ostausgang des Ärmelkanals.** Fischereiforschung **4** (1961) Nr. 8/9. S. 18–20. — 1 Abb., 3 Tab., 8 Lit.
Es werden die Möglichkeiten geprüft, an der pelagischen Heringsfischerei (*Clupea harengus*) vom Ausgang des Ärmelkanals bis zur südlichen Nordsee teilzunehmen, wenn sich die Fischerei in der Norwegischen Rinne verschlechtern sollte. Von Okt.–Febr. sind dort Fänge möglich, wenn auch in den letzten Jahren starke Abnahmetendenzen bestehen. Bis jetzt wird das Gebiet hauptsächlich von Belgien, Frankreich und Holland befischt. F.-K. Löwe. 6565.

Tanaka, Syoiti; Chuo-ku, Tsukishima, Tokyo, Tokaiku Suisan Kenkyujo. The effect of reduction of fishing effort on yield. **(Die Wirkung der Reduktion des Fischereiaufwandes auf den Ertrag.)** J. Fisheries Res. Board Canada **19** (1962) Nr. 4. S. 521–529. – 6 Abb., 9 Lit.
Das Verhältnis zwischen dem Koeffizienten p der fischereilichen Sterblichkeit und dem Ertrag Y wird geprüft. Die Veränderungen im Ertrag nach einer Reduktion des Aufwandes wurden für den Bestand der Sohachi-Flunder *Cleisthenes herzensteini* in der japanischen See berechnet. Wenn die Reduktion des Aufwandes geringer als 50% ist, erreicht der Ertrag in 1 oder 2 Jahren die frühere Höhe, und in 2 bis 4 Jahren kann der Anfangsverlust wieder ausgeglichen sein. Der mögliche Einfluß des Dichte-Effektes auf Wachstumsrate und natürliche Sterblichkeit kann die Erfolge der Reduktion des Fischereiaufwandes beträchtlich vermindern. J. Waldmann. 6565.

Bergmann, H.-H.; Rostock-Marienehe, Inst. für Hochseefischerei und Fischverarb., Abt. Ökon. **Zum gegenwärtigen Stand der Kapazitätsermittlung für die Hochseefischereiflotte.** Fischereiforschung **4** (1961) Nr. 5. S. 1–4.; Nr. 8/9. S. 17–18. – 5 Abb.
Vf. nimmt auf Grund der für diesen bes. Produktionszweig umgewandelten Formeln eine Kapazitätsermittlung vor. Er stellt folgendes fest:

Schiffsklasse	Fangtage pro Jahr und Schiff	Jahresfang in t	Kapazitätsausnutzung 1960 in %
26,5 m-Kutter	130	754,0	58,3
Logger	100	676,0	71,9
Trawler Typ I	121,5	1725,3	78,0
Trawler Typ II	112	2240.0	–
Transport- und Verarbeitungsschiff	Übernahmetage: 163,8	16380,0	–

F.-K. Löwe. 6565.

Martinsen, G. V. (Martinsen, G. W.); Moskau, Unions-Forsch.-Inst. für Hochseefischerei und Ozeanogr. Resursy mirovogo okeaničeskogo rybolovstva. **(Die Reserven in der Weltfischerei.)** Rybnoe chozjajstvo, Moskva **38** (1962) Nr. 6. S. 15–21. – 4 Abb.
Die wichtigsten Fischereigebiete der Erde fallen i. allg. mit den Gebieten zusammen, in denen eine hohe Urproduktion vorhanden ist. Ausgenommen ist das Gebiet zwischen 50° und 70°S. Hier gibt es zwar eine reiche Urproduktion, aber mit Ausnahme des Walfanges noch keinen Fischfang. Möglicherweise liegen hier aber noch Reserven. Der Weltfang entwickelte sich von ca. 1,5 Mill. t im Jahre 1850 auf 27,5 Mill. t im Jahre 1959. Amer. Forscher schätzen einen möglichen Jahresfang von 55 Mill. t/Jahr. Andere Autoren halten einen Fang von 70 Mill. t/Jahr für möglich. Eine umfangreiche internationale Zusammenarbeit auf dem Gebiet der Fischereiforschung ist zur weiteren Klärung dieser Problematik erforderlich. G. Predel. 6565.

Jacquet, Gérard. **L'appât vivant dans la pêche aux thons.** Diss. Alfort 1962. (45 S. m. 1 Tab. u. 8 Lit.)

E. BEEINFLUSSUNG DER FISCHEREI DURCH DIE UMWELT

Hirsch, Arnold; Koblenz, Bundesanst. für Gewässerkunde. **Die Beseitigung von Treibzeug (Rechengut) an den Bundeswasserstraßen – ein Beitrag zur Frage der Reinhaltung der Gewässer.** Dtsch. gewässerkundl. Mitt. **6** (1962) Nr. 6. S. 124–131. – 12 Abb., 2 Lit.

Unter dem Begriff Treibzeug versteht man schwimm- oder schwebfähiges Material, insbesondere org. Herkunft, das vom Wasser mitgeführt wird. Für die Reinhaltung der Gewässer spielt die Beseitigung des aus dem Wasserlauf herausgeholten Treibzeuges gegenüber der Abwasserreinigung nur eine untergeordnete Rolle. Es wird unterschieden zwischen kleinem Treibzeug (abgestorbene Pflanzenteile, Lebensmittelabfälle, kleinere Gebrauchsgegenstände), großem Treibzeug (Bäume, Stamm- und Wurzelteile) und Kadavern (Tier- und Fisch-Leichen). Die Entfernung dieser Materialien ist insbesondere wichtig für Kraftwerke, für den Betrieb von Wehr- und Schleusenanlagen, für die Schiffahrt und die Fischereiausübung (Versetzen der Netze). Methoden zur Beseitigung des gesammelten und abgelagerten Treibgutes sind der Abtransport durch die städtische Müllabfuhr sowie die Verbrennung oder Kompostierung. Für die Beseitigung der Tierkadaver sind Sondervorschriften erlassen worden. D. Nehring. 6655.

Jaag, O.; Zürich, TH. **Grenzen der Selbstreinigungskraft der Gewässer.** Österr. Wasserwirtsch. **15** (1963) Nr. 1/2. S. 22-31. — 6 Abb., 7 Tab.
Vf. behandelt zunächst die Verschmutzung der Gewässer durch natürliche Verunreinigung wie mineralische Suspensa, pflanzliches und tierisches Plankton oder Fallaub. Die org. Materialien werden durch die biol. Selbstreinigungskraft der Seen und Flüsse mineralisiert. Auch mäßige Belastungen durch flüssige häusliche Abfallstoffe werden im Vorfluter noch abgebaut. Erst durch Einführung des Spülaborts und der Schwemmkanalisation wurden die menschlichen und tierischen Abfälle nicht mehr der Landwirtschaft nutzbar gemacht und führten zu einer Überforderung der Selbstreinigungskraft. Es mußten daher mechanische Absetzanlagen und biol. Reinigungsanlagen zur Abwasserreinigung errichtet werden. Dieser Vorgang wird durch Mineralöle und Detergentien beeinträchtigt. Zur Verhinderung von Sekundärverschmutzungen sollen zukünftig Phosphate chem. und Stickstoff biol. aus dem gereinigten Abwasser entfernt werden. Eine natürliche Reinigung des Wassers von radioaktiven Verschmutzungen erfolgt insbesondere durch Adsorption und Ionenaustausch in Humus-, Ton- oder Torfschichten. D. Nehring. 6655.

Belter, Walter G. und Bernard, Harold; Washington, U. S. Atomic Energy Co., Div. of Reactor Development. Status of radioactive liquid waste management in the United States. **(Der Status der Behandlung von radioaktiven flüssigen Abfallstoffen in den Vereinigten Staaten.)** J. Water Pollut. Control Federat. **35** (1963) Nr. 2. S. 168–185. — 9 Abb., 1 Tab., 15 Lit.
Vff. geben einen allg. Überblick zu diesem Problem. Die Überwachung erstreckt sich nicht nur auf den Anfall radioaktiver Abfälle, sondern sie ist ebenso von Bedeutung bei Transport und Verteilung dieser Stoffe und Rückstände. Quellen derartiger Abfallprodukte sind Uranbergwerke und -mühlen sowie Anlagen zur Gewinnung von Kernbrennstoffen. Ferner gehören hierzu die verschiedenen Arten von Reaktortypen und Forschungslaboratorien, in denen mit radioaktivem Material gearbeitet wird. An Hand von Beispielen wird die Behandlung und Beseitigung der Abfälle erläutert und auf die Kostenfrage eingegangen. D. Nehring. 6655.

Tsivoglou, E. C.; Cincinnati, Ohio, Robert A. Taft Sanitary Engng. Center, Div. of Water Supply and Pollution Control. Research for the control of radioactive pollutants. **(Forschung für die Überwachung radioaktiver Verschmutzungen.)** J. Water Pollut. Control Federat. **35** (1963) Nr. 2. S. 242–259. — 9 Abb., 1 Tab., 22 Lit.
In dem vorliegenden Artikel wird über Untersuchungen berichtet, die dem Nachweis, der Überwachung und der Verminderung von radioaktiven Verschmutzungen dienen, um nach Möglichkeit auszuschließen, daß Menschen radioaktiven Strahlen ausgesetzt werden. Diesem Ziele dienten einerseits

Untersuchungen in Laboratorien, andererseits wurden Felduntersuchungen durchgeführt. Die Forschungen konzentrierten sich mehr auf α-Strahlung und natürliche Radioaktivität, da die uranverarbeitende Industrie in Friedenszeiten die wichtigste Quelle für radioaktive Verschmutzungen darstellt. Von geringerer Bedeutung sind die Abfälle von Kernreaktoren, deren Kontrolle im allg. gewährleistet sein dürfte, und der radioaktive „fallout".
D. Nehring. 6655.

Vinson, S. Bradleigh, Boyd, Claude E. und Ferguson, Denzel E.; Mississippi, State Univ., Dep. of Entomol.; Dep. of Zool. Resistance to DDT in the mosquito fish, Gambusia affinis. **(Widerstandsfähigkeit von Gambusia affinis gegenüber DDT.)** Science [Washington] **139** (1963) Nr. 3551. S.217 bis 218. — 1 Abb., 6 Lit.

Die Untersuchungen wurden mit Mosquito-Fischen durchgeführt, die einerseits aus Gewässern stammten, welche von Baumwollfeldern umgeben waren und dadurch bei Pflanzenschutzaktionen periodisch mit DDT in Berührung gekommen waren. Daneben wurden Fische verwendet, die nicht durch Pflanzenschutzmittel beeinflußt waren. Die Versuche wurden bei DDT-Konzentrationen von 0,1, 0,07 und 0,005 mg/l in mehrfachen Wiederholungen vorgenommen. Es zeigte sich, daß Fische, die bereits mit DDT in Berührung gekommen waren, stets wesentlich unempfindlicher waren als andere. Daher wird vermutet, daß durch den periodischen Einfluß von Insektiziden eine genetisch widerstandsfähige Population entsteht. Eine unterschiedliche Sterblichkeit in Abhängigkeit vom Geschlecht der Fische wurde nicht festgestellt.
D. Nehring. 6665.

Fouchardière, G. de la. Effets physiologiques des explosions sur les animaux aquatiques. **(Die physiologischen Auswirkungen von Explosionen auf Wassertiere.)** Bull. franç. Piscicult. **33** (1961) Nr. 201. S. 137–143.

Obgleich recht große Sprengstoffmengen benutzt wurden (10 kg), machte sich die Wirkung hinsichtlich der Tierwelt nur im Umkreis von einigen Metern bemerkbar. Die Menge der zur Oberfläche aufsteigenden toten Fische war gering im Vergleich zu der Fischmenge am Boden des Gewässers. Die Invertebraten waren gegen Explosionen wenig empfindlich. Auf das Absetzen der Fische am Boden folgte eine starke Gewässerverunreinigung.
M. Berner. 6685.

Trites, R. W.; Halifax, Nova Scotia, Fisheries Res. Board of Canada, Atlantic Oceanographic Group. Probable effects of proposed Passamaquoddy power project on oceanographic conditions. **(Wahrscheinliche Auswirkungen des geplanten Passamaquoddy-Energieprojektes auf die ozeanographischen Verhältnisse.)** J. Fisheries Res. Board Canada **18** (1961) Nr. 2. S. 163–201. — 16 Abb., 4 Tab., 34 Lit.

Das geplante Passamaquoddy-Energieprojekt schließt die Konstruktion einer Reihe von Staudämmen an der Passamaquoddy- und Cobscook-Bucht ein. In der Passamaquoddy-Bucht soll das Wasser durch 99 Einflußschleusen hineinströmen und aus den 70 Ausflußschleusen mit 30 Krafttturbinen der Cobscook-Bucht wieder hinausfließen. Der Tidenhub wird im oberen Becken 4 Fuß und im unteren Becken 8 Fuß betragen. Vf. behandelt die hydrographischen Verhältnisse des Gebietes (Wasserstand, Strömung, Temperatur und Salzgehalt), wie sie gegenwärtig anzutreffen sind und wie sie sich wahrscheinlich durch den Bau der Staudämme verändern werden.
K. Anwand. 6685.

Rejmov, R. (Reimov, R.); Nukus, Karakalpak. Zweigstelle der Akad. der Wiss. der Usbek. SSR. Osobennosti razmnoženija ondatry v presnych i osolennych vodoemach. **(Die Besonderheiten der Vermehrung von Ondatra spec. in Süß- und Salzwasser.)** Zoologičeskij žurnal, Moskva **41** (1962) Nr. 8. S. 1238-1240. — 9 Lit.

Während in den mehr ausgesüßten Teilen des Deltas des Amu-Darja 6–10 Exemplare der Bisamratte pro ha und Jahr gefangen werden, sind es in den salzwasserhaltigen Gebieten erheblich weniger. Vf. untersuchte die Frage, ob unterschiedliche Vermehrungsbedingungen für die unterschiedliche Bestandsgröße verantwortlich sein können, und kommt zu dem Schluß, daß die Fruchtbarkeit der Tiere in beiden Gebieten gleich groß ist, daß aber in den mehr salzhaltigen Gewässern die postembryonale Sterblichkeit höher liegt.
G. Predel. 6695.

Mehl, Sigbert; München, Bayer. Landesanst. für Pflanzenbau und Pflanzenschutz. **Die Bekämpfung der Bisamratte mit Köderfallen.** Allg. Fischerei-Ztg. **87** (1962) Nr. 21. S. 622–624.; Nr. 22. S. 658–660.; Nr. 23. S. 686–688. — 5 Abb.
Die neue, ausführlich beschriebene Köderfalle ermöglicht den Bisamfang (*Ondatra zibethica*) an Stellen, wo der Unterwasserfang mit Greif-Fallen erschwert ist. Die Köderfalle wird außerhalb des Wassers an der Wasserlinie aufgestellt. Beste Ergebnisse erzielt man an nahrungsarmen Ufern fließender Gewässer von Sept.–Apr. Wahrscheinlich gelingt der Fang an stehenden Gewässern deswegen weniger gut, weil die Bisamratte dort mehr Nahrung hat. Als Köder werden u. a. empfohlen: Äpfel, Gelbe Rüben, Sellerieknollen. Weitere Hinweise für Aufstellungsort, -zeit (Wetter) und -art werden gegeben. Wanderratten und Schermäuse können mit dieser Falle ebenfalls gefangen werden, das grünfüßige Teichhuhn (*Gallinula chloropus*) bleibt jedoch verschont.
G. Merla. 6695.

F. FISCHKRANKHEITEN

Reichenbach-Klinke, H.; München, Bayer. Biol. Versuchs-Anst., Demoll-Hofer-Inst. **Fischkrankheiten in Bayern im Jahre 1962.** Allg. Fischerei-Ztg. **88** (1963) Nr. 6. S. 169–170. — 2 Abb., Vgl. LZ. Abt. III 8 (1963) Nr. 4. S. 884.
Wie in den vorangegangenen Jahren hatten im Berichtszeitraum die größte wirtschaftl. Bedeutung Bauchwassersucht des Karpfens und Forellenseuche (INuL). Bei letzterer kamen gleich häufig die hämorrhagische und die Exsudatform vor. Hechtpest und Kiemenfäule führten ebenfalls zu Verlusten. Furunkulose bei Salmoniden konnte nicht mit Sicherheit festgestellt werden. Nach den Erhebungen bei Fischen der DLG-Schau in München muß angenommen werden, daß *Ichthyophthirius* ubiquitär ist. Bei Schleien kamen neben *Dactylogyrus* noch Darmtrematoden vor. Während bei Karpfen der Befall mit *Caryophyllaeus* vorherrschte, waren bei Forellen vereinzelte Bandwürmer und Kratzer recht häufig. Von Bedeutung war neben *Ergasilus* in einem Falle *Basanistes huchoni*, der am Kiemendeckel eines Huchens in sehr großer Zahl gefunden wurde. Weiterhin steigende Tendenz haben Erkrankungen und Krankheitsdisposition infolge von Fütterungsfehlern. Erhöhte Aufmerksamkeit sollten auch unterschwelligen Dosen von Phenolen, Waschmitteln und Ammoniak geschenkt werden (Geschmacksbeeinträchtigung).
Th. Mattheis. 6730.

Furtado, Jose I. A note on intestinal parasites in some Chinese carps. **(Eine Bemerkung über Darmparasiten bei einigen chinesischen Karpfen.)** Malayan agric. J. **43** (1961) Nr. 3. S. 239–241. — 5 Lit.
Bei parasitologischen Untersuchungen an mehr als je einem Dutzend Exemplaren von *Ctenopharyngodon idellus* und *Aristichthys nobilis* aus verschiedenen Fischteichen Malayas konnten im Darm keine Helminthen gefunden werden. Der mögliche Einfluß von Wirtschaftsmaßnahmen — Trockenlegung, Bodenbehandlung, Freihaltung von Fremdfischen, Abschießen fischfressender Vögel usw. — auf die Befallsstärke der Teichfische gegenüber Wildfischen wird diskutiert.
Th. Mattheis. 6730.

Ėpštejn, V. M. (Epstein, W. M.); Charkow, Zootechn. und Veterinärmed. Inst. Obzor ryb'ich pijavok (Hirudinea, Piscicolidae) Beringova, Ochotskogo i Japonskogo morej. **(Aufstellung über die Fischegel [Hirudinea, Piscicolidae] des Bering-, Ochotskischen und Japanischen Meeres.)** Doklady Akademii nauk SSSR, Moskva **144(30)** (1962) Nr. 5. S. 1181–1184. – 25 Lit.

Auf der Grundlage eines umfangreichen Materials aus den Jahren von 1900 bis 1954 wird eine Übersicht über die Fischegel der genannten Meere gegeben. Die einzelnen Arten sind aufgeführt. Vf. betont, daß die Fischegelfauna des Nordpazifiks einen selbstständigen Formenkomplex bildet und führt als Beleg hierfür folgende Fakten an: 1. Das Vorhandensein endemischer Arten; 2. Das Auftreten von Arten, die auch im Nordatlantik und teilweise im Nördlichen Eismeer vorkommen; 3. Das Fehlen der typischen tropischen Arten im Gebiet. G. Predel. 6750.

El-Bolock, Abdel Rahman Mohamed. **Schädigungen der Karpfen bei der Egelbekämpfung mit Branntkalk.** Fischwirt **13** (1963) Nr. 1. S. 10–15. – 10 Lit

Vf. weist auf Grund seiner Versuchsergebnisse nochmals darauf hin, daß es beim Branntkalkbad zur Fischegelbekämpfung von größter Wichtigkeit ist, die erprobte Konzentration (1:500) und die Badezeit (5–10 Sek., danach sofortiges Umsetzen in frisches Wasser) genauestens einzuhalten. Anderenfalls werden die Fische schwer geschädigt (Kiemen-, Haut- und Flossenverätzungen). Unsachgemäß gebadete Fischbestände hatten in ungünstigen Fällen 30–60% Verluste infolge direkter Kalkschädigungen.
Th. Mattheis. 6750.

Ronald, Keith; Grande-Rivière, Quebec, Stat. de Biol. Marine; Macdonald Coll., Inst. of Parasitol. The metazoan parasites of the Heterosomata of the Gulf of the St. Lawrence. VII. Nematoda and Acanthocephala. **(Parasitäre Metazoen der Heterosomata des St. Lorenz-Golfes. 7. Mitt. Nematoda und Acanthocephala.)** Canad. J. Zool. **41** (1963) Nr. 1. S. 15-21. – 25 Lit. 6. Mitt. vgl. LZ. Abt. III 7 (1962) Nr. 1. S. 218.

Vf. beschreibt die Nematoden- und Acanthocephalenfauna von 6 Plattfischarten aus dem St. Lorenz-Golf. Zur Untersuchung wurden die Plattfischfilets 24 Std. bei – 25 °C aufbewahrt, wodurch die Nematoden abgetötet wurden. Bei anschließender Betrachtung in ultraviolettem Licht zeigten die Parasiten blau-weiße Fluoreszenz. Die Würmer wurden in 70%ig. Äthanol und 25%ig. Glycerin aufbewahrt. Diese Behandlung hellte die Cuticula auf, so daß die Bestimmung der Parasiten an Hand der inneren Organe erleichtert wurde. Untersucht wurden 100 Plattfische der Arten *Glyptocephalus cynoglossus, Hippoglossoides platessoides, Hippoglossus hippoglossus, Limanda ferruginea, Pseudopleuronectes americanus, Scophthalmus aquosus* und *Liopsetta putnami*. Parasiten aus den Gattungen *Contracaecum, Terranova, Stomachina, Cucullanus, Echinorhynchus* und *Corynosoma* wurden gefunden. Die Verbreitung der Parasitenarten wird geschildert und mit Angaben aus der Literatur verglichen. J. Waldmann. 6750.

Calentine, Robert L.; Iowa State Univ., Iowa Lakeside Lab. Archigetes iowensis sp. n. (Cestoda: Caryophyllaeidae) from Cyprinus carpio L. and Limnodrilus hoffmeisteri Claparède. **(Archigetes iowensis sp. n. von Cyprinus carpio und Limnodrilus hoffmeisteri.)** J. Parasitol. [Lancaster] **48** (1962) Nr. 4. S. 513–524. – 11 Abb., 1 Tab., 32 Lit.

Geschlechtsreife Exemplare von *A. iowensis* sp. n., gefunden im Darm von *C. carpio* und in der Vesicula seminalis des Oligochaeten *L. hoffmeisteri* aus dem Iowa-Fluß, werden eingehend beschrieben. In dem Oligochaeten kommt der Parasit das ganze Jahr über vor, während der Befall der Fische anscheinend auf die Zeit der Laichperiode beschränkt bleibt. *A. iowensis* in Oligochaeten wird als Procercoid angesehen, dessen mittlere Länge (ohne Cercomer)

1,53 mm beträgt. Für den Parasiten im Fisch wurden dementsprechend 1,61 (1,29–2,44) mm gemessen. Max. wurden 787 Parasiten pro Fisch gefunden. G. Merla. 6750.

Mizelle, John D.; Sacramento, Calif., Sacramento State Coll. Studies on monogenetic trematodes. XXII. Dactylogyrus californiensis sp. n. from the Sacramento squawfish. **(Untersuchungen an monogenen Trematoden. 22. Mitt. D. californiensis sp. n. bei Ptychocheilus grandis.)** J. Parasitol. [Lancaster] 48 (1962) Nr. 4. S. 555–557. – 8 Abb., 3 Lit.
Diese Trematoden-Art ist rel. klein, die Länge beträgt im Mittel 0,377 mm und die Breite 0,045 mm. Sie unterscheidet sich von anderen bekannten Arten dieser Gattung durch 3-6 (meist 5) kutikulare Falten am linken Rand des Rumpfes etwa in Höhe der halben Rumpflänge. Der Geschlechtsapparat erinnert in einigen Besonderheiten etwas an den bei *D. banghami*. Der eingehenden Beschreibung des Parasiten und den Maßangaben liegen Beobachtungen an 20 Exemplaren zugrunde. G. Merla. 6750.

Ergens, Radim; Prag, Tschechoslow. Akad. der Wiss., Inst. für Parasitol. **Über Pseudochetosoma leucisci n. sp. (Trematoidea) und Ancyrocephalus cobitis n. sp. (Monogenoidea), zwei neue parasitische Würmer der Fische Albaniens.** Z. Parasitenkunde **22** (1963) Nr. 4. S. 287–291. – 2 Abb., 1 Tab., 4 Lit.
Vf. beschreibt *Pseudochetosoma leucisci* n. sp. aus der Gallenblase von *Leuciscus cephalus albus* und grenzt sie gegen die derzeit nur noch bekannte *P. salmonicola* ab. Außerdem beschreibt Vf. von den Kiemen von *Gobius cobitis* an Hand von 4 Exemplaren *Ancyrocephalus cobitis* n. sp. Letztere Art unterscheidet sich von bisher bekannten Arten der Gattung hauptsächlich durch die Form des Verbindungsplättchens des ersten Paares der mittleren Häkchen. Th. Mattheis. 6750.

Becker, Clarence D.; Seattle, Wash., Univ., Fisheries Res. Inst. A new haemogregarine from the blood of a fresh-water fish, Catostomus macrocheilus Girard. **(Ein neuer Vertreter der Gattung Haemogregarina aus dem Blut eines Süßwasserfisches, Catostomus macrocheilus.)** J. Parasitol. [Lancaster] 48 (1962) Nr. 4. S. 596–600. – 8 Abb., 24 Lit.
Die neue Art *Haemogregarina catostomi*, die in reifen Erythrozyten des Süßwasser-Knochenfisches *C. macrocheilus* gefunden wurde, wird beschrieben. Der Parasit hat eine charakteristische halbmond- oder U-förmige Gestalt. Die Länge beträgt 14,50 (12,08–16,48) μ, die größte Breite 4,57 (3,52–6,32) μ. Es wurden lediglich Gametocyten-Stadien beobachtet. Pro Erythrocyt wurde nur 1 Parasit gefunden. Zwischenwirt und Übertragungswege sind unbekannt. G. Merla. 6760.

Schäperclaus, W.; Berlin-Friedrichshagen, Inst. für Fischerei der Dtsch. Akad. der Landwirtsch.-Wiss. zu Berlin. **Bedeutung der Startkondition, insbesondere des Fettgehaltes für die Entstehung der infektiösen Bauchwassersucht beim Karpfen im Frühjahr.** Dtsch. Fischerei-Ztg. **9** (1962) Nr. 11. S. 321–327. – 1 Abb., 3 Tab., 6 Lit.
Der Zustand der Karpfen, ihre „Startkondition", beim Einsetzen ist für die Widerstandskraft der Fische und damit für die Produktion sehr wichtig. Der Fettgehalt erwies sich als guter Test. Gesunde und bauchwassersuchtkranke Karpfen (K_{2-3}) aus dem gleichen Teich wurden im Fettgehalt verglichen. Gesunde Karpfen hatten im Mittel 5,6 bzw. 6,3%, kranke nur 2,3 bzw. 2,7% Fett. W. Schäperclaus. 6790.

Bank, Otto; Starnberg, Außenstelle für Karpfenteichwirtsch. der Staatl. Lehr- und Versuchsanst. für Fischere iHöchstadt/Aisch. **Die Spritzaktion mit Leukomycin im Frühjahr 1962.** Fischbauer **13** (1962) Nr. 166. S. 671. – 1 Tab.

Es wurden 12 Bestände mit 9097 einsömmrigen und 96 Bestände mit 76651 Stück zweisömmrigen Karpfen (*Cyprinus carpio*) injiziert. Das bedeutet eine Steigerung bei K_2 gegenüber 1961, im Vergleich mit der Injektion des Jahres 1960 ist auch bei K_1 eine Steigerung erkennbar. Für den Erfolg der Aktion ist der Gesundheitszustand der Fische zur Zeit der Injektion von Bedeutung. Vf. gibt einen Überblick über die injizierten Fischbestände nach Ernährungszustand, Augenposition und. -reflex, nach dem Auftreten von Flüssigkeit in der Leibeshöhle und Geschwüren. In einigen Fällen soll Leukomycin-Fütterung von Erfolg gewesen sein. G. Merla. 6790.

Ehlinger, Neil F.; Rome, New York Conserv. Dep., Fish Pathol. Lab. Kidney disease in lake trout complicated by lymphosarcoma. **(Nierenerkrankung — bakteriell — bei Salvelinus namaycush kompliziert durch Lymphosarcom.)** U.S. Dep. Interior, Fish Wildlife Serv., progr. Fish-Culturist **25** (1963) Nr. 1. S. 3–7. – 6 Abb., 6 Lit.

Bei toten, kranken und noch aktiven Fischen zeigte sich eine deutliche Schwellung der Analregion. Bei der Sektion war die Niere mit Ausnahme des hintersten Sechstels blaßrot, fest oder gummiartig in der Konsistenz. Der Endteil der Niere war geschwollen, grauweiß und schied ein klares Exsudat ab. Während in diesem Teil schwerste Nekrosen und sehr kleine gramnegative Bakterien vorkamen, bestand in den vorderen Teilen ein Lymphosarcom. Die Kultur der Bakterien gelang. Bei *Salvelinus fontinalis* konnten durch Injektion von Gewebsbrei und Exsudat aus dem hintersten Teil typische Nierenerkrankungssymptome erzeugt werden. Th. Mattheis. 6790

El-Bolock, Abdel Rahman Mohamed; Erlangen; Nürnberg, Univ., Zool. Inst., Untersuchungsstelle für Teichwirtsch. **Starke Wölbung des Kiemendeckels bei dreisömmerigen Karpfen.** Fischwirt **13** (1963) Nr. 2. S. 38–45. – 5 Abb., 12 Lit.

Bei der Überprüfung eines Bestandes von Karpfenzukunftslaichern (*Cyprinus carpio*) zeigten 23% der Fische eine abnorme Wölbung des linken Kiemendeckels. Von Fischen gleicher Länge war das gewölbte Operculare kürzer, breiter, dünner und leichter als das normaler Fische. Als mögliche Ursachen werden Kreuzung zweier verschieden gestalteter Rassen oder Rachitisfolgen angenommen. Th. Mattheis. 6800.

Janulov, K. P. (Janulow, K. P.); Murmansk, Forsch.- und Projektier.-Inst. für Hochseefischerei und Ozeanogr. des Polargebietes. Močekamennaja bolezń u morskich okunej Sebastes marinus L. i Sebastes mentella Travin. **(Harnsteinkrankheit bei Rotbarschen Sebastes marinus und Sebastes mentella.)** Doklady Akademii nauk SSSR, Moskva **144(30)** (1962) Nr. 5. S. 1196–1199. – 4 Abb., 2 Tab., 15 Lit.

Bei Untersuchungen von Rotbarschen aus den Seegebieten von Neufundland und Labrador wurden Harnsteine gefunden. Bei insgesamt 12 Fischen aus einem Material von vielen 100 Untersuchungsfischen stellte man diese krankhaften Erscheinungen fest. Vf. gibt eine ausführliche Beschreibung und verweist auf die Möglichkeit, daß diese Funde bei Rotbarschen möglicherweise eine medizinische Bedeutung erlangen können,wenn es gelingen sollte, diese Erkrankung auch bei Fischen im Aquarium zu studieren.

G. Predel. 6800.

Millar, R. H.; Millport, Scotland, Marine Stat. Oysters killed by trematode parasites. **(Austernsterben durch parasitäre Trematoden.)** Nature [London] **197** (1963) Nr. 4867. S. 616. – 1 Tab.

Während Laboratoriumsversuchen mit der neuseeländischen Austernart *Ostrea lutaria* waren die Gonaden eines Teils der Versuchstiere von einer digenen parasitären Trematodenart befallen. Da die Parasiten nur im Rediënstadium vorkamen, war eine genaue Bestimmung nicht möglich. Schwere

Infektion verursachte völlige Zerstörung der Gonaden und später den Tod der Auster. Die Bedeutung der Parasiten in der Natur ist unbekannt. Vf. warnt vor der Einschleppung des Parasiten in andere Gebiete durch aus Neuseeland eingeführte Austern. J. Waldmann. 6822.

G. FISCHVERARBEITUNG

Morawa, F.; Oldenburg. **Über den Nährwert des Stintes.** Fischwirt **12** (1962) Nr. 6. S. 174–175. – 1 Tab.

8 größere Weserstinte (*Osmerus eperlanus*) von 18–21 cm Länge wurden vor dem Ablaichen im März auf ihren Fettgehalt untersucht. Der Fleischanteil betrug im Durchschnitt 71,5% und enthielt 2,2% Fett und 80,1% Wasser. Die Bauchpartien waren wesentlich fetter (4%) als Rücken-(1,4%) und Schwanzstück (1,7%). Im ganzen Fisch wurden 3,2% Fett- und 78,5% Wassergehalt festgestellt. Der Rogen ist mit 10,2% wesentlich fetter als die Milch mit 5,1% Fettgehalt. W. Steffens. 6825.

Annamalay, S.; Annamalainagar, India, Annamalai Univ., Dep. of Zool. Nutritive value of the common carp, Labeo fimbriatus (Block). **(Der Nährwert des gemeinen Karpfens, Labeo fimbriatus.)** Indian veterin. J. **38** (1961) Nr. 10. S. 512–514. – 2 Tab., 17 Lit.

Fisch ist ein wichtiger Bestandteil der tägl. Nahrung vieler Inder, der u.a. viele Mineralstoffe liefert. Für *L. fimbriatus*, der örtlich in den Teichen häufig vorkommt, wurde folgende Zusammensetzung in g/100 g Frischgewicht ermittelt: Wasser 81,1, Asche 1,9, Gesamt-N 1,4, Eiweiß 8,4, Fett 4,8, Ca 0,45, Fe 1,8, P 0,18. Damit enthält *L. fimbriatus* mehr Wasser, Asche, Fett und Fe als *L. rohita* und *L. calbasu*. Bei letzteren ist hingegen der Eiweißgehalt höher (16,6 bzw. 14,7%). G. Merla. 6825.

Halsband, E.; Hamburg, Inst. für Küsten- und Binnenfischerei. **Qualitätsverbesserung durch elektrische Tötung.** Bundesforsch.-Anst. Fischerei Hamburg, Inform. Fischwirtsch. **7** (1960) Nr. 5/6. S. 169.

Bei der Ringwadenfischerei auf Sardinen besteht das wichtigste Problem der Qualitätserhaltung darin, daß die im Netzsack befindlichen Fische in möglichst kurzer Zeit abgetötet werden, weil nur auf diese Weise größere Schuppenverluste zu vermeiden sind. Mit einem vom Vf. vorgeschlagenen Gerät, welches 3phasigen Wechselstrom mit 40–120 Perioden/Sek. und bis zu 400 V Spitzenspannung liefert, konnten die Fische im Netzsack innerhalb von 10 Sek. abgetötet werden. Die Stromstärke erreichte dabei kurzzeitig bis zu 300 A. Der Wechselstromgenerator wird von einem starken Dieselmotor angetrieben. Die elektrische Abtötung kann in der Binnenfischerei auch bei Aalen angewendet werden, welche sich bekanntlich auf andere Art schlecht töten lassen. H.-W. Hattop. 6825.

Boyd, J. W. und Southcott, B. A.; Vancouver, Brit. Columbia, Fisheries Res. Board of Canada, Technol. Stat. Effect of tetracycline antibiotics on objective and subjective fish quality tests. **(Die Wirkung von Tetra-Cyclin-Antibiotika auf objektive und subjektive Fischqualitäts-Tests.)** J. Fisheries Res. Board Canada **19** (1962) Nr. 4. S. 615–618. – 1 Abb., 8 Lit.

Der Effekt von Chlortetracyclin und Oxytetracyclin auf die Qualität (Bakterienzahlen, Trimethylamingehalt und organoleptische Prüfung) von *Ophiodon elongatus* wurde geprüft. Die Bildung von Trimethylamin durch Reduktion von Trimethylaminoxyd wurde unterdrückt, wenn die genannten Antibiotika in Lagerungsversuchen bei 0° und +4 °C verwendet wurden. Aus den Versuchen kann geschlossen werden, daß die Messung des Trimethylamin-Gehalts gewisser Fischarten kein geeigneter Maßstab für den Frischezustand ist, wenn Antibiotika als Frischhaltemittel angewendet wurden. J. Waldmann. 6830.

Podeszewski, Z. und Kołakowski, E.; Olsztyn, Wyższa Szkoła Rolnicza. Oznaczanie amoniaku w surowcach rybnych. **(Ammoniakbestimmung in Fischrohstoffen.)** Med. weteryn. **18** (1962) Nr. 8. S. 472–474. — 1 Abb., 1 Tab., 8 Lit. 6830.

Piskarev, A. I. (Piskarjow, A. I.); Unions-Forsch.-Inst. für Kältetechn. Osnovnye voprosy technologii zamoraživanija ryby. **(Grundfragen der Gefriertechnologie für Fische.)** Rybnoe chozjajstvo, Moskva **38** (1962) Nr. 4. S. 64–71. — 10 Abb.
Durch Untersuchungen an Fischgeweben wurde nachgewiesen, daß die Schnellgefriermethode keine nachteilige Wirkung auf das Gewebe ausübt. Eine wichtige Bedingung ist jedoch, daß der Fisch in sehr frischem Zustand in die Frostanlagen kommt. Die Größe der Kristalle, die sich in den Zwischengewebsräumen bilden, hängt ab von der Größe dieser Räume. Letztere ist proportional der Lagerungsdauer des Fisches vor der Frostung. Beste Produkte werden deshalb beim Tiefgefrieren unmittelbar nach dem Fang erzeugt. Dabei wird durch schnelles Gefrieren die Produktionskapazität der Frostanlagen erhöht. G. Predel. 6830.

Livingstone, F. C. Necessity forces British trawlers step up freezing at sea. **(Notwendige Beschleunigung zur Einführung der Frostung auf See bei den Trawlern Britisch-Kolumbiens.)** Canad. Fisherman **49** (1962) Nr. 7. S. 28–29.
Vf. setzt sich mit Nachdruck für die Einführung von Anlagen zur Frostung von Fischen auf den Trawlern Britisch-Kolumbiens ein. Anhand von Beispielen aus den in der Fischerei führenden Ländern beweist er, daß der Einbau von Frostungsanlagen bei den Fangfahrzeugen von Vorteil ist, die Fanggebiete mit längeren Anfahrtswegen aufsuchen. Einmal wird das Verwerfen von Fängen in den Anlandungshäfen vermieden, und zum anderen brauchen wegen des Fortfalles des schnellen Verderbs der Ware die Fahrtgeschwindigkeiten der Fahrzeuge, die erhebliche Kosten verursachen, nicht weiter erhöht zu werden. Ferner vergrößert sich die Nutzlast der Fahrzeuge. K. Anwand. 6830.

Wood, J. D. und Haqq, S. A.; Vancouver, Brit. Columbia, Fisheries Res. Board of Canada, Technol. Stat. Fat hydrolysis in frozen fillets of lingcod and Pacific gray cod. **(Fetthydrolyse bei gefrorenen Filets von Ophiodon elongatus und Gadus macrocephalus.)** J. Fisheries Res. Board Canada **19** (1962) Nr. 1. S. 169–171. — 1 Abb., 1 Tab., 8 Lit.
Es ist bekannt, daß die Fette im Fischmuskel sich während der Lagerung verändern. Vff. untersuchten die Fetthydrolyse in gefrorenen Filets von *Ophiodon elongatus* und *Gadus macrocephalus*. Die frischen Filets wurden in Zellophan eingewickelt und in gewachsten Kartons bei —12 °C aufbewahrt. Die Untersuchungsmethodik wird beschrieben. Die Zunahme der freien Fettsäuren bei *G. macrocephalus* ist in den ersten 2–3 Wochen am stärksten, danach wächst sie weniger schnell. Bei *O. elongatus* stieg der Gehalt der freien Fettsäuren während des 15 Wochen dauernden Versuches gleichmäßig an. J. Waldmann. 6830.

Jonas, R. E. E. und Tomlinson, N.; Vancouver, Brit. Columbia, Fisheries Res. Board of Canada, Technol. Stat. The phospholipid content of lingcod muscle during frozen storage. **(Der Phosphorlipoid-Gehalt der Muskulatur von Ophiodon elongatus während der Tiefkühllagerung.)** J. Fisheries Res. Board Canada **19** (1962) Nr. 4. S. 733–734. — 1 Tab., 6 Lit.
Frühere Untersuchungen anderer Autoren ergaben, daß der Phosphorlipoid-Gehalt im Muskel des atlantischen Kabeljaus *Gadus callarias* während der Tiefkühllagerung abnimmt. Vf. wiederholte die Versuche an *Ophiodon elongatus*. Die Ergebnisse deuten darauf hin, daß der Phosphorverlust bei dieser Art post mortem in ähnlicher Weise wie beim Kabeljau vor sich geht. J. Waldmann. 6830.

Reiske, J.; Rostock-Marienehe, Inst. für Hochseefischerei und Fischverarb., Abt. Verfahrenstechnol. **Das Auftauen von gefrorenen Lebensmitteln — insbesondere von Fisch — durch Hochfrequenzenergie.** Fischereiforschung **5** (1962) Nr. 6. S. 29–38. – 12 Abb., 9 Tab., 24 Lit. 6830.

Berezin, N. T. (Beresin, N. T.); Unions-Forsch.-Inst. für Kältetechn. O neobchodimosti peresmotra GOSTa na moroženuju rybu. **(Über die Notwendigkeit, die staatlichen Standards für gefrorenen Fisch zu überprüfen.)** Rybnoe chozjajstvo, Moskva **38** (1962) Nr. 4. S. 72–76. – 1 Tab.
Bei der Tieffrostung und der nachfolgenden Lagerung der Produkte ist die Einhaltung der richtigen Temperaturen im Laufe der gesamten Kühlkette von großer Bedeutung. Obwohl sich mit der Senkung der Temperaturen die Lagerungsdauer verlängert, ist dieses nicht immer günstig, weil bei der Verarbeitung von Frostfisch zu tiefe Lagerungstemperaturen die Qualität der Endprodukte nachteilig beeinflussen können. Die staatlichen Standards haben deshalb auch nur dann einen Sinn, wenn sie den optimalen Verhältnissen Rechnung tragen und auch Unterbrechungen der Kühlkette ausschließen. G. Predel. 6830.

Legendre, R.; Grande-Rivière, Fisheries Res. Board of Canada, Technol. Stat. Artificial drying of Cambodian fish. **(Künstliche Trocknung von Fisch aus Kambodscha.)** J. Fisheries Res. Board Canada **18** (1961) Nr. 2. S. 147–162. – 3 Abb., 4 Tab., 4 Lit.
Es wird über Trocknungsversuche an Fett- und Magerfischen aus Kambodscha berichtet, um die in kurzer Zeit anfallenden größeren Fangmengen in tropischen Ländern durch Trocknen vor dem Verderben zu bewahren. Die günstigste Trocknungstemperatur, bei der sich die Qualität nicht verschlechterte, betrug 43 °C. Auf Grund der Untersuchungen wurde ein Versuchstrockner entwickelt, der eine Kapazität von 1800 kg besitzt, wirtschaftlich arbeitet und den Anforderungen der Praxis entspricht. Es werden techn. Angaben über die Anlage gemacht. K. Anwand. 6850.

Levieva, L. S. (Lewijewa, L. S.); Forsch.-Inst. des Min. für Fischind. O vlijanii vnutrennich organov sel'di na ee sozrevanie pri posole. **(Über den Einfluß der Innereien auf die Reifung von Salzhering.)** Rybnoe chozjajstvo, Moskva **38** (1962) Nr. 4. S. 76-82. – 2 Abb., 5 Tab., 3 Lit.
Durch entsprechende Untersuchungen wurde nachgewiesen, daß die Innereien des Herings (*Clupea harengus*) eine wesentliche Rolle bei der Reifung von Salzheringen spielen. Eine Entfernung der Innereien verlangsamt den Reifeprozeß und verhindert die Entstehung der spez. Geschmackseigenschaften. Eine bes. Rolle spielen die Innereien in der Zeit, wenn die Fische nicht fressen, weil in dieser Zeit die Aktivität der proteolytischen Fermente stark vermindert ist. In der Nahrungsperiode des Herings sollte dagegen eine teilweise Entfernung der Innereien erfolgen. Die Untersuchungen gelten für den atlantischen Hering. G. Predel. 6850.

Rozin, L. (Rosin, L.); Verwalt. für Fischind. des Volkswirtschaftsrates der Lett. SSR. Mechanizirovannye linii po doobrabotke solenoj sel'di. **(Mechanisiertes Fließband für zusätzliche Bearbeitung gesalzener Heringe.)** Rybnoe chozjajstvo, Moskva **38** (1962) Nr. 6. S. 51–58. – 2 Abb.
Mit der steigenden Verarbeitung von Salzheringen (*Clupea harengus*) an Bord unmittelbar nach dem Fang und der Entwicklung der Dosensalzung für Heringe ist das Problem der Bearbeitung der Heringe an Land nach wie vor aktuell. Es wird eine mechanisierte Bearbeitungsstraße beschrieben, die bereits im Laufe von 2 Jahren unter Produktionsbedingungen gearbeitet hat. Die Anlage bringt eine wesentliche Steigerung der Arbeitsproduktivität mit sich. Der Anteil der Handarbeit ist aber noch zu groß. G. Predel. 6850.

Visk, L. G. (Wisk, L. G.); Konstrukt.-Büro der Verwalt. für Fischind. des Volkswirtschaftsrates der Estn. SSR. Proizvodstvo sel'di osobogo banočnogo posola na sudach tipa RR. **(Herstellung von Heringskonserven besonderer Büchsensalzung auf Schiffen vom Typ RR.)** Rybnoe chozjajstvo, Moskva **38** (1962) Nr. 6. S. 58–61. – 1 Abb.
Von Mitteltrawlern und Loggern gefangene Heringe (*Clupea harengus*) werden in frischem Zustand an ein Verarbeitungsschiff übergeben. Hier werden die Heringe in Dosen gesalzen. Auf 1 kg Hering kommen: 75–95 g Salz, 8–15 g Zucker und 1,5 g benzoinsaures kristallines Natrium. Die Heringe sollen einen Fettgehalt von mehr als 12% haben. Die Verarbeitungstechnologie wird kurz beschrieben. G. Predel. 6850.

Sacharov, V. E. (Sacharow, W. Je.) Novaja mašina dlja razdelki sajry. **(Neue Maschine für die Zerteilung von Saira.)** Rybnoe chozjajstvo, Moskva **38** (1962) Nr. 6. S. 62–63. – 1 Abb.
Vf. beschreibt kurz die Arbeitsweise der Fischverarbeitungsmaschine RPDS-1, die für die Zerteilung und Portionierung von *Cololabis saira* geeignet ist. Die Anlage wiegt 500 kg und ermöglicht die Verarbeitung von 160 Fischen/Min. Es wird empfohlen, die Maschine für eine Versuchsserie zu produzieren. G. Predel. 6850.

Brandenburg, W.; Rostock-Marienehe, Inst. für Hochseefischerei und Fischverarb., Abt. Verfahrenstechnol. **Die Herstellung von Anchosen.** Fischereiforschung **5** (1962) Nr. 6. S. 21–25. – 1 Abb., 2 Tab., 3 Lit. 6850.

Münkner, W.; Rostock-Marienehe, Inst. für Hochseefischerei und Fischverarb., Abt. Verfahrenstechnol. **Anwendung der 2-Thiobarbitursäure-Reaktion (TBS-Reaktion) in der Fischwirtschaft.** Fischereiforschung **5** (1962) Nr. 6. S. 25–28. – 1 Abb., 2 Tab., 17 Lit. 6850.

Ivanov, A. S. (Iwanow, A. S.); Astrachan, Forsch.-Inst. für Hochseefischerei und Ozeanogr. des Kasp. Meeres. Aktivnost' triptazy ančousovidnoj kil'ki pri ponižennoj temperature. **(Die Aktivität der Tryptase von Clupeonella engrauliformis bei Temperatursenkung.)** Rybnoe chozjajstvo, Moskva **38** (1962) Nr. 4. S. 82–83. – 1 Tab., 1 Lit.
Untersuchungen der Aktivität der tryptischen Fermente bei *Clupeonella engrauliformis* unter verschiedenen Temperaturbedingungen (37 °C und 0-2 °C) ergaben eine erhebliche Verminderung der fermentativen Tätigkeit bei niedrigen Temperaturen. Die Untersuchungsmethodik wird beschrieben. G. Predel. 6850.

Ackman, R. G., Gallay, L. R., Jangaard, P. M. und Hughes, M. L.; Halifax, Nova Scotia, Fisheries Res. Board of Canada, Technol. Stat. Conversion of the free fatty acids of cod oil to methyl esters in situ. **(Konversion der freien Fettsäuren des Kabeljauöls zu Methylestern in situ.)** J. Fisheries Res. Board Canada **19** (1962) Nr. 4. S. 605–614. – 3 Abb., 5 Tab., 11 Lit.
Die Zugabe von 2,2 Dimethoxypropan zur in-situ-Konversion der freien Fettsäuren des Kabeljauöls (*Gadus morhua*) zu Methylestern ist erfolgreich, wobei der Anteil der freien Fettsäuren auf etwa 1% reduziert wird. Das Material dient unter Anwesenheit eines geeigneten Säurekatalysators sowohl als Wasserentferner als auch als Methanolquelle für die Esterherstellung. Von den geprüften Katalysatoren gab methanolisierte HCl die besten Ergebnisse. Reinigungsvorschriften zur Herstellung eines stabilen Produktes werden mitgeteilt. J. Waldmann. 6850.

Jangaard, P. M. und Ackman, R. G.; Halifax, Nova Scotia, Fisheries Res. Board of Canada, Technol. Stat. Air blowing of cod liver oil and other marine oils. **(Belüften von Kabeljau-Leberöl und anderen marinen Ölen.)** J. Fisheries Res. Board Canada **19** (1962) Nr. 5. S. 839–849. – 7 Abb., 2 Tab., 30 Lit.

Die Polymerisation von Kabeljauleberöl durch Belüftung wurde bei Temperaturen von 80–140 °C untersucht. Die Veränderungen der chem. und phys. Konstanten wurden festgestellt. Die Polymerisation von Heringsöl und Seehundsöl wurde mit der von Kabeljauöl unter gleichen Bedingungen verglichen. Die Verwendung dieser belüfteten Öle als Zusatz zu Schmierölen ist möglich. Versuche unter Zusatz von Katalysatoren wurden ebenfalls durchgeführt, wobei Bor-, Kobalt- und Calciumverbindungen verwendet wurden. Durch sie wird das Verfahren beschleunigt, aber die Kosten werden erhöht, zumal die Verbindung auch wieder entfernt werden muß. J. Waldmann. 6850·

Davydova, Ju. S. und Treščeva, V. I. (Dawydowa, Ju. S. und Trestschewa, W. I.); Moskau, Unions-Forsch.-Inst. für Hochseefischerei und Ozeanogr. Ispol'zovanie kitovogo mjasa dlja piščevych celej. **(Walfleisch als Lebensmittel.)** Rybnoe chozjajstvo, Moskva **38** (1962) Nr. 5. S. 66–69. — 2 Tab., 3 Lit.

Vom Moskauer Fleischwarenkombinat wurden aus gefrostetem Walfleisch 9 verschiedene Konserven für die menschliche Ernährung hergestellt. Es wurde nochmals die Bestätigung erbracht, daß sich das Fleisch der Bartenwale gut zur Bereitung der verschiedensten Gerichte eignet. Über die Herstellung der Produkte und die Eigenschaften für den Verbraucher wird kurz berichtet. G. Predel. 6850.

Grjuner, V. S. und Sujne, O. Ė. (Grjuner, W. S. und Suine, O. E.); Moskau, Plechanow-Inst. für Volkswirtsch. Nekotorye svojstva agara iz vodoroslej furceljarija. **(Einige Eigenschaften des Agars aus Alge Furcellaria fastigiata.)** Rybnoe chozjajstvo, Moskva **38** (1962) Nr. 4. S. 83–85. — 3 Tab.

Vff. betonen die Möglichkeit, die in der Ostsee vorkommende Alge *Furcellaria fastigiata* als Rohstoff für die Agar-Herstellung zu verwenden. Einige Daten über diese Algen (Zusammensetzung der Trockensubstanz, Gehalt an Mineralstoffen und chem.-phys. Eigenschaften) werden angeführt und mit den Daten der im Weißen Meer vorkommenden Alge *Anphelcia* und der im Schwarzen Meer lebenden Alge *Phyllophora* verglichen. Die Vergleiche beziehen sich auf den aus diesen Algen gewonnenen Agar. Es zeigen sich zwischen allen 3 Proben gewisse Unterschiede. G. Predel. 6850.

H. FANGGERÄTE

Šubnikov, D. A. und Šubnikova, O. N. (Schubnikow, D. A. und Schubnikowa, O. N.); Moskau, Unions.-Forsch.-Inst. für Hochseefischerei und Ozeanogr.; Geogr. Inst. der Akad. der Wiss. der UdSSR. Morskie pticy i razvedka sel'di. **(Seevögel und Suche von Heringsschwärmen.)** Priroda, Moskva **50** (1961) Nr. 11. S. 108–109. — 1 Abb.

Entsprechende Beobachtungen der Wechselbeziehungen zwischen dem Vorkommen von Seevögeln und Heringsschwärmen (*Clupea harengus*) zeigten, daß ein Zusammenhang zwischen beiden besteht. Die Beobachtungen fanden von Juni–Sept. 1956 und 1957 in der Norwegischen See und dem Grönländischen Meer statt. Bei bestimmten Vogelarten konnte sogar ein Zusammenhang zwischen der Zahl der Vögel in einem Seegebiet und der Größe der Fischschwärme beobachtet werden. Bestimmte Vogelarten scheinen auf kleinere Fische, andere auf größere Heringe spezialisiert zu sein, so daß sich auch Anhaltspunkte über die größenmäßige Zusammensetzung der Heringsschwärme auf Grund der vorkommenden Seevögel ergeben. G. Predel. 6862.

Šiškova, E. V. (Schischkowa, E. W.); Unions-Forsch.-Inst. für Hochseefischerei und Ozeanogr. Svjaź intensivnosti ėchosignala s dlitel'nost'ju impul'sa. **(Verhältnis der Intensität des Echosignals zur Dauer des Impulses.)** Rybnoe chozjajstvo, Moskva **38** (1962) Nr. 1. S. 37–40. — 2 Abb., 1 Tab., 3 Lit.

Eines der wichtigsten Kennzeichen eines hydroakustischen Fischortungsgerätes ist die Dauer des ausgestrahlten Ultraschallimpulses. Von der Impulsdauer ist der Eignungsbereich eines Gerätes im wesentlichen abhängig. Mit der Verkürzung der Impulsdauer steigt die Möglichkeit der Wahrnehmung der bes. bodennah stehenden Fangobjekte. Die Impulsdauer lag bei den durchgeführten Versuchen zwischen 0,1 und 1,8 msek. E. Schlieker. 6862.

Judanov, K. I. (Judanow, K. I.); Forsch.-Inst. für Fischwirtsch. des Volkswirtschaftsrates der Lett. SSR. Količestvennaja ocenka skoplenij Baltijskoj treski pomošč'ju ècholota. **(Mengenbestimmung an Ostseedorsch mittels Echolot.)** Rybnoe chozjajstvo, Moskva **38** (1962) Nr. 1. S. 26–32. — 7 Abb., 2 Lit.
Eine der wichtigsten Aufgaben der fischereilichen Hydroakustik ist die mengenmäßige Beurteilung der mit Hilfe der Ortungsgeräte erkannten Fischansammlungen. Zur Zeit ist die praktische Durchführbarkeit dieser Aufgabe mit bestimmten technischen Schwierigkeiten verbunden. Echolotregistrierungen von Ostseedorschen sind jedoch auf Grund der gleichmäßigen Verteilung der einzelnen Exemplare eines Schwarmes in einer Schicht über Grund gewöhnlich so deutlich, daß eine qualitative und quantitative Auswertung entsprechender Echogramme gut möglich ist. E. Schlieker. 6862.

Klust, G.; Hamburg, Inst. für Netz- und Materialforsch. **Was ist bei der Auswahl des Materials von Fischnetzen zu beachten?** Fischwirt **12** (1962) Nr. 4. S. 114–116. — 1 Abb., 3 Lit.
Neues Material für stark beanspruchte Großhamen müßte die gleiche oder eine höhere Reißfestigkeit und die guten Dehnungseigenschaften der z.Z. verwendeten Perlon-Schnüre besitzen. Auch der Preis ist dabei zu berücksichtigen. Bei der Auswahl eines Netzmaterials muß außer den phys. Eigenschaften und dem Preis seine Wirkung auf das Fangobjekt beurteilt werden. Für Aal-Großhamen ist ein geringer Wasserstau wegen des gut ausgebildeten Ferntastsinnes dieses Fisches wichtig. E. Schlieker. 6864.

Reichel, H.; Rostock-Marienehe, Inst. für Hochseefischerei und Fischverarb., Abt. Fischereitechnik. **Die Reißfestigkeit der Netzgarne.** Fischereiforschung **5** (1962) Nr. 2. S. 12–15. — 4 Abb., 17 Lit.
Vf. entwickelt eine Reißlastgleichung, die die Bestimmung der Feinheit bzw. der Reißlast, die Auswertung von Prüfungen und die Einschätzung der Qualität der Netzgarne ermöglicht. Der gesetzmäßige Zusammenhang zwischen Reißlast und Feinheit (Nummer) läßt sich nur durch eine umfangreiche Auswertung zahlreicher Prüfergebnisse ermitteln. E. Schlieker. 6864.

Leksutkin, A. F. und Lucik, S. P. (Lexutkin, A. F. und Luzik, S. P.); Astrachan, Forsch.-Inst. für Hochseefischerei und Ozeanogr. des Kasp. Meeres. O vlijanii uprugich svojstv jačei na ulovistost' seti. **(Über den Einfluß der Elastizität der Maschen auf die Fängigkeit der Netze.)** Rybnoe chozjajstvo, Moskva **38** (1962) Nr. 3. S. 37–40. — 4 Abb., 1 Tab.
Höhe und Zusammensetzung des Fanges hängen bei Kiemennetzen von vielen Eigenschaften des Netzmaterials ab. Die den optimalen Fangeffekt bestimmenden Faktoren sind bisher zu wenig untersucht worden. Versuche im Wolgadelta bewiesen, daß die Elastizitätseigenschaften des Netzfadens einen wesentlichen Einfluß auf den Fang ausüben. Bei gleicher Färbung der Stellnetze wiesen die Fänge unter Verwendung verschiedener Materialien (abnehmende Elastizität) folgende Höhe auf: Kapron 100%; Anid 74,3%, Lawsan 64,0%. E. Schlieker. 6864.

Ul'jankin, A. P. und Lisicina, V. P. (Uljankin, A. P. und Lissizina, W. P.); Astrachan, Forsch.-Inst. für Hochseefischerei und Ozeanogr. des Kasp. Meeres. Ispol'zovanie chlorino-kapronovoj smesi v rybodobyvajuščej promyšlennosti. **(Verwendung von Chlorin-Kapron-Gemischen in der Fischerei.)** Rybnoe chozjajstvo, Moskva **37** (1961) Nr. 12. S. 40–41. — 1 Tab.

Netzmaterialien aus Naturfasern haben wegen ihrer Fäulnis keine lange Lebensdauer. Von den synthetischen Netzmaterialien hat Kapron und zum Teil auch Chlorin eine wirtschaftl. Bedeutung. Chlorin besitzt einige wertvolle Eigenschaften, die trotz niedriger Festigkeit, hohen spez. Gewichtes und hoher Herstellungskosten eine Verwendung wirtschaftl. erscheinen lassen. In den vergangenen Jahren hat sich eine Mischung aus 33% Kapron und 67% Chlorin bewährt. Der Einsatz dieses Mischmaterials wird bes. bei stehenden Geräten empfohlen. E. Schlieker. 6864.

Nuriev, F. N. (Nurijew, F. N.); Ust-Bargusin, Burjatmongol. ASSR, Fischkombinat, Netzabt. Ispol'zovanie mokroj krapronovoj nitki pri ručnom setevjazanii, postrojke i remonte orudij lova. **(Verwendung nasser Kapronfäden beim Handstricken, beim Bau und bei der Reparatur der Fanggeräte.)** Rybnoe chozjajstvo, Moskva **37** (1961) Nr. 12. S. 44–45.
Außer vielen Vorteilen hat Kapron auch Nachteile. Insbesondere ist der Knotensitz sehr mangelhaft. Das führt zu sinkender Fängigkeit und steigendem Materialverschleiß. Bei handgefertigten Netzen arbeitet man deshalb mit doppeltem Knoten. Dieses Verfahren kostet Material und Zeit. Die Erfahrung zeigt dagegen, daß naß verstricktes Material auch mit normalen Knoten einen guten Knotensitz aufweist, da die im Wasser auftretende Zwirnlängung, die sonst das Lösen der Knoten bewirkt, nun wegfällt.
E. Schlieker. 6866.

Kovaleva, M. P. (Kowaljowa, M. P.); Leningrad, Staatl. Forsch.-Inst. für Binnenfischerei. Ob izbiratel'nosti ramovych krupnojačejnych kapronovych setej. **(Über die Durchlässigkeit großmaschiger Kapronnetze.)** Rybnoe chozjajstvo, Moskva **38** (1962) Nr. 3. S. 41–44. — 2 Tab., 2 Lit.
Die Bedeutung der Stellnetzfischerei in Seen und Staubecken ist in den letzten Jahren deutlich gestiegen. Das ist auf den hohen Wirkungsgrad dieser Geräte zurückzuführen. Die Kenntnis über Zusammenhang von Maschenweite und Fischgröße ist zur Durchführung einer rationellen Fischerei wichtig. Dieser Zusammenhang wurde am Bleifang (*Abramis brama*) in Stauseen überprüft. Nach Baranow gilt $a = 0{,}20 \cdot L$, wobei a die Maschenweite in mm und L die Fischlänge in mm ist. Die Ergebnisse bestätigten etwa diesen Zusammenhang (Faktor zwischen 0,16 und 0,24). Die Versuchsnetze hatten Maschenweiten von 45–70 mm. E. Schlieker. 6866.

Smirnov, A. N. und Naumov, V. M. (Smirnow, A. N. und Naumow, W. M.); Rostow/Don, Forsch.-Inst. für Fischereiwirtsch. des Asowschen Meeres; Moskau, Unions-Forsch.-Inst. für Hochseefischerei und Ozeanogr. Otbirajuščee dejstvie setnogo promysla i ego ėkonomičeskoe značenie. **(Die auswählende Wirkung des Netzfanges und ihre ökonomische Bedeutung.)** Rybnoe chozjajstvo, Moskva **38** (1962) Nr. 5. S. 50–54. — 4 Abb.
Bei Netzfanggeräten wird in gewissem Maße bereits eine Auswahl der zu fangenden Fische durch die Maschenweite getroffen. Ganz bes. ist das bei Kiemennetzen der Fall. Durch Stellnetzversuche (Zander, Hering, Blei, Sichling) wurden mit jeweils mehreren Maschenweiten bestimmte Längen-Häufigkeitsverteilungen ermittelt. Die Auswertung solcher Versuchsfänge erlaubt Schlußfolgerungen hinsichtlich der Maschenweiten, mit denen unter ökonomisch günstigsten Bedingungen gearbeitet werden kann. E. Schlieker. 6866.

Žuravleva, F. A. (Shurawljowa, F. A.) Zavisimost' meždu šagom jačei suchich manil'skich delej i ich vnutrennim razmerom v mokrom sostojanii. **(Abhängigkeit des Abstandes zwischen den Zentren zweier benachbarter Netzknoten trockener Manilageräte zu ihren inneren Maßen im nassen Zustande.)** Rybnoe chozjajstvo, Moskva **37** (1961) Nr. 12. S. 42–44. — 1 Abb., 2 Tab.
Manilanetze aus 3 und 4 mm Garnen, doppelt verstrickt, mit 54–60 mm Maschenweite, wurden auf ihre wirkliche Maschenweite trocken und naß unter-

sucht. Es ergab sich, daß die Maschenweite im maschrecht liegenden Netztuch 10% höher ist als die Maschenweite senkrecht zur Arbeitsrichtung der Netzknüpfmaschine. Nasse Maschen haben eine um 15% geringere Maschenöffnung als trockene. Die Maschenöffnung nasser Netzknoten ist 20% geringer als die doppelte Maschenweite. E. Schlieker. 6866.

Saburenkov, N. M. (Saburenkow, N. M.); Staatl. Wirtsch.-Rat des Ministerrates der UdSSR. Osnovnye voposy razvitija košel'kovogo lova ryby v SSSR. **(Die Grundfragen der Entwicklung der Ringwadenfischerei in der UdSSR.)** Rybnoe chozjajstvo, Moskva **38** (1962) Nr. 4. S. 33–47.

In den letzten Jahren hat sich im Vergleich zur Schlepp- und Treibnetzfischerei die Ringwadenfischerei kaum weiterentwickelt. Im Nov. 1961 tagte in Wladiwostok eine Allunionsberatung über die weitere Entwicklung dieser an sich hochproduktiven Fischerei, wobei folgende Probleme bes. besprochen wurden: Vervollkommnung der Geräte und der Fangtechnik, Aufgaben im Bereich der komplexen Mechanisierung und Fragen zur Eignung von Fahrzeugtypen. Maßnahmen zur weiteren Entwicklung der Ringwadenfischerei, insbesondere der Fernost- und der Schwarzmeerfischerei, wurden festgelegt. E. Schlieker. 6866.

Latta, William C. und Myers, Gerald F.; Vanderbilt, Mich., Dep. of Conserv. Inst. for Fisheries Res. Night use of a direct-current electric shocker to collect trout in lakes. **(Nächtlicher Fang von Forellen in Seen mit einem Gleichstrom-Elektrofanggerät.)** Trans. Amer. Fisheries Soc. **90** (1961) Nr. 1. S. 81–83. – 2 Abb., 1 Tab., 4 Lit.

Vff. beschreiben ein mit elektrischen Lampen ausgerüstetes Fangboot, welches ein Gleichstromaggregat trägt. Der Fang wird nachts in den Uferbezirken der Seen mit Hilfe von 2 Fangelektroden und 2 Keschern betrieben und hatte bessere Ergebnisse als die sonst bei Tag ausgeführte Elektrofischerei. Auch die mit stehenden Fanggeräten durchgeführten Probefänge waren nicht so erfolgreich wie die Anwendung des Elektrogerätes. H.-W. Hattop. 6868.

Braem, Robert A. und Ebel, Wesley J.; Marquette, Mich.; Oconto, Wis., Bureau of Commercial Fisheries. A backpack shocker for collecting lamprey ammocoetes. **(Ein tragbares Elektrogerät zum Fang von Ammocoeten.)** U. S. Dep. Interior, Fish Wildlife Serv., progr. Fish-Culturist **23** (1961) Nr. 2. S. 87–91.

Vff. beschreiben ein leichtes Umformer-Batteriegerät, das zum Fang von Neunaugenlarven aus den Zuflüssen der Großen Seen dient. Als Energiequelle wird eine Batterie mit 6 V und 30 Ah verwendet, im Ausgang wird Wechselstrom von 110 V erzeugt. Eine Batterieladung reicht für einen Fangbetrieb von ca. 4 Std. aus. H.-W. Hattop. 6868.

Lennon, Robert E.; La Crosse, Wis., Bureau of Sport Fisheries and Wildlife. A fly-rod electrode system for electrofishing. **(Ein Handelektrodensystem für die Elektrofischerei.)** U. S. Dep. Interior, Fish Wildlife Serv., progr. Fish-Culturist **23** (1961) Nr. 2. S. 92–93.

Vf. beschreibt ein extrem leichtes Stromerzeugergerät, welches während der Abfischung auf dem Rücken getragen werden kann. Das Gerät liefert Wechselstrom mit Spannungen von 115–230 V und dient zur Abfischung kleiner Bäche. Der Strom wird mit Hilfe eines von einer Person bedienten Handelektrodensystems in das Wasser eingeleitet. H.-W. Hattop. 6868.

K. FISCHEREIRECHT

Bank, Otto; Höchstadt/Aisch, Staatl. Lehr- und Versuchsanst. für Fischerei. **Einstufung des Wertes von Fischgewässern und Vergeltung von Fischereischäden.** Allg. Fischerei-Ztg. 87 (1962) Nr. 18. S. 522.

In Fortsetzung der Diskussion zu diesem Thema weist Vf. darauf hin, daß auch 2 benachbarte Teiche nicht unbedingt untereinander vergleichbar sind und zur Festlegung der Schadenssumme herangezogen werden können. Der Ertrag des jeweiligen Teiches ist vielmehr abhängig von der Sorgfalt des Bewirtschafters. Insbesondere spielen die Teichdüngung und -pflege eine sehr wesentliche Rolle für den Wert des Gewässers. Vf. gibt weiter an, daß im Vorgutachten häufig wesentlich höhere Schadenssummen gefordert werden, die selbst der Geschädigte für nicht gerechtfertigt hält, um zu einem anständigen Vergleich zu gelangen. D. Nehring. 6880.

Hartig, Edmund; Wien. **Die Reinhaltung der Gewässer.** Österr. Wasserwirtsch. **15** (1963) Nr. 1/2. S. 1-9. — 3 Lit.
Durch zunehmende Industrialisierung sowie die größere Siedlungs- und Wohndichte ist auch in Österreich der Wasserverbrauch und damit gleichzeitig die Abwassererzeugung enorm angestiegen. Aufbauend auf das BWRG aus dem Jahre **1934** wurde im Herbst **1959** ein neugefaßtes WRG veröffentlicht, das erstmalig der Reinhaltung der Gewässer — dem Gewässerschutz — einen eigenen Abschnitt widmet. Hierin trat anstelle des früheren Verunreinigungsverbotes die allg. Reinhaltepflicht (§ **30**). In § **31** wird jedermann die Verpflichtung einer allg. Sorge für die Reinhaltung der Gewässer auferlegt. § **32** behandelt die Bewilligungspflicht und § **33** die bes. Reinhaltungspflichten einschließlich der Verbindlichkeit zur Sanierung unguter Verhältnisse. Die §§ **34, 35** und **37** schließlich befassen sich mit dem Schutze der Wasserversorgung und den Heilquellen. D. Nehring. 6880.

Redaktionsschluß: 17. 7. 1063

Herausgeber: Deutsche Demokratische Republik · Deutsche Akademie der Landwirtschaftswissenschaften zu Berlin, Institut für Landwirtschaftliche Information und Dokumentation, Berlin W 8, Krausenstr. 38/39; Fernsprecher: 22 51 61. **Chefredakteur:** Dr. Ursula Wittbrodt, stellvertretender Chefredakteur: Dr. Werner Kleeberg, Berlin W 8, Krausenstr. 38/39; Fernsprecher: 22 51 61. Redaktion der Abteilung III — Tierzucht · Tierernährung · Fischerei: Dr. Hans Dieter Hennig. Dr. habil. Bernhard Piatkowski und Dr. Werner Steffens, Berlin W 8, Krausenstraße 38/39; Fernsprecher: 22 51 61. **Verlag:** Akademie-Verlag GmbH, Berlin W 8, Leipziger Straße 3—4; Fernsprecher: 22 04 41, Telex-Nr. 011773, Postscheckkonto: Berlin 350 21. Bestellnummer dieses Heftes: 1030 III — VIII/10. Das Landwirtschaftliche Zentralblatt, Abt. Tierzucht · Tierernährung · Fischerei, erscheint monatlich. Einzelheft DM 20,—; einseitig bedruckte Ausgabe DM 24,—. Jahresbezugspreis DM 240,—; einseitig bedruckte Ausgabe DM 288,— einschl. Register, zuzüglich Porto- und Versandkosten. **Gesamtherstellung:** VEB Druckerei „Thomas Müntzer" Bad Langensalza. Veröffentlicht unter der Lizenznummer 1290 des Presseamtes beim Vorsitzenden des Ministerrates der Deutschen Demokratischen Republik.

Bei Fragen zur Produktsicherheit wenden Sie sich bitte an:
If you have any questions regarding product safety,
please contact:

Walter de Gruyter GmbH
Genthiner Straße 13
10785 Berlin
productsafety@degruyterbrill.com